高等职业教育“十三五”规划教材

建筑施工技术

（第2版）

主　编　陈文建　汪静然
副主编　张　明
参　编　黄晓兰　季秋媛

北京理工大学出版社
BEIJING INSTITUTE OF TECHNOLOGY PRESS

内 容 提 要

本书包括土方工程、基础工程、脚手架工程及垂直运输设备、砌筑工程、钢筋混凝土工程、预应力混凝土工程、防水工程、结构安装工程、装饰工程、冬期与雨期施工共10章内容。本书强调高职高专教育，注重培养应用型人才，强调实践性、实用性，系统介绍了建筑施工主要分项工程的工艺过程及其基本理论和基本知识，同时还介绍了国内外在施工技术方面的新工艺和科研成果，尤其是较全面地反映了国内现行施工质量验收规范的要求。

本书可作为高职高专院校建筑工程技术等相关专业的教材，也可供建筑工程施工技术人员参考使用。

图书在版编目(CIP)数据

建筑施工技术 / 陈文建，汪静然主编. —2版. --北京：北京理工大学出版社，2018.6（2018.7重印）

ISBN 978-7-5682-5703-9

Ⅰ. ①建…　Ⅱ. ①陈…　②汪…　Ⅲ. ①建筑施工－技术－高等学校－教材　Ⅳ. ①TU74

中国版本图书馆CIP数据核字(2018)第116702号

出版发行 / 北京理工大学出版社有限责任公司
社　　址 / 北京市海淀区中关村南大街5号
邮　　编 / 100081
电　　话 / （010）68914775（总编室）
　　　　　（010）82562903（教材售后服务热线）
　　　　　（010）68948351（其他图书服务热线）
网　　址 / http://www.bitpress.com.cn
经　　销 / 全国各地新华书店
印　　刷 / 北京紫瑞利印刷有限公司
开　　本 / 787毫米×1092毫米　1/16
印　　张 / 17
字　　数 / 459千字
版　　次 / 2018年6月第2版　2018年7月第2次印刷
定　　价 / 45.00元

责任编辑 / 钟　博
文案编辑 / 钟　博
责任校对 / 周瑞红
责任印制 / 边心超

前　言

本书是为贯彻落实教育部《关于深化职业教育教学改革全面提高人才培养质量的若干意见》，进一步深化职业教育教学改革，全面提高技术技能人才培养质量，推进高等职业教育教学发展，按照高职高专土建类“建筑施工技术”课程的教学要求和国家现行的有关标准及相关专业施工规范编写。

“建筑施工技术”是一门实践性很强的课程，本书始终坚持以“素质为本、能力为主、需要为准、够用为度”的原则进行编写，编写中尽力吸取了建筑施工的新技术、新工艺、新方法；其内容的深度和难度按照高等职业教育的特点，重点讲授理论知识在工程实践中的应用，培养高等职业学校学生的职业能力，本书主要对土方工程、基础工程、脚手架工程及垂直运输设备、砌筑工程施工、钢筋混凝土工程、预应力混凝土工程、防水工程、结构安装工程、装饰工程和冬期与雨期施工等施工工艺进行了详细的阐述。

本书内容可按照90学时左右安排。教师可根据不同的使用专业灵活安排各章学时。本书由四川职业技术学院陈文建、汪静然担任主编，由四川职业技术学院张明担任副主编，四川职业技术学院黄晓兰和季秋媛参与了本书部分章节的编写工作。本书具体章节编写分工为：第1、3、4、5章由汪静然编写；第2、10章由陈文建编写；第6章由黄晓兰编写；第7章由张明编写；第8、9章由季秋媛编写。

本书在编写过程中，参考和引用了国内外大量文献资料，在此谨向原书作者表示衷心的感谢。由于编者水平有限，书中难免存在不足和疏漏之处，敬请各位读者批评指正。

编　者

目 录

第1章 土方工程

1.1 概　　述

1.1.1 土的工程分类

土的种类繁多，其分类方法各异。在土方工程施工中，按开挖的难易程度将土分为八类，见表1-1。其中一至四类为土，五至八类为岩石。在选择施工挖土机械和套用建筑安装工程劳动定额时要依据土的工程类别。

表1-1　土的工程地质分类　　kg/m³

土的分类	土的级别	土的名称	密度	开挖方法及工具
一类土（松软土）	Ⅰ	砂土，粉土，冲积砂土层，疏松的种植土，淤泥（泥炭）	600～1 500	用锹、锄头挖掘，少许用脚蹬
二类土（普通土）	Ⅱ	粉质黏土，潮湿的黄土，夹有碎石、卵石的砂，粉土混卵（碎）石，种植土，填土	1 100～1 600	用锹、锄头挖掘，少许用镐翻松
三类土（坚土）	Ⅲ	软及中等密实黏土，重粉质黏土，砾石土，干黄土、含有碎石卵石的黄土，粉质黏土，压实的填土	1 750～1 900	主要用镐挖，少许用锹、锄头挖掘，部分用撬棍
四类土（砂砾坚土）	Ⅳ	坚硬密实的黏性土或黄土，含碎石、卵石的中等密实的黏性土或黄土，粗卵石，天然级配砂石，软泥灰岩	1 900	先用镐、撬棍翻松，后用锹挖掘，部分用楔子及大锤凿
五类土（软石）	Ⅴ	硬质黏土，中密的页岩、泥灰岩、白垩土，胶结不紧的砾岩，软石灰岩及贝壳石灰岩	1 100～2 700	用镐或撬棍、大锤挖掘，部分使用爆破方法
六类土（次坚石）	Ⅵ	泥岩，砂岩，砾岩，坚实的页岩、泥灰岩，密实的石灰岩，风化花岗岩，片麻岩及正长岩	2 200～2 900	用爆破方法开挖，部分用风镐
七类土（坚石）	Ⅶ	大理岩，辉绿岩，玢岩，粗、中粒花岗岩，坚实的白云岩、砂岩、砾岩、片麻岩、石灰岩，微风化安山岩，玄武岩	2 500～3 100	用爆破方法开挖
八类土（特坚石）	Ⅷ	安山岩，玄武岩，花岗片麻岩，坚实的细粒花岗岩、闪长岩、石英岩、辉长岩、角闪岩、玢岩、辉绿岩	2 700～3 300	用爆破方法开挖

1.1.2 土的工程性质

1. 天然含水量

土的含水量 w 是指土中水的质量与固体颗粒质量之比的百分率，即

$$w=\frac{m_w}{m_s}\times 100\% \tag{1-1}$$

式中 m_w——土中水的质量(kg)；

m_s——土中固体颗粒的质量(kg)。

2. 天然密度和干密度

土在天然状态下单位体积的质量，称为土的天然密度。土的天然密度用 ρ 表示：

$$\rho=\frac{m}{V} \tag{1-2}$$

式中 m——土的总质量(kg)；

V——土的天然体积(m^3)。

单位体积中土的固体颗粒的质量称为土的干密度。土的干密度用 ρ_d 表示：

$$\rho_d=\frac{m_s}{V} \tag{1-3}$$

式中 m_s——土中固体颗粒的质量(kg)；

V——土的天然体积(m^3)。

土的干密度越大，表示土越密实，其常用来控制填土工程的压实质量。工程上常把土的干密度作为评定土体密实程度的标准。土的干密度 ρ_d 与土的天然密度 ρ 之间有如下关系：

$$\rho=\frac{m}{V}=\frac{m_s+m_w}{V}=\frac{m_s+wm_s}{V}=(1+w)\frac{m_s}{V}=(1+w)\rho_d$$

即

$$\rho_d=\frac{\rho}{1+w} \tag{1-4}$$

3. 可松性

土的可松性是指自然状态下的土经过开挖后，其体积因土体的松散而增大，以后虽经回填压(夯)实，仍不能恢复其原来的体积的性质。土的可松性程度用可松性系数表示，即

$$K_s=\frac{V_{松散}}{V_{原状}} \tag{1-5}$$

$$K_s'=\frac{V_{压实}}{V_{原状}} \tag{1-6}$$

式中 K_s——土的最初可松性系数；

K_s'——土的最后可松性系数；

$V_{原状}$——土在天然状态下的体积(m^3)；

$V_{松散}$——土挖出后在松散状态下的体积(m^3)；

$V_{压实}$——土经回填压(夯)实后的体积(m^3)。

土的可松性对确定场地设计标高、平衡调配土方量、计算运土机具的数量和弃土坑的容积，以及计算填方所需的挖方体积等均有很大影响。各类土的可松性系数见表 1-2。

4. 渗透性

土的渗透性是指水流通过土中孔隙的难易程度。水在单位时间内穿透土层的能力称为渗透系数，用 K 表示，单位为 m/d。地下水在土中的渗流速度一般可按达西定律计算，其计算公式如下：

表 1-2　各类土的可松性系数

土的类别	体积增加百分数/%		可松性系数	
	最初	最后	K_s	K_s'
一类土(种植土除外)	8～17	1～2.5	1.08～1.17	1.01～1.03
一类土(植物性土、泥炭)	20～30	3～4	1.20～1.30	1.03～1.04
二类土	14～28	2.5～5	1.14～1.28	1.02～1.05
三类土	24～30	4～7	1.24～1.30	1.04～1.07
四类土(泥灰岩、蛋白石除外)	26～32	6～9	1.26～1.32	1.06～1.09
四类土(泥灰岩、蛋白石)	33～37	11～15	1.33～1.37	1.11～1.15
五类～七类土	30～45	10～20	1.30～1.45	1.10～1.20
八类土	45～50	20～30	1.45～1.50	1.20～1.30

$$v=K\frac{H_1-H_2}{L}=K\frac{h}{L}=Ki \tag{1-7}$$

式中　v——水在土中的渗透速度(m/d)；

i——水力坡度，$i=\frac{H_1-H_2}{L}$，即 A、B 两点水头差与其水平距离之比；

K——土的渗透系数(m/d)。

从达西公式可以看出渗透系数的物理意义：当水力坡度 i 等于 1 时的渗透速度 v 即渗透系数 K，单位同样为 m/d。K 值的大小反映土体透水性的强弱，影响施工降水与排水的速度。土的渗透系数可以通过室内渗透试验或现场抽水试验测定，一般土的渗透系数 K 见表 1-3。

表 1-3　土的渗透系数 K　　m/d

土的种类	渗透系数 K	土的种类	渗透系数 K
黏土	<0.005	中砂	5.0～25.0
粉质黏土	0.005～0.1	均质中砂	35～50
粉土	0.1～0.5	粗砂	20～50
黄土	0.25～0.5	圆砾	50～100
粉砂	0.5～5.0	卵石	100～500
细砂	1.0～10.0	无填充物卵石	500～1 000

1.2　土方工程量的计算与调配

1.2.1　场地平整土方量的计算

1. 场地设计标高的确定

涉及较大面积的场地平整时，合理地确定场地的设计标高，对减少土方量和加快工程进度具有重要的经济意义。确定场地标高时，一般来说，应遵循以下原则：

(1)满足生产工艺和运输的要求；

(2)尽量利用地形分区或分台阶布置，分别确定不同的设计标高；

(3)场地内挖、填方平衡，土方运输量最少；

(4)要有一定的泄水坡度(≥2%)，使之满足排水要求；

(5)要考虑最高洪水位的影响。

场地设计标高一般应在设计文件上予以规定。当设计文件对场地设计标高没有规定时，可按下述步骤来确定：

(1)初步计算场地设计标高。初步计算场地设计标高的原则是使场地内挖、填方平衡，即场地内挖方总量等于填方总量。计算场地设计标高时，首先将场地的地形图根据要求的精度划分为 10～40 m 的方格网[图 1-1(a)]，然后求出各方格角点的地面标高。地形平坦时，可根据地形图上相邻两等高线的标高，用插入法求得；地形起伏较大或无地形图时，可在地面用木桩打好方格网，然后用仪器直接测出。

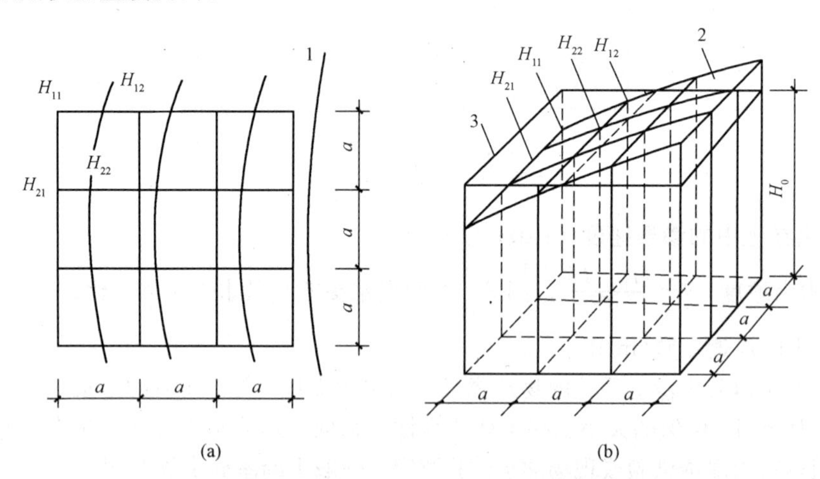

图 1-1　场地设计标高 H_0 计算示意

(a)方格网的划分；(b)场地标高计算示意

1—等高线；2—自然地面；3—场地设计标高平面

如图 1-1(b)所示，按照场地内土方挖、填方平衡的原则，场地设计标高可按下式计算：

$$H_0 na^2 = \sum \left(a^2 \frac{H_{11} + H_{12} + H_{21} + H_{22}}{4} \right) \tag{1-8}$$

$$H_0 = \frac{\sum (H_{11} + H_{12} + H_{21} + H_{22})}{4n} \tag{1-9}$$

式中　H_0——所计算的场地设计标高(m)；

a——方格边长(m)；

n——方格数；

H_{11}，H_{12}，H_{21}，H_{22}——任一方格的四个角点的标高(m)。

从图 1-1(a)中可以看出，H_{11}为一个方格的角点标高，H_{12}及 H_{21}为相邻两个方格的公共角点标高，H_{22}为相邻的四个方格的公共角点标高。如果将所有方格的四个角点相加，则类似 H_{11}的角点标高加一次，类似 H_{12}、H_{21}的角点标高需加两次，类似 H_{22}的角点标高要加四次。若令 H_1 为一个方格仅有的角点标高，H_2 为两个方格共有的角点标高，H_3 为三个方格共有的角点标高，H_4 为四个方格共有的角点标高，则场地设计标高 H_0 的计算公式[式(1-9)]可改写为下列形式：

$$H_0 = \frac{\sum H_1 + 2\sum H_2 + 3\sum H_3 + 4\sum H_4}{4n} \tag{1-10}$$

(2)对场地设计标高进行调整。按上述公式计算出的场地设计标高 H_0 仅为理论值，在实际运用中还需考虑以下因素再进行调整：

1)土的可松性影响。由于土具有可松性，如仅按挖、填方平衡原则计算得到的场地设计标高进行施工，填土量必然多于挖土量，特别是当土的最后可松性系数较大时，多余的填土量更不容忽视。

如图 1-2 所示，设 Δh 为土的可松性引起的设计标高增加值，则设计标高调整后的总挖方体积 V'_W 应为

$$V'_W = V_W - F_W \times \Delta h \tag{1-11}$$

总填方体积 V'_T 应为

$$V'_T = V'_W K'_s = (V_W - F_W \times \Delta h) K'_s \tag{1-12}$$

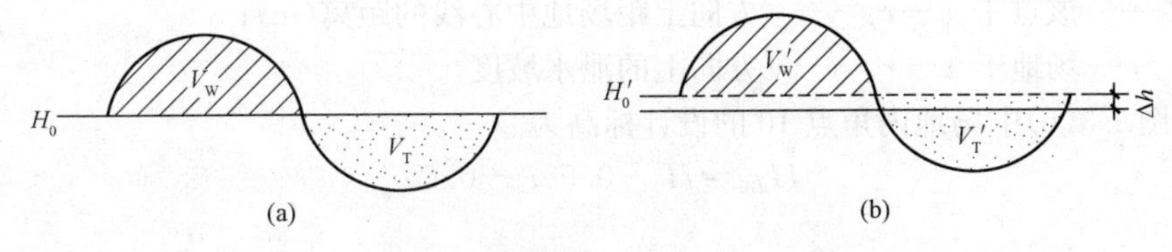

图 1-2 设计标高调整计算示意

(a)理论设计标高；(b)调整设计标高

此时，填方区的标高也应与挖方区一样提高 Δh，即

$$\Delta h = \frac{V'_T - V_T}{F_T} = \frac{(V_W - F_W \times \Delta h) K'_s - V_T}{F_T} \tag{1-13}$$

移项整理简化得(当 $V_T = V_W$ 时)

$$\Delta h = \frac{V_W (K'_s - 1)}{F_T + F_W K'_s} \tag{1-14}$$

故考虑土的可松性后，场地设计标高调整为

$$H'_0 = H_0 + \Delta h \tag{1-15}$$

式中 V_W，V_T——按理论设计标高计算的总挖方、总填方体积；

F_W，F_T——按理论设计标高计算的挖方区、填方区总面积；

K'_s——土的最后可松性系数。

2)场地挖方和填方的影响。场地内大型基坑挖出的土方、修筑路堤填高的土方，以及经过经济比较而将部分挖方就近弃于场外或将部分填方就近从场外取土等做法均会引起挖、填土方量的变化。必要时，需调整设计标高。

为了简化计算，场地设计标高调整值 H'_0 可按下列近似公式确定：

$$H'_0 = H_0 \pm \frac{Q}{na^2} \tag{1-16}$$

式中 Q——场地根据 H_0 平整后多余或不足的土方量。

3)场地泄水坡度的影响。按上述场地设计标高平整后的场地是一个水平面，但实际上出于排水的要求，场地表面均有一定的泄水坡度。平整场地的表面坡度应符合设计要求，无设计要求时，一般应向排水沟方向做成不小于 2‰的坡度。因此，在计算的 H_0 或经调整后的 H'_0 的基础上，要根据场地要求的泄水坡度，计算出场地内各方格角点实际施工时的设计标高。具体的计算方法如下：

①单向泄水时场地各方格角点的设计标高[图 1-3(a)]。以计算出的设计标高 H_0 或调整后的设计标高 H'_0 作为场地中心线的标高，场地内任意一个方格角点的设计标高为

$$H_{dn} = H_0 \pm li \tag{1-17}$$

式中 H_{dn}——场地内任意一点方格角点的设计标高(m)；

l——该方格角点至场地中心线的距离(m)；

i——场地泄水坡度(不小于2%);

$\pm$——该点比 H_0 高则取"+",反之取"-"。

例如,图1-3(a)中场地内角点10的设计标高:

$$H_{d10}=H_0-0.5ai$$

②双向泄水时场地各方格角点的设计标高[图1-3(b)]。以计算出的设计标高 H_0 或调整后的标高 H_0' 作为场地中心点的标高,场地内任意一个方格角点的设计标高为

$$H_{dn}=H_0\pm l_x i_x\pm l_y i_y \tag{1-18}$$

式中 l_x,l_y——该点于 $x-x$、$y-y$ 方向上距场地中心线的距离(m);

i_x,i_y——场地于 $x-x$、$y-y$ 方向上的泄水坡度。

例如,图1-3(b)中场地内角点10的设计标高为

$$H_{d10}=H_0-0.5ai_x-0.5ai_y$$

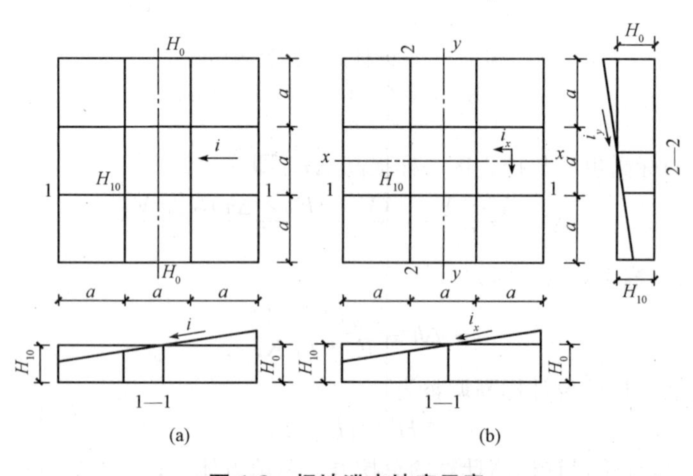

图1-3 场地泄水坡度示意

(a)单向泄水;(b)双向泄水

【例1-1】 某建筑场地的方格网地形图如图1-4所示,方格边长为20 m×20 m,$x-x$、$y-y$ 方向上的泄水坡度分别为2%和3%,土建设计、生产工艺设计和最高洪水位等方面均无特殊要求。试根据挖、填平衡原则(不考虑可松性)确定场地中心设计标高,并根据 $x-x$、$y-y$ 方向上的泄水坡度推算各角点的设计标高。

【解】 (1)计算角点的自然地面标高。根据地形图上标设的等高线,用插入法求出各方格角点的自然地面标高。由于地形是连续变化的,可以假定两等高线之间的地面高低是呈线性变化的。从图1-5中可看出,角点4的地面标高(H_4)处于两等高线相交的直线 AB 上,根据相似三角形特性可得:$h_x:0.5=x:l$,则 $h_x=\frac{0.5}{l}x$,得 $H_4=44.00+h_x$。

在地形图上,只要量出 x(角点4至44.0等高线的水平距离)和 l(44.0等高线和44.5等高线与 AB 直线相交的水平距离)的长度,便可计算出 H_4 的数值。但是,这种计算十分烦琐,因此,通常采用图解法来求得各角点的自然地面标高。如图1-6所示,在一张透明纸上面画出6根等距离的平行线(线条尽量画细些,以免影响读数的准确),把该透明纸放到标有方格网的地形图上,将6根平行线的最外2根分别对准点 A 与点 B,这时6根等距离的平行线将 A、B 之间的0.5 m的高差分成五等份,于是便可直接读得角点4的地面标高 $H_4=44.34$,其余各角点的标高均可类此求出。用图解法求得的各角点标高,如图1-4所示的方格网角点左下角。

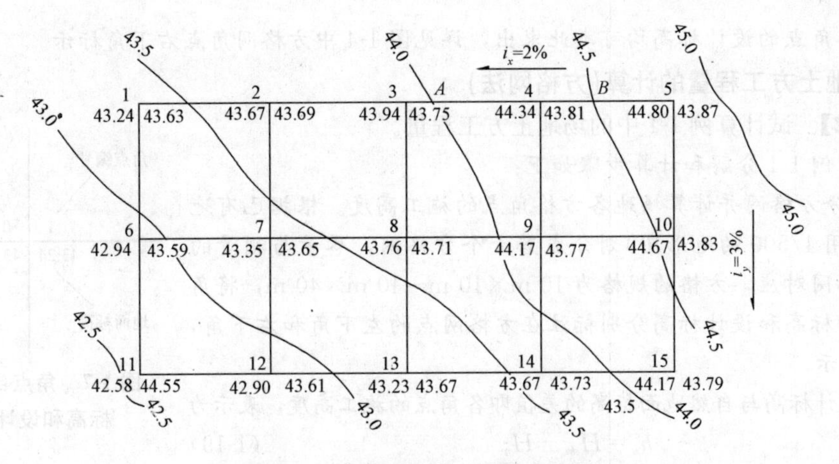

图 1-4　某建筑场地方格网地形图

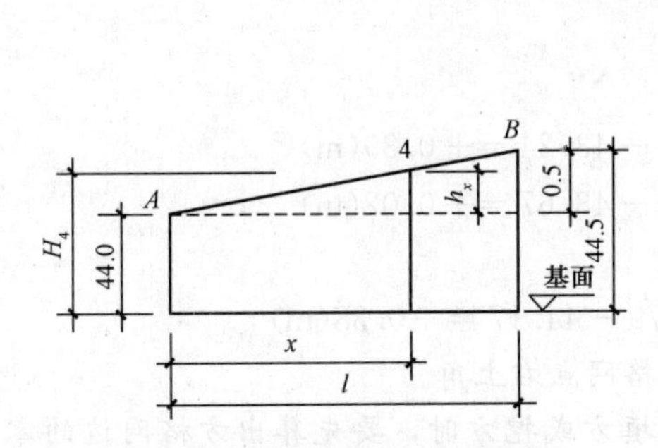

图 1-5　用插入法计算标高简图

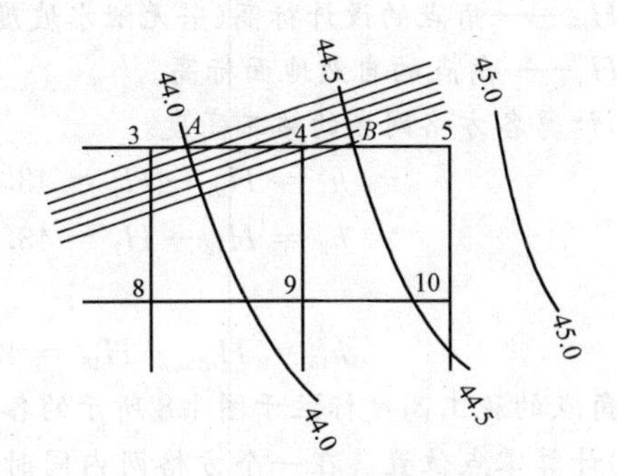

图 1-6　插入法的图解法

(2)计算场地设计标高 H_0。

$$\sum H_1 = 43.24 + 44.80 + 44.17 + 42.58 = 174.79(\text{m})$$

$$2\sum H_2 = 2 \times (43.67 + 43.94 + 44.34 + 43.67 + 43.23 + 42.90 + 42.94 + 44.67) = 698.72(\text{m})$$

$$4\sum H_4 = 4 \times (43.35 + 43.76 + 44.17) = 525.12(\text{m})$$

$$H_0 = \frac{\sum H_1 + 2\sum H_2 + 4\sum H_4}{4n} = \frac{174.79 + 698.72 + 525.12}{4 \times 8} = 43.71(\text{m})$$

(3)按照要求的泄水坡度计算各方格角点的设计标高。以场地中心点即角点 8 为 H_0(图 1-4)，其余各角点的设计标高为

$$H_{d8} = H_0 = 43.71(\text{m})$$

$$H_{d1} = H_0 - l_x i_x + l_y i_y = 43.71 - 0.12 + 0.04 = 43.63(\text{m})$$

$$H_{d2} = H_1 + l_x i_x = 43.63 + 0.06 = 43.69(\text{m})$$

$$H_{d5} = H_2 + l_x i_x = 43.69 + 0.18 = 43.87(\text{m})$$

$$H_{d6} = H_0 - l_x i_x = 43.71 - 0.12 = 43.59(\text{m})$$

$$H_{d7} = H_{d6} + l_x i_x = 43.59 + 0.06 = 43.65(\text{m})$$

$$H_{d11} = H_0 - l_x i_x - l_y i_y = 43.71 - 0.12 - 0.04 = 43.55(\text{m})$$

$$H_{d12} = H_{11} + l_x i_x = 43.55 + 0.06 = 43.61(\text{m})$$

$$H_{d15} = H_{d12} + l_x i_x = 43.61 + 0.18 = 43.79(\text{m})$$

其余各角点的设计标高均可类此求出，详见图 1-4 中方格网角点右下角标示。

2. 场地土方工程量的计算(方格网法)

【例 1-2】 试计算例 1-1 中的场地土方工程量。

【解】 例 1-1 分解和计算步骤如下：

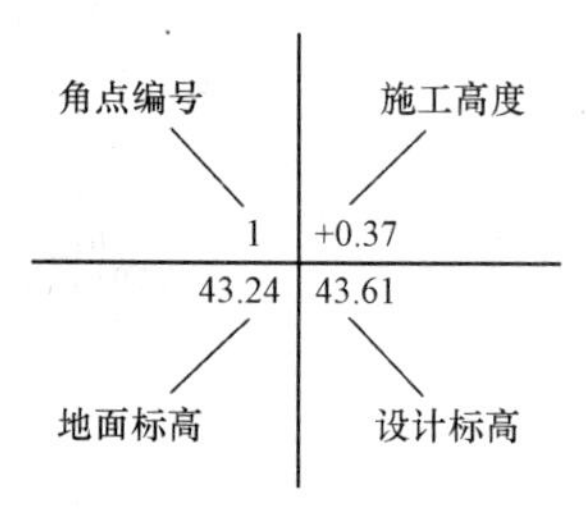

图 1-7 角点自然地面标高和设计标高

(1)划分方格网并计算场地各方格角点的施工高度。根据已有地形图(一般用 1/500 的地形图)划分成若干个方格网，尽量与测量的纵、横坐标网对应，方格的规格为 10 m×10 m～40 m×40 m，将角点自然地面标高和设计标高分别标注在方格网点的左下角和右下角，如图 1-7 所示。

角点设计标高与自然地面标高的差值即各角点的施工高度，表示为

$$h_n = H_{dn} - H_n \tag{1-19}$$

式中 h_n——角点的施工高度，以"+"为填，以"−"为挖，标注在方格网点的右上角；

H_{dn}——角点的设计标高(若无泄水坡度，即场地设计标高)；

H_n——角点的自然地面标高。

(2)计算各方格网点的施工高度。

$$h_1 = H_{d1} - H_1 = 43.63 - 43.24 = +0.39(\text{m})$$

$$h_2 = H_{d2} - H_2 = 43.69 - 43.67 = +0.02(\text{m})$$

$$\vdots$$

$$h_{15} = H_{d15} - H_{15} = 43.79 - 44.17 = -0.38(\text{m})$$

各角点的施工高度标注于图 1-8 所示的各方格网点右上角。

(3)计算零点位置。在一个方格网内同时有填方或挖方时，要先算出方格网边的零点位置(即不挖不填点)，将其标注于方格网上，由于地形是连续的，连接零点得到的零线即成为填方区与挖方区的分界线(图 1-8)。根据相似三角形原理(图 1-9)，零点的位置按下式计算：

$$x_1 = \frac{h_1}{h_1 + h_2} \times a;\ x_2 = \frac{h_2}{h_1 + h_2} \times a \tag{1-20}$$

式中 x_1，x_2——角点至零点的距离(m)；

h_1，h_2——相邻两角点的施工高度，均用绝对值(m)；

a——方格网的边长(m)。

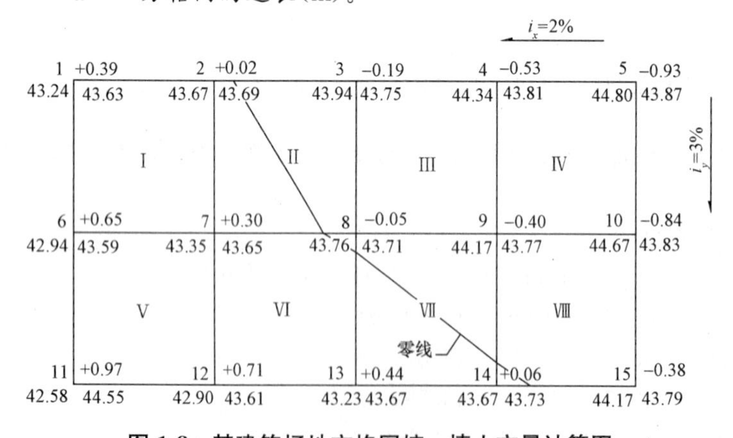

图 1-8 某建筑场地方格网挖、填土方量计算图

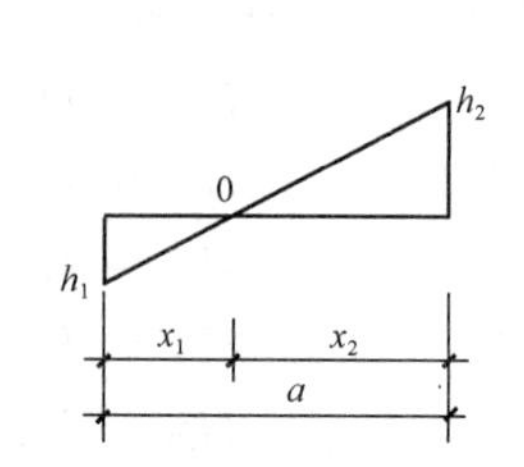

图 1-9 相似三角形原理

图 1-8 中，2—3 网格线两端分别是填方与挖方点，故中间必有零点，零点至角点 3 的距离：

$$x_{32} = \frac{h_3}{h_3 + h_2} \times a = \frac{0.19}{0.19 + 0.02} \times 20 = 18.10(\text{m}),\ x_{23} = 20 - 18.10 = 1.90(\text{m})$$

同理，有：

$$x_{78}=\frac{0.30}{0.30+0.05}\times 20=17.14(\mathrm{m}),\ x_{87}=20-17.14=2.86(\mathrm{m})$$

$$x_{138}=\frac{0.44}{0.44+0.05}\times 20=17.96(\mathrm{m}),\ x_{813}=20-17.96=2.04(\mathrm{m})$$

$$x_{914}=\frac{0.40}{0.40+0.06}\times 20=17.39(\mathrm{m}),\ x_{149}=20-17.39=2.61(\mathrm{m})$$

$$x_{1541}=\frac{0.38}{0.38+0.06}\times 20=17.27(\mathrm{m}),\ x_{1415}=20-17.27=2.73(\mathrm{m})$$

连接零点得到的零线即填方区与挖方区的分界线(图1-8)。

(4)计算方格土方工程量。按方格网底面积图形和表1-4所列公式，计算每个方格内的挖方量或填方量。

表1-4 常用方格网计算公式

项目	图示	计算公式
一点填方或挖方(三角形)		$V=\frac{1}{2}bc\frac{\sum h}{3}=\frac{bch_3}{6}$ 当 $b=c=a$ 时，$V=\frac{a^2h_3}{6}$
二点填方或挖方(梯形)		$V_+=\frac{(b+c)}{2}a\frac{\sum h}{4}=\frac{a}{8}(b+c)(h_1+h_3)$ $V_-=\frac{(d+c)}{2}a\frac{\sum h}{4}=\frac{a}{8}(d+c)(h_2+h_4)$
三点填方或挖方(五角形)		$V=\left(a^2-\frac{bc}{2}\right)\frac{\sum h}{5}=\left(a^2-\frac{bc}{2}\right)\frac{h_1+h_2+h_4}{5}$
四点填方或挖方(正方形)		$V=\frac{a^2}{4}\sum h=\frac{a^2}{4}(h_1+h_2+h_3+h_4)$
注：a 为方格网的边长(m)；b、c 为零点到一角的边长(m)；h_1、h_2、h_3、h_4 为方格网四角点的施工高程(m)，用绝对值代入；$\sum h$ 为填方或挖方施工高程的总和(m)，用绝对值代入。		

(5)计算方格土方量。

方格Ⅰ、Ⅲ、Ⅳ、Ⅴ底面为正方形，土方量为

$$V_{Ⅰ+}=\frac{20^2}{4}\times(0.39+0.02+0.65+0.30)=136(\mathrm{m}^3)$$

$$V_{Ⅲ-}=\frac{20^2}{4}\times(0.19+0.53+0.05+0.40)=117(\mathrm{m}^3)$$

$$V_{Ⅳ-}=\frac{20^2}{4}\times(0.35+0.93+0.40+0.84)=252(\mathrm{m}^3)$$

$$V_{Ⅴ+}=\frac{20^2}{4}\times(0.65+0.30+0.97+0.71)=263(\mathrm{m}^3)$$

方格Ⅱ底面为两个梯形，土方量为

$$V_{Ⅱ+}=\frac{x_{23}+x_{78}}{2}\times a\times\frac{\sum h}{4}=\frac{1.90+17.14}{2}\times 20\times\frac{0.02+0.30+0+0}{4}=15.23(\mathrm{m}^3)$$

$$V_{Ⅱ-}=\frac{x_{32}+x_{87}}{2}\times 20\times\frac{\sum h}{4}=\frac{18.10+2.86}{2}\times 20\times\frac{0.19+0.05+0+0}{4}=12.58(\mathrm{m}^3)$$

方格Ⅵ底面为三角形和五边形，土方量为

$$V_{Ⅵ+}=\left(a^2-\frac{x_{87}x_{813}}{2}\right)\times\frac{\sum h}{5}$$

$$=\left(20^2-\frac{2.86\times 2.04}{2}\right)\times\left(\frac{0.30+0.71+0.44+0+0}{5}\right)=115.15(\mathrm{m}^3)$$

$$V_{Ⅵ-}=\frac{x_{87}x_{13}}{2}\times\frac{\sum h}{3}=\frac{2.86\times 2.04}{2}\times\frac{0.05+0+0}{3}=0.05(\mathrm{m}^3)$$

方格Ⅶ底面为两个梯形，土方量为

$$V_{Ⅶ+}=\frac{x_{138}+x_{149}}{2}\times a\times\frac{\sum h}{4}=\frac{17.96+2.61}{2}\times 20\times\frac{0.44+0.06+0+0}{4}=25.71(\mathrm{m}^3)$$

$$V_{Ⅶ-}=\frac{x_{813}+x_{914}}{2}\times a\times\frac{\sum h}{4}=\frac{2.04+17.39}{2}\times 20\times\frac{0.05+0.40+0+0}{4}=21.86(\mathrm{m}^3)$$

方格Ⅷ底面为三角形和五边形，土方量为

$$V_{Ⅷ-}=\left(a^2-\frac{x_{149}x_{1415}}{2}\right)\times\frac{\sum h}{5}$$

$$=\left(20^2-\frac{2.61\times 2.73}{2}\right)\times\left(\frac{0.40+0.84+0.38+0+0}{5}\right)=128.44(\mathrm{m}^3)$$

$$V_{Ⅷ+}=\frac{x_{149}x_{1415}}{2}\times\frac{\sum h}{3}=\frac{2.61\times 2.73}{2}\times\frac{0.06+0+0}{3}=0.07(\mathrm{m}^3)$$

方格网的总填方量 $\sum V_{+}=136+263+15.23+115.15+25.71+0.07=555.16(\mathrm{m}^3)$

方格网的总挖方量 $\sum V_{-}=117+252+12.58+0.05+21.86+128.44=531.93(\mathrm{m}^3)$

(6)边坡土方量计算。为了维持土体的稳定，场地的边沿不管是挖方区还是填方区，均须做成相应的边坡，因此在实际工程中，还需要计算边坡的土方量。边坡土方量的计算较简单，但限于篇幅，这里就不介绍了。图1-10所示是例1-1场地边坡的平面示意。

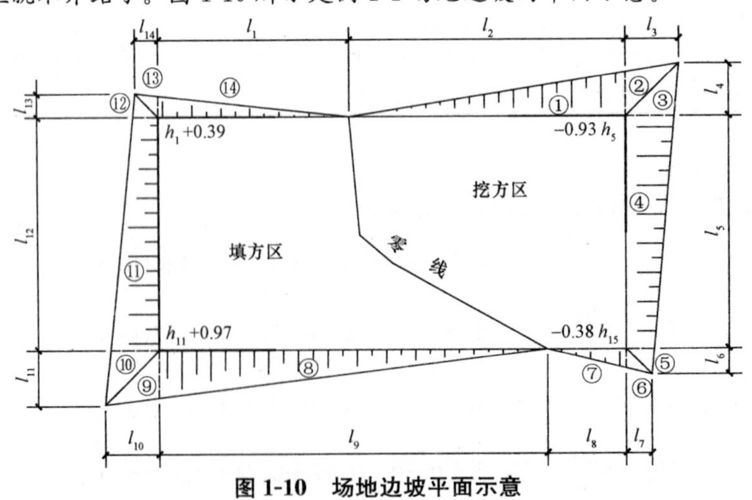

图1-10　场地边坡平面示意

1.2.2 基坑、基槽土方量的计算

1. 土方边坡

在开挖基坑、沟槽或填筑路堤时，为了防止塌方，保证施工安全及边坡稳定，其边沿应考虑放坡。土方边坡的坡度为其高度 H 与底宽 B 之比(图 1-11)，即

$$土方边坡坡度=\frac{H}{B}=\frac{1}{\frac{B}{H}}=1:m$$

式中，$m=B/H$，称为坡度系数。其意义为：当边坡高度已知为 H 时，其边坡宽度 B 则等于 mH。

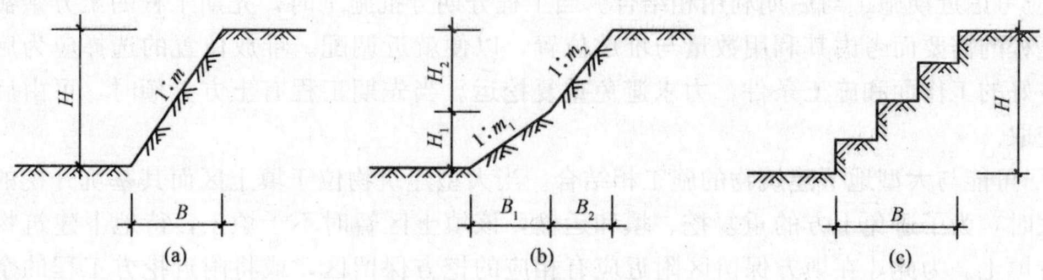

图 1-11 土方边坡的坡度

(a)直线形；(b)折线形；(c)踏步形

2. 基坑、基槽土方量的计算方法

基坑土方量可按立体几何中的拟柱体(由两个平行的平面构成的一种多面体)体积公式计算(图 1-12)，即

$$V=\frac{H}{6}(A_1+4A_0+A_2) \tag{1-21}$$

式中 H——基坑深度(m)；

A_1，A_2——基坑上、下的底面积(m^2)；

A_0——基坑的中间位置截面面积(m^2)。

基槽和路堤的土方量可以沿长度方向分段后，再用同样的方法计算(图 1-13)：

$$V_1=\frac{L_1}{6}(A_1+4A_0+A_2) \tag{1-22}$$

式中 V_1——第一段的土方量(m^3)；

L_1——第一段的长度(m)。

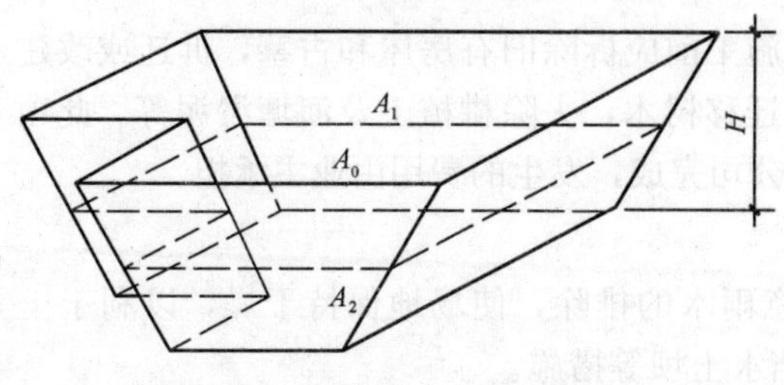

图 1-12 基坑土方量的计算　　**图 1-13 基槽土方量的计算**

将各段土方量相加即得总土方量：

$$V=V_1+V_2+V_3+\cdots+V_n \tag{1-23}$$

式中 V_1，V_2，…，V_n——各分段的土方量(m^3)。

1.2.3 土方调配

土方工程量计算完成后，即可着手对土方进行平衡与调配。土方的平衡与调配是土方规划设计的一项重要内容，通过对挖土、堆弃和填土三者之间的关系进行综合平衡处理，达到土方运输费用最小而又能方便施工的目的。土方调配的主要原则如下：

(1)应力求达到挖、填平衡和运输量最小。这样可以降低土方工程的成本。然而，仅限于场地范围的平衡，往往很难满足运输量最小的要求。因此，还需根据场地及其周围地形条件综合考虑，必要时可在填方区周围就近借土，或在挖方区周围就近弃土，而不是只局限于场地以内的挖、填平衡，这样才能做到经济合理。

(2)应考虑近期施工与后期利用相结合。当工程分期分批施工时，先期工程的土方余额应结合后期工程的需要而考虑其利用数量与堆放位置，以便就近调配。堆放位置的选择应为后期工程创造良好的工作面和施工条件，力求避免重复挖运。当先期工程有土方欠额时，可由后期工程地点挖取。

(3)尽可能与大型地下建筑物的施工相结合。当大型建筑物位于填土区而其基坑开挖的土方量又较大时，为了避免土方的重复挖、填和运输，该填土区暂时不予填土，待地下建筑物施工之后再行填土。为此，在填方保留区附近应有相应的挖方保留区，或将附近挖方工程的余土按需要合理堆放，以便就近调配。

(4)调配区大小的划分应满足主要土方施工机械工作面大小(如铲运机铲土长度)的要求，使土方机械和运输车辆的效率能得到充分发挥。

总之，进行土方调配，必须根据现场的具体情况、有关技术资料、工期要求、土方机械与施工方法，结合上述原则，予以综合考虑，从而做出经济、合理的调配方案。

1.3 土方开挖

1.3.1 土方开挖前的准备工作

土方工程施工前通常需完成下列准备工作：施工场地的清理；地面水的排除；临时道路的修筑；油燃料和其他材料的准备；供电与供水管线的敷设；临时停机棚和修理间等的搭设；土方工程的测量放线和施工组织设计的编制等。

1. 场地清理

场地清理包括清理地面及地下的各种障碍。在施工前应拆除旧有房屋和古墓，拆迁或改建通信设施、电力设备、上(下)水道以及地下建筑物，迁移树木，去除耕植土及河塘淤泥等。此项工作由业主委托有资质的拆卸(拆除)公司或建筑施工公司完成，发生的费用由业主承担。

2. 排除地面水

场地内低洼地区的积水必须排除，同时应注意雨水的排除，使场地保持干燥，以利于土方施工。地面水的排除一般采用排水沟、截水沟、挡水土坝等措施。

应尽量利用自然地形来设置排水沟，使水直接排至场外或流向低洼处用水泵抽走。主排水沟最好设置在施工区域的边缘或道路的两旁，其横断面和纵向坡度应根据最大流量确定。一般排水沟的横断面尺寸不小于0.5 m×0.5 m，纵向坡度一般不小于2‰。在场地平整过程中，要使排水沟保持畅通，必要时应设置涵洞。山区的场地平整施工，应在较高一面的山坡上开挖截水沟。在低洼地区施工时，除开挖排水沟外，必要时还应修筑挡水土坝，以阻挡雨水的流入。

3. 修筑临时设施

修筑好临时道路及供水、供电等临时设施，并做好材料、机具及土方机械的进场工作。

4. 土方工程的测量和放灰线

放灰线时，可用装有石灰粉末的长柄勺靠着木质板侧面，边撒边走，在地上撒出灰线，标出基础挖土的界线。

基槽放线：根据房屋主轴线控制点，首先将外墙轴线的交点用木桩测设在地面上，并在桩顶钉上钢钉作为标志；房屋外墙轴线测定以后，再根据建筑物平面图，将内部开间所有轴线都一一测出；最后根据中心轴线用石灰在地面上撒出基槽开挖边线；同时，在房屋四周设置龙门板(图 1-14)或者在轴线延长线上设置轴线控制桩(又称引桩)(图 1-15)，以便基础施工时复核轴线位置。附近若有建筑物，也可用经纬仪将轴线投测在建筑物的墙上。恢复轴线时，只要将经纬仪安置在某轴线一端的控制桩上，瞄准另一端的控制桩，该轴线即可恢复。为了控制基槽开挖深度，当快挖到槽底设计标高时，可用水准仪根据地面±0.000 水准点，在基槽壁上每隔 2～4 m 及拐角处打一水平桩(作为清理槽底和打基础垫层、控制高程的依据)，如图 1-16 所示。测设时，应使桩的上表面与槽底设计标高间的距离为整分米数。

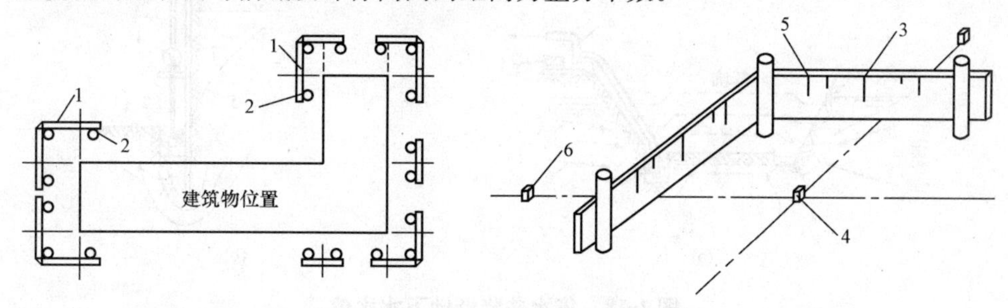

图 1-14　龙门板的设置

1—龙门板；2—龙门桩；3—轴线钉；4—角桩；5—灰线钉；6—轴线控制桩(引桩)

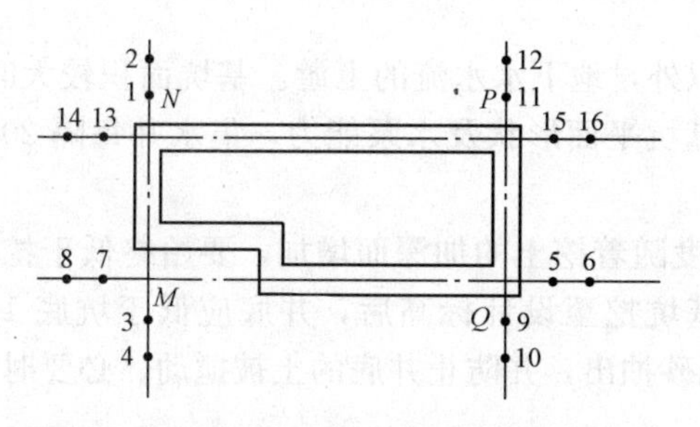

图 1-15　轴线控制桩(引桩)平面布置图

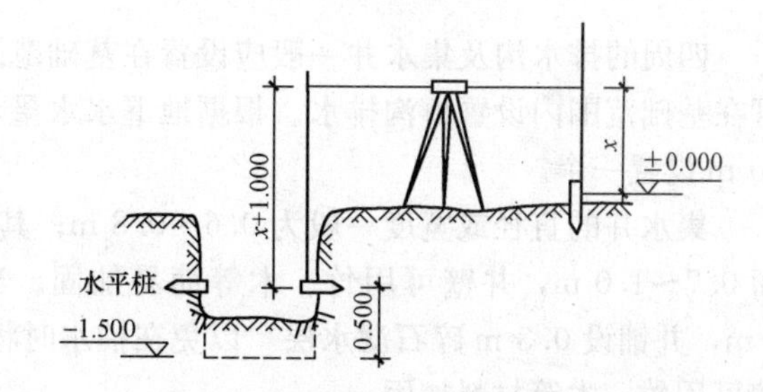

图 1-16　基槽底抄平水准测量示意

(2)柱基放线：在基坑开挖前，从设计图上核对基础的纵、横轴线编号和基础施工详图，根据柱子的纵、横轴线，用经纬仪在矩形控制网上测定基础中心线的端点，同时在每个柱基中心线上，测定基础定位桩，在每个基础的中心线上设置四个定位木桩，其桩位与基础开挖线的距离为 0.5～1.0 m。若基础之间的距离不大，可每隔 1～2 个或几个基础打一定位桩，但两定位桩的间距不宜超过 20 m，以便拉线恢复中间柱基的中线。在桩顶上钉钉，标明中心线的位置，然后按施工图上柱基的尺寸和已经确定的挖土边线的尺寸，放出基坑上口挖土灰线，标出挖土范围。当基坑挖到一定深度时，应在坑壁四周距离坑底设计高程 0.3～0.5 m 处测设几个水平桩，作为基坑修坡和检查坑深的依据，如图 1-17 所示。

大基坑开挖时，根据房屋的控制点用经纬仪放出基坑四周的挖土边线。

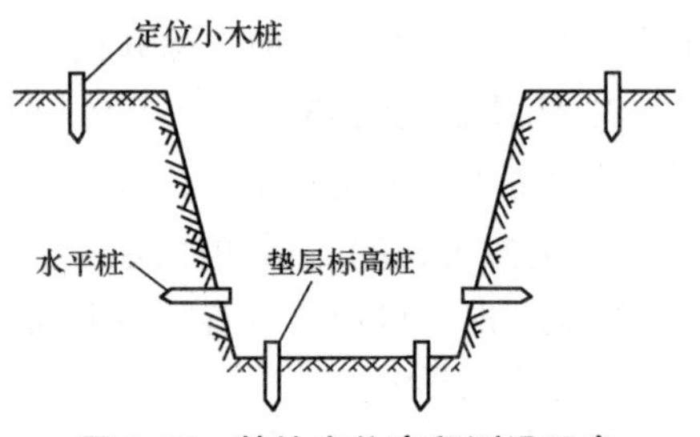

图 1-17　基坑定位高程测设示意

1.3.2　基坑(槽、沟)降水

在开挖基坑或沟槽时，土壤的含水层常被切断，导致地下水不断地渗入坑内。雨期施工时，地面水也会流入坑内。为了保证施工的正常进行，防止边坡塌方和地基承载能力的下降，必须做好基坑降水工作。基坑降水方法可分为明排水法(如集水井、明渠等)和人工降低地下水水位法两种。

1. 明排水法

施工现场常采用的方法是截流、疏导、抽取。截流是将流入基坑的水流截住；疏导是将积水疏干；抽取是在基坑或沟槽开挖时，在坑底设置集水井，并沿坑底的周围或中央开挖排水沟，使水由排水沟流入集水井内，然后用水泵抽出坑外(图 1-18)。

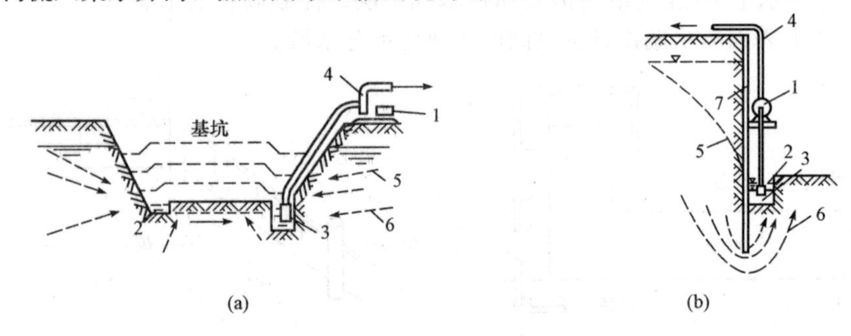

图 1-18　集水井降低地下水水位

(a)斜坡边沟；(b)直坡边沟

1—水泵；2—排水沟；3—集水井；4—压力水管；5—降落曲线；6—水流曲线；7—板桩

四周的排水沟及集水井一般应设置在基础范围以外，地下水水流的上游。基坑面积较大时，可在基础范围内设置盲沟排水。根据地下水水量、基坑平面形状及水泵能力，集水井每隔 20～40 m 设置一个。

集水井的直径或宽度一般为 0.6～0.8 m；其深度随着挖土的加深而增加，要始终低于挖土面 0.7～1.0 m，井壁可用竹、木等简易加固。当基坑挖至设计标高后，井底应低于坑底 1～2 m，并铺设 0.3 m 碎石滤水层，以免在抽水时将泥砂抽出，并防止井底的土被搅动。必要时坑壁可用竹、木等材料加固。

2. 人工降低地下水水位法

人工降低地下水水位就是在基坑开挖前，预先在基坑四周埋设一定数量的滤水管(井)，在基坑开挖前和开挖过程中，利用真空原理，不断抽出地下水，使地下水水位降低到坑底以下(图 1-19)，从根本上解决地下水涌入坑内的问题[图 1-20(a)]；防止边坡由于受地下水流的冲刷而引起的塌方[图 1-20(b)]；使坑底的土层消除地下水水位差引起的压力，也防止坑底土上冒[图 1-20(c)]；没有了水压力，可使板桩减少横向载荷[图 1-20(d)]；由于没有地下水的渗流，也就防止了流砂现象的产生[图 1-20(e)]。降低地下水水位后，由于土体固结，还能使土层密实，增加地基土的承载能力。

上述几点中，防治流砂是井点降水的主要目的。

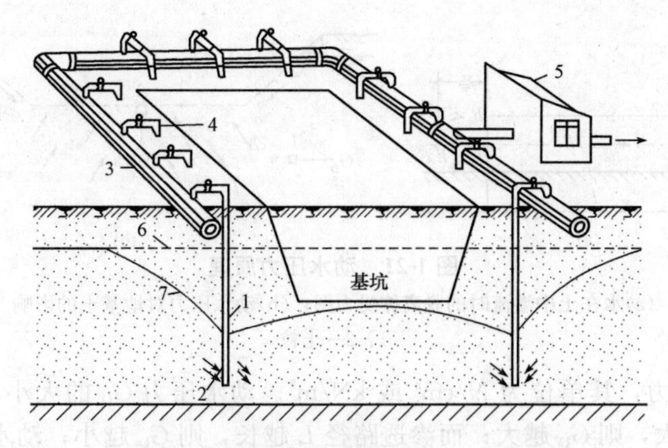

图 1-19 轻型井点降低地下水水位全貌

1—井点管；2—滤管；3—总管；4—弯联管；5—水泵房；
6—原有地下水水位线；7—降低后地下水水位线

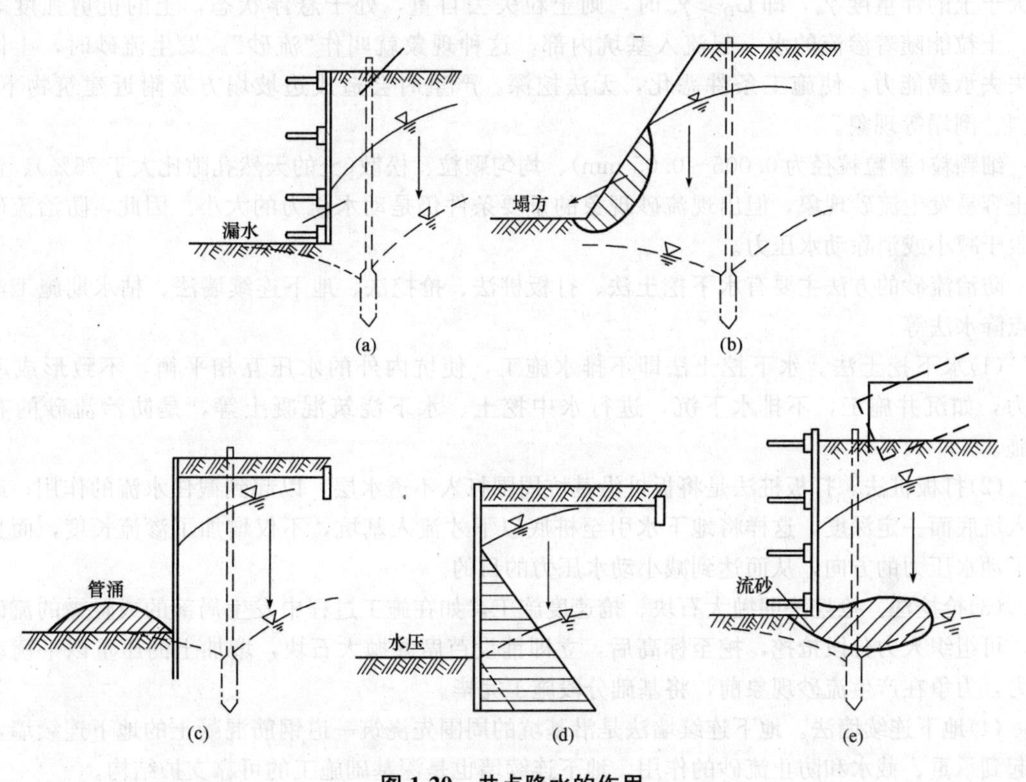

图 1-20 井点降水的作用

(a)防止涌水；(b)使边坡稳定；(c)防止土上冒；(d)减少横向载荷；(e)防止流砂

流砂现象是水在土中渗流所产生的动水压力对土体作用的结果。如图 1-21(a)所示，对截取的一段砂土脱离体(两端的高、低水头分别是 h_1、h_2)进行受力分析，可以轻易地得出动水压力的存在和大小。

水在土中渗流时，作用在砂土脱离体中的全部水体上的力如下：$\gamma_w h_1 F$ 为作用在土体左端 a—a 截面处的总水压力，其方向与水流方向一致(γ_w 为水的重度，F 为土截面面积)；$\gamma_w h_2 F$ 为作用在土体右端 b—b 截面处的总水压力，其方向与水流方向相反；TlF 为水渗流时整个水体受到土颗粒的总阻力(T 为单位体积土体阻力)，方向假设向右。

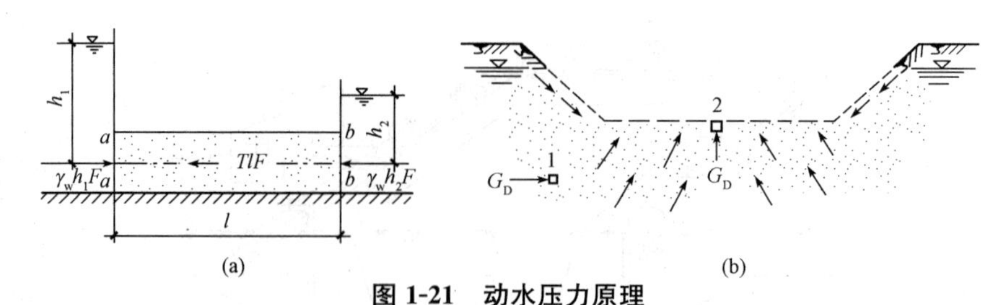

图 1-21　动水压力原理

(a)水在土中渗流时的脱离体受力图；(b)动水压力对地基土的影响

1、2—土粒

称 G_D 为动水压力，其单位为 N/cm^3 或 kN/m^3。动水压力 G_D 的大小与水力坡度成正比，即水位差 h_1-h_2 越大，则 G_D 越大；而渗透路径 L 越长，则 G_D 越小；动水压力的作用方向与水流方向(向右方向)相同。当水流在水位差的作用下对土颗粒产生向上的压力时，动水压力不但使土粒受到了水的浮力，而且还使土粒受到向上的动水压力的作用。如果动水压力等于或大于土的浮重度 γ'_w，即 $G_D \geqslant \gamma'_w$ 时，则土粒失去自重，处于悬浮状态，土的抗剪强度等于零，土粒能随着渗流的水一起流入基坑内部，这种现象就叫作“流砂”。发生流砂时，土体完全失去承载能力，使施工条件恶化，无法挖深。严重时会造成边坡塌方及附近建筑物下沉、倾斜、倒塌等现象。

细颗粒(颗粒粒径为 0.005～0.05 mm)、均匀颗粒、松散(土的天然孔隙比大于 75％)、饱和的土容易发生流砂现象，但出现流砂现象的重要条件仍是动水压力的大小。因此，防治流砂应着眼于减小或消除动水压力。

防治流砂的方法主要有水下挖土法、打板桩法、抢挖法、地下连续墙法、枯水期施工法及井点降水法等。

(1)水下挖土法。水下挖土法即不排水施工，使坑内外的水压互相平衡，不致形成动水压力，如沉井施工，不排水下沉，进行水中挖土、水下浇筑混凝土等，是防治流砂的有效措施。

(2)打板桩法。打板桩法是将板桩沿基坑周围打入不透水层，以起到截住水流的作用；或者打入坑底面一定深度，这样将地下水引至桩底以下才流入基坑，不仅增加了渗流长度，而且改变了动水压力的方向，从而达到减小动水压力的目的。

(3)抢挖法。抢挖法即抛大石块、抢速度施工，如在施工过程中发生局部的或轻微的流砂现象，可组织人力分段抢挖，挖至标高后，立即铺设芦席并抛大石块，增加土的压重以平衡动水压力，力争在产生流砂现象前，将基础分段施工完毕。

(4)地下连续墙法。地下连续墙法是沿基坑的周围先浇筑一道钢筋混凝土的地下连续墙，从而起到承重、截水和防止流砂的作用。地下连续墙也是深基础施工的可靠支护结构。

(5)枯水期施工法。枯水期施工法即选择枯水期间施工，由于此时地下水水位低，坑内外水位差小，动水压力减小，从而可预防和减轻流砂现象。

(6)井点降水法。以上几种方法都有较大的局限，应用范围窄，而采用井点降水法可将地下水水位降到基坑底以下，使动水压力方向朝下，增大土颗粒间的压力，则无论对细砂、粉砂，都一劳永逸地消除了流砂现象。井点降水法是避免流砂危害的常用方法。

3. 井点降水的种类

井点降水有两类：一类为轻型井点；另一类为管井井点。其中，轻型井点的应用最为广泛。各种井点降水方法一般根据土的渗透系数、降水深度、设备条件及经济性选用，可参照表 1-5 选择。

表 1-5　各种井点的适用范围

井点类型		土层渗透系数/(m·d^{-1})	降低水位深度/m
轻型井点	一级轻型井点	0.1～50	3～6
	二级轻型井点	0.1～50	6～12
	喷射井点	0.1～5	8～20
	电渗井点	<0.1	根据选用的井点确定
管井井点	管井井点	20～200	3～5
	深井井点	10～250	>15

4. 一般轻型井点设备

轻型井点设备由管路系统和抽水设备组成(图 1-22)，管路系统包括滤管、井点管、弯联管及总管等。滤管为进水设备，通常采用长为 1.0～1.5 m、直径为 38 mm 或 51 mm 的无缝钢管，管壁钻有直径为 12～18 mm 的呈梅花形排列的滤孔，滤孔面积为滤管表面积的 20%～25%(图 1-23)。骨架管外面包以两层孔径不同的滤网，内层为 30～50 孔/cm^2 的黄铜丝或尼龙丝布的细滤网，外层为 3～10 孔/cm^2 的同样材料的粗滤网或棕皮。为使流水畅通，在骨架管与滤管之间用塑料管或梯形铅丝隔开，塑料管沿骨架管绕成螺旋形。滤网外面再绕一层粗钢丝保护网，滤管下端为一铸铁塞头。滤管上端与井点管连接。

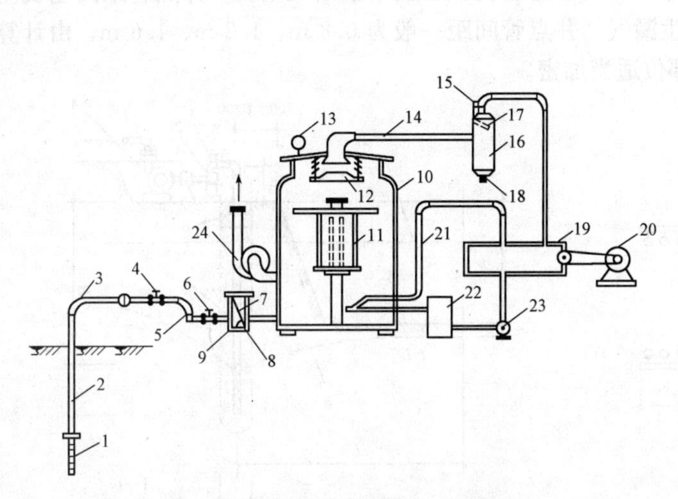

图 1-22　轻型井点设备的工作原理

1—滤管；2—井点管；3—弯联管；4、12—阀门；5—集水总管；6—闸门；7—滤网；8—过滤箱；9—掏砂孔；10—水气分离器；11—浮筒；13、15—真空计；14—进水；16—副水气分离器；17—挡水板；18—放水口；19—真空泵；20—电动机；21—冷却水管；22—冷却水箱；23—循环水泵；24—离心水泵

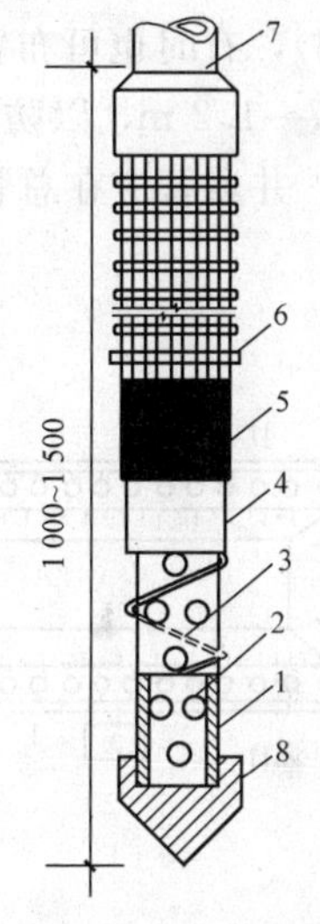

图 1-23　滤管构造

1—钢管；2—管壁上的小孔；3—缠绕的塑料管；4—细滤网；5—粗滤网；6—粗钢丝保护网；7—井点管；8—铸铁头管

井点管为直径为 38 mm 或 51 mm、长为 5～7 m 的钢管，可整根或分节组成。井点管的上端用弯联管与总管相连。集水总管为直径 100～127 mm 的无缝钢管，每段长 4 m，其上装有与井点管连接的短接头，间距为 0.8～1.6 m。

常用的抽水设备有真空泵、射流泵和隔膜泵井点设备。

一套抽水设备的负荷长度(即集水总管长度)为 100～120 m。常用的 W5、W6 型干式真空泵，其最大负荷长度分别为 100 m 和 120 m。

降水设备

5. 轻型井点的布置

井点系统的布置应根据基坑大小与深度、土质、地下水水位高低与流向、降水深度要求等确定。

(1)平面布置。当基坑或沟槽宽度小于 6 m，且降水深度不超过 5 m 时，可用单排线状井点布置(图 1-24)在地下水水流的上游一侧，两端延伸长度不小于坑槽宽度。

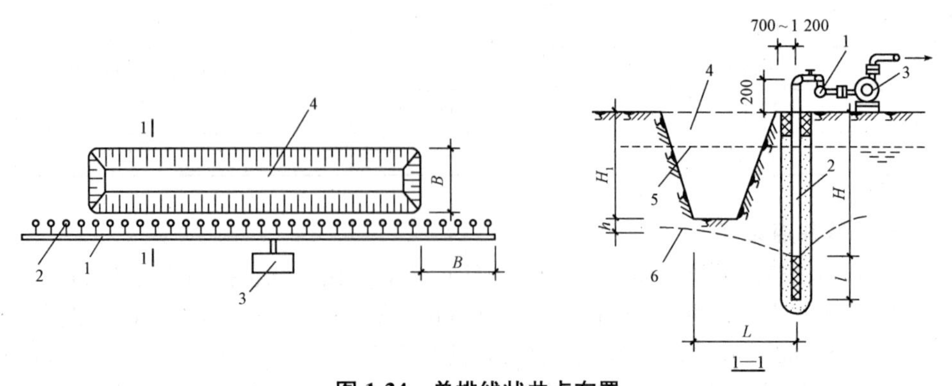

图 1-24　单排线状井点布置

1—集水总管；2—井点管；3—抽水设备；4—基坑；5—原地下水水位线；6—降低后的地下水水位线

如基坑或沟槽宽度大于 6 m 或土质不良，则用双排线状井点布置(图 1-25)，位于地下水流上游一排井点管的间距应小些，下游一排井点管的间距可大些。面积较大的基坑宜用环状井点布置(图 1-26)，有时也可布置成 U 形，以利于挖土机和运土车辆出入基坑。井点管距离基坑壁一般应为 0.7～1.2 m，以防局部发生漏气。井点管间距一般为 0.8 m、1.2 m、1.6 m，由计算或经验确定。井点管应在总管四角部位适当加密。

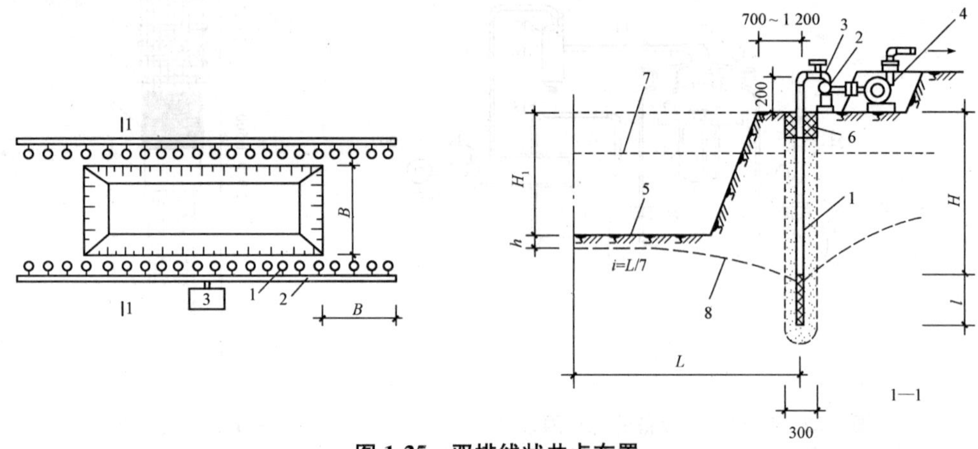

图 1-25　双排线状井点布置

1—井点管；2—集水总管；3—弯联管；4—抽水设备；5—基坑；

6—黏土封孔；7—原地下水水位线；8—降低后的地下水水位线

(2)高程布置。轻型井点的降水深度，从理论上讲可达 10.3 m，但由于管路系统的水头损失，其实际降水深度一般不超过 6 m。井点管埋设深度 H(不包括滤管)按下式计算：

$$H \geqslant H_1 + h + iL \tag{1-24}$$

式中　H_1——井点管埋设面至基坑底面的距离(m)；

h——降低后的地下水水位至基坑中心底面的距离，一般取 0.5～1.0 m；

i——水力坡度，根据实测：单排井点为 1/4～1/5，双排井点为 1/7，环状井点为 1/10～1/12；

L——井点管至基坑中心的水平距离，当井点管为单排布置时，L 为井点管至对边坡脚的水平距离。

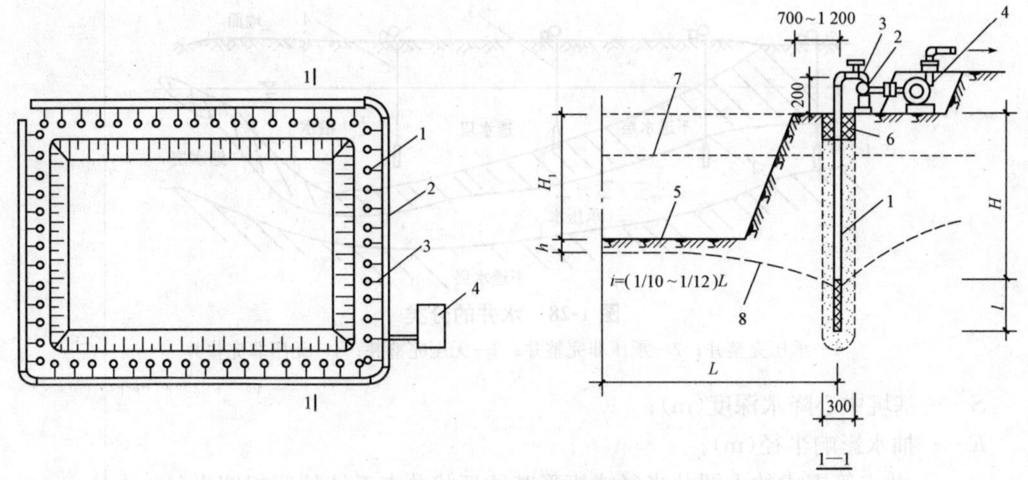

图 1-26　环状井点布置

1—井点管；2—集水总管；3—弯联管；4—抽水设备；5—基坑；6—黏土封孔；7—原地下水水位线；8—降低后的地下水水位线

根据式(1-24)计算出的 H 值，如大于 6 m，则应降低井点管抽水设备的埋置面，以适应降水深度要求，即将井点系统的埋置面接近原有地下水水位线(要事先挖槽)，在个别情况下甚至稍低于地下水水位(当上层土的土质较好时，先用集水井排水法挖去一层土，再布置井点系统)，以便充分利用抽吸能力，使降水深度增加。井点管露出地面的长度一般为 0.2～0.3 m，以便与弯联管连接。滤管必须埋在透水层内。

当一级轻型井点达不到降水要求时，可采用二级轻型井点降水，即先挖去第一级井点所疏干的土，再在其底部装设第二级井点(图 1-27)。

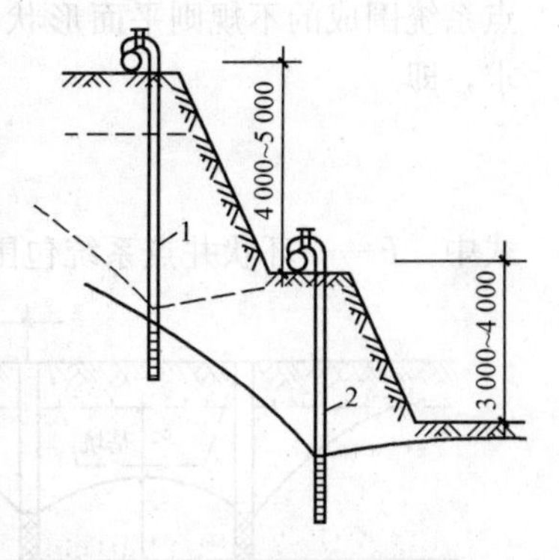

图 1-27　二级轻型井点示意

1—1 级井点管；2—2 级井点管

6. 轻型井点的计算

井点系统的设计计算必须建立在可靠资料的基础上，如施工现场地形图、水文地质勘查资料、基坑的设计文件等。设计内容除井点系统的布置外，还需确定井点的数量、间距、井点设备的选择等。

(1)井点系统的涌水量计算。井点系统所需井点管的数量，是根据其涌水量来确定的；而井点系统的涌水量，则按水井理论进行计算。根据井底是否达到不透水层，水井可分为完整井与非完整井：凡井底到达含水层下面的不透水层顶面的井称为完整井，否则称为非完整井。根据地下水有无压力，又分为无压井与承压井，如图 1-28 所示。各类井的涌水量计算方法不同，其中以无压完整井的理论较为完善。

1)无压完整井的环状井点系统涌水量。对于无压完整井[图 1-29(a)]的环状井点系统，涌水量计算公式为

$$Q=1.366K\frac{(2H-S)S}{\lg R-\lg x_0} \tag{1-25}$$

式中　Q——井点系统的涌水量(m^3/d)；

K——土的渗透系数(m/d)，可经实验室或现场抽水试验确定；

H——含水层厚度(m)；

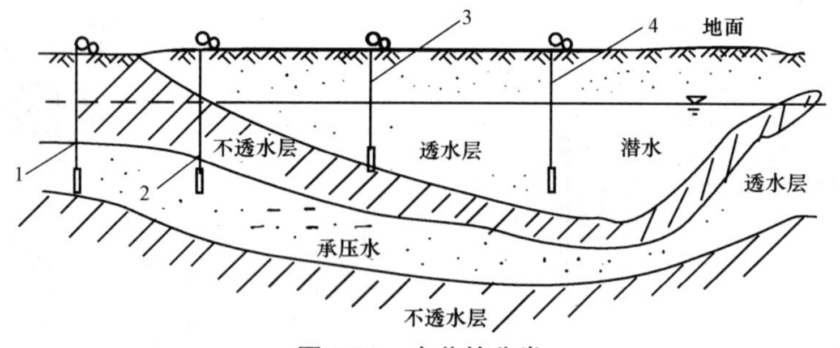

图 1-28　水井的分类

1—承压完整井；2—承压非完整井；3—无压完整井；4—无压非完整井

S——基坑中心降水深度(m)；

R——抽水影响半径(m)；

x_0——井点管围成的大圆井半径或矩形基坑环状井点系统的假想圆半径(m)。

应用式(1-25)计算涌水量时，需事先确定 x_0、R、K 的数据。由于式(1-25)的理论推导是从圆形井点系统假设而来的，试验证明，对于矩形基坑，当其长宽比不大于 5 时，可以将环状井点系统围成的不规则平面形状化成一个假想半径为 x_0 的圆井进行计算，计算结果符合工程要求，即

$$\pi x_0^2=F \quad \rightarrow \quad x_0=\sqrt{\frac{F}{\pi}} \tag{1-26}$$

式中　F——环状井点系统包围的面积(m^2)。

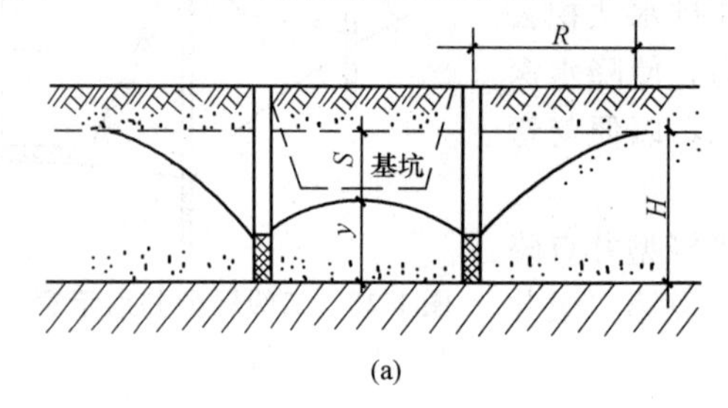

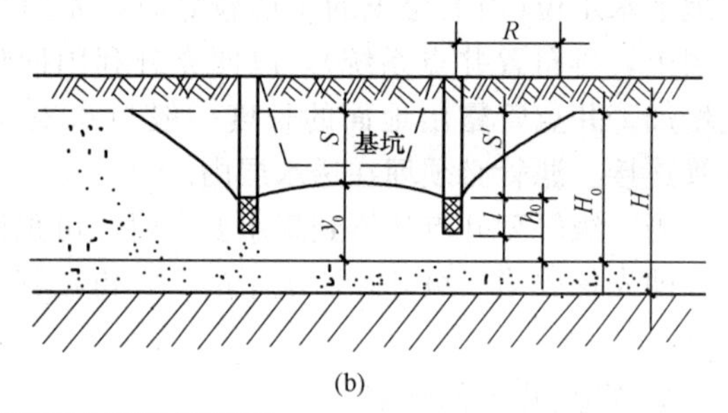

图 1-29　环状井点系统涌水量计算简图

(a)无压完整井；(b)无压非完整井

注意，当矩形基坑的长宽比大于 5，或基坑宽度大于 2 倍的抽水影响半径 R 时，不能直接利用现有的公式进行计算，需将基坑分成几小块，使其符合公式的计算条件，然后分别计算每小块的涌水量，再相加即得总涌水量。

抽水影响半径 R 是指井点系统抽水后地下水水位降落曲线稳定时的影响半径，其与土的渗透系数、含水层厚度、水位降低值及抽水时间等因素有关。在抽水 2～5 d 后，水位降落漏斗基本稳定，此时抽水影响半径可近似地按下式计算：

$$R=1.95S\sqrt{HK} \tag{1-27}$$

2)无压非完整井的环状井点系统涌水量。在实际工程中往往会遇到无压非完整井的井点系统[图 1-29(b)]，这时地下水不仅从井的侧面流入，还从井底渗入，因此，其涌水量要比完整井的大。为了简化计算，仍可采用式(1-25)。此时，仅将式中的 H 换成有效含水深度 H_0，即

$$Q=1.366K\frac{(2H_0-S)S}{\lg R-\lg x_0} \tag{1-28}$$

同样，式(1-27)换成

$$R=1.95S\sqrt{H_0K} \tag{1-29}$$

H_0 可查表 1-6 确定，当算得的 H_0 大于实际含水层的厚度 H 时，则仍取 H 值，视为无压完整井。

表 1-6　有效深度 H_0 值

$S'/(S'+l)$	0.2	0.3	0.5	0.8
H_0	$1.2(S'+l)$	$1.5(S'+l)$	$1.7(S'+l)$	$1.85(S'+l)$
注：S' 为井点管中水位降落值，l 为滤管长度。$S'/(S'+l)$ 的中间值可采用插入法求 H_0。				

3)承压完整井的环状井点系统涌水量。承压完整井的环状井点系统涌水量的计算公式为

$$Q=2.73K\frac{MS}{\lg R-\lg x_0} \tag{1-30}$$

式中　M——承压含水层深度(m)；

　　K，R，x_0，S——与式(1-25)相同。

(2)确定井点管数量及井管间距。确定井点管数量要先确定单根井管的出水量。单根井点管的最大出水量为

$$q=65\pi dl\sqrt[3]{K} \tag{1-31}$$

式中　d——滤管直径(m)；

　　l——滤管长度(m)；

　　K——渗透系数(m/d)。

井点管的最少数量由下式确定：

$$n=1.1\times\frac{Q}{q} \tag{1-32}$$

式中　1.1——考虑井点管堵塞等因素的放大备用系数。

井点管最大间距为

$$D=\frac{L}{n} \tag{1-33}$$

式中　L——集水总管长度(m)。

实际采用的井点管间距 D 应当与总管上接头尺寸相适应，即采用 0.8 m、1.2 m、1.6 m 或 2.0 m。

【例 1-3】 某工程开挖一矩形基坑，基坑底宽为 12 m，长为 16 m，基坑深为 4.5 m，挖土边坡为 1∶0.5，基坑的平、剖面如图 1-30 所示。经地质勘探，天然地面以下为 1.0 m 厚的黏土层，其下有 8 m 厚的中砂，渗透系数 $K=12$ m/d。再往下即离天然地面 9 m 以下不透水的黏土层。地下水水位在地面以下 1.5 m。若采用轻型井点降低地下水水位，试进行井点系统设计。

【解】 (1)井点系统的布置。为使总管接近地下水水位且不影响地面交通，考虑到天然地面以下 1.0 m 内的土质为有内聚力的黏土层，将总管埋设在地面下 0.5 m 处，即先挖 0.5 m 的沟槽，然后在槽底铺设总管。此时基坑上口平面尺寸 $A\times B$ 为

$$A\times B\doteq[16+2\times0.5\times(4.8-0.3-0.5)]\times[12+2\times0.5\times(4.8-0.3-0.5)]=20(\text{m})\times16(\text{m})$$

井点系统布置成环状，但为使反铲挖土机和运土车辆有开行路线，在地下水的下游方向一般布置成端部开口(本例开口 7 m)，另考虑总管距离基坑边缘 1.0 m，则总管长度为

$$L_{总}=[(16+2)+(20+2)]\times2-7=73(\text{m})$$

基坑短边井点管至基坑中心的水平距离为

$$L=\frac{12}{2}+0.5\times(4.8-0.3-0.5)+1.0=9(\text{m})$$

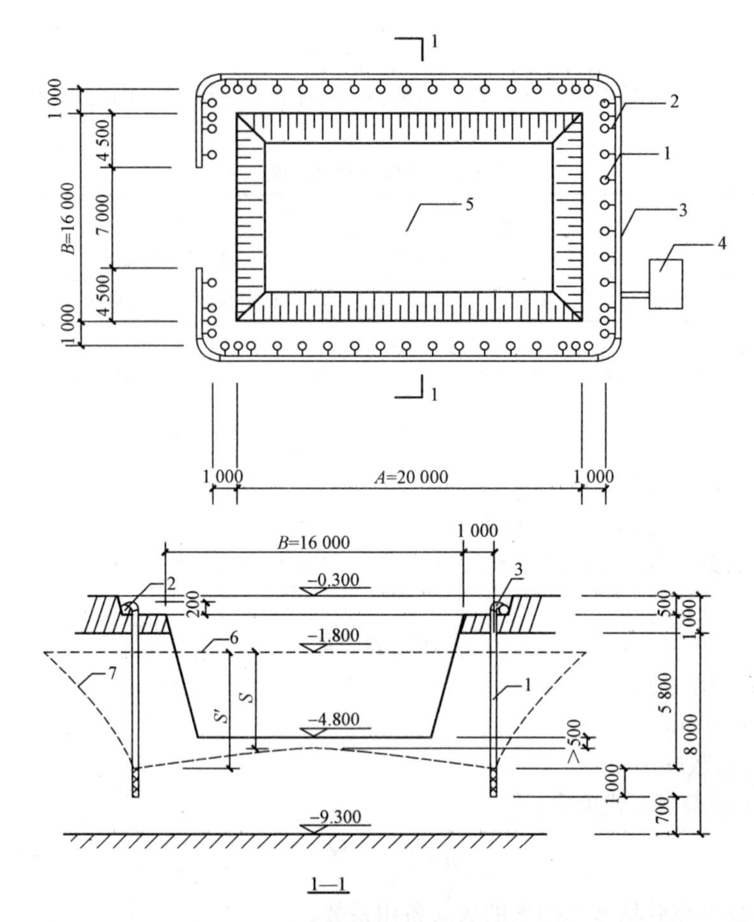

图 1-30　轻型井点布置计算实例示意

1—井点管；2—弯联管；3—集水总管；4—真空泵房；5—基坑；
6—原地下水水位线；7—降低后的地下水水位线

基坑中心要求降水深度为

$$S=(4.8-0.3)-1.5+0.5=3.5(\mathrm{m})$$

采用一级轻型井点，井点管的埋设深度 H(不包括滤管)按式(1-24)计算：

$$H \geqslant H_1+h+iL=(4.8-0.3-1.5)+0.5+\frac{1}{10}\times 9=5.4(\mathrm{m})$$

所用井点管长为 6.0 m，直径为 51 mm，滤管长度为 1.0 m。井点管露出地面 0.2 m，以便与总管连接。埋入土中 5.8 m(不包括滤管)，大于 5.4 m。

此时基坑中心实际降水深度应修正为

$$S=3.5+(6.0-0.2)-5.4=3.9(\mathrm{m})$$

井点管及滤管总长为 6.0+1.0=7.0(m)，滤管底部距不透水层为

$$(9.3-0.3)-(7.0-0.2)-0.5=1.7(\mathrm{m})>0$$

故可按无压非完整井的环状井点系统计算。

(2)基坑涌水量的计算。

基坑中心实际降水深度：$S=3.5+(6.0-0.2)-5.4=3.9(\mathrm{m})$

井点管中水位降落值：$S'=S+iL=3.9+\frac{1}{10}\times 9=4.8(\mathrm{m})$

有效含水深度 H_0 按表 1-6 求出：

由$\frac{S'}{S'+l}=\frac{4.8}{4.8+1.0}=0.83$得

$$H_0=1.85\times(S'+l)=1.85\times(4.8+1.0)=10.73(\mathrm{m})$$

实际含水层厚度：$H=9-1.5=7.5(\mathrm{m})$

由于$H_0>H$，取$H_0=H=7.5\ \mathrm{m}$

抽水影响半径R按式(1-29)计算：

$$R=1.95S\sqrt{H_0K}=1.95\times3.9\times\sqrt{7.5\times12}=72.15(\mathrm{m})$$

由于$20/16\leqslant5$，故矩形基坑环状井点系统的假想圆半径x_0按式(1-26)计算：

$$x_0=\sqrt{\frac{F}{\pi}}=\sqrt{\frac{18\times22}{\pi}}=11.23(\mathrm{m})$$

将以上各值代入式(1-28)得

$$Q=1.366K\frac{(2H_0-S)S}{\lg R-\lg x_0}=1.366\times12\times\frac{(2\times7.5-3.9)\times3.9}{\lg72.15-\lg11.23}=\sqrt{\frac{18\times22}{\pi}}=878.23(\mathrm{m^3/d})$$

(3)确定井点管数量及井点管间距。

单根井点管的最大出水量按式(1-31)计算：

$$q=65\pi dl\sqrt[3]{K}=65\times3.14\times0.051\times1.0\times\sqrt[3]{12}=28.83(\mathrm{m^3/d})$$

井点管数量按式(1-32)计算：

$$n=1.1\times\frac{Q}{q}=1.1\times\frac{878.23}{23.83}=40.5=41(根)$$

井点管最大间距按式(1-33)计算：

$$D=\frac{L_{总}}{n}=\frac{73}{41}=1.78(\mathrm{m})$$

因为实际采用的井点管间距D应当与总管上接头尺寸相适应，故井点管间距取1.60 m，则

$$n_{实}=\frac{L_{总}}{D_{总}}=\frac{73}{1.60}=45.6=46(根)$$

在基坑四角处井点管应加密，如考虑每个角加两根管，最后实际采用46+8=54(根)。

(4)选择抽水设备。抽水设备所带动的总管长度为80 m，可选用W5型干式真空泵一套。

水泵所需流量：

$$Q_1=1.1Q=1.1\times878.23=966.05(\mathrm{m^3/d})=40.25\ \mathrm{m^3/h}$$

水泵吸水扬程：

$$H_s\geqslant6.0+1.0=7.0(\mathrm{m})$$

根据Q_1及H_s选择3BL-9型离心泵(流量为45 $\mathrm{m^3/h}$，扬程为32.5 m)。实际施工选用两台，一台备用。

7. 井点管的埋设与使用

(1)井点管的埋设。轻型井点的施工，大致包括下列几个过程：准备工作、井点系统的埋设、使用及拆除。准备工作包括井点设备、动力、水源及必要材料的准备，排水沟的开挖，附近建筑物的标高观测以及防止附近建筑物沉降措施的实施。

埋设井点管的程序为：先排放总管，再埋设井点管，用弯联管将井点管与总管接通，然后安装抽水设备。

井点管的埋设一般用水冲法进行，并分为冲孔[图1-31(a)]与埋管[图1-31(b)]两个过程。

冲孔时，先用起重设备将冲管吊起并插在井点的位置上，然后开动高压水泵，将土冲松，冲管则边冲边沉。冲孔直径一般为300 mm，应保证井管四周有一定厚度的砂滤层，冲孔深度宜比滤管底深0.5 m左右，以防冲管拔出时部分土颗粒沉于底部而触及滤管底部。

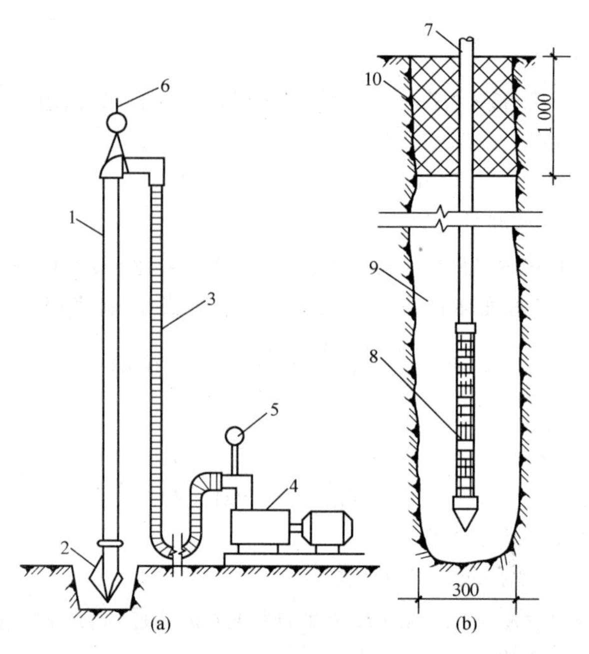

图 1-31　井点管的埋设

(a)冲孔；(b)埋管

1—冲管；2—冲嘴；3—胶皮管；4—高压水泵；5—压力表；

6—起重机吊钩；7—井点管；8—滤管；9—填砂；10—黏土封口

井孔冲成后，立即拔出冲管，插入井点管，并在井点管与孔壁之间迅速填灌砂滤层，以防孔壁塌土。砂滤层的填灌质量是保证轻型井点顺利抽水的关键。一般宜选用干净粗砂，填灌均匀，并填至滤管顶上 1～1.5 m，以保证水流畅通。

井点填砂后，在地面下 0.5～1.0 m 内须用黏土封口，以防漏气。

井点管埋设完毕后，应接通总管与抽水设备进行试抽水，检查有无漏水、漏气，出水是否正常，有无淤塞等现象，如有异常情况，须检修好后方可使用。

(2)井点管的使用。使用轻型井点时，应保证连续不断地抽水，并准备双电源。若时抽时停，滤网易堵塞，也容易抽出土粒，使水混浊，并引起附近建筑物地面由于土粒流失而沉降开裂。正常出水规律是"先大后小，先混后清"。抽水时需要经常观测真空度，以判断井点系统工作是否正常，真空度一般应不低于 55.3～66.7 kPa。造成真空度不够的原因较多，但通常是管路系统漏气，应及时检查并采取措施。

若井点管淤塞，一般通过听管内水流声响，手扶管壁有振动感，夏、冬季手摸管子有夏冷、冬暖感等简便方法检查。若发现淤塞井点管太多，严重影响降水效果，应逐根用高压水反向冲洗或拔出重埋。

地下构筑物竣工并回填土后，方可拆除井点系统。拔出井点管多借助倒链、起重机等，所留孔洞用砂或土填实，对地基有防渗要求的，地面上 2 m 应用黏土填实。

8. 回灌井点法

轻型井点降水有许多优点，在基础施工中得到广泛应用，但其影响范围较大，影响半径可达百米甚至数百米，且会导致周围土壤固结而引起地面沉陷；特别是在弱透水层和压缩性大的黏土层中降水时，由于地下水流造成的地下水水位下降、地基自重应力增加和土层压缩等原因，会产生较大的地面沉降；又由于土层的不均匀性和降水后地下水水位呈漏斗曲线，四周土层的自重应力变化不一而导致不均匀沉降，使周围建筑基础下沉或房屋开裂。

因此，在建筑物附近进行井点降水时，为防止降水影响或损害区域内的建筑物，必须阻止建筑物下地下水的流失。除可在降水区域和原有建筑物之间的土层中设置一道固体抗渗屏障(如水泥搅拌桩、灌注桩加压密注浆桩、旋喷桩、地下连续墙)外，常用回灌井点补充地下水的方法来保持地下水水位。回灌井点就是在降水井点与要保护的已有建(构)筑物之间打一排井点，在井点降水的同时，向土层中灌入足够数量的水，形成一道隔水帷幕，使井点降水的影响半径不超过回灌井点的范围，从而阻止回灌井点外侧的建(构)筑物下的地下水流失(图 1-32)，这样就可以避免因降水使地面发生沉降或减少沉降值。

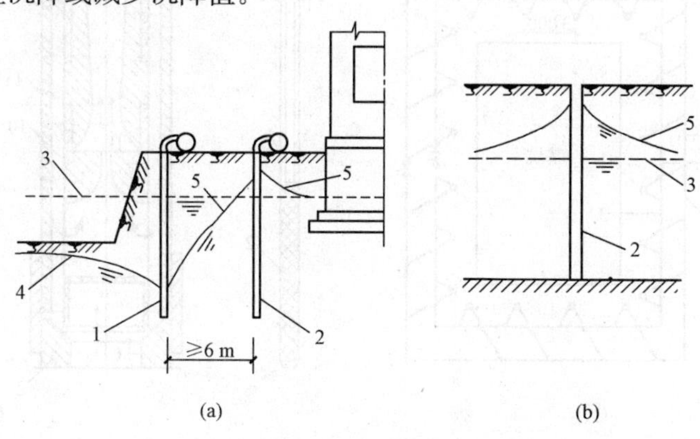

图 1-32　回灌井点布置

(a)回灌井点布置；(b)回灌井点水位图

1—降水井点；2—回灌井点；3—原水位线；4—基坑内降低后的水位线；5—回灌后水位线

为了防止降水和回灌两井相通，回灌井点与降水井点之间应保持一定的距离，一般不宜小于 6 m，否则，基坑内水位无法下降，失去降水的作用。回灌井点的深度一般以控制在长期降水曲线下 1 m 为宜，并应设置在渗透性较好的土层中。

为了观测降水及回灌后四周建筑物、管线的沉降情况及地下水水位的变化情况，必须设置沉降观测点及水位观测井，并定时测量和记录，以便及时调节灌、抽量，使灌、抽基本达到平衡，确保周围建筑物或管线等的安全。

9. 其他井点

(1)喷射井点(图 1-33)。当基坑开挖较深，采用多级轻型井点不经济时，宜采用喷射井点，其降水深度可达 20 m，特别适用于降水深度超过 6 m、土层渗透系数为 0.1～2 m/d 的弱透水层。

喷射井点根据其工作时使用液体和气体的不同，分为喷水井点和喷气井点两种，其设备主要由喷射井管、高压水泵(或空气压缩机)和管路系统组成。喷射井管由内管和外管组成，在内管下端装有喷射扬水器与滤管相连。当高压水流(0.7～0.8 MPa)经内、外管之间的环形空间通过扬水器侧孔流向喷嘴喷出时，在喷嘴处由于过水断面突然收缩变小，工作水流具有极高的流速(30～60 m/s)，在喷口附近造成负压，形成一定程度的真空，因而，将地下水经滤管吸入混合室与高压水汇合；流经扩散管时，由于截面扩大，水流速度相应减小，使水的压力逐渐升高，沿内管上升经排水总管排出。

(2)电渗井点(图 1-34)。电渗井点适用于土的渗透系数小于 0.1 m/d，用一般井点不可能降低地下水水位的含水层中，尤其适用于淤泥排水。

电渗井点的原理是在降水井点管的内侧打入金属棒(钢筋或钢管)，连以导线，当通以直流电后，土颗粒会发生从井点管(阴极)向金属棒(阳极)移动的电泳现象，而地下水则会出现从金属棒(阳极)向井点管(阴极)流动的电渗现象，从而达到软土地基排水的目的。

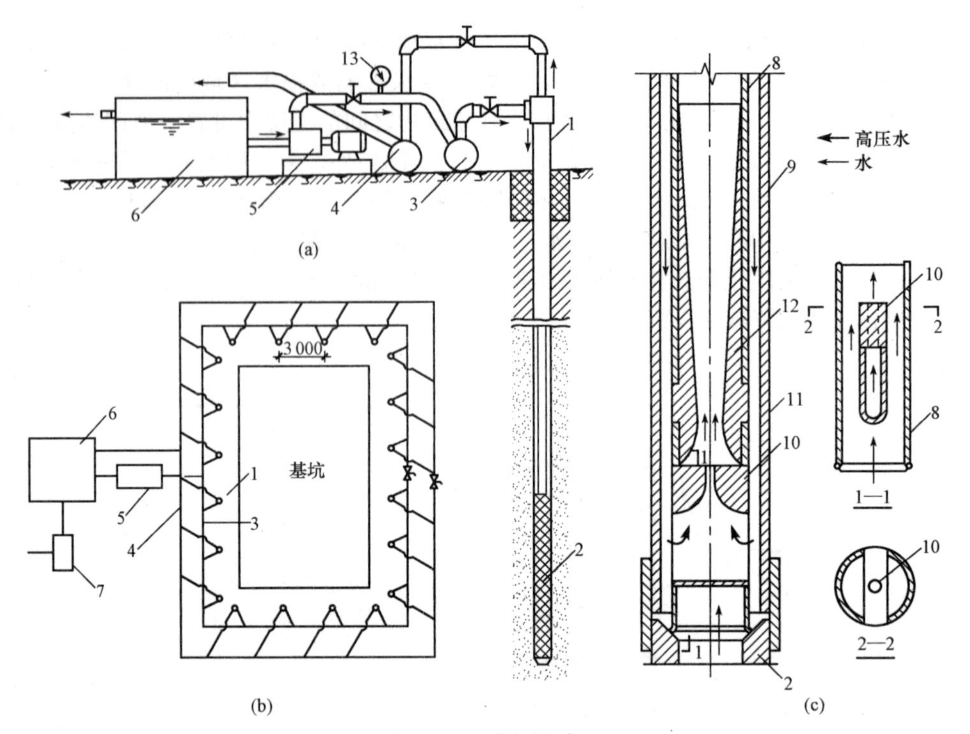

图 1-33　喷射井点

(a)喷射井点设备简图；(b)喷射扬水器详图；(c)喷射井点平面布置

1—喷射井管；2—滤管；3—进水总管；4—排水总管；5—高压水泵；6—集水池

7—水泵；8—内管；9—外管；10—喷嘴；11—混合室；12—扩散管；13—压力表

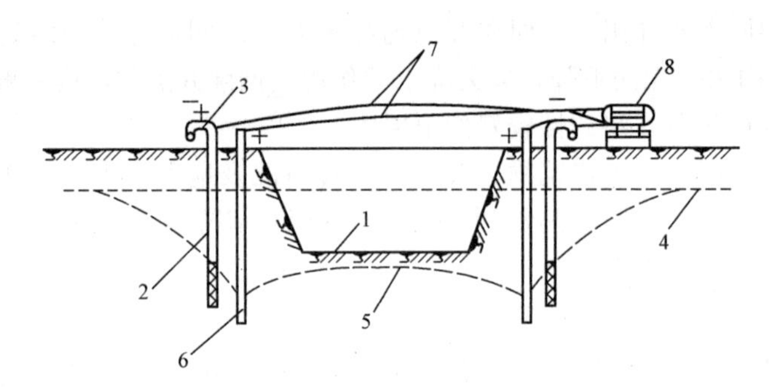

图 1-34　电渗井点

1—基坑；2—井点管；3—集水总管；4—原地下水水位；5—降低后的地下水水位

6—钢管或钢筋；7—线路；8—直流发电机或电焊机

电渗井点是以轻型井点管或喷射井点管作阴极，以 ϕ20～ϕ25 的钢筋或 ϕ50～ϕ75 的钢管作阳极，埋设在井点管内侧，与阴极并列或交错排列。当用轻型井点时，两者的距离为 0.8～1.0 m；当用喷射井点时，两者的距离为 1.2～1.5 m。阳极入土深度应比井点管深 500 mm，露出地面 200～400 mm。阴、阳极数量相等，分别用电线连成通路，接到直流发电机或直流电焊机的相应电极上。

(3)管井井点(图 1-35)。管井井点就是沿基坑每隔 20～50 m 设置一个管井，每个管井单独用一台水泵(潜水泵、离心泵)不断抽水来降低地下水水位。用此法可降低地下水水位 5～10 m，适用于土的渗透系数较大(K=20～200 m/d)且地下水含量大的砂类土层中。

如要求降水深度较大，在管井井点内采用一般离心泵或潜水泵不能满足要求时，可采用特制的深井泵，其降水深度可达 50 m。

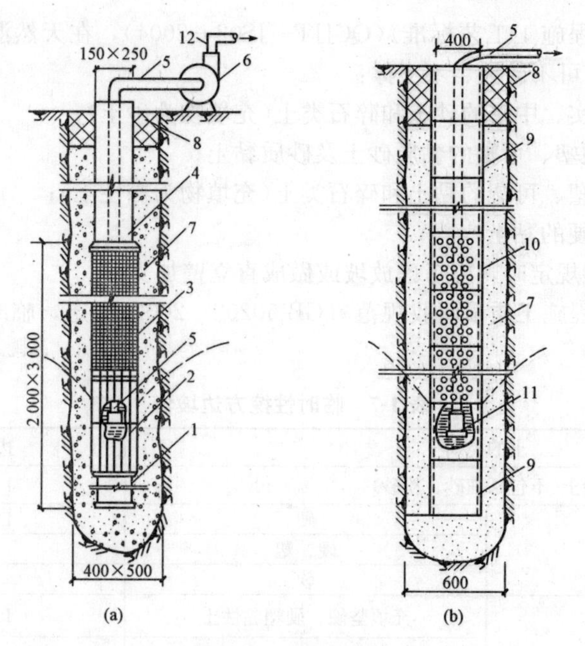

图 1-35　管井井点

(a)钢管管井；(b)混凝土管管井

1—沉砂管；2—钢筋焊接骨架；3—滤网；4—管身；5—吸水管；6—离心泵；7—小砾石过滤层；
8—黏土封口；9—混凝土实管；10—混凝土过滤管；11—潜水泵；12—出水管

近年来，在上海等地区应用较多的是带真空的深井泵，每个深井泵由井管和滤管组成，单独配备一台电动机和一台真空泵，可达到深层降水的目的，在渗透系数较小的淤泥质黏土中也能降水。

1.4　土方边坡与土壁支护

土壁主要是靠土体内部的摩擦阻力和黏结力来保持平衡。一旦土体失去平衡，土体就会塌方，这不仅会造成人身安全事故，同时也会影响工期，甚至还会危及附近的建筑物。

造成土壁塌方的原因主要有以下几项：

(1)边坡过陡，致使土体的稳定性不足，尤其是在土质差、开挖深度大的坑槽中。

(2)雨水、地下水渗入土中泡软土体，从而增加土的自重，同时降低土的抗剪强度，这是造成塌方的常见原因。

(3)基坑上口边缘附近大量堆土或停放机具、材料，或由于行车等动载荷，使土体中的剪应力超过土体的抗剪强度。

(4)土壁支撑强度遭到破坏，失效或刚度不足导致塌方。

为了防止塌方，保证施工安全，在基坑(槽)开挖时，可采取以下措施。

1.4.1　放足边坡

土方边坡坡度大小的留设应根据土质、开挖深度、开挖方法、施工工期、地下水水位、坡顶载荷及气候条件等因素确定。一般情况下，黏性土的边坡可陡些，砂性土则应平缓些；当基坑附近有主要建筑物时，边坡坡度应取 1∶1.0～1∶1.5。

根据《建筑结构工程施工工艺标准》(QCJJT—JS02—2004)，在天然湿度的土中，当挖土深度不超过下列数值时，可不放坡、不支撑：

深度≤1.0 m，密实、中密的砂土和碎石类土(充填物为砂土)；

深度≤1.25 m，硬塑、可塑的黏质砂土及砂质黏土；

深度≤1.5 m，硬塑、可塑的黏土和碎石类土(充填物为黏性土)；

深度≤2.0 m，坚硬的黏土。

挖方深度超过上述规定时，应考虑放坡或做成直立壁加支撑。

《建筑地基基础工程施工质量验收规范》(GB 50202—2002)规定，临时性挖方的边坡坡度应符合表1-7的规定。

表1-7 临时性挖方边坡值

土的类别		边坡坡度(高∶宽)
砂土(不包括细砂、粉砂)		1∶1.25～1∶1.50
一般性黏土	硬	1∶0.75～1∶1.00
	硬、塑	1∶1.00～1∶1.25
	软	1∶1.50或更缓
碎石类土	充填坚硬、硬塑黏性土	1∶0.50～1∶1.00
	充填砂土	1∶1.00～1∶1.50

注：1. 设计有要求时，应符合设计标准。
2. 如采用降水或其他加固措施，可不受本表限制，但应计算复核。
3. 开挖深度，对软土不应超过4 m，对硬土不应超过8 m。

1.4.2 设置支撑

基坑支护的施工方案

为了缩小施工面，减少土方，或受场地的限制不能放坡时，则可设置土壁支撑。表1-8所列为一般沟槽的支撑方法，主要采用横撑式支撑。表1-9所列为一般浅基坑的支撑方法，主要采用结合上端放坡并加以拉锚等单支点板桩或悬臂式板桩支撑，或采用重力式支护结构如水泥搅拌桩等。表1-10所列为一般深基坑的支撑(护)方法，主要采用多支点板桩。

表1-8 一般沟槽的支撑方法

支撑方式	简　图	支撑方式及适用条件
间断式水平支撑	木楔 横撑 水平挡土板	两侧挡土板水平放置，用工具式横撑或木横撑借木楔顶紧，挖一层土，支顶一层。 适用于能保持立壁的干土或天然湿度的黏土类土，地下水很少，深度在2 m以内
断续式水平支撑	立楞木 横撑 水平挡土板 木楔	挡土板水平放置，中间留出间隔，并在两侧同时对称立竖楞木，再用工具式横撑或木横撑上、下顶紧。 适用于能保持直立壁的干土或天然湿度的黏土类土，地下水很少，深度在3 m以内

续表

支撑方式	简　图	支撑方式及适用条件
连续式水平支撑	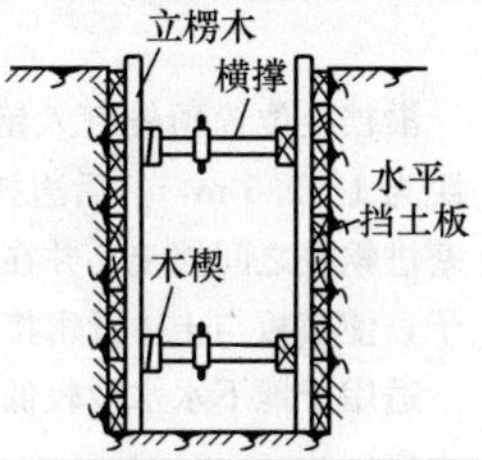 立楞木 横撑 水平挡土板 木楔	挡土板水平连续放置，不留间隙，然后两侧同时对称立竖楞木，上、下各顶一根撑木，端头加木楔顶紧。 适用于较松散的干土或天然湿度的黏土类土，地下水很少，深度为 3～5 m
连续或间断式垂直支撑	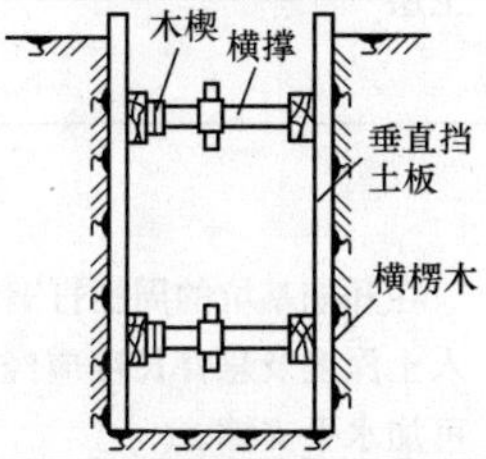 木楔 横撑 垂直挡土板 横楞木	挡土板垂直放置，连续或留适当间隙，然后每侧上、下各水平顶一根楞木，再用横撑顶紧。 适用于土质较松散或湿度很高的土，地下水较少，深度不限
水平垂直混合支撑	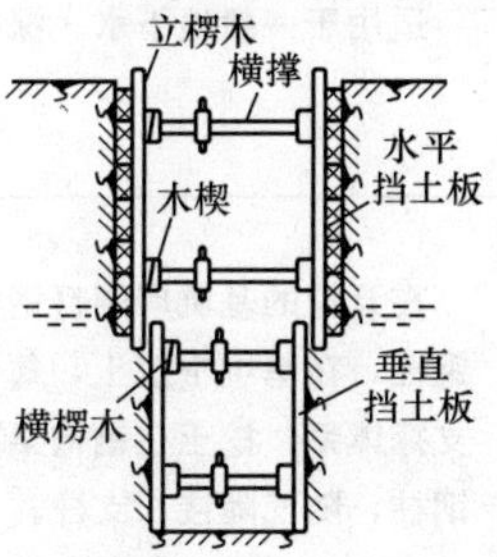 立楞木 横撑 水平挡土板 木楔 垂直挡土板 横楞木	沟槽上部连续或水平支撑，下部设连续或垂直支撑。 适用于沟槽深度较大，下部有含水土层的情况

表 1-9　一般浅基坑的支撑方法

支撑方式	简　图	支撑方式及适用条件
斜柱支撑	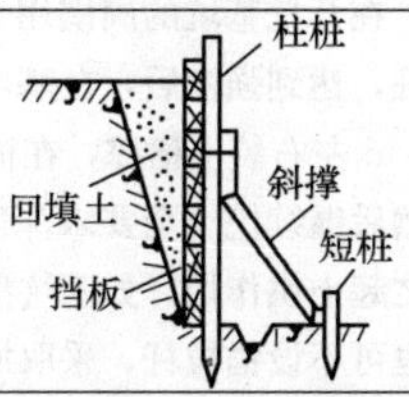 柱桩 回填土 斜撑 短桩 挡板	水平挡土板钉在柱桩内侧，柱桩外侧用斜撑支顶，斜撑底端支在木桩上，在挡土板内侧回填土。 适用于开挖较大型、深度不大的基坑或使用机械挖土的浅基坑
锚拉支撑	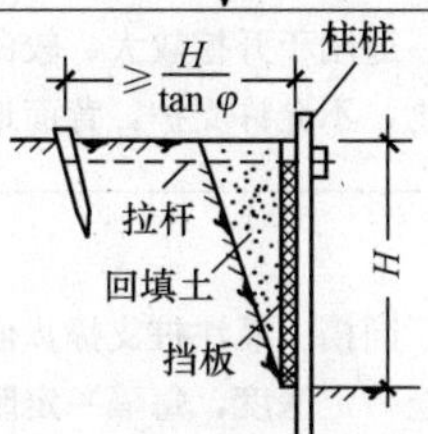 柱桩 $\geqslant\frac{H}{\tan\varphi}$ 拉杆 回填土 挡板 H	水平挡土板支在柱桩的内侧，柱桩一端打入土中，另一端用拉杆与锚桩拉紧，在挡土板内侧回填土。 适用于开挖较大型、深度不大的基坑或使用机械挖土而不能安设横撑的情况
短柱横隔支撑	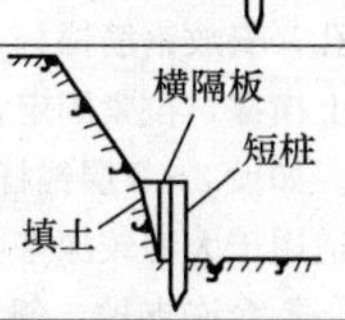 横隔板 短桩 填土	打入小短木桩，部分打入土中，部分露出地面，钉上水平挡土板，在背面填上捣实。 适用于开挖宽度大的基坑，当部分地段下部放坡不够的情况
临时挡土墙支撑	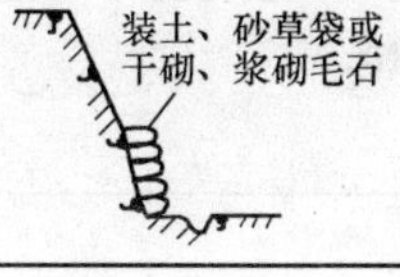 装土、砂草袋或干砌、浆砌毛石	沿坡脚用砖、石叠砌或用草袋装土砂堆砌，使坡脚保持稳定。 适用于开挖宽度大的基坑，当部分地段下部放坡不够时

表 1-10　一般深基坑的支撑(护)方法

支撑(护)方式	简　图	支撑(护)方式及适用条件
型钢桩横挡板支撑	型钢桩　挡土板　1　1　楔子　型钢桩　挡土板　1—1	沿挡土位置预先打入钢轨、工字钢或 H 型钢桩，间距为 1～1.5 m，然后边挖方边将 3～6 cm 厚的挡土板塞进钢桩之间挡土，并在横向挡板与型钢桩之间打入楔子，使横板与土体紧密接触。 适用于地下水水位较低，深度不很大的一般黏性或砂土层
钢板桩支撑	钢板桩　横撑　水平支撑	在开挖基坑的周围打钢板桩或钢筋混凝土板桩，板桩入土深度及悬臂长度应经计算确定，如基坑宽度很大，可加水平支撑。 适用于一般地下水、深度和宽度不很大的黏性砂土层
钢板桩与钢构架结合支撑	钢板桩　钢横撑　钢支撑　钢横撑　钢柱	在开挖的基坑周围打钢板桩，在柱位置上打入暂设的钢柱，在基坑中挖土，每下挖 3～4 m，装上一层构架支撑体系，挖土在钢构架网格中进行，也可不预先打入钢柱，随挖随接长支柱。 适用于在饱和软弱土层中开挖较大、较深的基坑，钢板桩刚度不够的情况
挡土灌注桩支撑	锚桩　钢横撑　拉杆　钻孔灌注桩	在开挖基坑的周围用钻机钻孔，现场灌注钢筋混凝土桩，达到强度后，在基坑中间用机械或人工挖土，下挖 1 m 左右装上横撑，在桩背面装上拉杆与已设锚桩拉紧，然后继续挖土至要求深度。在桩间土方挖成外拱形，使之起土拱作用。如基坑深度小于 6 m，或邻近有建筑物，也可不设锚拉杆，采取加密桩距或加大桩径处理。 适用于开挖较大、较深(>6 m)的基坑，临近有建筑物，不允许支护，背面地基有下沉、位移的情况
挡土灌注桩与土层锚杆结合支撑	钢横撑　钻孔灌注桩　土层锚桩	同挡土灌注桩支撑，但在桩顶不设锚桩锚杆，而是挖至一定深度，每隔一定距离向桩背面斜下方用锚杆钻机打孔，安放钢筋锚杆，用水泥压力灌浆，达到强度后，安上横撑，拉紧固定，在桩中间进行挖土，直至设计深度。如设 2～3 层锚杆，可挖一层土，装设一次锚杆。 适用于大型较深基坑，施工工期较长，邻近有高层建筑，不允许支护，邻近地基不允许有任何下沉位移的情况

续表

支撑(护)方式	简　图	支撑(护)方式及适用条件
挡土灌注桩与旋喷桩组合支护	挡土灌注桩 旋喷桩 1—1 旋喷桩 1 1 挡土灌注桩	在深基坑内侧设置直径为 0.6～1.0 m 的混凝土灌注桩，间距为 1.2～1.5 m；在紧靠混凝土灌注桩的外侧设置直径为 0.8～1.5 m 的旋喷桩，以旋喷水泥浆的方式使水泥土桩与混凝土灌注桩紧密结合，组成一道防渗屏障，其既可起抵抗土压力、水压力的作用，又能起挡水抗渗的作用；挡土灌注桩与旋喷桩采取分段间隔施工。当基坑为淤泥质土层，有可能在基坑底部产生管涌、涌泥现象时，也可在基坑底部以下用旋喷桩封闭。在混凝土灌注桩外侧设旋喷桩，有利于支护结构的稳定，防止边坡坍塌、渗水和管涌等现象发生。 适用于土质条件差、地下水水位较高，要求既挡土又挡水防渗的支护工程
双层挡土灌注桩支护	圈梁 前排桩 $H \geq 7.5$ m 后排桩 1—1 后排桩 2 000 1 200 1 1 圈梁 前排桩	将挡土灌注桩在平面布置上由单排桩改为双排桩，呈对应或梅花式排列，桩数保持不变，双排桩的桩径 d 一般为 400～600 mm，排距 L 为(1.5～3)d，在双排桩顶部设圈梁使其成为整体刚架结构。也可在基坑每侧中段设双排桩，而在四角仍采用单排桩。采用双排桩支护可使支护整体刚度增大，桩的内力和水平位移减小，提高护坡效果。 适用于基坑较深，采用单排混凝土灌注桩挡土，强度和刚度均不能胜任的情况
地下连续墙支护	地下室梁板 地下连续墙	在开挖的基坑周围，先建造混凝土或钢筋混凝土地下连续墙，达到强度后，在墙中间用机械或人工挖土至要求深度。跨度、深度很大时，可在内部加设水平支撑及支柱。用于逆作法施工，每下挖一层，把下一层梁、板、柱浇筑完成，以此作为地下连续墙的水平框架支撑，如此循环作业，直到地下室的底层全部挖完土，浇筑完成。 适用于开挖较大、较深(>10 m)，有地下水，周围有建筑物、公路的基坑，或用于高层建筑的逆作法施工，作为地下室结构的部分外墙
地下连续墙与土层锚杆结合支护	锚头垫座 地下连续墙 土层锚杆	在开挖基坑的周围先建造地下连续墙支护，在墙中部用机械配合人工开挖土方至锚杆部位，用锚杆钻机在要求位置钻孔，放入锚杆，进行灌浆，待达到强度，装上锚杆横梁，或锚头垫座，然后继续下挖至要求深度，如设 2～3 层锚杆，每挖一层，装一层，采用快凝砂浆灌浆。 适用于开挖较大、较深(>10 m)且有地下水的大型基坑，周围有高层建筑，不允许支护有变形、采用机械挖方、要求有较大空间、不允许内部设支撑的情况

支撑(护)方式	简　图	支撑(护)方式及适用条件
土层锚杆支护	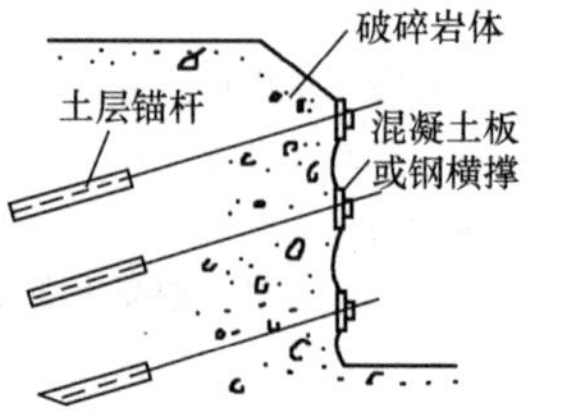 破碎岩体 土层锚杆 混凝土板或钢横撑	沿开挖基坑边坡每 2～4 m 设置一层水平土层锚杆，直到挖土至要求深度。 适用于较硬土层或破碎岩石中开挖较大、较深基坑，邻近有建筑物必须保证边坡稳定的情况
板桩(灌注桩)中央横顶支撑	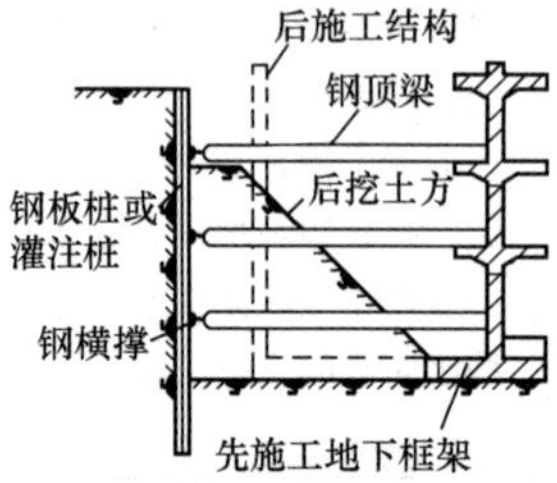 后施工结构 钢顶梁 后挖土方 钢板桩或灌注桩 钢横撑 先施工地下框架	在基坑周围打板桩或设挡土灌注桩，在内侧放坡，挖中间部分土方到坑底，先施工中间部分结构至地面，然后利用此结构做支承向板桩(灌注桩)支水平横顶撑，挖除放坡部分土方，每挖一层，支一层水平横顶撑，直到设计深度，最后再建该部分结构。 适用于开挖较大、较深的基坑，以及支护桩刚度不够，又不允许设置过多支撑的情况
板桩(灌注桩)中央斜顶支撑	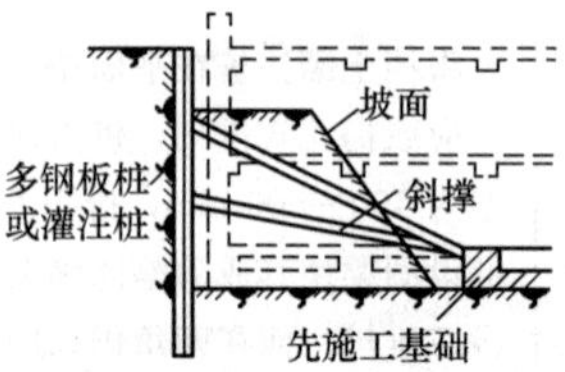 坡面 多钢板桩或灌注桩 斜撑 先施工基础	在基坑周围打板桩或设挡土灌注桩，在内侧放坡，挖中间部分土方到坑底，并先施工好中间部分基础，再从基础向桩上方支斜顶撑，然后再把放坡的土方挖除，每挖一层，支一层斜撑，直至坑底，最后建该部分结构。 适用于开挖较大、较深基坑，支护桩刚度不够，坑内不允许设置过多支撑的情况
分层板桩支撑	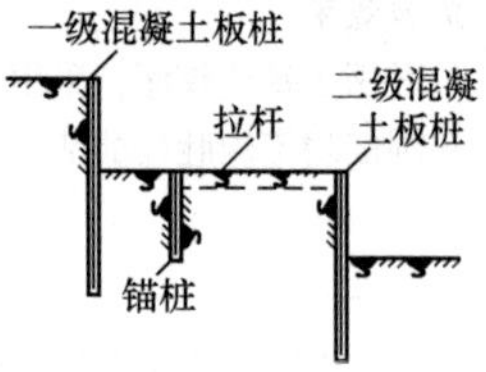 一级混凝土板桩 拉杆 二级混凝土板桩 锚桩	开挖厂房群基础，周围先打支护板桩，然后在内侧挖土方至群基础底标高，再在中部主体深基础四周打二级支护板桩，挖主体深基础土方，施工主体结构至地面，最后施工外围群基础。 适用于开挖较大、较深基坑，中部主体与周围群基础标高不等，而又无重型板桩的情况

1.5　土方开挖机械

土方工程的施工过程包括土方开挖、运输、填筑与压实等。由于土方工程量大、劳动繁重，施工时应尽可能采用机械化、半机械化施工，以减少体力劳动，加快施工进度，降低工程造价。常用土方施工机械及其施工方法如下。

1.5.1　推土机

推土机是土方工程施工的主要机械之一，是在履带式拖拉机上安装推土铲刀等工作装置而成的机械。按铲刀的操作机构不同，推土机分为索式和液压式两种。索式推土机的铲刀借本身自重切入土中，在硬土中切土深度较小；液压式推土机由于用液压操纵，能使铲刀强制性地切入土中，切入深度较大。同时，液压式推土机的铲刀还可以调整角度，具有更大的灵活性，是目前常用的一种推土机(图 1-36)。

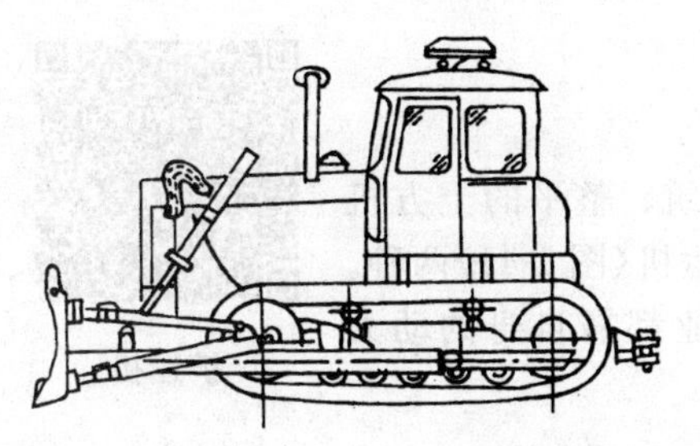
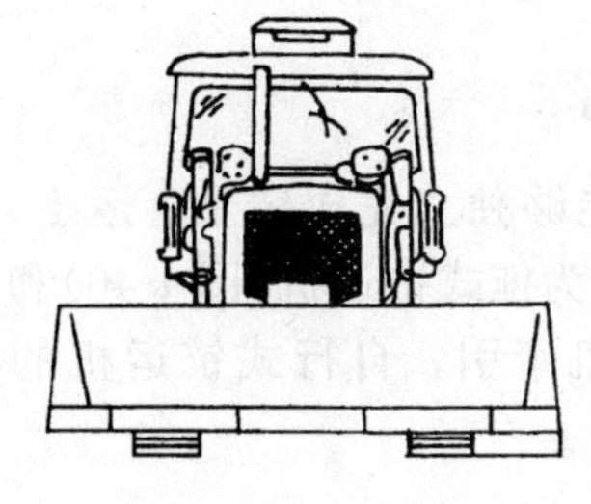

图 1-36 液压式推土机外形

推土机

推土机操作灵活，运转方便，所需工作面较小，行驶速度快，易于转移，能爬 30°左右的缓坡，因此应用范围较广，适用于开挖一至三类土，多用于下列情况：挖土深度不大的场地平整，开挖深度不大于 1.5 m 的基坑，回填基坑和沟槽，堆筑高度在 1.5 m 以内的路基、堤坝，平整其他机械卸置的土堆，推送松散的硬土、岩石和冻土，配合铲运机进行助铲，配合挖土机施工，为挖土机清理余土和创造工作面。另外，将铲刀卸下后，它还能牵引其他无动力的土方施工机械，如拖式铲运机、松土机、羊足碾等，进行其他土方施工过程的施工。

推土机的运距宜在 100 m 以内，效率最高的推运距离为 40～60 m。为提高生产率，推土机可采用下述方法施工：

(1)下坡推土(图 1-37)。推土机顺地面坡势沿下坡方向推土，借助机械往下的重力作用，增大铲刀的切土深度和运土数量，提高推土机的能力，缩短推土时间，一般可提高 30%～40% 的作业效率；但坡度不宜大于 15°，以免后退时爬坡困难。

(2)槽形推土(图 1-38)。当运距较远、挖土层较厚时，利用已推过的土槽再次推土，可以减少铲刀两侧土的散漏，作业效率可提高 10%～30%。槽深以 1 m 左右为宜，槽间土埂宽约为 0.5 m。推出多条槽后，再将土埂推入槽内，然后运出。

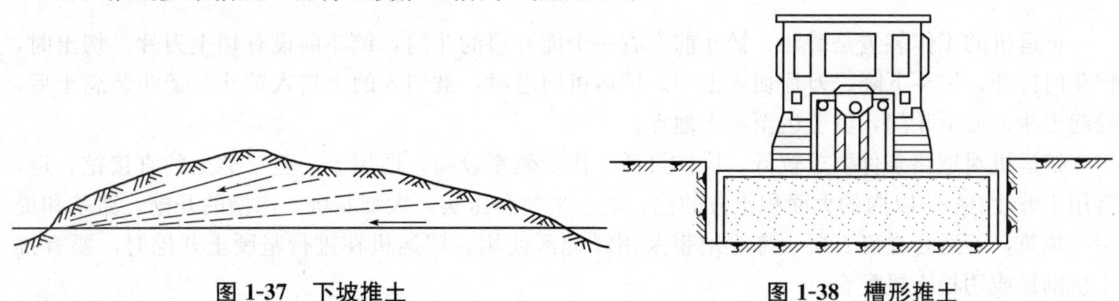

图 1-37 下坡推土　　图 1-38 槽形推土

另外，推运疏松土壤且运距较大时，还应在铲刀两侧装置挡板，以增加铲刀前土的体积，减少土向两侧的散失。在土层较硬的情况下，则可在铲刀前面装置活动松土齿，当推土机倒退回程时，即可将土翻松，减少切土时的阻力，从而提高切土运行速度。

(3)并列推土。对于大面积的施工区，可用 2～3 台推土机并列推土(图 1-39)。推土时，两铲刀宜相距 15～30 cm，这可以减少土的散失且增大推土量，提高 15%～30%的生产率。但平均运距不宜超过 50～75 m，也不宜小于 20 m，且推土机数量不宜超过 3 台，否则倒车不便，行驶不一致，反而影响作业效率。

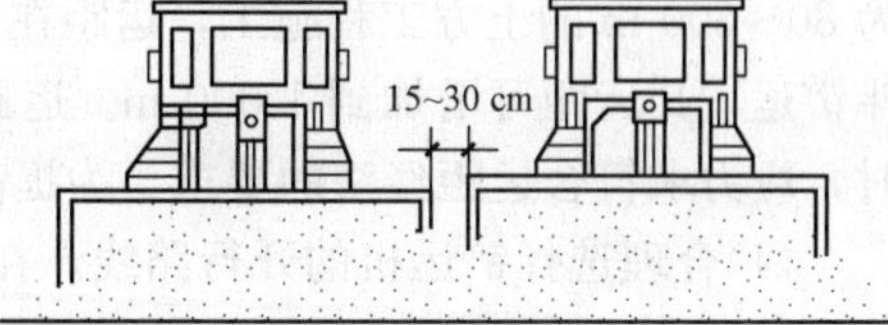

图 1-39 并列推土

(4)分批集中，一次推送。当运距较远而土质又比较坚硬时，由于切土的深度不大，宜采用多次铲土、分批集中、一次推送的方法，使铲刀前保持满载，以提高作业效率。

1.5.2 铲运机

铲运机

铲运机是一种能够独立完成铲土、运土、卸土、填筑、整平的土方机械，按行走机构可分为拖式铲运机(图 1-40)和自行式铲运机(图 1-41)两种。拖式铲运机由拖拉机牵引，自行式铲运机的行驶和作业都靠自身的动力设备。

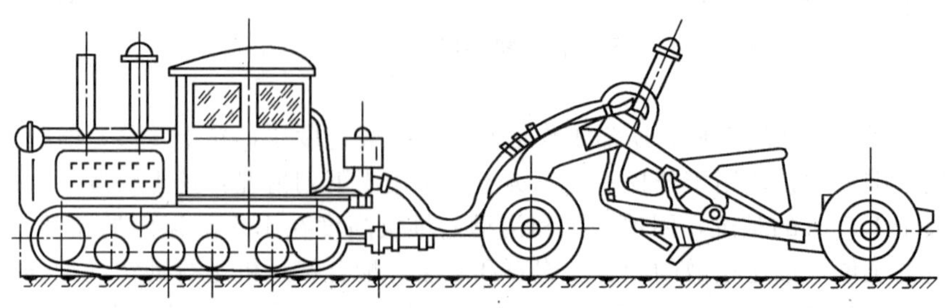

图 1-40 拖式铲运机外形

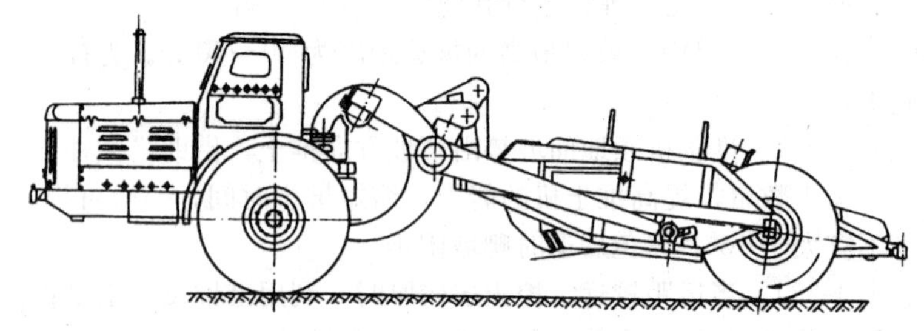

图 1-41 自行式铲运机外形

铲运机的工作装置是铲斗，铲斗前方有一个能开启的斗门，铲斗前设有切土刀片。切土时，铲斗门打开，铲斗下降，刀片切入土中。铲运机前进时，被切入的土挤入铲斗；铲斗装满土后，提起土斗，放下斗门，将土运至卸土地点。

铲运机对道路条件要求较低，操作灵活，作业效率较高，适用于一至三类土的直接挖、运，常用于坡度在 20°以内的大面积土方的挖、填、平整和压实，大型基坑、沟槽的开挖，路基和堤坝的填筑，不适合在砾石层、冻土地带及沼泽地区使用。铲运机在进行坚硬土开挖时，要有推土机助铲或用松土机配合。

在土方工程中，常使用的铲运机的铲斗容量为 2.5～8 m^3；自行式铲运机适用于运距为 800～3 500 m 的大型土方工程施工，以运距在 800～1 500 m 时作业效率最高；拖式铲运机适用于运距为 80～800 m 的土方工程施工，运距在 200～350 m 时作业效率最高，如果采用双联铲运或挂大斗铲运，其运距可增加到 1 000 m。运距与生产率密切相关，因此，在规划铲运机的运行路线时，应力求符合运距经济的要求。为提高作业效率，一般采用下述方法：

(1)合理选择铲运机的开行路线。在场地平整施工中，铲运机的开行路线应根据场地挖、填方区分布的具体情况合理选择，这与提高铲运机的生产率有很大关系。铲运机的开行路线一般有以下几种：

1)环形路线。当地形起伏不大，施工地段较短时，多采用环形路线[图 1-42(a)、(b)]。环形路线每一循环只完成一次铲土和卸土、挖土和填土交替；挖填之间距离较短时，则可采用大循环路线[图 1-42(c)]，一个循环能完成多次铲土和卸土，这样可减少铲运机的转弯次数，提高作业效率。

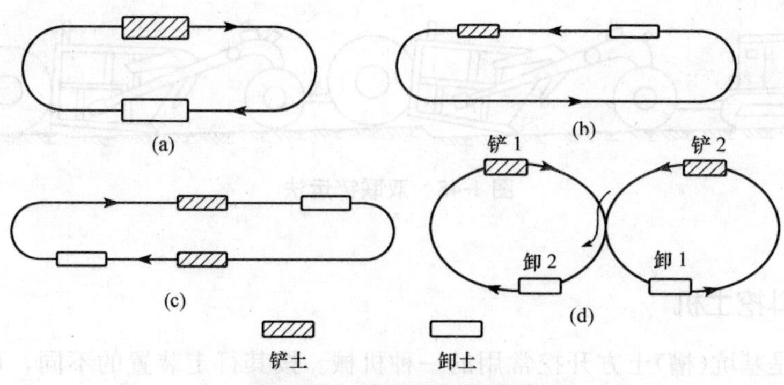

图 1-42 铲运机开行路线

(a)、(b)环形路线；(c)大循环路线；(d)"8"字形路线

2)"8"字形路线。施工地段较长或地形起伏较大时，多采用"8"字形路线[图 1-42(d)]。采用这种开行路线时，铲运机在上下坡时是斜向行驶，受地形坡度限制小；一个循环中两次转弯方向不同，可避免机械行驶时的单侧磨损；一个循环完成两次铲土和卸土，减少了转弯次数及空车行驶距离，也可缩短运行时间，提高作业效率。

需要注意的是，铲运机应避免在转弯时铲土，否则，铲刀可能因受力不均引起翻车事故。因此，为了充分发挥铲运机的效能，保证其能在直线段上铲土并装满土斗，要求铲土区应有足够的最小铲土长度。

(2)下坡铲土。铲运机利用地形进行下坡推土，借助铲运机的重力，加深铲斗切土深度，缩短铲土时间；但纵坡不得超过 25°，横坡不大于 5°，且铲运机不能在陡坡上急转弯，以免翻车。

(3)跨铲法(图 1-43)。铲运机间隔铲土，预留土埂。这样，在间隔铲土时由于形成一个土槽，减少了向外撒土量；铲土埂时，铲土阻力减小。一般土埂高度不大于 300 mm，宽度不大于拖拉机两履带间的净距。

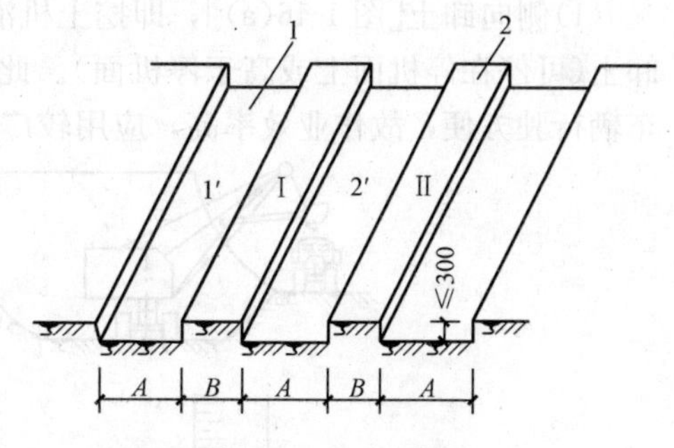

图 1-43 跨铲法

1—沟槽；2—土埂

A—铲土宽；*B*—不大于拖拉机履带净距

(4)推土机助铲(图 1-44)。地势平坦、土质较坚硬时，可用推土机在铲运机后面顶推，以增大铲刀切土能力，缩短铲土时间，提高作业效率。推土机在助铲的空隙可兼做松土或平整工作，为铲运机创造作业条件。

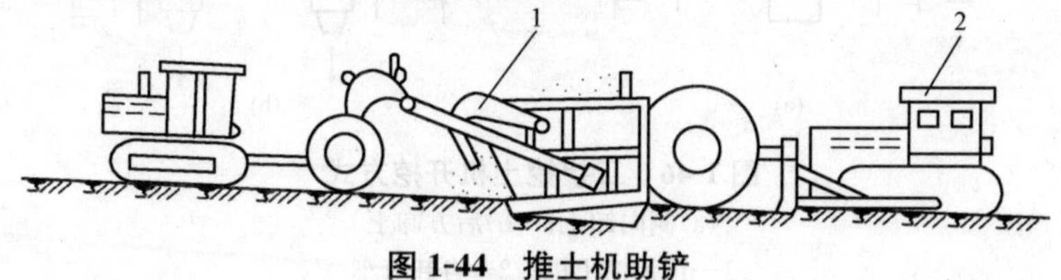

图 1-44 推土机助铲

1—铲运机；2—推土机

(5)双联铲运法(图 1-45)。当拖式铲运机的动力有富余时，可在拖拉机后面串联两个铲斗进行双联铲运。对坚硬土层，可用双联单铲，即一个土斗铲满后，再铲另一斗土；对松软土层，则可用双联双铲，即两个土斗同时铲土。

(6)挂大斗铲运。在土质松软地区，可改挂大型铲土斗，以充分利用拖拉机的牵引力，提高工效。

图 1-45　双联铲运法

1.5.3　单斗挖土机

单斗挖土机是基坑(槽)土方开挖常用的一种机械。按其行走装置的不同，可分为履带式和轮胎式两类。根据工作的需要，其工作装置可以更换。按其工作装置的不同，单斗挖土机可分为正铲、反铲、拉铲和抓铲四种。

1. 正铲挖土机

(1)作业特点及方式。正铲挖土机的挖土特点是：前进向上，强制切土。它适用于开挖停机面以上的一至三类土，且需与运土汽车配合完成整个挖运任务，挖掘力大、作业效率高。开挖大型基坑时需设坡道，使挖土机在坑内作业。因此，其适宜在土质较好、无地下水的地区工作；当地下水水位较高时，应采取降低地下水水位的措施，把基坑土疏干。

单斗挖土机

正铲挖土机根据挖土机的开挖路线与汽车相对位置的不同，其卸土方式可分为侧向卸土和后方卸土两种。

1)侧向卸土[图 1-46(a)]，即挖土机沿前进方向挖土，运输车辆停在侧面卸土(可停在停机面上或高于停机面)。此法挖土机卸土时动臂转角小，运输车辆行驶方便，故作业效率高，应用较广。

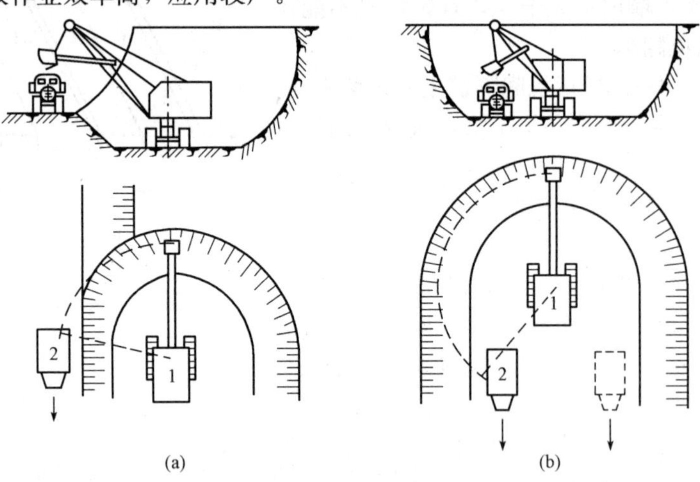

图 1-46　正铲挖土机开挖方式

(a)侧向卸土；(b)后方卸土

1—正铲挖土机；2—自卸汽车

2)后方卸土[图 1-46(b)]，即挖土机沿前进方向挖土，运输车辆停在挖土机后方装土。此法挖土机卸土时动臂转角大、生产率低，运输车辆要倒车进入，一般在基坑窄而深的情况下采用。

(2)正铲挖土机的工作面。挖土机的工作面是指挖土机在一个停机点进行挖土的工作范围。工作面的形状和尺寸取决于挖土机的性能和卸土方式。根据挖土机作业方式的不同，挖土机的工作面分为侧工作面与正工作面两种。

1)挖土机侧向卸土方式就构成了侧工作面。其根据运输车辆与挖土机的停放标高是否相同又分为高卸侧工作面(车辆停放处高于挖土机停机面)及平卸侧工作面(车辆停放处与挖土机在同一标高)，高卸、平卸侧工作面的形状及尺寸如图 1-47 所示。

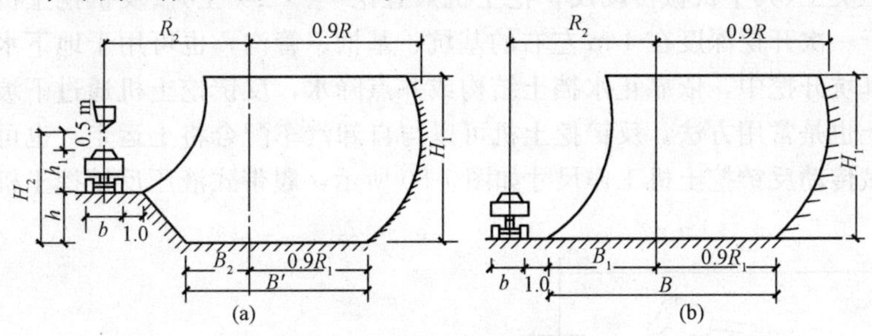

图 1-47 侧工作面尺寸

(a)高卸侧工作面；(b)平卸侧工作面

2)挖土机后方卸土方式则形成正工作面。正工作面的形状和尺寸是左右对称的，其右半部与图 1-47(b)所示平卸侧工作面的右半部相同。

(3)正铲挖土机的开行通道。在正铲挖土机开挖大面积基坑时，必须对挖土机作业时的开行路线和工作面进行设计，确定出开行次序和次数，此过程称为开行通道。当基坑开挖深度较小时，可布置一层开行通道，基坑开挖时，挖土机开行三次。第一次开行采用正向挖土、后方卸土的作业方式，为正工作面；挖土机进入基坑要挖坡道，坡道的坡度为 1∶8 左右。第二、三次开行时，采用侧方卸土的平侧工作面，如图 1-48 所示。

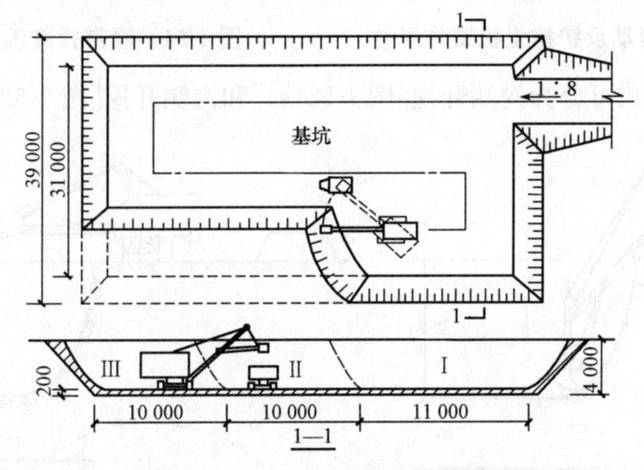

图 1-48 正铲一层通道多次开挖基坑

Ⅰ、Ⅱ、Ⅲ—通道断面及开挖顺序

当基坑宽度稍大于正工作面的宽度时，为了减少挖土机的开行次数，可加宽工作面，使挖土机按“之”字形路线开行[图 1-49(a)]。

当基坑的深度较大时，则开行通道可布置成多层，图 1-49(b)所示即三层通道的布置。

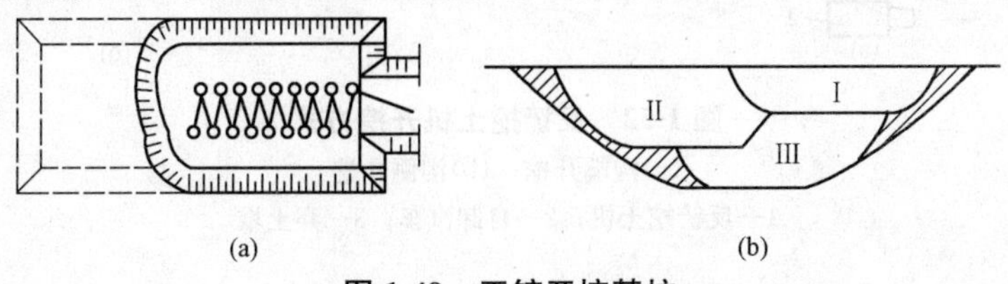

图 1-49 正铲开挖基坑

(a)一层通道“之”字形开挖；(b)三层通道布置

2. 反铲挖土机

反铲挖土机的挖土特点是：后退向下，强制切土。其挖掘力比正铲挖土机小，能开挖停机面以下的一至三类土(其中机械传动反铲挖土机只宜挖一、二类土)。反铲挖土机无须设置进出口通道，适用于一次开挖深度在 4 m 左右的基坑、基槽、管沟，也可用于地下水水位较高的土方开挖；在深基坑开挖中，依靠止水挡土结构或井点降水，反铲挖土机通过下坡道，采用台阶式接力方式挖土也是常用方法。反铲挖土机可以与自卸汽车配合将土运走，也可弃土于坑槽附近。履带式机械传动反铲挖土机工作尺寸如图 1-50 所示，履带式液压反铲挖土机工作尺寸如图 1-51 所示。

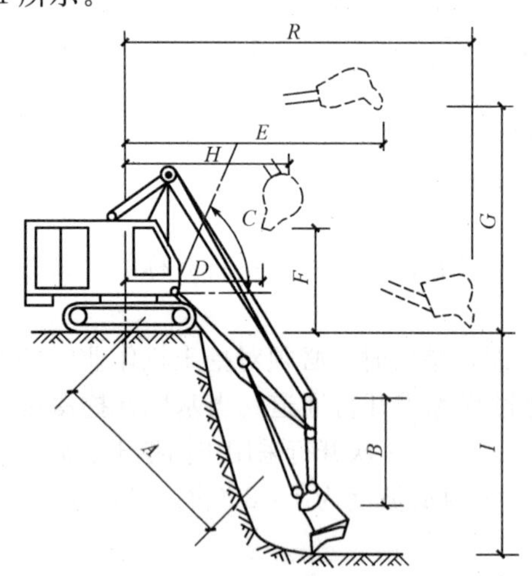

图 1-50　履带式机械传动反铲挖土机工作尺寸

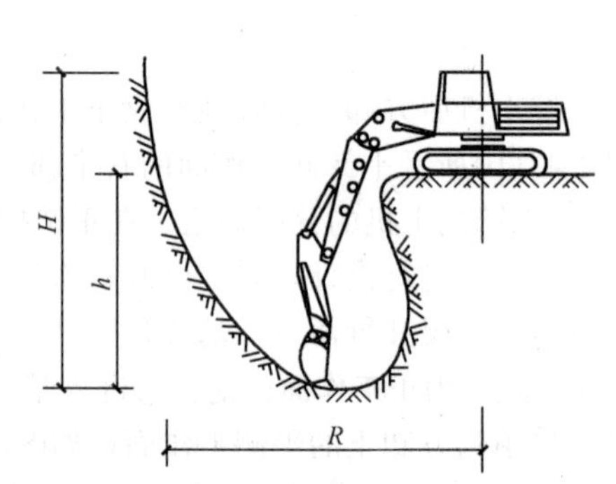

图 1-51　履带式液压反铲挖土机工作尺寸

反铲挖土机开挖方式可分为沟端开挖[图 1-52(a)]和沟侧开挖[图 1-52(b)]两种。

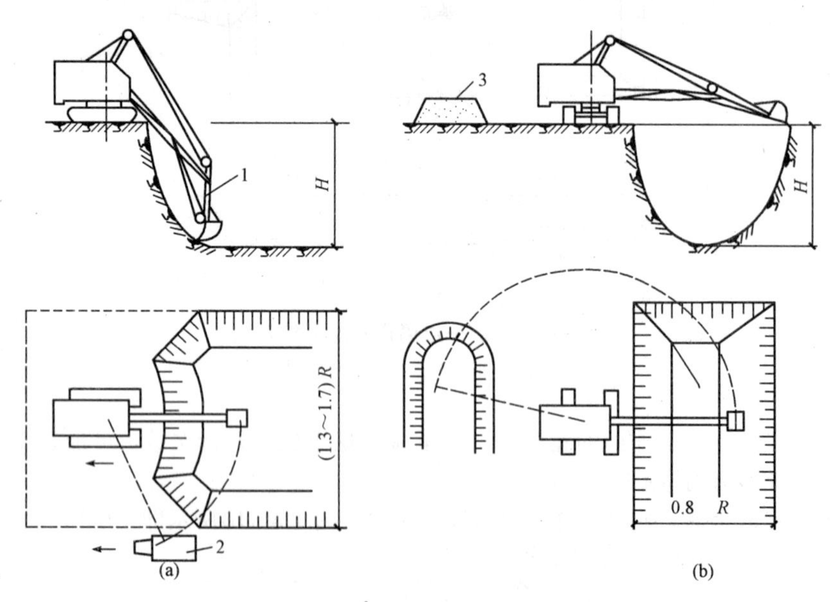

图 1-52　反铲挖土机开挖方式

(a)沟端开挖；(b)沟侧开挖

1—反铲挖土机；2—自卸汽车；3—弃土堆

沟端开挖时，挖土机停在基坑(槽)的端部，向后倒退挖土，汽车停在基槽两侧装土。其优点是挖土机停放平稳，装土或甩土时回转角度小，挖土效率高，挖的深度和宽度也较大。基坑较宽时，可多次开行挖土(图 1-53)。

沟侧开挖时，挖土机沿基槽的一侧移动挖土，将土弃于距基槽较远处。沟侧开挖时，因开挖方向与挖土机移动方向垂直，所以稳定性较差，而且挖的深度和宽度均较小，一般只在无法采用沟端开挖或挖土无须运走时采用。

3. 拉铲挖土机

拉铲挖土机(图 1-54)的土斗用钢丝绳悬挂在挖土机长臂上，挖土时土斗在自重作用下落到地面切入土中。其挖土特点是：后退向下，自重切土。其挖土深度和挖土半径均较大，能开挖停机面以下的一、二类土，但不如反铲挖土机动作灵活、准确。拉铲挖土机适用于开挖较深较大的基坑(槽)、沟渠，挖取水中泥土以及填筑路基、修筑堤坝等。

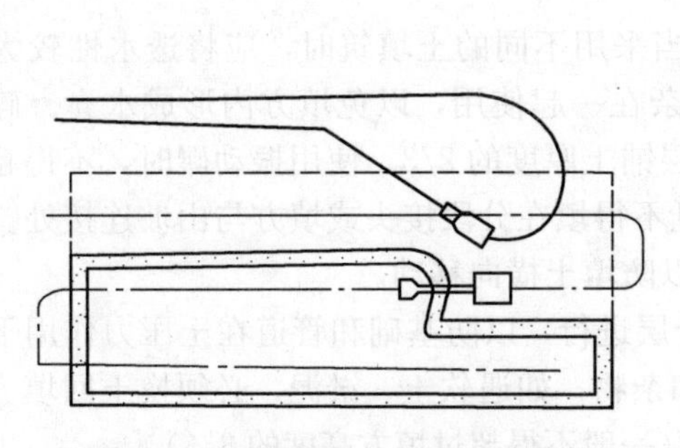

图 1-53　反铲挖土机多次开行挖土

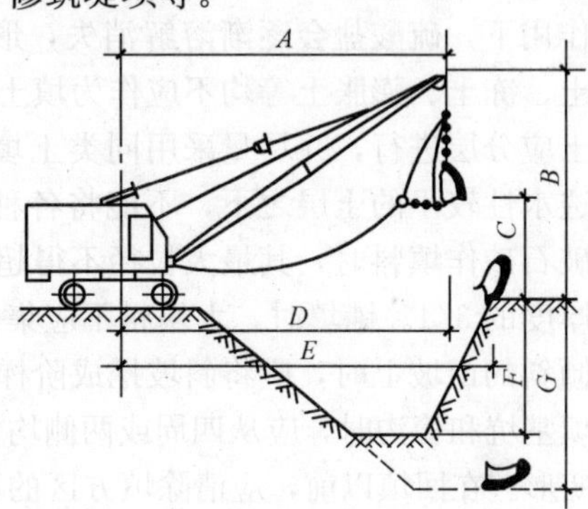

图 1-54　拉铲挖土机

履带式拉铲挖土机的挖斗容量有 0.35 m³、0.5 m³、1 m³、1.5 m³、2 m³ 等多种。其最大挖土深度为 7.6(W_3-30)～16.3 m(W_1-200)。

拉铲挖土机的开挖方式与反铲挖土机的开挖方式相似，可沟侧开挖也可沟端开挖。

4. 抓铲挖土机

机械传动抓铲挖土机(图 1-55)在挖土机臂端用钢丝绳吊装一个抓斗，使用时用钢丝绳将装有刀片并由传动装置带动的特制开闭式抓斗下到地面抓土，再用钢丝绳吊至堆土上方，把土卸下。其挖土特点是：直上直下，自重切土。由于其挖掘力较小，能开挖停机面以下的一、二类土，适用于开挖软土地基基坑，窄而深的基坑、深槽、深井采用抓铲挖土机效果尤为理想。抓铲挖土机还可用于疏通旧有渠道以及挖取水中淤泥，或装卸碎石、矿渣等松散材料等。另外，还可以采用液压传动的抓铲挖土机，其挖掘力和精度都优于机械传动抓铲挖土机。

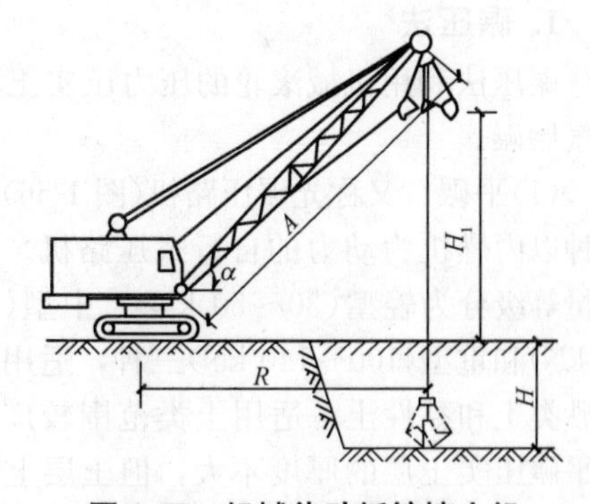

图 1-55　机械传动抓铲挖土机

1.6 土方填筑与压实

1.6.1 填料选择与处理

土方的
回填及压实

为了保证填土工程的质量，必须正确选择土料和填筑方法。填方土料须按设计要求验收后方可填入。如设计无要求，一般按下述原则进行：

碎石类土、砂土(使用细、粉砂时，应取得设计单位同意)和爆破石碴可用作表层以下的填料；含水量符合压实要求的黏性土，可用作各层填料；碎块草皮和有机质含量大于8%的土，仅可用于无压实要求的填方。

含有大量有机物的土，容易降解变形而降低承载能力；含水溶性硫酸盐大于5%的土，在地下水的作用下，硫酸盐会逐渐溶解消失，形成孔洞，影响密实性。因此，这两种土以及淤泥和淤泥质土、冻土、膨胀土等均不应作为填土。

填土应分层进行，并尽量采用同类土填筑。当采用不同的土填筑时，应将透水性较大的土层置于透水性较小的土层之下，不能将各种土混杂在一起使用，以免填方内形成水囊。碎石类土或爆破石碴作填料时，其最大粒径不得超过每层铺土厚度的2/3。使用振动碾时，不得超过每层铺土厚度的3/4。铺填时，大块料不应集中，且不得填在分段接头或填方与山坡连接处。当填方位于倾斜的山坡上时，应将斜坡挖成阶梯状，以防填土横向移动。

回填基坑和管沟时，应从四周或两侧均匀地分层进行，以防基础和管道在土压力作用下产生偏移或变形。在回填以前，应清除填方区的积水和杂物，如遇软土、淤泥，必须换土回填。在回填时，应防止地面水流入，并预留一定的下沉高度(一般不得超过填方高度的3%)。

1.6.2 填筑方法

填土的压实方法包括碾压、夯实、振动压实以及利用运土工具压实。对于大面积填土工程，多采用碾压和利用运土工具压实。对较小面积的填土工程，则宜用夯实机具进行压实。

1. 碾压法

碾压法利用机械滚轮的压力压实土壤，使之达到所需的密实度。碾压机械有平碾、羊足碾和气胎碾。

(1)平碾：又称光碾压路机(图1-56)，是一种以内燃机为动力的自行式压路机。其按重量等级分为轻型(30～50 kN)、中型(60～90 kN)和重型(100～140 kN)三种，适用于压实砂类土和黏性土，适用土类范围较广。轻型平碾压实土层的厚度不大，但土层上部变得较密实。用轻型平碾初碾后，再用重型平碾碾压松土，会取得较好的效果；若直接用重型平碾碾压松土，则由于强烈的起伏现象，碾压效果较差。

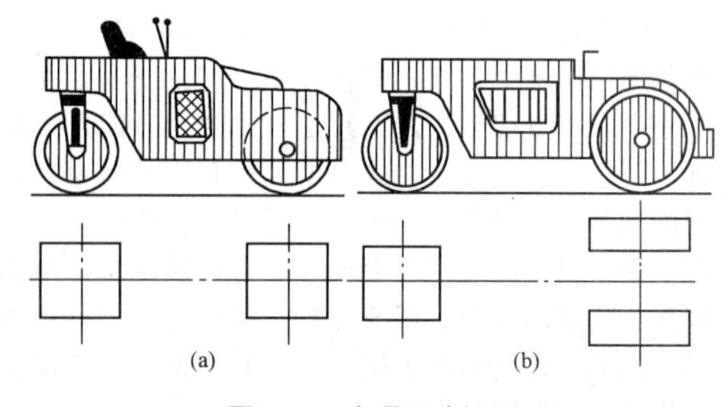

图1-56 光碾压路机

(a)两轴两轮；(b)两轴三轮

(2)羊足碾：一般无动力，靠拖拉机牵引，有单筒、双筒两种；根据碾压要求，又可分为空筒及装砂、注水三种。羊足碾虽然与土接触面积小，但对单位面积的压力比较大，因而压实效果好，但羊足碾只能用来压实黏性土(图1-57、图1-58)。

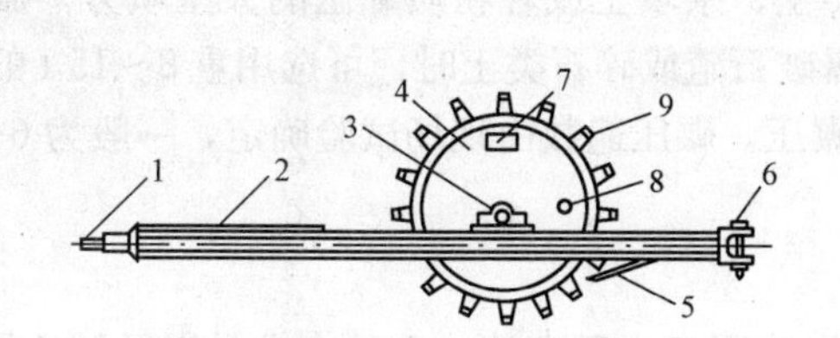

图 1-57　单筒羊足碾构造示意

1—前拉头；2—机架；3—轴承座；4—碾筒；
5—铲刀；6—后拉头；7—装砂口；8—水口；9—羊足头

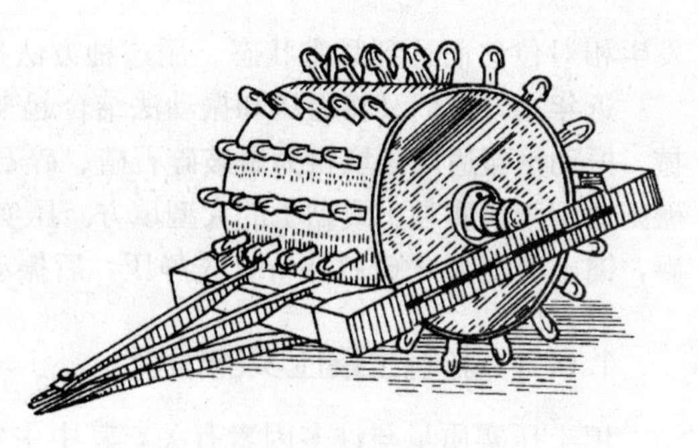

图 1-58　羊足碾

(3)气胎碾：又称轮胎压路机(图 1-59)，它的前后轮分别密排着四五个轮胎，它们既是行驶轮，也是碾压轮。由于轮胎弹性大，在压实过程中，土与轮胎都会发生变形，而随着几遍碾压后铺土密实度的提高，沉陷量逐渐减少，因而轮胎与土的接触面积逐渐缩小，但接触应力则逐渐增大，最后使土料得到压实。由于气胎碾在工作时是弹性体，因而其压力均匀，填土质量较好。

碾压法主要用于大面积的填土，如场地平整、路基、堤坝等工程。

用碾压法压实填土时，铺土应均匀一致，碾压遍数要一样，碾压方向应从填土区的两边逐渐压向中心，每次碾压应有 15～20 cm 的重叠；碾压机械开行速度不宜过快，一般平碾不应超过 2 km/h，羊足碾控制不应超过 3 km/h，否则会影响压实效果。

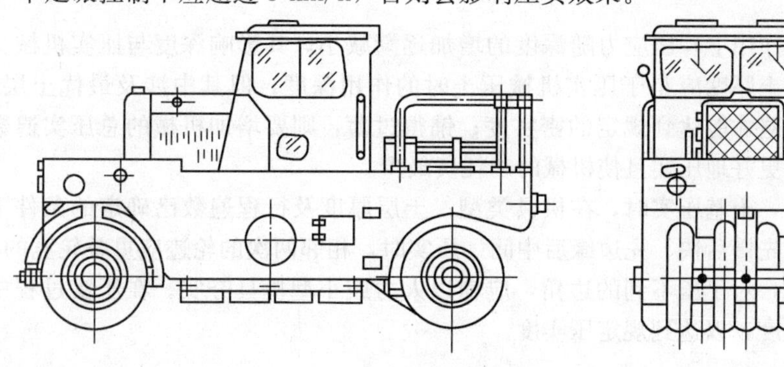

图 1-59　轮胎压路机

2. 夯实法

夯实法是利用夯锤自由下落的冲击力来夯实土壤，主要用于小面积的回填土或作业面受到限制的环境。夯实法分人工夯实和机械夯实两种。人工夯实所用的工具有木夯、石夯等；常用的夯实机械有夯锤、内燃夯土机、蛙式打夯机和利用挖土机或起重机装上夯板后的夯土机等，其中蛙式打夯机(图 1-60)轻巧灵活、构造简单，在小型土方工程中应用最广。

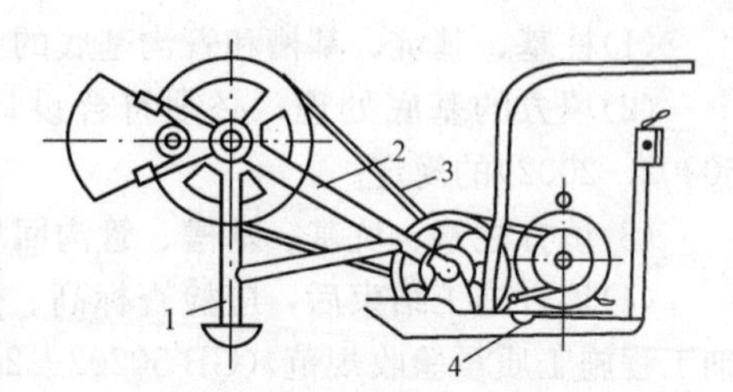

图 1-60　蛙式打夯机

1—夯头；2—夯架；3—三角胶带；4—底盘

3. 振动压实法

振动压实法是将振动压实机放在土层表面，借助振动机构使压实机振动土颗粒，土的颗粒发生相对位移而达到紧密状态。用这种方法振实非黏性土效果较好。

近年来，人们又将碾压和振动法结合起来设计和制造了振动平碾、振动凸块碾等新型压实机械。振动平碾适用于填料为爆破碎石碴、碎石类土、杂填土或轻粉质黏土的大型填方；振动凸块碾则适用于粉质黏土或黏土的大型填方。压实爆破石碴或碎石类土时，可选用重 8～15 t 的振动平碾，铺土厚度为 0.6～1.5 m，先静压，后振动碾压，碾压遍数由现场试验确定，一般为 6～8 遍。

1.6.3 影响土壤压实的因素

填土压实质量与许多因素有关，其中主要影响因素为压实功、土的含水量以及铺土厚度。

1. 压实功

填土压实后的干密度与压实机械在其上施加的功有一定关系。在开始压实时，土的干密度急剧增加，待到接近土的最大干密度时，压实功虽然增加许多，但土的干密度几乎没有变化。因此，在实际施工中，不要盲目地增加压实遍数。

2. 土的含水量

在同一压实功条件下，填土的含水量对压实质量有直接影响。较为干燥的土，由于土颗粒之间的摩阻力较大，因而不易压实。当土具有适当含水量时，水起到了润滑作用，土颗粒间的摩阻力减小，从而易压实。相比之下，严格控制最佳含水量，要比增加压实功效果好得多。当含水量不足，洒水困难时，适当增大压实功，可以收效；若土的含水量过大时增大压实功，必将出现弹簧现象，压实效果很差，造成返工浪费。因此，在土基压实施工中，控制最佳含水量是关键所在。各种土的最佳含水量和所获得的最大干密度，可由击实试验取得。

3. 铺土厚度

土在压实功的作用下，压应力随深度的增加逐渐减小，其影响深度与压实机械、土的性质和含水量有关。铺土厚度应小于压实机械压土时的作用深度，但其中涉及最优土层厚度问题：铺得过厚，要压多遍才能达到规定的密实度；铺得过薄，则要增加机械的总压实遍数。恰当的铺土厚度能使土方更好地压实且使机械的功耗费最少。

实践经验表明，土基压实时，在机具类型、土层厚度及行程遍数已确定的条件下，压实操作时宜先轻后重、先慢后快、先边缘后中间。压实时，相邻两次的轮迹应重叠轮宽的 1/3，保持压实均匀，不漏压，对于压不到的边角，应辅以人力或小型机具夯实。在压实过程中，应经常检查含水量和密实度，以达到规定压实度。

1.6.4 填方工程的质量控制与检验

(1)柱基、基坑、基槽和管沟基底的土质必须符合设计要求，并严禁扰动。

(2)填方的基底处理，必须符合设计要求或《建筑地基基础工程施工质量验收规范》(GB 50202—2002)的规定。

(3)填方柱基、坑基、基槽、管沟回填的土料应按设计要求验收后方可填入。

(4)填方施工结束后，应检查标高、边坡坡度、压实程度等，检验标准应符合《建筑地基基础工程施工质量验收规范》(GB 50202—2002)的相关规定(表 1-11)。

(5)填方压实后，应具有一定的密实度。密实度应按设计规定控制干密度 ρ_{cd} 作为检查标准。土的控制干密度与最大干密度之比称为压实系数 D_y。对于一般场地平整，其压实系数为 0.9 左右；对于地基填土(在地基主要受力层范围内)，其压实系数为 0.93～0.97。

填方压实后的干密度，应有 90%以上符合设计要求，其余 10%的最低值与设计值的差不得大于 0.08 g/cm^3，且应分散，不宜集中。

检查土的实际干密度，一般采用环刀取样法，或用轻便触探仪直接通过锤击数来检验。其取样组数为：基坑回填，每 30～50 m^3 取样一组(每个基坑不少于一组)；基槽或管沟回填，每层按长度 20～50 m 取样一组；室内填土，每层按 100～500 m^2 取样一组；场地平整填方，每层按 400～900 m^2 取样一组。取样部位应在每层压实后的下半部。试样取出后，先测出土的湿密度及其含水量，然后按式(1-4)计算土的实际干密度 ρ_d。

如果算得的土的实际干密度 $\rho_d \geqslant \rho_{cd}$，则压实合格；若 $\rho_d < \rho_{cd}$，则压实不够，应采取相应措施，提高压实质量。

表 1-11　填土工程质量检验标准　　mm

项	序	检查项目	允许偏差或允许值					检查方法
			桩基基坑基槽	场地平整		管沟	地(路)面基础层	
				人工	机械			
主控项目	1	标高	−50	±30	±50	−50	−50	水准仪
	2	分层压实系数	设计要求					按规定方法
一般项目	1	回填土料	设计要求					取样检查或直观鉴别
	2	分层厚度及含水量	设计要求					水准仪及抽样检查
	3	表面平整度	20	20	30	20	20	用靠尺或水准仪

思考与练习题

1. 土按开挖的难易程度分为哪几类？各类土的特征分别是什么？
2. 试述土的可松性及其对土方施工的影响。
3. 试述用方格网法计算土方量的步骤和方法。
4. 土方调配应遵循哪些原则？调配区应如何划分？
5. 试分析土壁塌方的原因和预防塌方的措施。
6. 试述一般基槽、一般浅基坑和深基坑的支护方法和适用范围。
7. 试述常用浅基坑支护方法的构造原理、适用范围和施工工艺。
8. 试述流砂形成的原因以及因地制宜防治流砂的方法。
9. 试述人工降低地下水水位的方法及适用范围、轻型井点系统的布置方案和设计步骤。
10. 试述推土机、铲运机的工作特点、适用范围及提高生产率的措施。
11. 单斗挖土机有哪几种类型？各有什么特点？
12. 正铲、反铲挖土机的开挖方式有哪几种？挖土机和运土车辆配套如何计算？
13. 土方挖运机械如何选择？土方开挖的注意事项有哪些？
14. 如何因地制宜地选择基坑支护土方开挖方式？
15. 根据基坑安全等级要监测哪些基坑监测项目？其中哪些是应测项目？哪些是宜测和可测项目？
16. 试述填土压实的方法和适用范围。
17. 影响填土压实的主要因素有哪些？怎样检查填土压实的质量？
18. 某基坑底长为 82 m，宽为 64 m，深为 8 m，四边放坡，边坡坡度为 1∶0.5。

(1)画出其平面图、剖面图，并计算土方开挖工程量。

(2)若混凝土基础和地下室占有体积为 24 600 m^3，则应预留多少回填土(以自然状态的土体积计)?

(3)若多余土方外运，外运土方(以自然状态的土体积计)为多少?

(4)如果用斗容量为 3 m^3 的汽车外运，需运多少车?(已知土的最初可松性系数 $K_s=1.14$，最后可松性系数 $K_s'=1.05$)

19. 按场地设计确定标高的一般方法(不考虑土的可松性)。

(1)计算图 1-61 所示场地方格中各角点的施工高度并标出零线(零点位置需精确算出)，角点编号与天然地面标高如图所示，方格边长为 20 m，$i_x=2‰$，$i_y=3‰$。

(2)分别计算挖、填方区的挖填方量。

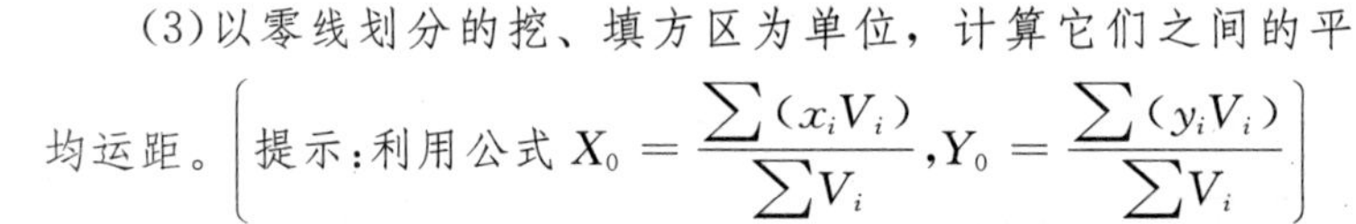

(3)以零线划分的挖、填方区为单位，计算它们之间的平均运距。$\left(提示：利用公式 X_0=\dfrac{\sum(x_iV_i)}{\sum V_i}, Y_0=\dfrac{\sum(y_iV_i)}{\sum V_i}\right)$

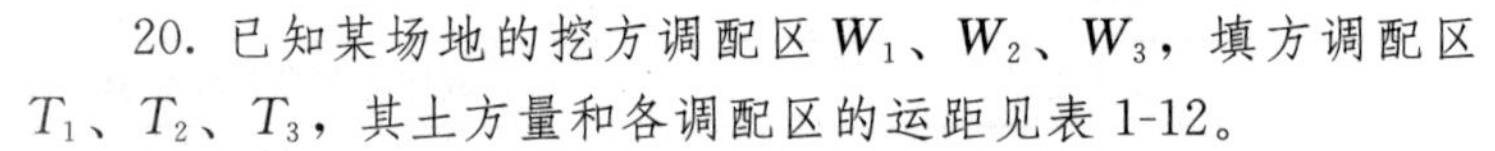

20. 已知某场地的挖方调配区 W_1、W_2、W_3，填方调配区 T_1、T_2、T_3，其土方量和各调配区的运距见表 1-12。

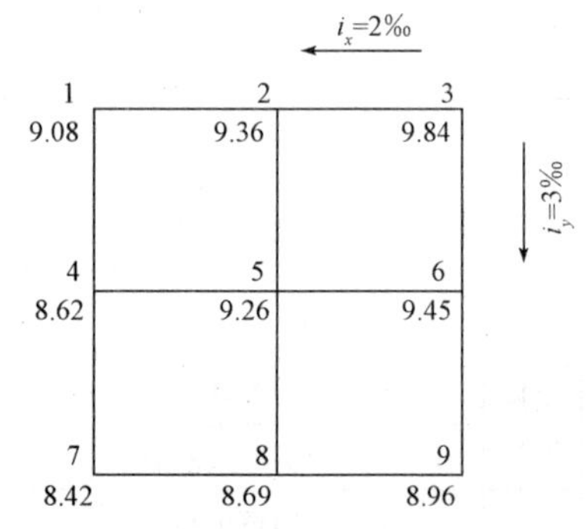

图 1-61　习题 19 图

(1)用“表上作业法”求土方的初始调配方案和总土方运输量。

(2)用“表上作业法”求土方的最优调配方案和总土方运输量，并与初始方案进行比较。

表 1-12　土方量和各调配区的运距

挖方区＼填方区	T_1	T_2	T_3	挖方量/m^3
W_1	50	80	40	350
W_2	100	70	60	550
W_3	90	40	80	700
填方量/m^3	250	800	550	1 600

21. 某基坑底面积为 22 m×34 m，基坑深为 4.8 m，地下水水位在地面下 1.2 m，天然地面以下 1.0 m 为杂填土，不透水层在地面下 11 m，中间均为细砂土，地下水为无压水，渗透系数 $K=15$ m/d，四边放坡，基坑边坡坡度为 1∶0.5。现有井点管长为 6 m，直径为 38 mm，滤管长为 1.2 m，准备采用环形轻型井点降低地下水水位。

试进行井点系统的布置和设计，包含以下三项：

(1)轻型井点的高程布置(计算并画出高程布置图)。

(2)轻型井点的平面布置(计算涌水量、井点管数量和间距并画出平面布置图)。

(3)选用离心水泵型号。

第2章 基础工程

2.1 概　述

地基是指建筑物基础以下的土体。地基的主要作用是承托建筑物，它虽不是建筑物本身的一部分，但与建筑物的关系非常密切。地基问题处理恰当与否，不仅影响建筑物的造价，更直接影响建筑物的安危。

建筑物对地基的要求可以概括为三个方面：可靠的整体稳定性；足够的地基承载力；在建筑物的载荷作用下，其沉降值、水平位移及不均匀沉降需要满足一定的要求。若地基整体稳定性、承载力不能满足要求，在上部载荷作用下，地基可能会产生局部或整体剪切破坏；若沉降值、水平位移及不均匀沉降超过允许值，将会影响建筑物的安全与正常使用，严重者甚至会造成建筑物的破坏甚至倒塌。

基础直接建造在未经加固的天然土层上时，称为天然地基。若天然地基不能满足地基强度和变形的要求，则必须事先经过人工处理后再建造基础，这种地基加固的过程称为地基处理。

通常，将土质由松变实，将土的含水量由高变低，即可达到地基加固的目的。常用的人工地基处理方法有换填法、重锤夯实法、机械碾压法、挤密桩法、深层搅拌法、化学加固法等。

2.2 地基换填

对于浅层软弱土的处理，通常采用换填法，即将基础下一定范围内的软弱土层挖去，然后回填以强度较大的砂、碎石灰土等，并夯填至密实。

换填法适用于淤泥、淤泥质土、膨胀土、冻涨土、素填土、杂填土及暗沟、暗塘、古井、古墓或拆除旧基础后的坑穴等的地基处理。

换填法按换填材料的不同，可分为砂(砂石)垫层和灰土垫层等。

2.2.1 砂(砂石)垫层

砂(砂石)垫层是采用级配良好、质地坚硬的中粗砂和碎石、卵石等，经分层夯实，作为基础的持力层。

砂垫层的主要作用是：提高浅基础下的地基承载力，地基的土体破坏是从基础底面开始的，因此，用强度比较大的砂石代替土就可以避免地基的破坏；减少沉降量，基础下浅层部分在总沉降量中所占的比例是比较大的，如条形基础。

砂石垫层应用范围广泛，施工工艺简单，用机械和人工都可以使地基密实，且工期短、造价低，适用于3.0 m以内的软弱、透水性强的黏性土地基，不宜用于加固湿陷性黄土和不透水的黏性土地基。

1. 材料要求

砂石垫层材料宜采用级配良好、质地坚硬的中砂、粗砂、石屑和碎石、卵石等(粒径小于2 mm的部分不应超过总重的45%)，含泥量不应超过5%，且不含植物残体、垃圾等杂质。若用作排水固结地基，含泥量不应超过3%；在缺少中、粗砂的地区，若用细砂或石屑，不容易压实，且强度也不高，因此，在用作换填材料时，应掺入粒径不超过50 mm，不少于总重30%的碎石或卵石并拌和均匀。若回填在碾压、夯、振地基上，其最大粒径不超过80 mm。

2. 施工技术要点

(1)铺设垫层前应验槽，将基底表面的浮土、淤泥、杂物等清理干净，两侧应设一定坡度，防止振捣时塌方。基坑(槽)内如发现有孔洞、沟和墓穴等，应将其填实后再做垫层。

(2)垫层底面标高不同时，土面应挖成阶梯或斜坡，并按先深后浅的顺序施工，搭接处应夯压密实。分层铺实时，接头应做成斜坡或阶梯搭接，每层错开0.5～1.0 m，并注意充分捣实。

(3)人工级配的砂石材料，施工前应充分拌匀，再铺夯压实。

(4)砂石垫层压实机械首先应选用振动碾和振动压实机，其压实效果、分层填铺厚度、压实次数、最优含水量等应根据具体的施工方法及施工机械现场确定。分层厚度可用样桩控制。施工时，下层的密实度经检验合格后，方可进行上层施工。一般情况下，垫层的厚度取200～300 mm。

(5)当地下水水位高出基础底面时，应采取排、降水措施，要注意边坡稳定，以防塌土混入砂石垫层中影响质量。

(6)当采用水撼法施工或插振法施工时，应在基槽两侧设置样桩，控制铺砂厚度，每层为250 mm。铺砂后，灌水与砂面齐平，以振动棒插入振捣，依次振实，以不再冒气泡为准，直至完成。垫层接头应重复振捣，插入式振动棒振完所留孔洞应用砂填实。在振动首层垫层时，不得将振动棒插入原土层或基槽边部，以免软土混入砂垫层而降低砂垫层的强度。

(7)垫层铺设完毕，应及时回填，并及时进行基础施工。

(8)冬期施工时，砂石材料中不得夹有冰块，并应采取措施防止砂石内水分冻结。

3. 质量控制及质量检验

(1)施工前应检查原材料，如灰土的土料、石灰以及配合比、灰土拌匀程度。

(2)施工过程中应检查分层铺设厚度，分段施工时上、下两层的搭接长度，夯实时的加水量、夯压遍数等。

(3)每层施工结束后均应检查灰土地基的压实系数。可逐层用贯入仪检验，以达到控制(设计要求)压实系数所对应的贯入度为合格，或用环刀取样检测灰土的干密度除以试验的最大干密度求得。施工结束后，应检验灰土地基的承载力。

砂石垫层的施工质量检验，应随施工分层进行。检验方法主要有环刀取样法和贯入测定法。

(1)环刀取样法。用容积不小于200 cm^3 的环刀压入每层垫层的2/3处取样，测定其干密度，以不小于通过试验所确定的该砂料在中密状态时的干密度数值为合格。对于基坑，每50～100 m^2 不少于一个检测点；对于基槽，每10～20 m不少于一个检测点。如是砂石地基，可在地基中设置纯砂检验点，在相同的试验条件下，用环刀测其干密度。

(2)贯入测定法。检验前先将垫层表面的砂刮去30 mm左右，再用贯入仪、钢筋或钢叉等以贯入度大小来定性地检验砂垫层的质量，以不大于通过相关试验所确定的贯入度为合格。钢筋贯入法所用的钢筋为Φ20，长1.25 m，将其垂直举离砂垫层表面700 mm时自由下落，测其贯入深度。

2.2.2 灰土垫层

灰土垫层是将基础底面以下一定范围内的软弱土挖去，用按一定体积比配合的灰土在最优含水量情况下分层回填夯实(或压实)。灰土垫层的材料为石灰和土，石灰和土的体积比一般为3∶7或2∶8。灰土垫层的强度随用灰量的增大而提高，但当用灰量超过一定值时，其强度增加很小。

灰土地基施工工艺简单、费用较低，是一种应用广泛、经济且实用的地基加固方法，适用于加固处理1～3 m厚的软弱土层。

1. 材料要求

(1)土：土料可采用就地基坑(槽)挖出来的粉质黏土或塑性指数大于4的粉土，但应过筛，其颗粒直径不大于15 mm，土内有机含量不得超过5%。不宜使用块状的黏土和砂质粉土、淤泥、耕植土和冻土。

(2)石灰：应使用达到国家三等石灰标准的生石灰，使用前生石灰消解3～4 d并过筛，其粒径不应大于5 mm。

2. 施工技术要点

(1)铺设垫层前应验槽，基坑(槽)内如发现有孔洞、沟和墓穴等，应将其填实后再做垫层。

(2)灰土在施工前应充分拌匀，控制含水量，一般为最优含水量$w_{0p}\pm 2\%$左右，水分过多或不足时，应晾干或洒水湿润。在现场可按经验直接判断，方法是：手握灰土成团，两指轻捏即碎，即可判定灰土达到最优含水量。

(3)灰土垫层应选用平碾和羊足碾、轻型夯实机及压路机，分层填铺夯实。每层虚铺厚度见表2-1。

表2-1 灰土最大虚铺厚度

夯实机具种类	质量/t	虚铺厚度/mm	备注
石夯、木夯	0.04～0.08	200～250	人力送夯，落距为400～500 mm，一夯压半夯，夯实后的厚度为80～100 mm
轻型夯实机械	0.12～0.4	200～250	蛙式打夯机、柴油打夯机，夯实后的厚度为100～150 mm
压路机	6～10	200～300	双轮

(4)分段施工时，不得在墙角、柱基及承重窗间墙下接缝。上、下两层的接缝距离不得小于500 mm，接缝处应夯压密实。

(5)灰土应当日铺填、当日夯压，入槽(坑)的灰土不得隔日夯打。若刚铺筑完毕或尚未夯实的灰土遭雨淋浸泡，应将积水及松软灰土挖去并填补夯实，受浸泡的灰土，应晾干后再夯打密实。

(6)垫层施工完后，应及时修建基础并回填基坑，或临时遮盖，防止日晒雨淋。夯实后的灰土30 d内不得被水浸泡。

(7)冬期施工必须在基层不冻的状态下进行，土料应覆盖保温，不得使用夹有冻土及冰块的土料，施工完的垫层应加盖塑料面或草袋保温。

3. 施工质量检验

宜用环刀取样法测定其干密度。质量标准可按压实系数λ_c鉴定，一般为0.93～0.95。如用贯入仪检查灰土质量，应先在现场进行试验，以确定贯入度的具体要求。如无设计要求，可按表2-2取值。

表2-2 灰土质量要求

土料种类	灰土最小密度/($t\cdot m^{-3}$)
粉土	1.55
粉质黏土	1.50
黏土	1.45

2.3 灰土桩地基

灰土挤密桩是利用锤击将钢管打入土中，使之侧向挤密成孔，将管拔出后，在桩孔中分层回填 2∶8 或 3∶7 灰土夯实而成。灰土挤密桩与桩间土共同组成复合地基，以承受上部荷载。

2.3.1 特点及适用范围

灰土挤密桩与其他地基处理方法相比有以下特点：灰土挤密桩成桩时为横向挤密，可同样达到所要求加密处理后的最大干密度指标，并可消除地基土的湿陷性，提高承载力，降低压缩性；与换土垫层相比，灰土挤密桩不需大量开挖回填，可节省土方开挖和回填土方工程量，工期可缩短 50%以上；处理深度较大，可达 12～15 m；可就地取材，应用廉价材料，降低工程造价；机具简单，施工方便，工效高。

灰土挤密桩适用于加固地下水水位以上、天然含水量为 12%～25%、厚度为 5～15 m 的新填土、杂填土、湿陷性黄土以及含水率较大的软弱地基。当地基土含水量大于 23%、饱和度大于 0.65 时，打管成孔质量不好，且易对邻近已回填的桩体造成破坏，拔管后容易缩颈，这种情况下不宜采用灰土挤密桩。

灰土强度较高，桩身强度大于周围地基土，可以分担较大部分载荷，使桩间土承受的应力减小，而到深度 2～4 m 以下则与土桩地基相似。一般情况下，如果为了消除地基湿陷性或提高地基的承载力或水稳性，降低压缩性，宜选用灰土桩。

2.3.2 桩的构造和布置

(1)桩孔直径根据工程量、挤密效果、施工设备、成孔方法及经济性等情况而定，一般为 300～600 mm。

(2)桩长根据土质情况、桩处理地基的深度、工程要求和成孔设备等因素确定，一般为 5～15 m。

(3)桩距和排距桩孔一般按等边三角形布置，其间距和排距由设计确定。

(4)处理地基的宽度一般大于基础的宽度，由设计确定。

(5)地基的承载力、压缩模量和灰土挤密桩处理地基的承载力标准值，应由设计通过原位测试或结合当地经验确定。灰土挤密桩地基的压缩模量应通过试验或结合本地经验确定。

2.3.3 机具设备及材料要求

成孔设备一般采用 0.6 t 或 1.2 t 柴油打桩机或自制锤击式打桩机，也可采用冲击钻机或洛阳铲成孔。常用夯实机有偏心轮夹杆式夯实机和卷扬机提升式夯实机两种，后者在工程中应用较多。夯锤用铸钢制成，质量一般为 100～300 kg，其竖向投影面积的静压力不小于 20 kPa。夯锤最大部分的直径应较桩孔直径小 100～150 mm，以便填料顺利通过夯锤四周。夯锤形状下段应为抛物线形锥体或尖锥形锥体，上段呈弧形。

桩孔内的填料应根据工程要求或处理地基的目的确定。土料、石灰质量要求和工艺要求、含水量控制等同灰土垫层。夯实质量应用压实系数 λ_c 控制，且 λ_c 应不小于 0.97。

2.3.4 施工工艺要点

(1)施工前应在现场进行成孔、夯填工艺和挤密效果试验，以确定分层填料厚度、夯击次数和夯实后干密度等要求。

(2)桩施工一般先将基坑挖好，预留 20～30 cm 土层，然后在坑内进行灰土桩施工。桩的成孔方法可根据现场机具条件选用沉管(振动、锤击)法、爆扩法、冲击法或洛阳铲成孔法等。

1)沉管法是指用打桩机将与桩孔同直径的钢管打入土中，使土向孔的周围挤密，然后缓慢拔管成孔。桩管顶设桩帽，下端呈锥形(约呈 60°角)，桩尖可以上下活动(图 2-1)，以利于空气流动，可减少拔管时的阻力，避免坍孔。成孔后应及时拔出桩管，不应在土中搁置时间过长。成孔施工时，地基土宜接近最优含水量。当含水量低于 12%时，宜加水增湿。本法简单易行，孔壁光滑平整，挤密效果好，应用最广，但处理深度受桩架限制，一般不超过 8 m。

2)爆扩法是用钢钎打入土中形成直径为 25～40 mm 的孔或用洛阳铲打成直径为 60～80 mm 的孔，然后在孔中装入条形炸药卷和 2～3 个雷管，将直径爆扩成 20～45 cm。本法工艺简单，但孔径大小不易控制。

3)冲击法是使用冲击钻钻孔，将 0.6～3.2 t 重锥形锤头提升 0.5～2.0 m 高后落下，反复冲击成孔，用泥浆护壁，直径可达 50～60 cm，深度可达 15 m 以上，适于处理湿陷性较大的土层。

(3)桩施工顺序应先外排后里排，同排内应间隔 1～2 孔进行；对大型工程可采取分段施工，以免因振动挤压造成相邻孔缩孔或坍孔。成孔后应清底夯实、夯平，夯实次数不少于 8 击，并应立即夯填灰土。

(4)桩孔应分层回填夯实，每次回填厚度为 250～400 mm，人工夯实用质量为 25 kg、带长柄的混凝土锤，机械夯实用偏心轮夹杆或夯实机或卷扬机、提升式夯实机，或链条传动摩擦轮提升连续式夯实机，一般落锤高度不小于 2 m，每层夯实不少于 10 锤，如图 2-2 所示。施打时，逐层以量斗定量向孔内下料，逐层夯实。当采用连续式夯实机时，则将灰土用铁锹不间断地下料，每下两锹夯两击，均匀地向桩孔下料、夯实。桩顶应高出设计标高 15 cm，挖土时，将高出部分铲除。

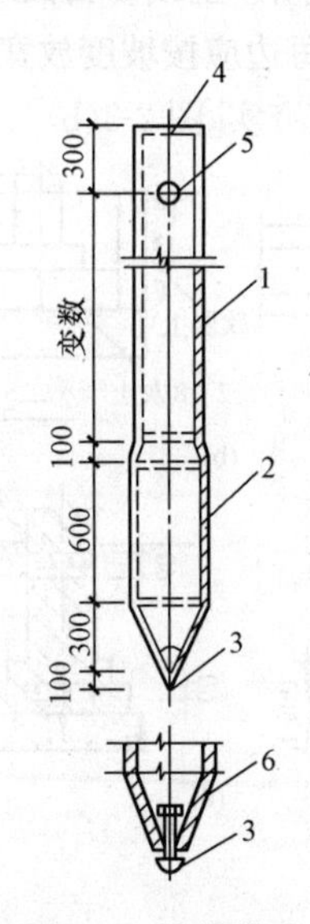

图 2-1　桩管构造

1—ϕ275 mm 无缝钢管；2—ϕ300 mm×10 mm 无缝钢管；
3—活动桩尖；4—10 mm 厚封头板(设 ϕ300 mm 排气孔)；
5—ϕ45 mm 管焊于桩管内，穿 M40 螺栓；6—重块

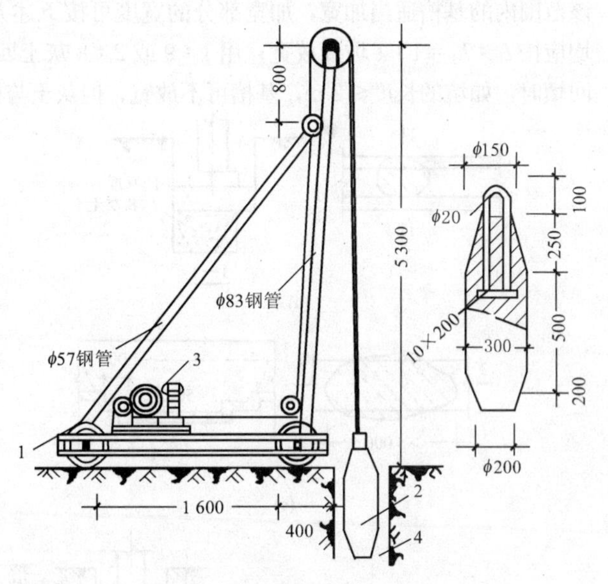

图 2-2　灰土桩夯实机构造(桩直径为 350 mm)

1—机架；2—铸钢夯锤，质量为 45 kg；
3—1 t 卷扬机；4—桩孔

(5)若孔底出现饱和软弱土层，可加大成孔间距，以防振动造成已打好的桩孔内挤塞；当孔底有地下水流入时，可采用井点降水后再回填填料或向桩孔内填入一定数量的干砖渣和石灰，经夯实后再分层填入填料。

2.3.5 质量控制

(1)施工前应对土及灰土的质量、桩孔放样位置等进行检查。

(2)施工中应对桩孔直径、桩孔深度、夯击次数、填料的含水量等进行检查。

(3)施工结束后应对成桩的质量及地基承载力进行检验。

(4)灰土挤密桩地基质量检验标准如下：

1)主控项目：桩体及桩间土干密度、桩长、地基承载力、桩径。

2)一般项目：土料有机质含量、石灰粒径、桩位偏差、垂直度、桩径。

2.4 局部地基处理

2.4.1 松土坑的处理

(1)松土坑在基槽范围内时，先将坑中的松软土挖除，至坑底及四壁均见天然土为止，然后回填与天然土压缩性相近的材料。当天然土为砂土时，用砂或级配砂石回填；若天然土为较密实的黏性土，用3：7灰土分层回填夯实；若天然土为中密可塑的黏性土或新近沉积黏性土，可用1：9或2：8灰土分层回填夯实，每层厚度不大于20 cm[图2-3(a)]。

(2)松土坑在基槽中范围较大，且超过基槽边沿，因条件限制，槽壁挖不到天然土层时，则应将该范围内的基槽适当加宽，加宽部分的宽度可按下述条件确定：当用砂土或砂石回填时，基槽壁边均应按 $l_1:h_1=1:1$ 坡度放宽；用1：9或2：8灰土回填时，基槽每边应按坡度放宽；用3：7灰土回填时，如坑的长度≤2 m，基槽可不放宽，但灰土与槽壁接触处应夯实[图2-3(b)]。

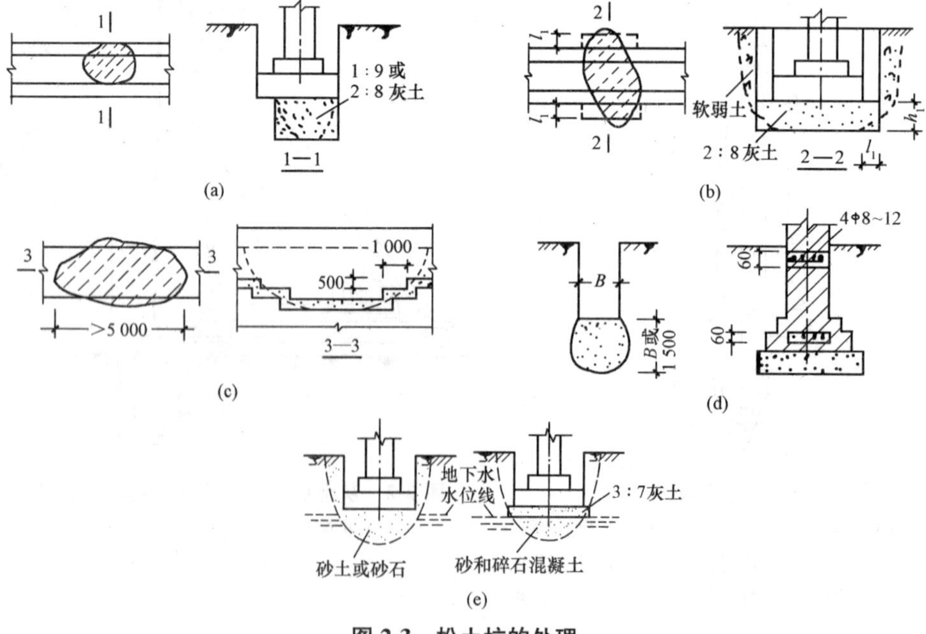

图2-3 松土坑的处理

(3)松土坑范围较大，且长度超过 5 m 时，如坑底土质与一般槽底土质相同，可将此部分基础加深，做 1∶2 踏步与两端相接，每步高不大于 50 cm，长度不小于 100 cm，如深度较大，用灰土分层回填夯实[图 2-3(c)]。

(4)松土坑较深，且大于槽宽或 1.5 m 时，按以上要求处理至见到自然土为止，槽底处理完毕后，还应适当考虑加强上部结构的强度，方法是在灰土基础上 1～2 皮砖处(或混凝土基础内)、防潮层下 1～2 皮砖处及首层顶板处，加配 4ϕ8～4ϕ12 钢筋跨过该松土坑两端各 1 m，以防产生过大的局部不均匀沉降[图 2-3(d)]。

(5)当地下水水位较高，坑内无法夯实时，可将坑(槽)中软弱的松土挖去后，再用砂土、砂石或混凝土代替灰土回填，若坑底在地下水水位以下，回填前先用粗砂与碎石(比例为 1∶3)分层回填夯实；若在地下水水位以上，则用 3∶7 灰土回填夯实至要求高度[图 2-3(e)]。

2.4.2 土井、砖井的处理

(1)土井、砖井在室外，距基础边缘 5 m 以内时，先用素土分层夯实，回填到室外地坪以下 1.5 m 处，将井壁四周砖圈拆除或将松软部分挖去，然后用素土分层回填并夯实[图 2-4(a)]。

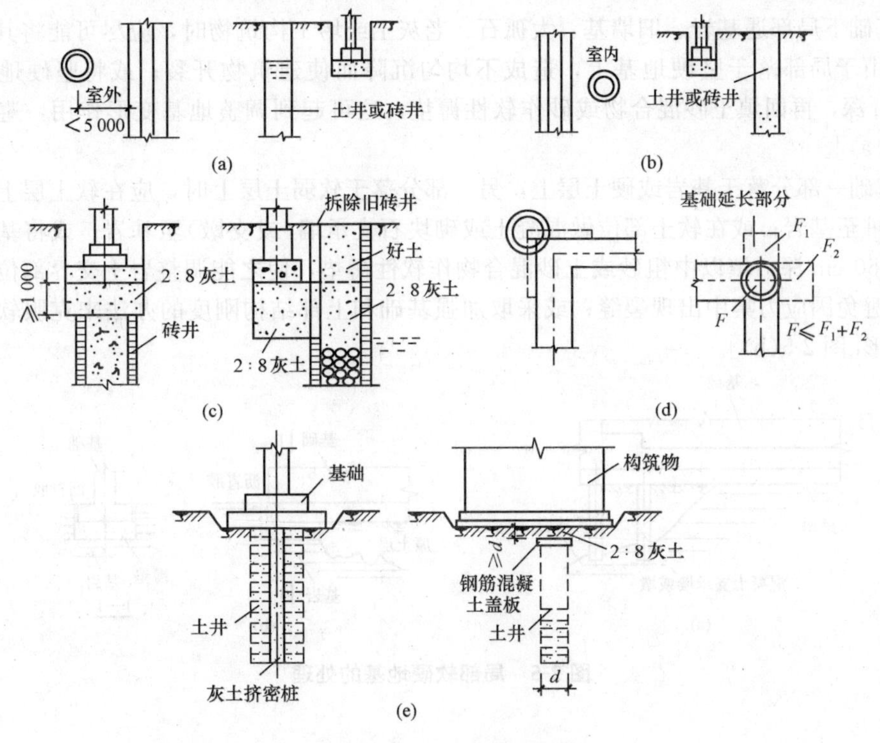

图 2-4 土井、砖井的处理

(2)土井、砖井在室内基础附近时，首先将水位降低到最低限度，用中、粗砂及块石、卵石或碎砖等回填到地下水水位以上 50 cm，并将四周砖圈拆至坑(槽)底以下 1 m 处；然后再用素土分层回填并夯实，如井已回填，但不密实或有软土，可用大块石将下面的软土挤紧，再分层回填素土夯实[图 2-4(b)]。

(3)土井、砖井在基础下或条形基础 3*B* 或柱基 2*B* 范围内时，先用素土分层回填夯实，至基础底下 2 m 处，将井壁四周松软部分挖去，有砖井圈时，将井圈拆至槽底以下 1～1.5 m 处。当井内有水时，应用中、粗砂及块石、卵石或碎砖回填至水位以上 50 cm，然后再按上述方法处理；当井内已填土，但不密实，且挖除困难时，可在部分拆除后的砖石井圈上加钢筋混凝土盖封口，上面用素土或2∶8灰土分层回填、夯实至槽底[图2-4(c)]。

(4)土井、砖井在房屋转角处，且基础部分或全部压在井上时，除用上述办法回填处理外，还应对基础加固处理。若基础压在井上部分较少，可采用从基础中挑钢筋混凝土梁的办法处理。若基础压在井上部分较多，用挑梁的方法较困难或不经济时，则可将基础沿墙长方向向外延长出去，使延长部分落在天然土上，落在天然土上的基础总面积应等于或稍大于井圈范围内原有基础的面积，并在墙内配筋或用钢筋混凝土梁来加强[图2-4(d)]。

(5)若土井、砖井已淤填，但不密实，可用大块石将下面的软土挤密，再用上述办法回填处理。如井内不能夯填密实，而上部载荷又较大，可在井内设灰土挤密桩或石灰桩处理；如土井在大体积混凝土基础下，可在井圈上加钢筋混凝土盖板封口，上部再用素土或2∶8灰土回填密实，使基土内附加应力传递范围比较均匀，但要求盖板到基底的高差 $h \geqslant d$ [图2-4(e)]。

2.4.3 局部软硬地基的处理

(1)基础下局部遇基岩、旧墙基、大孤石、老灰土或圬工构筑物时，应尽可能将其挖去，以防建筑物由于局部落于坚硬地基上，造成不均匀沉降而使建筑物开裂；或将坚硬地基部分凿30～50 cm深，再回填土砂混合物或砂作软性褥垫，这可起到调整地基变形作用，避免出现裂缝[图2-5(a)]。

(2)基础一部分落于基岩或硬土层上，另一部分落于软弱土层上时，应在软土层上采用现场钻孔灌注桩至基岩；或在软土部位做混凝土或砌块石支承墙(或支墩)至基岩；或将基础以下基岩凿30～50 cm深，填以中粗砂或土砂混合物作软性褥垫，使之能调整岩土交界部位地基的相对变形，避免因应力集中出现裂缝；或采取加强基础和上部结构刚度的办法来克服软硬地基的不均匀变形[图2-5(b)]。

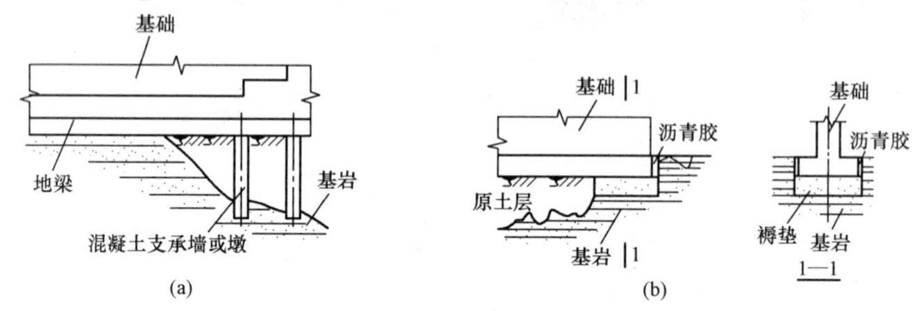

图2-5　局部软硬地基的处理

2.5　桩基工程

2.5.1 概述

当天然地基上的浅基础沉降量过大或基础稳定性不能满足建筑物的要求时，常采用桩基础，它由桩和桩顶的承台组成，是深基础的一种形式。桩基础有如下分类方法：

(1)按受力情况，桩可分为端承桩和摩擦桩(图2-6)。端承桩是由桩的下端阻力承担全部或主要载荷，桩尖进入岩层或硬土层；摩擦桩桩顶载荷全部由桩侧摩擦力或由桩侧摩擦力和桩端的阻力共同承担。

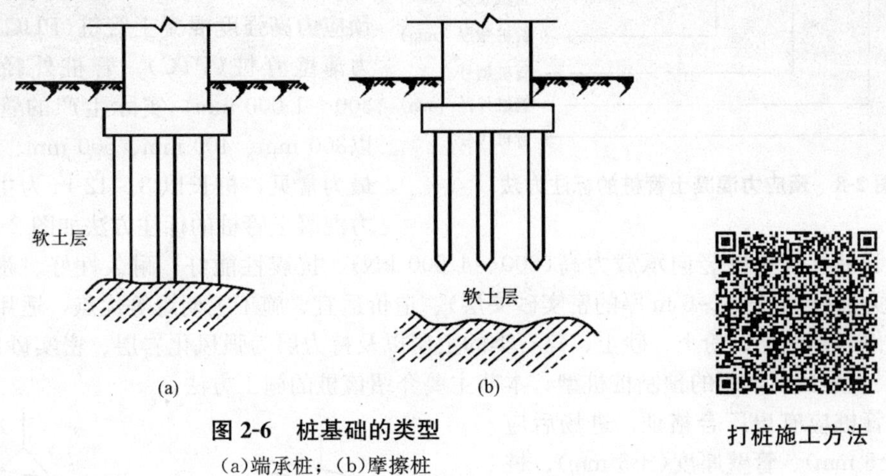

图 2-6　桩基础的类型

(a)端承桩；(b)摩擦桩

打桩施工方法

(2)按施工方法，桩可分为预制桩和灌注桩。预制桩是在预制工厂或施工现场制作桩身，利用沉桩设备将其沉入(打、压)土中；灌注桩是在施工现场的桩位上用机械或人工成孔，吊放钢筋笼，然后在孔内灌注混凝土而成。

2.5.2　预制桩

1. 预制桩的制作、运输和堆放

预制桩主要有钢筋混凝土方桩、混凝土管桩和钢桩等，目前常用的为预应力混凝土管桩。

(1)预制桩的制作。

1)钢筋混凝土方桩。其边长一般为 200～550 mm，可在工厂(为便于运输，一般不超过 12 m)或现场(一般不超过 30 m)制作。制作时一般采用间隔、重叠生产，每层桩与桩间用塑料薄膜、油毡、水泥袋纸等隔开，邻桩与上层桩的混凝土须待邻桩或下层桩的混凝土达到设计强度的 30%以后方可进行，重叠层数一般不宜超过 4 层。

预制桩钢筋骨架的主筋连接宜采用对焊连接，同一截面内主筋接头不得超过 50%，桩顶 1 m 内不应有接头，钢筋骨架的偏差应符合有关规定。桩的混凝土强度等级应不低于 C30，浇筑时从桩顶向桩尖进行，应一次浇筑完毕，严禁中断。制作完后洒水养护应不少于 7 d。

2)预应力混凝土管桩。预应力混凝土管桩是采用先张法预应力工艺和离心成型法制成的一种细长混凝土预制构件，呈空心圆柱状，主要由圆筒形桩身、端头板和钢套箍等组成，如图 2-7 所示。

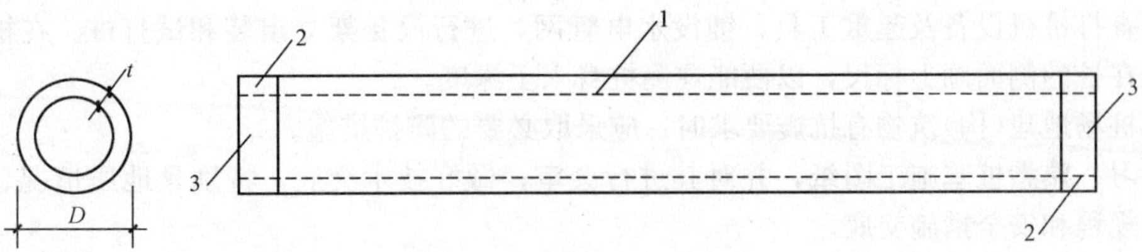

图 2-7　预应力管桩示意

1—桩身；2—钢套箍；3—端头板

D—外径；t—壁厚

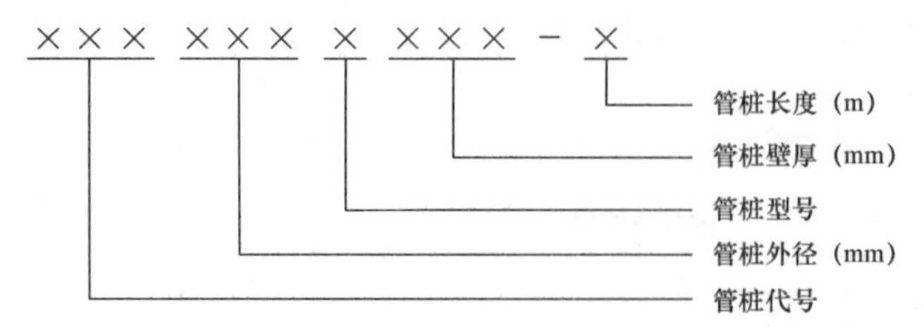

图 2-8　预应力混凝土管桩的标注方法

预应力混凝土管桩按混凝土强度等级和壁厚分为预应力混凝土管桩(PC)、预应力高强度混凝土管桩(PHC)和预应力薄壁管桩(PTC)。管桩外径规格为300～1 000 mm，实际生产的管桩管径以300 mm、400 mm、500 mm、600 mm最为常见，桩长以8～12 m为主。预应力混凝土管桩的标注方法如图2-8所示。

预应力管桩具有单桩竖向承载力高(600～4 500 kN)、抗震性能好、耐久性好、耐打、耐压、穿透能力强(可穿透5～6 m厚的密实砂夹层)、造价适宜、施工工期短等优点，适用于各类工程地质条件为黏性土、粉土、砂土、碎石类的土层以及持力层为强风化岩层、密实砂层(或卵石层)的土层，是目前常用的预制桩桩型，本节主要介绍该桩的施工方法。

预应力管桩应有出厂合格证，进场后应检查桩径(±5 mm)、管壁厚度(±5 mm)、桩尖中心线(<2 mm)、顶面平整度(10 mm)、桩体弯曲(<L/1 000)等项目。

(2)预制桩的起吊、运输和堆放。当桩的混凝土达到设计强度标准值的70%后方可起吊，吊点根据不同桩长设置，如图2-9所示。吊索与桩间应加衬垫，起吊应平稳，并采取措施保护桩身质量，防止撞击和振动。

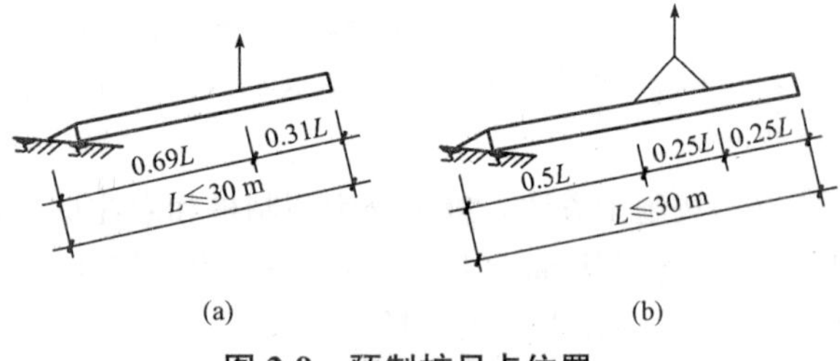

图 2-9　预制桩吊点位置

(a)一点吊法；(b)二点吊法

桩运输时的强度应达到设计强度标准值的100%。堆放场地应平整、坚实，排水良好。桩应按规格、桩号分层叠置，支承点应设在吊点或近旁处，保持两者在同一横断平面上。各层垫木应上下对齐，并支承平稳，堆放层数不宜超过4层。运到打桩位置堆放，应布置在打桩架附设的起重钩工作半径内，并考虑起吊方向，尽量避免转向。

2. 锤击沉桩施工

(1)施工准备工作。

1)整平场地，清除桩基范围内的高空、地面、地下障碍物；架空高压线距打桩架的距离不得小于10 m；修设桩机进出、行走道路，做好排水措施。

2)按图纸布置进行测量放线，定出桩基轴线，先定出中心，再引出两侧，并将桩的准确位置测设到地面，每一个桩位打一个小木桩，并测出每个桩位的实际标高，场地外设2～3个水准点，以便随时检查用。

3)检查桩的质量，将需用的桩按平面布置图堆放在打桩机附近，不合格的桩不能运至打桩现场。

4)检查打桩机设备及起重工具，铺设水电管网，进行设备架立组装和试打桩。在桩架上设置标尺或在桩的侧面画上标尺，以便能观测桩身入土深度。

5)打桩场地建(构)筑物有抗震要求时，应采取必要的防护措施。

6)学习、熟悉桩基施工图纸，并对其进行会审；做好技术交底，特别是地质情况、设计要求、操作规程和安全措施交底。

7)准备好桩基工程沉桩和隐蔽工程验收记录表格，并安排好记录和监理人员等。

(2)打桩顺序的确定。打桩顺序根据桩的尺寸、密集程度、深度，桩移动方便以及施工现场实际情况等因素确定，常见的有逐排打桩、从中部向边缘打桩、分段打桩，如图2-10所示。

图2-10(a)所示为逐排打桩，将土体向一个方向挤压，适用于桩基数量较少的工程；图2-10(b)所

示为从中部向边缘打桩，将土体向外围挤压，适用于桩基数量较大、间距较小的工程；当桩基密度较大，未避免前面桩基挤土过甚造成后面桩基无法打入时，可采用图 2-10(c)所示从中间往两边分段打桩的做法。

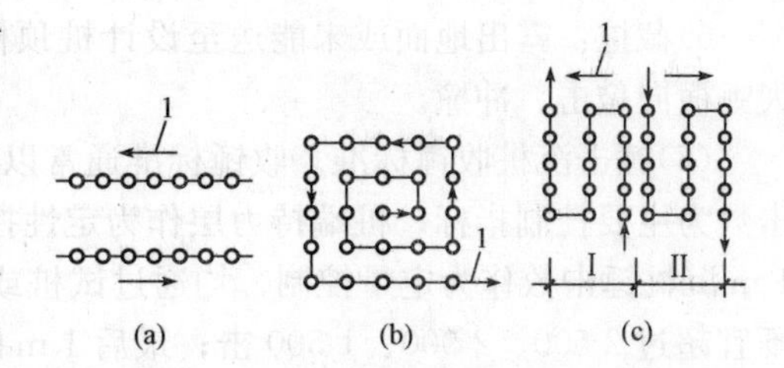

图 2-10　打桩顺序和土体挤密情况

(a)逐排打桩；(b)从中部向边缘打桩；(c)分段打桩

1—打设方向

确定打桩顺序时应遵循以下原则：桩基的设计标高不同时，打桩顺序宜先深后浅；不同规格的桩，宜先大后小；当一侧毗邻建筑物时，由毗邻建筑物处向另一方向施打。当桩距大于或等于 4 倍桩径时，只需从提高效率出发确定打桩顺序，选择倒行和拐弯次数最少的顺序。应避免从外向内或从周边向中央进行，以免中间土体被挤密，桩难以打入，或虽勉强打入，但使邻桩侧移或上冒。

(3)机具的准备。打桩用的机具主要包括桩锤、桩架和动力装置三部分。预应力混凝土管桩一般选择筒式柴油桩锤。

(4)锤击沉桩施工工艺流程。其具体施工工艺流程为：测量定位→桩机就位→底桩就位、对中和调直→锤击沉桩→接桩、对中、垂直度校核→再锤击→送桩→截桩→收锤。

1)测量定位：通过轴线控制点，逐个定出桩位，打设钢筋标桩，并用白灰在标桩附近地面上画一个圆心与标桩重合、直径与管桩相等的圆圈，以方便插桩对中，保持桩位正确。桩位的放样允许偏差为：群桩 20 mm；单排桩 10 mm。

2)底桩就位、对中和调直：底桩就位前，应在桩身上画出单位长度标记，以便观察桩的入土深度并记录每米沉桩击数。吊桩就位一般用单点吊将管桩吊直，使桩尖插在白灰圈内，桩头部插入锤下面的桩帽套内就位，并对中和调直，使桩身、桩帽和桩锤三者的中心线重合，保持桩身垂直，其垂直度偏差不得大于 0.5%，倾斜度的偏差不得大于倾斜角正切值的 15%(倾斜角是桩的纵向中心线与铅垂线间夹角)。桩垂直度观测包括打桩架导杆的垂直度，可用两台经纬仪在离打桩架 15 m 以外成正交方向进行观测，也可在正交方向上设置两根吊砣垂线进行观测校正。

3)锤击沉桩：锤击沉桩宜采取低锤轻击或重锤低打，以有效降低锤击应力，同时特别注意保持底桩垂直，在锤击沉桩的全过程中都应使桩锤、桩帽和桩身的中心线重合，防止桩受到偏心锤打，以免桩受弯受扭。在较厚的黏土、粉质黏土层中施打多节管桩时，每根桩宜连续施打，一次完成，以免因间歇时间过长而造成再次打入困难，增加锤击数，甚至将桩头打坏。当遇到贯入度剧变，桩身突然发生倾斜、移位或有严重回弹，桩顶或桩身出现严重裂缝、破碎等情况时，应暂停打桩，并分析原因，采取相应措施。

4)接桩、对中、垂直度校核：方桩接头数不宜超过 2 个，预应力管桩单桩的接头数不宜超过 4 个，应避免桩尖接近硬持力层或桩尖处于硬持力层时接桩。预应力管桩接桩方式有电焊接头和机械快速接头两种，一般多采用电焊接头，其具体施工要点为：

下节桩离地面 0.5～1.0 m 时，在下节桩的桩头处设导向箍以方便上节桩就位，起吊上节桩插入导向箍，进行上、下节桩对中和垂直度校核，上、下节桩轴线偏差不宜大于 2 mm；上、下端板表面应用铁刷清刷干净，坡口处应刷至露出金属光泽。焊接时宜先在坡口圆周上对称点焊 4～6 点，待上、下节桩固定后拆除导向箍，由两名焊工对称、分层、均匀、连续施焊，一般焊接层数不少于 2 层，待焊缝自然冷却 8～10 min 后，可继续锤击沉桩。

接桩质量检查项目：焊缝质量、电焊结束后停歇时间(>1 min)、下节平面偏差(10 mm)、节点弯曲矢高(L/1 000)。

5)送桩：当桩顶标高低于自然地面标高时，须用钢制送桩管(长为 4～6 m)放于桩头上，通过锤击，将桩送入土中。

6)截桩：露出地面或未能送至设计桩顶标高的桩，必须截桩，截桩要求用截桩器，严禁用大锤横向敲击、冲撞。

(5)锤击沉桩收锤标准。收锤标准通常以达到的桩端持力层、最后贯入度或最后 1 m 沉桩锤击数为主要控制指标。桩端持力层作为定性控制；最后贯入度(最后 10 击桩的入土深度)或最后 1 m 沉桩锤击数作为定量控制，均通过试桩或设计确定。PHC、PC、PTC 管桩的总锤击数分别不宜超过 2 500、2 000、1 500 击；最后 1 m 的锤击数分别不宜超过 300 击、250 击、200 击；最后贯入度最好为 20～40 mm/10 击。摩擦桩以控制桩端设计标高为主，贯入度可作参考；端承桩以贯入度控制为主，桩端标高可作参考。当贯入度已达到而桩端标高未达到时，应继续锤击 3 阵，以每阵 10 击的贯入度不大于设计规定的数值为标准加以确认。

锤击沉桩施工过程资料包括记录桩顶状况、总锤击数和最后 1 m 的锤击数、最后 3 阵贯入度、垂直度、桩顶标高、桩端持力层情况等。

(6)桩顶与承台的连接。按照桩顶的不同形式分为截桩桩顶与承台连接、不截桩桩顶与承台连接等方式，如图 2-11 所示。

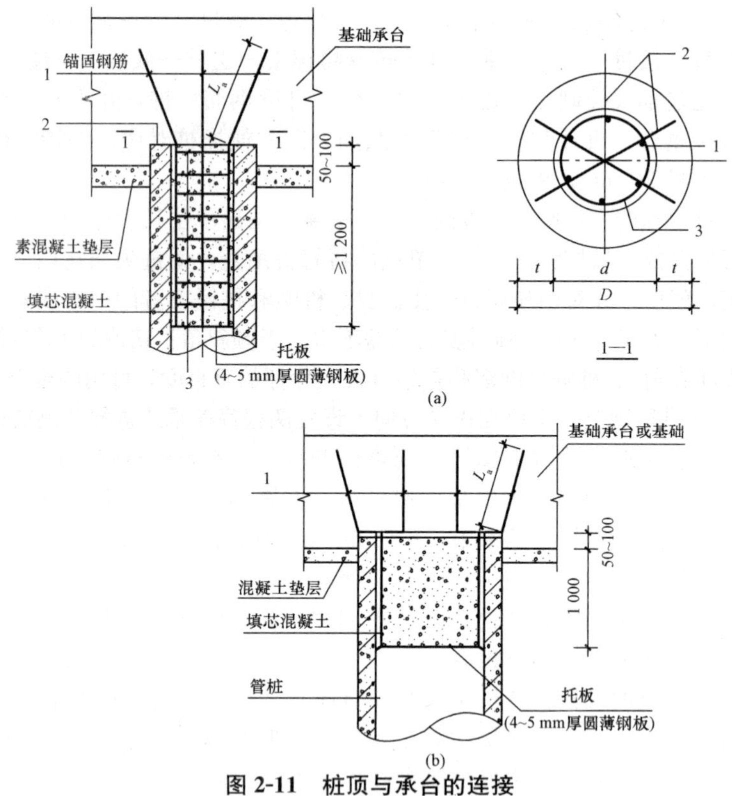

图 2-11　桩顶与承台的连接

(a)截桩桩顶与承台连接；(b)不截桩桩顶与承台连接

1—十字定位筋；2—柱芯锚固螺旋箍筋；3—桩芯锚固主筋

3. 静力压桩施工

静压法沉桩是通过静力压桩机的压桩机构，以压桩机自重和桩机上的配重作反力而将预制钢筋混凝土桩分节压入地基土层中成桩。其优点是：桩机全部采用液压装置驱动，压力大，自动化程度高，纵横移动方便，运转灵活；桩定位精确，不易发生偏心，可提高桩基施工质量；施工无噪声、无振动、无污染；沉桩采用全液压夹持桩身向下施加压力，可避免锤击应力打碎桩头，因而桩截面可以减小，混凝土强度等级可降低 1～2 级，配筋比锤击法可省 40%；效率高，施工速度快，压桩速度每分钟可达 2 m，正常情况下每台班可完成 15 根，比锤击法可缩短工期 1/3；压桩力能自动记录，可预估和验证单桩承载力，施工安全可靠，便于拆装维修、运输等。其缺点是：静力压桩设备较笨重；要求边桩中心到已有建筑物间距较大；压桩力受一定限制；挤土效应仍然存在等。

静力压桩适用于软土、填土及一般黏性土层，特别适合居民稠密及危房附近或环境保护要求严格的地区沉桩，但不宜用于地下有较多孤石、障碍物或有 4 m 以上硬隔离层的情况。

(1)静压法沉桩机制。静压预制桩主要应用于软土、一般黏性土地基。在桩压入过程中，以桩机本身的重力(包括配重)作为反作用力，以克服压桩过程中的桩侧摩阻力和桩端阻力。当预制桩在竖向静压力作用下沉入土中时，桩周土体发生急速而激烈的挤压，土中孔隙水压力急剧上升，土的抗剪强度大大降低，从而使桩身快速下沉。

(2)压桩机具设备。静力压桩机分机械式和液压式两种。前者由桩架、卷扬机、加压钢丝绳、滑轮组和活动压梁等部件组成，施压部分在桩顶端面，施加静压力为 600～2 000 kN，这种桩机设备高大笨重，行走、移动不便，压桩速度较慢，但装配费用较低，只有少数地区还在使用。后者由压拔装置、行走机构及起吊装置等组成，采用液压操作，自动化程度高，结构紧凑，行走方便快速，施压部分不在桩顶面，而在桩身侧面，是当前国内较广泛采用的一种新型压桩机械，如图 2-12 所示。

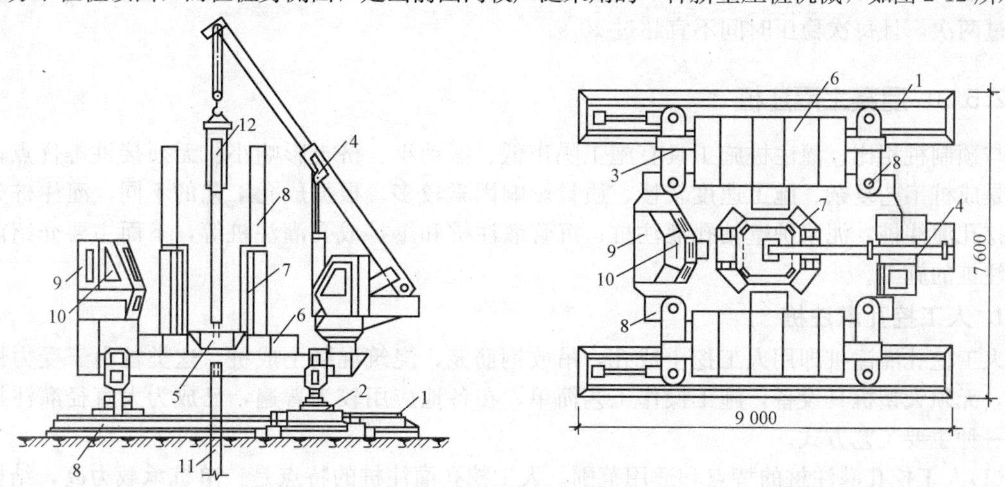

图 2-12 全液压式静力压桩机

1—长船行走机构；2—短船行走及回转机构；3—支腿式底盘结构；4—液压起重机；5—夹持与压板装置；6—配重铁块；7—导向架；8—液压系统；9—电控系统；10—操作室；11—已压入下节桩；12—吊入上节桩

(3)施工工艺流程及操作要点。静力压桩施工工艺流程为：测量定位→桩机就位→吊桩、插桩→桩身对中调直→静压沉桩→接桩→再静压沉桩→送桩→终止压桩→切割桩头。

1)桩机就位：桩机就位利用行走装置完成。它由横向行走(短船行走)和回转机构组成。把船体当作铺设的轨道，通过横向和纵向油缸的伸程和回程使桩机实现步履式的横向和纵向行走。当横向两油缸一只伸程，另一只回程时，可使桩机实现小角度回转，这样可使桩机达到要求的位置。

2)吊桩、插桩和压桩：利用桩机上自身设置的工作吊机将预制混凝土桩吊入夹持器中，夹持油缸将桩从侧面夹紧，即可开动压桩油缸，先将桩压入土中 1 m 后停止，调正桩在两个方向的垂直度后，压桩油缸继续伸程把桩压入土中，压桩油缸行程走满后，夹持油缸回程松夹，压桩油缸回程，重复上述动作可实现连续压桩操作，直至把桩压入预定深度土层中。压桩应连续进行，压桩速度一般不超过 2 m/min，达到压桩力的要求以后，必须持荷稳定。若不能稳定，必须再持荷，一直到持荷稳定为止，持荷时间由设计人员与监理在现场试桩时确定。

在压桩过程中，要认真记录桩入土深度和压力表读数的关系，以判断桩的质量及承载力。

当压力表读数突然上升或下降时，要停机对照地质资料进行分析，判断是否遇到障碍物或产生断桩现象等。

(4)压桩终止条件根据设计桩长和终压力进行控制。

1)对于摩擦桩，按照设计桩长进行控制，但在施工前应先按设计桩长试压几根桩，待停置24 h后，用与桩的设计极限承载力相等的终压力进行复压，如果桩在复压时几乎不动，即可以此进行控制。

2)对于端承摩擦桩或摩擦端承桩，按终压力值进行控制：

①对于桩长大于21 m的端承摩擦桩，终压力值一般取桩的设计极限承载力。当桩周土为黏性土且灵敏度较高时，终压力可按设计极限承载力的0.8～0.9取值。

②当桩长小于21 m大于14 m时，终压力按设计极限承载力的1.1～1.4倍取值；或桩的设计极限承载力取终压力值的0.7～0.9。

③当桩长小于14 m时，终压力按设计极限承载力的1.4～1.6倍取值；或设计极限承载力取终压力值的0.6～0.7。其中，对于小于8 m的超短桩，按设计极限承载力的0.6取值。

3)超载压桩时，一般不宜采用满载连续复压法，但在必要时可以进行复压，复压的次数不宜超过两次，且每次稳压时间不宜超过10 s。

2.5.3　混凝土灌注桩

与预制桩相比，灌注桩施工具有施工噪声低、振动小、挤土影响小、无须接桩等优点；其缺点是成桩工艺复杂、施工速度较慢、质量影响因素较多。根据成孔工艺的不同，灌注桩分为人工挖孔灌注桩、泥浆护壁钻孔灌注桩、沉管灌注桩和爆扩成孔灌注桩等，下面主要介绍前两种灌注桩的施工。

1. 人工挖孔灌注桩

人工挖孔灌注桩即用人工挖土成孔，吊放钢筋笼，浇筑混凝土成桩。这类桩由于受力性能可靠，无须大型机具设备，施工操作工艺简单，在各地应用较为普遍，已成为大直径灌注桩施工的一种主要工艺方式。

(1)人工挖孔灌注桩的特点和适用范围。人工挖孔灌注桩的特点是：单桩承载力高，结构传力明确，沉降量小，可一柱一桩，无须承台，不需凿桩头；可作支撑、抗滑、锚拉、挡土等用；可直接检查桩直径、垂直度和持力土层情况，桩质量可靠；施工机具设备较简单，均为工地常规机具，施工工艺操作简便，占场地小；施工无振动、无噪声、无环境污染，对周围建筑物无影响；可多桩同时进行，施工速度快，节省设备费用，降低工程造价。但桩成孔工艺存在劳动强度较大，单桩施工速度较慢，安全性较差等问题，这些问题一般可通过技术措施加以克服。

人工挖孔灌注桩适用于桩直径800 mm以上，无地下水或地下水较少的黏土、粉质黏土，含少量的砂、砂卵石、姜结石的黏土层采用，特别适用于黄土层，深度一般为20 m左右。对有流砂、地下水水位较高、涌水量大的冲积地带及近代沉积的含水量高的淤泥、淤泥质土层，不宜采用。

(2)人工挖孔灌注桩的施工工艺方法及要点。人工挖孔灌注桩的施工程序是：场地整平→放线、定桩位→挖第一节桩孔土方→做第一节护壁→在护壁上二次投测标高及桩位十字轴线→第二节桩身挖土→校核桩孔垂直度和直径→做第二节护壁→重复第二节挖土、支模、浇筑混凝土护壁工序，循环作业直至设计深度→检查持力层后进行扩底→清理虚土、排除积水、检查尺寸和持力层→吊放钢筋笼就位→浇筑桩身混凝土。当桩孔不设支护和不扩底时，则无此两道工序。

1)挖第一节桩孔土方、做第一节护壁：为防止坍孔和保证操作安全，一般按1 m左右分节开挖、分节支护，循环进行。施工人员在保护圈内用常规挖土工具(短柄铁锹、镐、锤、钎)进行挖土，将土运出孔的提升机具主要有人工绞架、卷扬机或电动葫芦。每节土方应挖成圆台形状，下部至少比上部宽一个护壁厚度，以利于护壁施工和受力，如图 2-13 所示。

护壁一般采用 C20 或 C25 混凝土，用木模板或钢模板支设，土质较差时加配适量钢筋，土质较好时也可采用红砖护壁，厚度为 1/4、1/2 和 1 砖厚。第一节护壁一般要高出自然地面 20～30 cm，且高出部分厚度不小于 30 cm，以防地面杂物掉入孔中。同时，把十字轴线引测到护壁表面，把标高引测到护壁内壁。

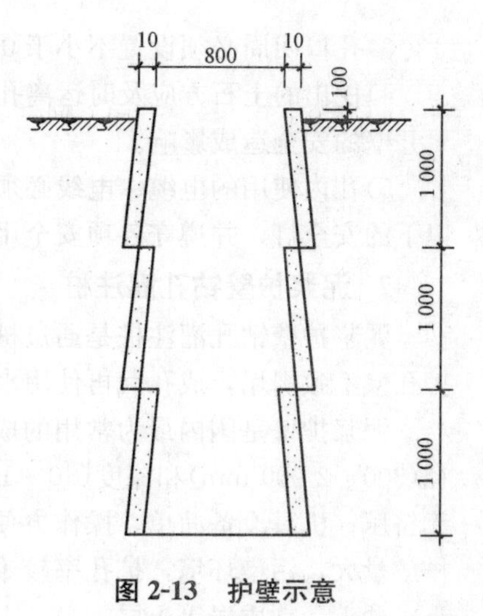

图 2-13　护壁示意

2)校核桩孔垂直度和直径：每完成一节施工，均通过第一节混凝土护壁设十字控制点拉十字线，吊线坠用水平尺杆找圆周，保证桩孔垂直度和直径。桩径允许偏差为±50 mm，垂直度允许偏差<0.5%。

3)扩底：采取先挖桩身圆柱体，再按扩底尺寸从上到下削土，修成扩底形状，在浇筑混凝土之前，应先清理孔底虚土、排除积水，经甲方及监理人员再次检查后，迅速进行封底。

4)吊放钢筋笼就位：钢筋笼宜分节制作，连接方式一般采用单面搭接焊；钢筋笼主筋混凝土保护层厚度不宜小于 70 mm，一般通过在钢筋笼四侧主筋上每隔 5 m 设置耳环或直接制作混凝土保护层垫块来控制；吊放钢筋笼入孔时，不得碰撞孔壁，防止钢筋笼变形，注意控制上部第一个箍筋的设计标高并保证主筋锚固长度。

5)浇筑桩身混凝土：桩深度一般超过混凝土自由下落高度 2 m，因此，下料须采用串筒、溜管等措施。如果地下水大(孔中水位上升速度大于 6 mm/min)，应采用混凝土导管水中浇筑混凝土工艺(见泥浆护壁钻孔灌注桩施工工艺)。浇筑时应连续、分层浇筑，每层厚不超过 1.5 m。小直径桩孔(6 m 以下)利用混凝土的大坍落度和下冲力使之密实；大直径桩应分层捣实或用卷扬机吊导管上下插捣；对直径小、深度大的桩，人工下井振捣有困难时，可在混凝土中掺水泥用量为 0.25%的木钙减水剂，使混凝土坍落度增至 13～18 cm，利用混凝土大坍落度下的下沉力使之密实，但桩上部钢筋部位仍应用振捣器振捣密实。灌注桩每灌注 50 m^3 应取一组试块，小于 50 m^3 的桩应每根桩取一组试块。

6)地下水及流砂处理桩挖孔时，如地下水丰富、渗水或涌水量较大，可视情况分别采取以下措施：少量渗水时，可在桩孔内挖小集水坑，随挖土随用吊桶将泥水一起吊出；大量渗水时，可在桩孔内先挖较深的集水井，用小型潜水泵将地下水排出桩孔外，随挖土随加深集水井；渗水量很大时，如桩较密集，可将一桩超前开挖，使附近地下水汇集于此桩孔内，用 1～2 台潜水泵将地下水抽出，起到深井降水的作用；渗水量较大，井底地下水难以排干时，底部泥渣可用压缩空气清孔；若挖孔时遇流砂层，一般可在井孔内设高 1～2 m、厚 4 mm 的钢套护筒，直径略小于混凝土护壁内径，利用混凝土支护作支点，用小型油压千斤顶将钢护筒逐渐压入土中阻挡流砂，钢套筒可逐个下沉，压入一段，开挖一段桩孔，直至穿过流砂层 0.5～1.0 m，再转入正常挖土和设混凝土支护。在该段浇筑混凝土时，可随浇混凝土随将钢护筒(上设吊环)吊出，也可不吊出。

(3)人工挖孔灌注桩施工的常见问题。人工挖孔灌注桩施工的常见问题主要有：孔底虚土多；成孔困难，塌孔；桩孔倾斜及桩顶位移偏差大；吊放钢筋笼与浇筑混凝土不当等。

(4)人工挖孔灌注桩的特殊安全措施。

1)桩孔内必须设置应急软爬梯供人员上下井，不得使用麻绳和尼龙绳吊挂或脚踏井壁凸缘上下。

2)每日开工前必须检测井下有毒、有害气体，并应有足够的安全防护措施。桩孔开挖深度超过 10 m 时，应有专门的井下送风设备，风量不宜小于 25 L/s。

3)孔口四周必须设置不小于0.8 m的围护护栏。

4)挖出的土石方应及时运离孔口，不得堆放在孔口四周1 m范围内。机动车辆的通行不得对井壁的安全造成影响。

5)孔内使用的电缆、电线必须有防磨损、防潮、防断等措施，照明应采用安全矿灯或12 V以下的安全灯，并遵守各项安全用电规范和规章制度。

2. 泥浆护壁钻孔灌注桩

泥浆护壁钻孔灌注桩是通过桩机在泥浆护壁条件下慢速钻进，将钻渣利用泥浆带出，并保护孔壁不致坍塌，成孔后再使用水下混凝土浇筑的方法将泥浆置换出来而成的桩。

泥浆护壁是国内最为常用的成桩方法，应用范围较广，可用于各种地质条件，各种大小孔径(300～2 000 mm)和深度(40～100 m)，护壁效果好，成孔质量可靠；施工无噪声、无振动、无挤压；机具设备简单，操作方便，费用较低。但此法成孔速度慢，效率低，用水量大，泥浆排放量大，污染环境，扩孔率较难控制，适用于地下水水位较高的软、硬土层，如淤泥、黏性土、砂土，软质岩等土层。

(1)泥浆制备。泥浆具有排渣和护壁作用，根据泥浆循环方式，分为正循环和反循环两种施工方法，如图2-14、图2-15所示。

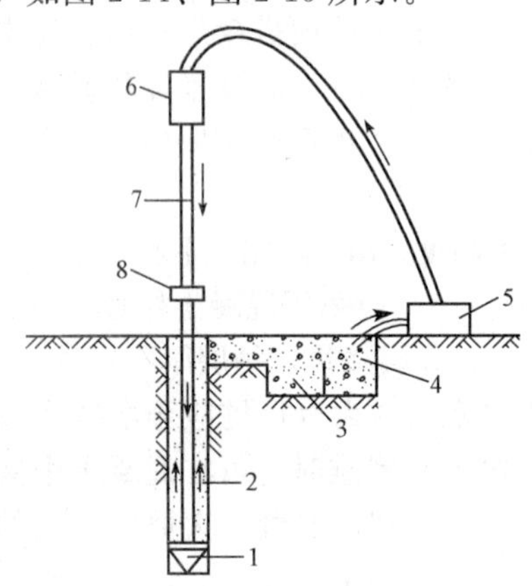

图2-14 正循环回转钻机成孔工艺原理

1—钻头；2—泥浆循环方向；3—沉淀池；
4—泥浆池；5—循环泵；6—水龙头；
7—钻杆；8—钻机回转装置

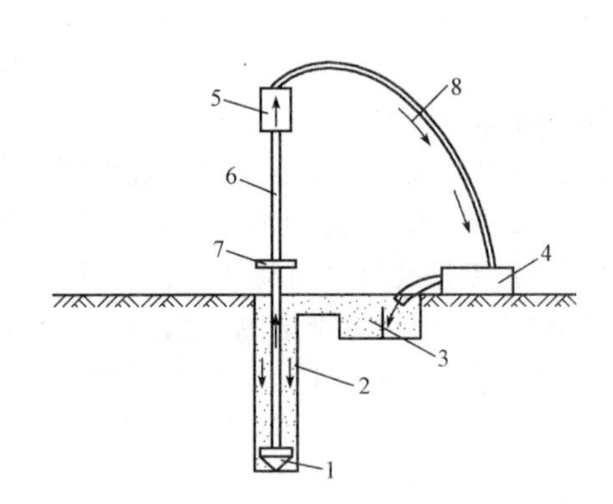

图2-15 反循环回转钻机成孔工艺原理

1—钻头；2—新泥浆流向；3—沉淀池；
4—砂石泵；5—水龙头；6—钻杆；
7—钻杆回转装置；8—混合液流向

正循环回转钻机成孔的工艺原理是由空心钻杆内部通入泥浆或高压水，从钻杆底部喷出，携带钻下的土渣沿孔壁向上流动，由孔口将土渣带出，流入泥浆池。正循环具有设备简单、操作方便、费用较低等优点，适用于小直径孔(不宜大于1 000 mm)，钻孔深度一般以40 m为限，但排渣能力较弱。

在反循环回转钻机成孔工艺中，泥浆带渣流动的方向与正循环回转钻机成孔的情况相反。反循环工艺泥浆上流的速度较高，能携带大量的土渣。反循环成孔是目前大直径桩成孔的一种有效施工方法，适用于大直径孔和孔深大于30 m的端承桩。

(2)施工工艺流程及施工要点。泥浆护壁钻孔灌注桩施工工艺流程为：放样定位→埋设护筒→钻机就位→钻孔→第一次清孔→吊放钢筋笼→下导管→第二次清孔→灌注混凝土→拔出护筒。

1)埋设护筒。埋设护筒的作用主要是保证钻机沿着垂直方向顺利工作，同时护筒还起着存储泥浆，使其高出地下水水位和保护桩顶部土层不致因钻杆反复上下升降、机身振动而导致坍孔的作用。

护筒一般由钢板卷制而成，钢板视孔径大小采用4～8 mm厚度，护筒内径宜比设计桩径大

200 mm。护筒埋置深度一般要大于不稳定地层的深度，在黏性土中不宜小于1 m，在砂土中不宜小于1.5 m；上口高出地面30～40 cm或高出地下水水位1.5 m以上，保持孔内泥浆面高出地下水水位1.0 m以上。护筒中心与桩位中心线偏差不得大于50 mm，筒身竖直，四周用黏土回填，分层夯实，防止渗漏。

2)钻机就位。就位前先平整场地，铺好枕木并用水平尺校正，保证钻机平稳、牢固。移机就位后应认真检查磨盘的平整度及主钻杆的垂直度，将垂直偏差控制在0.2%以内，钻头中心与护筒中心偏差宜控制在15 mm以内，并在钻进过程中经常复检、校正。桩径允许偏差为+50 mm，垂直度允许偏差<1%。

3)钻孔。

①泥浆制备。泥浆密度在砂土和较厚的夹砂层中应控制在1.1～1.3 t/m³；在穿过砂夹卵石层或容易坍孔的土层中应控制在1.3～1.5 t/m³；黏土和粉质黏土中成孔时，可注入清水，以原土造浆护壁，排渣时，泥浆密度控制在1.1～1.2 t/m³。泥浆可就地选择塑性指数I_P≥17的黏土调制，质量指标为黏度18～22 s，含砂率不大于4%～8%，胶体率不小于90%，在施工过程中应经常测定泥浆密度，并定期测定黏度、含砂率和胶体率。

②钻孔作业应分班、连续进行，并认真填写钻孔施工记录，交接班时应交代钻进情况及下一班注意事项；应经常对钻孔泥浆进行检测和试验，注意土层变化，在土层变化处均应捞取渣样，判明后记入记录表中并与地质剖面图核对。

③开钻时，在护筒下一定范围内应慢速钻进。待导向部位或钻头全部进入土层后，方可加速钻进。钻进速度应根据土质情况、孔径、孔深和供水、供浆量的大小确定，一般控制在5 m/min左右，在淤泥和淤泥质黏土中不宜大于1 m/min，在较硬的土层中以钻机无跳动、电动机不超荷为准。在钻孔、排渣或因故障停钻时，应始终保持孔内具有规定的水位及要求的泥浆相对密度和黏度。

④钻头到达持力层时，钻速会突然减慢，这时应对浮渣取样并与地质报告比较，予以判定，原则上应由地质勘探单位派出有经验的技术人员判定钻头是否到达设计持力层深度，并用测绳测定孔深作进一步判断。经判定满足设计规范要求后，方可同意施工收桩提升钻头。

4)清孔。清孔分两次进行。

①第一次清孔：在钻孔深度达到设计要求时，对孔深、孔径、孔的垂直度等进行检查，符合要求后进行第一次清孔。清孔根据设计要求和施工机械采用换浆、抽浆、掏渣等方法进行。以原土造浆的钻孔，清孔可用射水法，同时钻机只钻不进，待泥浆相对密度降到1.1左右即认为清孔合格。如果注入制备的泥浆，则采用换浆法清孔，置换出的泥浆密度小于1.15～1.20时方为合格。

②第二次清孔：钢筋笼、导管安放完毕，混凝土浇筑之前，进行第二次清孔。第二次清孔根据孔径、孔深、设计要求采用正循环、泵吸反循环、气举反循环等方法进行。

第二次清孔后的沉渣厚度和泥浆性能指标一般应满足下列要求。沉渣厚度：摩擦桩≤150 mm，端承桩≤50 mm。沉渣厚度的测定可直接用沉砂测定仪，但在施工现场多使用测绳。测定时将测绳徐徐下入孔中，一旦感觉锤的质量变轻，即在这一深度范围上下试触几次，确定沉渣面位置，继续放入测绳。一旦锤的质量发生较大减轻或测绳完全松弛，说明深度已到孔底，这样重复测试三次以上，孔深取其中较小值，孔深与沉渣面之差即沉渣厚度。

泥浆性能指标：在浇筑混凝土前，将孔底500 mm以内的泥浆密度控制在1.15～1.20 t/m³。

③无论采用何种清孔方法，在清孔排渣时，必须注意保持孔内水头，防止坍孔。不应采用加深钻孔深度的方法代替清孔。

5)灌注混凝土。清孔合格后应及时浇筑混凝土，浇筑方法采用导管进行水下浇筑，对泥浆进行置换。导管直径宜为200～250 mm，壁厚不小于3 mm，分节长度视工艺要求而定，一般为2.0～2.5 m。水下混凝土的砂率宜为40%～45%；中粗砂、粗集料最大粒径<40 mm；水泥用量不少于360 kg/m^3；坍落度宜为180～220 mm，配合比通过试验确定。水下浇筑法的工艺流程如图2-16所示。

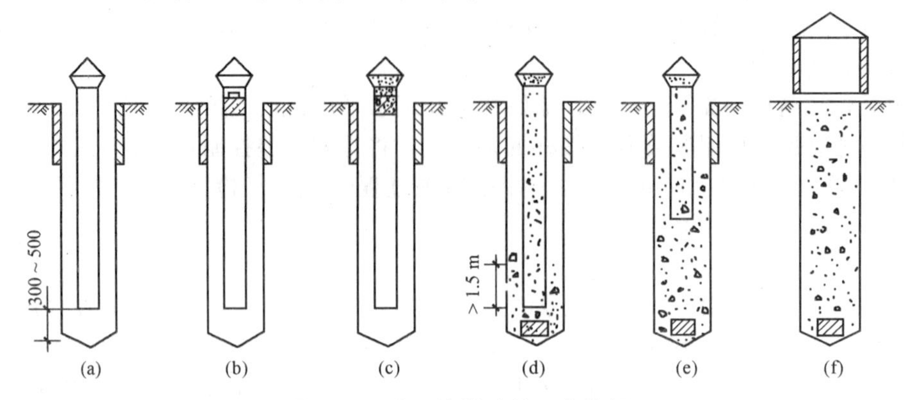

图2-16　水下浇筑法的工艺流程

(a)安设导管；(b)设隔水栓，使其与导管内水面贴紧并用钢丝悬吊在导管下口；(c)灌注首批混凝土；(d)剪断钢丝，使隔水栓下落；(e)连续灌注混凝土，提升导管；(f)浇筑完成

6)拔出护筒。

①开始浇筑水下混凝土时，管底至孔底的距离宜为300～500 mm，初灌量埋管深度≥1 m，在以后的浇筑中，导管埋深宜为2～6 m。导管应不漏气、不漏水、接头紧密；导管的上部吊装应松紧适度，避免导管在孔内发生较大的平移。

②拔管不要过于频繁，导管振捣时，不要用力过猛。

③桩顶混凝土宜超灌500 mm以上，保证在凿除泛浆层后，桩顶达到设计标高。

(3)钻孔灌注桩施工记录。钻孔灌注桩施工记录一般包括：测量定位(桩位、钢筋笼、护筒安置)记录、钻孔记录、成孔测定记录、泥浆相对密度测定记录、坍落度测定记录、沉渣厚度测定记录、钢筋笼制作安装检查表、混凝土浇捣记录、导管长度验算记录等。

2.5.4　桩基工程质量检查及验收

(1)桩位偏差检查。桩位偏差检查一般在施工结束后进行。当桩顶设计标高低于施工场地标高，送桩后无法对桩位进行检查时，可在其沉至场地标高时，对打入桩进行中间验收，待全部桩施工结束，承台或底板开挖到设计标高后，再作最终验收。对灌注桩，可对护筒位置作中间验收。

(2)承载力检验。对用于地基基础设计等级为甲级或地质条件复杂、成桩质量可靠性低的灌注桩，应采用静载荷试验的方法进行检验，检验桩数不应少于总数的1%，且不应少于3根，当总桩数不少于50根时，不应少于2根。

(3)桩身质量检验。对用于设计等级为甲级或地质条件复杂、成桩质量可靠性低的灌注桩，抽检数量不应少于总数的30%，且不应少于20根；其他桩基工程的抽检数量不应少于总数的20%，且不应少于10根；对混凝土预制桩及地下水水位以上且终孔后经过核验的灌注桩，检验数量不应少于总桩数的10%，且不得少于10根。每根柱下承台的抽检桩数不得少于1根。

(4)施工过程检查。

1)预制桩。

①锤击沉桩：应对桩体垂直度、沉桩情况、桩顶完整状况、接桩质量等进行检查，对电焊接桩，重要工程应作10%的焊缝探伤检查。

②静力压桩：压桩过程中应检查压力、桩垂直度、接桩间歇时间、桩的连接质量及压入深度。重要工程应对电焊接桩的接头作10%的探伤检查，对承受反力的结构应加强观测。

2)灌注桩。施工中应对成孔、清渣、放置钢筋笼、灌注混凝土等全过程进行检查；对人工挖孔桩尚应复验孔底持力层土(岩)性。对嵌岩桩必须有桩端持力层的岩性报告。

(5)质量验收项目。

1)锤击沉桩主控项目：桩体质量检验；桩位偏差；承载力。

一般项目：砂、石、水泥、钢材等原材料，混凝土配合比及强度(现场预制时)；成品桩外形；成品桩裂缝(收缩裂缝或起吊、装运、堆放引起的裂缝)；成品桩尺寸(横截面边长、桩顶对角线差、桩尖中心线、桩身弯曲矢高、桩顶平整度)；电焊接桩(焊缝质量，电焊结束后的停歇时间，上、下节平面偏差，节点弯曲矢高)；桩顶标高；停锤标准。

2)静力压桩主控项目：桩体质量检验；桩位偏差；承载力。

一般项目：成品桩质量(外观、外形尺寸、强度)；硫黄胶泥质量(半成品)；电焊接桩：焊缝质量、电焊结束后的停歇时间；电焊条质量；压桩压力；接桩时上、下节平面偏差；接桩时节点弯曲矢高；桩顶标高。

3)灌注桩主控项目：桩位、孔深、桩体质量检验；混凝土强度；承载力。

一般项目：垂直度；桩径；泥浆相对密度(黏土或砂性土中)；泥浆面标高(高于地下水水位)；沉渣厚度；混凝土坍落度；钢筋笼安装深度；混凝土充盈系数；桩顶标高。

(6)桩基工程验收时应提交下列资料：

1)工程地质勘查报告、桩基施工图、图纸会审纪要、设计变更及材料代用单等。

2)经审定的施工组织设计、施工方案及执行中的变更情况。

3)桩位测量放线图，包括工程桩位线复核签证单。

4)成桩质量检查报告。

5)单桩承载力检测报告。

6)基坑挖至设计标高的基桩竣工平面图及桩顶标高图。

2.5.5 桩基础检测

为了确保基桩检测工作质量，统一基桩检测方法，为设计和施工验收提供可靠依据，基桩检测方法应根据各种检测方法的特点和适用范围，考虑地质条件、桩型及施工质量可靠性、使用要求等因素进行合理选择搭配。《建筑基桩检测技术规范》(JGJ 106—2014)规定的检测桩基承载力及桩身完整性的方法有静载试验法、动测法(低应变法和高应变法)、钻芯法和声波透射法。

1. 静载试验法

桩的静载试验，即模拟实际载荷情况，通过静载加压，得出一系列关系曲线，综合评定确定其容许承载力。它能较好地反映单桩的实际承载力。静载试验有多种，通常采用的是单桩竖向抗压静载试验、单桩竖向抗拔静载试验和单桩水平静载试验。

(1)单桩竖向抗压静载试验：确定单桩竖向抗压极限承载力，判定竖向抗压承载力是否满足设计要求；通过桩身内力及变形测试，测定桩侧、桩端阻力；验证高应变法的单桩竖向抗压承载力检测结果。

(2)单桩竖向抗拔静载试验：确定单桩竖向抗拔极限承载力，判定竖向抗拔承载力是否满足设计要求；通过桩身内力及变形测试，测定桩的抗拔摩阻力。

(3)单桩水平静载试验：确定单桩水平临界和极限承载力，推定土抗力参数，判定水平承载力是否满足设计要求。通过桩身内力及变形测试，测定桩身弯矩。

预制桩在桩身强度达到设计要求的前提下，待桩身与土体的结合基本趋于稳定，才能进行试验。对于砂类土，不应少于 7 d；对于粉土和黏性土，不应少于 15 d；对于淤泥或淤泥质土，不应少于 25 d。灌注桩应在桩身混凝土强度达到设计等级的前提下，对于砂类土不少于 10 d；

对于一般黏性土不少于 20 d；对于淤泥或淤泥质土不少于 30 d，才能进行试验。

2. 动测法

动测法又称动力无损检测法，是检测桩基承载力及桩身质量的一项新技术。动测法是相对于静载试验法而言的。它通过对桩土体系进行适当的简化处理，建立起“数学-力学”模型，借助现代电子技术与量测设备采集桩土体系在给定的动载荷作用下所产生的振动参数，结合实际桩土条件进行计算，所得结果与相应的静载试验结果进行对比，在积累一定数量的动静试验对比结果的基础上，找出二者之间的某种相关关系，并以此作为标准来确定桩基承载力。另外，可应用波动理论，根据波在混凝土介质内的传播速度、传播时间和反射情况，来检验、判定桩身是否存在断裂、夹层、缩颈、空洞等质量缺陷。

一般静载试验可直观地反映桩的承载力和混凝土的浇筑质量，数据可靠，但试验装置复杂笨重，装、卸、操作费工费时，成本高，测试数量有限，并且易破坏桩基。动测法的试验仪器轻便灵活，检测快速；单桩试验时间仅为静载试验时间的 1/50 左右，可大大缩短试验时间；数量多，不破坏桩基，相对准确，可进行普查；费用低，单桩测试费约为静载试验的 1/30，可节省静载试验的锚桩、堆载、设备运输、吊装焊接等大量人力、物力。据统计，国内用动测法的试桩工程数目，已占工程总数的 70%左右，试桩数约占全部试桩数的 90%，有效地弥补了静力试桩的不足，满足了桩基工程发展的需要，社会经济效益显著。动测法也存在需做大量的测试数据，需静载试验资料来充实完善、编制计算机软件，所测的极限承载力有时与静载荷值离散性较大等问题。

3. 钻芯法

钻芯法是用钻机钻取芯样以检测混凝土灌注桩的桩长、桩身混凝土强度、桩底沉渣厚度和桩身完整性，判定或鉴别桩端持力层岩土性状的方法。

4. 声波透射法

声波透射法通过在预埋声测管之间发射并接收声波，实测声波在混凝土介质中传播的声时、频率和波幅衰减等声学参数的相对变化，对桩身完整性进行判定。

思考与练习题

1. 简述地基处理的方法。
2. 砂垫层的主要作用是什么？
3. 简述砂石垫层的压实方法。
4. 灰土挤密桩与其他地基处理方法相比有什么特点？
5. 试述深层搅拌法的加固原理。
6. 松土坑下水位较高时该如何处理？
7. 简述局部软硬地基的处理。
8. 简述土井、砖井的处理。
9. 预制桩的制作、起吊、运输、堆放有哪些要求？
10. 打桩前要做什么准备工作？
11. 打桩的顺序如何确定？
12. 锤击法如何施工？
13. 静压力桩如何施工？
14. 简述桩基检测频率。
15. 简述管桩的施工要点。

第3章 脚手架工程及垂直运输设备

脚手架是为建筑施工而搭设的上料、堆料与施工作业用的临时结构架，是土木工程施工的重要辅助设施。

脚手架的种类很多，按其搭设位置分为外脚手架和里脚手架；按其构造形式分为多立杆式、框式、桥式、吊式、挂式、升降式以及用于层间操作的工具式脚手架。其所用材料有木、竹与金属材料，目前，脚手架是采用金属制作的、具有多种功用的组合式脚手架，以满足不同情况作业的要求。

脚手架的基本要求是：其宽度应满足工人操作、材料堆置和运输的需要；坚固稳定；装拆简便；能多次周转使用。

3.1 扣件式钢管脚手架

扣件式钢管脚手架由立杆、水平杆、剪刀撑、抛撑、扫地杆、连墙件以及脚手板等组成，如图3-1所示。其特点是可根据施工需要灵活布置，构配件品种少，有利于施工操作，装卸方便，坚固耐用。

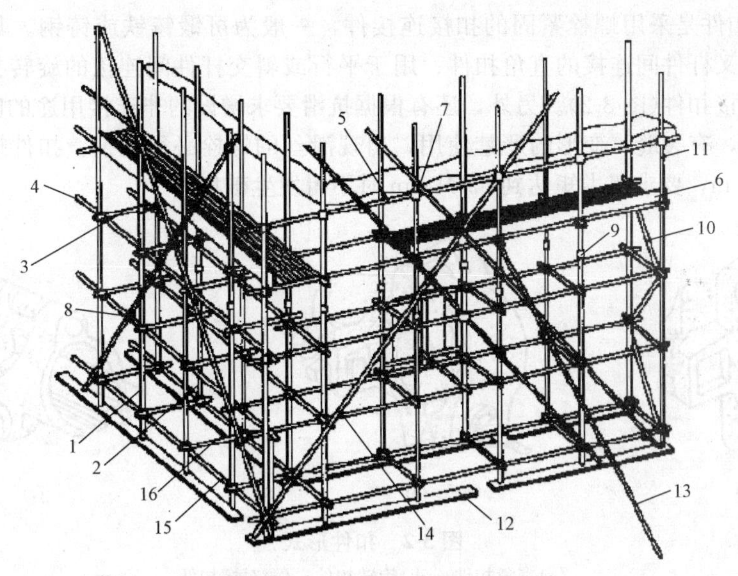

图3-1 扣件式钢管脚手架

1—外立杆；2—内立杆；3—横向水平杆；4—纵向水平杆；5—栏杆；6—挡脚板；7—直角扣件；8—旋转扣件；9—对接扣件；10—横向斜撑；11—主立杆；12—垫板；13—抛撑；14—剪刀撑；15—纵向扫地杆；16—横向扫地杆

3.1.1 扣件式钢管脚手架的构配件

(1)钢管。脚手架钢管一般采用 $\phi48.3\times3.6$ mm(每米质量为3.85 kg)或 $\phi51\times3$ mm 的焊接

钢管。用于横向水平杆的钢管最大长度不应大于 2.2 m，立杆不应大于 6.5 m，每根钢管的最大质量不应超过 25.8 kg，以适合人工搬运。

钢管必须涂有防锈漆；钢管表面应平直光滑，不应有裂缝、结疤、分层、错位、硬弯、毛刺、压痕和深的划道；其允许偏差项目为：钢管外径(±0.30 mm)；壁厚(±0.10 mm)；端面切斜偏差(1.7 mm)；外表面锈蚀深度(≤0.5 mm)；钢管端部弯曲(弯曲长度≤1.5 m，弯曲偏差≤5 mm)；立杆弯曲(3～4 m 时，弯曲偏差≤12 mm；4～6.5 m 时，弯曲偏差≤20 mm)；水平杆、斜杆(弯曲偏差≤30 mm)。

1)立杆：平行于建筑物、垂直于水平面，是把脚手架载荷传递给基础的竖向受力杆件。

2)水平杆。脚手架中的水平杆包括：

①纵向水平杆(大横杆)：平行于建筑物并在纵向水平连接各立杆，是承受并传递载荷给立杆的受力杆件。

②纵向水平扫地杆：连接立杆下端，距离底座下皮 200 mm 处的纵向水平杆，起约束立杆底端在纵向发生位移的作用。

③横向水平杆(小横杆)：垂直于建筑物并在横向水平连接内、外排立杆，是承受并传递载荷给纵向水平杆的受力杆件。

④横向水平扫地杆：连接立杆下端，是位于纵向水平扫地杆下方的横向水平杆，起约束立杆底端在横向发生位移的作用。

3)剪刀撑：在脚手架外侧面成对设置的交叉斜杆，可增强脚手架的纵向刚度。

4)抛撑：与脚手架外侧面斜交的杆件，可防止脚手架横向失稳。

5)横向斜撑：设在脚手架内、外排立杆同一节间，由底层至顶层呈“之”字形连续布置的杆件，可增强脚手架的横向刚度。

(2)扣件。扣件是采用螺栓紧固的扣接连接件，一般为可锻铸铁或铸钢。其基本形式有三种：用于垂直交叉杆件间连接的直角扣件、用于平行或斜交杆件间连接的旋转扣件以及用于杆件对接连接的对接扣件(图 3-2)。另外，还有根据抗滑要求增设的非连接用途的防滑扣件。扣件应进行防锈处理，有裂缝、变形的严禁使用，出现滑丝的螺栓必须更换。扣件螺栓的拧紧扭力矩为 40～60 N·m，要求扭力矩达到 65 N·m 时不得发生破坏。

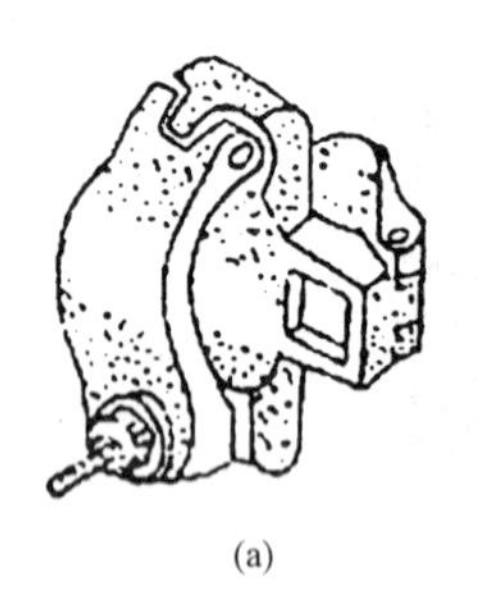

(a)

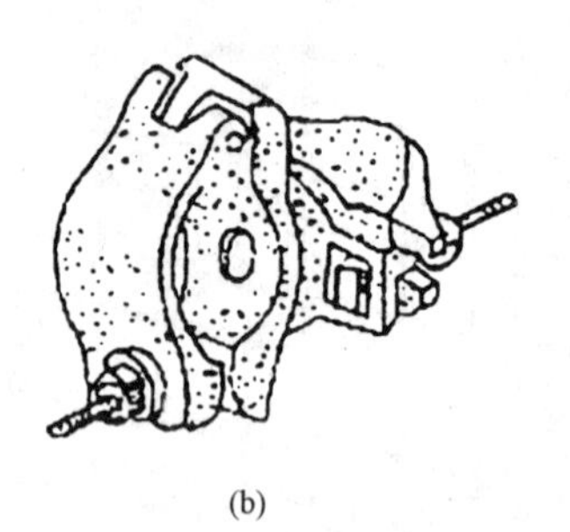

(b)

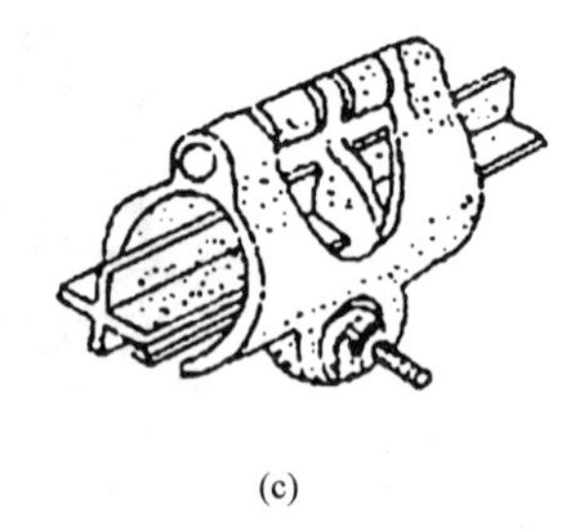

(c)

图 3-2　扣件形式

(a)直角扣件；(b)旋转扣件；(c)对接扣件

(3)脚手板。脚手板可用钢、木、竹等材料制作，每块脚手板的质量不宜大于 30 kg。冲压钢脚手板是常用的一种脚手板，一般用厚为 2 mm 的钢板压制而成，长为 2～4 m，宽为 250 mm，表面应有防滑措施。木脚手板可采用厚度不小于 50 mm 的杉木板或松木制作，长为 3～4 m，宽为 200～250 mm，两端均应设镀锌钢丝箍两道，以防木脚手板端部破坏。竹脚手板宜采用毛竹或楠竹制成竹串片板及竹笆板。

(4)可调托撑。

1)可调托撑螺杆外径不得小于 36 mm，直径与螺距应符合现行国家标准《梯形螺纹 第 3 部分：基本尺寸》(GB/T 5796.3—2005)的规定。

2)可调托撑的螺杆与支托板焊接应牢固，焊缝高度不得小于 6 mm；可调托撑螺杆与螺母旋全长度不得少于 5 扣，螺母厚度不得小于 30 mm。

3)可调托撑受压承载力设计值不应小于 40 kN，支托板厚不应小于 5 mm。

(5)悬挑脚手架用型钢。

1)悬挑脚手架用型钢的材质应符合现行国家标准《碳素结构钢》(GB/T 700—2006)或《低合金高强度结构钢》(GB/T 1591—2008)的规定。

2)用于固定型钢悬挑梁的 U 形钢筋拉环或锚固螺栓材质应符合现行国家标准《钢筋混凝土用钢　第 1 部分：热轧光圆钢筋》(GB 1499.1)中 HPB235 级钢筋的规定。

3.1.2　扣件式钢管脚手架的搭设构造

(1)搭设参数的确定。

1)确定脚手架搭设高度。搭设高度根据建筑物檐口标高与搭设面标高，加上安全高度(当上部为女儿墙时，脚手架的搭设高度要超过女儿墙 1 m；当为檐口时，脚手架的搭设高度要超过檐口高度 1.5 m)综合确定。

2)确定立杆横距。立杆横距是横向相邻两立杆的距离。一般取值为 1.05～1.55 m，且应符合脚手板的宽度模数。

3)确定步距。步距是相邻两纵向水平杆的距离，也称步。一般在确定脚手架的步距时要考虑两个因素：一是满足层高与施工要求，层高应是步距的整数倍，如层高标准层是 2.8 m，则第一步确定步距为 1.4 m；二是符合相关规范要求。步距的取值范围一般为1.2～1.8 m。

4)确定立杆纵距。立杆纵距是纵向相邻两立杆的距离，也称跨。其根据脚手架用途(结构、装修)、施工作业层施工载荷确定。

脚手架搭设参数的确定步骤为：首先确定搭设高度，然后根据连墙件设置情况及载荷大小，选择立杆横距和步距，最后确定立杆纵距，具体见表 3-1。

表 3-1　常用密目式双排脚手架结构的设计尺寸

连墙件设置	立杆横距 l_v/m	步距 h/m	下列载荷时的立杆纵距 l_a/m				脚手架允许搭设高度 H/m
			2+0.35 /(kN·m⁻²)	2+2+2×0.35 /(kN·m⁻²)	3+0.35 /(kN·m⁻²)	3+2+2×0.35 /(kN·m⁻²)	
二步三跨	1.05	1.5	2.0	1.5	1.5	1.5	50
		1.80	1.8	1.5	1.5	1.5	32
	1.30	1.5	1.8	1.5	1.5	1.5	50
		1.80	1.8	1.2	1.5	1.2	30
	1.55	1.5	1.8	1.5	1.5	1.5	38
		1.80	1.8	1.2	1.5	1.2	22
三步三跨	1.05	1.50	2.0	1.5	1.5	1.5	43
		1.80	1.8	1.2	1.5	1.2	24
	1.30	1.50	1.8	1.5	1.5	1.2	30
		1.80	1.8	1.2	1.5	1.2	17

注：1. 表中所示 2+2+2×0.35(kN·m^{-2})，包括下列载荷：2+2(kN·m^{-2})为二层装修作业层施工载荷；2×0.35(kN·m^{-2})为二层作业层脚手板自重载荷。

2. 作业层横向水平杆间距，应按不大于 l_a/2 设置。

(2)搭设构造的要求。

1)立杆。立杆底部应设置底座或垫板；脚手架必须设置纵、横向扫地杆；当立杆基础不在同一高度上时，高低差不应大于 1 m，必须将高处的纵向扫地杆向低处延长两跨，与立杆固定，靠边坡上方的立杆轴线到边坡的距离不应小于 500 mm。

立杆接头除顶层顶步外，其余各层接头必须采用对接扣件连接。如采用对接方式，则对接扣件应交错布置，两根相邻立杆的接头不应设置在同步内，同步内隔一根立杆的两个相隔接头在高度方向错开的距离不宜小于 400 mm；各接头中心至主节点的距离不宜大于步距的 1/3。若采用搭接方式，则搭接长度不应小于 1 m，应采用不少于两个的旋转扣件固定，端部扣件盖板的边缘至杆端距离不应小于 100 mm。

2)纵向水平杆、横向水平杆、脚手板。

①纵向水平杆。纵向水平杆宜设置在立杆的内侧，用直角扣件固定在立杆上(铺设竹笆脚手板除外)，其单根长度不宜小于 3 跨。纵向水平杆可采用对接扣件，也可采用搭接扣件。如采用对接扣件，则对接扣件应交错布置，两根相邻纵向水平杆的接头不宜设置在同步或同跨内；不同步或不同跨两个相邻接头在水平方向错开的距离不应小于 500 mm；各接头中心至最近主节点(立杆、纵向水平杆、横向水平杆三杆紧靠的扣接点)的距离不宜大于纵距的 1/3；如采用搭接扣件，搭接长度不应小于 1 m，并应等间距设置 3 个旋转扣件固定。

②横向水平杆。横向水平杆两端均应用直角扣件固定于纵向水平杆上(铺设竹笆脚手板除外)。在主节点必须设置一根横向水平杆，用直角扣件扣紧，且严禁拆除，主节点处两个直角扣件的中心距不应大于 150 mm。靠墙一端的外伸长度不应大于 500 mm。作业层上的非节点处的横向水平杆，宜根据支承脚手板的需要等间距设置，最大间距不应大于纵距的 1/2。

图 3-3 所示为纵向水平杆、立杆搭设接头错开示意。

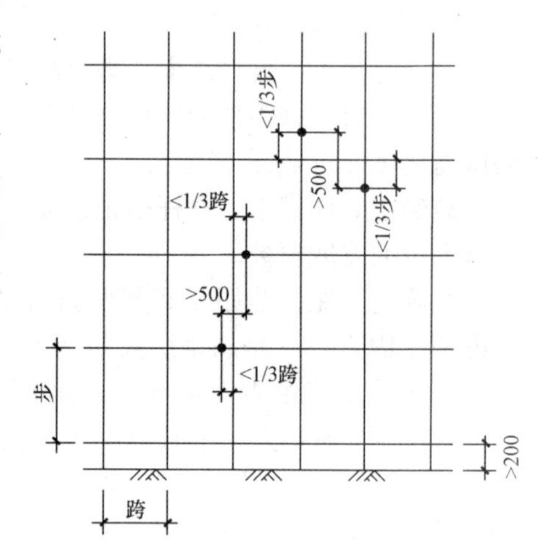

图 3-3　纵向水平杆、立杆搭设接头错开示意

③脚手板。作业层脚手板应铺满、铺稳、铺实；冲压钢脚手板、木脚手板、竹串片脚手板等，应设置在三根横向水平杆上；当脚手板长度小于 2 m 时，可采用两根横向水平杆支承，但应将脚手板两端与其固定可靠，严防倾翻。脚手板铺设可采用对接和搭接两种铺设方式，如图 3-4 所示。

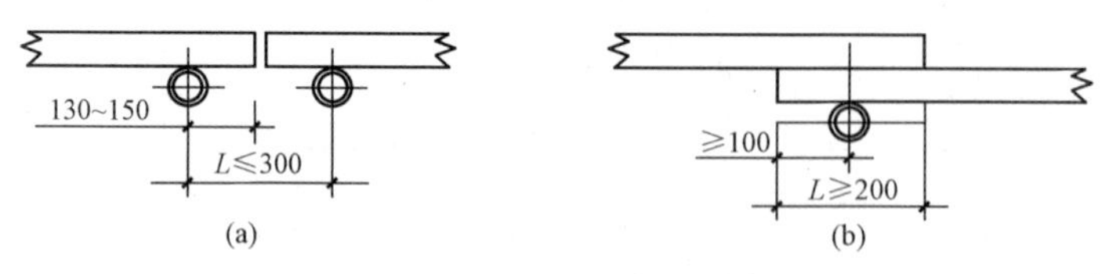

图 3-4　脚手板对接、搭接构造

(a)脚手板对接；(b)脚手板搭接

3)连墙件。连墙件宜靠近主节点设置，其偏离主节点的距离不应大于 300 mm；应从底层第一步纵向水平杆处开始设置，当有困难时，应采用其他可靠措施固定；应优先采用菱形布置，也可采用方形、矩形布置；开口形脚手架的两端必须设置连墙件，连墙件的垂直间距不应大于建筑物的层高，并不应大于 4 m。对高度在 24 m 以上的单、双排脚手架，宜采用刚性连墙件与建筑物可靠连接。严禁使用仅有拉筋的柔性连墙件。连墙杆布置的最大间距见表 3-2。

表 3-2　连墙杆布置的最大间距

搭设方法	脚手架高度/m	竖向间距	水平间距	每根连墙杆覆盖面积/m^2
双排落地	≤50	$3h$	$3l_a$	≤40
双排悬挑	＞50	$2h$	$3l_a$	≤27
单排	≤24	$3h$	$3l_a$	≤40
注：h—步距；l_a—纵距。				

连墙件构造应满足如下要求：连墙件中的连墙杆或拉筋宜水平设置，当不能水平设置时，与脚手架连接的一端应下斜连接，不应采用上斜连接；连墙件必须采用可承受拉力和压力的构造。采用拉筋必须配用顶撑，顶撑应可靠地顶在混凝土圈梁、柱等结构部位。拉筋应采用两根以上直径为 4 mm 的钢丝，拧成一股，不应少于两股；也可采用直径不小于 6 mm 的钢筋。当脚手架下部暂不能设连墙件时，可搭设抛撑。抛撑应采用通长杆件与脚手架可靠连接，与地面的倾角应为 45°～60°；连接点中心至主节点的距离不应大于 300 mm。抛撑在连墙件搭设后方可拆除。

4)剪刀撑、横向斜撑。双排脚手架应设剪刀撑与横向斜撑，单排脚手架应设剪刀撑。

①剪刀撑。每道剪刀撑的宽度不应小于 4 跨，且不应小于 6 m，斜杆与地面的倾角宜为 45°～60°。根据剪刀撑斜杆与地面的倾角不同，每道剪刀撑跨越立杆的最多根数分别为：45°时不应超过 7 根；50°时不应超过 6 根；60°时不应超过 5 根。高度在 24 m 以下的单、双排脚手架，均必须在外侧的两端转角及中间间隔不超过 15 m 的立面上，各设置一道剪刀撑，并应由底至顶连续设置。高度在 24 m 以上的双排脚手架，应在外侧全立面整个长度和高度上连续设置剪刀撑。

②横向斜撑。"一"字形、开口形双排脚手架的两端均必须设置横向斜撑，中间宜每隔 6 跨设置一道；高度在 24 m 以下的封闭形双排脚手架可不设横向斜撑，高度在 24 m 以上的封闭形脚手架，除拐角应设置横向斜撑外，中间应每隔 6 跨设置一道。应在同一节间，由底至顶呈"之"字形连续布置。

3.1.3　扣件式钢管脚手架的施工

1. 施工准备

(1)单位工程负责人应按施工组织设计中有关脚手架的要求，向架设和使用人员进行技术交底。

(2)应按规范规定和施工组织设计的要求对钢管、扣件、脚手板等进行检查验收，不合格产品不得使用。

(3)经检验合格的构配件应按品种、规格分类，堆放整齐、平稳，堆放场地不得有积水。

(4)应清除搭设场地杂物，平整搭设场地，并使排水畅通。

(5)当脚手架基础下有设备基础、管沟时，在脚手架使用过程中不应开挖，否则，必须采取加固措施。

2. 地基与基础

脚手架地基与基础的施工，必须根据脚手架搭设高度、搭设场地的土质情况与现行国家标准《建筑地基基础工程施工质量验收规范》(GB 50202—2002)的有关规定进行。脚手架底座底面标高宜高于自然地坪 50 mm。脚手架外侧应设排水沟，防止积水浸泡地基。脚手架基础经验收合格后，应按施工组织设计的要求放线定位。

(1)30 m以下的脚手架。垫板应采用长度不小于2跨、宽度不小于200 mm、厚度不小于50 mm的木板平行于墙面放置，在脚手架外侧挖一浅排水沟排除雨水。

(2)超过30 m的脚手架。采用道木支垫或在地基上加铺20 cm厚道渣后铺混凝土预制块或硅酸盐砌块，在其上沿纵向铺放12～16号槽钢，将脚手架立杆坐于槽钢上。若脚手架地基为回填土，应按规定分层夯实，达到密实度要求，并自地面以下1 m深改作三七灰土。

3. 搭设要点

(1)搭设工艺流程：地基弹线、立杆定位→摆放扫地杆→竖立杆并与扫地杆扣紧→装扫地小横杆，并与立杆和扫地杆扣紧(固定立杆底端前应吊线确保立杆垂直)→每边竖起3～4根立杆后，随即装设第一步纵向水平杆(与立杆扣接固定)→安装第一步小横杆(小横杆，靠近立杆并与纵向水平杆扣接固定)→校正立杆垂直度和水平度，使其符合要求，按40～60 N·m力拧紧扣件螺栓，形成脚手架的起始段，按上述要求依次向前延伸搭设，直至第一步架交圈完成。交圈后，再全面检查一遍脚手架质量和地基情况，严格确保设计要求和脚手架质量→安装第二步大横杆→安装第二步小横杆→加设临时斜撑杆(加抛撑)，上端与第二步大横杆扣紧(装设与柱连接杆后拆除)→安装第三、第四步大横杆和小横杆→安装第二层与柱拉杆→接立杆→加设剪刀撑→装设作业层间横杆(在脚手架横向杆之间架设的用于缩小铺板支撑跨度的横杆)→铺设脚手板，绑扎防护及挡脚板，立挂安全网。

(2)脚手架必须配合施工进度搭设，一次搭设高度不应超过相邻连墙件以上两步。每搭完一步脚手架后，应按《建筑施工扣件式钢管脚手架安全技术规范》(JGJ 130—2011)的规定校正步距、纵距、横距及立杆的垂直度。

(3)立杆搭设规定：严禁将外径48 mm与51 mm的钢管混合使用；开始搭设立杆时，应每隔6跨设置一根抛撑，直至连墙件安装稳定后，方可根据情况拆除；当搭至有连墙件的构造点时，在搭设完该处的立杆、纵向水平杆、横向水平杆后，应立即设置连墙件。

(4)纵向水平杆搭设规定：在封闭形脚手架的同一步中，纵向水平杆应四周交圈，用直角扣件与内外角部立杆固定。

(5)横向水平杆搭设规定：双排脚手架横向水平杆的靠墙一端至墙装饰面的距离不宜大于100 mm。

(6)连墙件、剪刀撑、横向斜撑等的搭设规定：当脚手架施工操作层高出连墙件两步时，应采取临时稳定措施，直到上一层连墙件搭设完后方可根据情况拆除；剪刀撑、横向斜撑搭设应随立杆、纵向和横向水平杆等同步搭设，各底层斜杆下端必须支承在垫块或垫板上。

(7)扣件安装规定：对接扣件开口应朝上或朝内；各杆件端头伸出扣件盖板边缘的长度不应小于100 mm。

(8)作业层、斜道的栏杆和挡脚板的搭设规定：栏杆和挡脚板均应搭设在外立杆的内侧；上栏杆上皮高度应为1.2 m；挡脚板高度不应小于180 mm；中栏杆应居中。

4. 拆除规定

(1)拆除作业必须由上而下逐层进行，严禁上下同时作业。

(2)连墙件必须随脚手架逐层拆除，严禁先将连墙件整层或数层拆除后，再拆脚手架；分段拆除高差不应大于两步，如高差大于两步，应增设连墙件加固。

(3)当脚手架拆至下部最后一根长立杆的高度(约为6.5 m)时，应先在适当位置搭设临时抛撑加固后，再拆除连墙件。

(4)当脚手架采取分段、分立面拆除时，对不拆除的脚手架两端，应先按《建筑施工扣件式钢管脚手架安全技术规范》(JGJ 130—2011)的规定设置连墙件和横向斜撑加固。

5. 脚手架的检查与验收

(1)脚手架及其地基基础应在下列阶段进行检查与验收：

1)基础完工后及脚手架搭设前；

2)作业层上施加载荷前；

3)每搭设完 6～8 m 高度后；

4)达到设计高度后；

5)遇有六级大风与大雨后，寒冷地区开冻后；

6)停用超过一个月。

(2)脚手架使用中，应定期检查下列项目：

1)杆件的设置和连接，连墙件、支撑、门洞桁架等的构造是否符合要求。

2)地基是否积水、底座是否松动、立杆是否悬空。

3)扣件螺栓是否松动。

4)高度在 24 m 以上的脚手架，其立杆的沉降与垂直度的偏差是否符合有关规定。

5)安全防护措施是否符合要求。

6)是否超载使用。

(3)检查项目及允许偏差。

1)地基基础：表面平整坚实；排水通畅，不积水；垫板不晃动；底座不滑动、不沉降(－10 mm)。

2)立杆垂直度：最后验收垂直度(±100 mm)；搭设中按检查时搭设高度和总高度分别确定，见表 3-3，中间档次用插入法求得。

表 3-3　立杆不同搭设高度的垂直度允许偏差　　mm

搭设中检查偏差的高度/m	总 高 度		
	50 m	40 m	20 m
$H=2$	±7	±7	±7
$H=10$	±20	±25	±50
$H=20$	±40	±50	±100
$H=30$	±60	±75	
$H=40$	±80	±100	
$H=50$	±100		

3)间距：步距、横距(±20 mm)，纵距(±50 mm)。

4)纵向水平杆高差：一根杆的两端(±20 mm)；同跨内两根纵向水平杆的高差(±10 mm)。

5)双排脚手架横向水平杆外伸长度偏差：要求外伸 500 mm，偏差－50 mm。

6)扣件安装、剪刀撑斜杆与地面倾角、脚手板外伸长度均应符合规范规定，不允许出现偏差。

6. 安全管理

(1)脚手架搭拆人员必须是经过按现行国家标准考核合格的专业架子工；上岗人员应定期体检，合格者方可持证上岗。

(2)搭设脚手架人员必须戴安全帽、系安全带、穿防滑鞋。

(3)脚手架的构配件质量与搭设质量，应按《建筑施工扣件式钢管脚手架安全技术规范》(JGJ 130—2011)的有关规定进行检查验收，合格后方可使用，并按有关规定对脚手架进行定期安全检查与围护。

(4)作业层上的施工载荷应符合设计要求，不得超载；不得将模板支架、缆风绳、泵送混凝土和砂浆的输送管等固定在脚手架上；严禁悬挂起重设备。

(5)当有六级及六级以上大风和雾、雨、雪天气时，应停止脚手架搭设与拆除作业；雨、雪后上架作业应有防滑措施，并应扫除积雪。

(6)在脚手架使用期间，严禁拆除主节点处的纵、横向水平杆，纵、横向扫地杆和连墙件等杆件。

(7)尽量避免在脚手架基础及其邻近处进行挖掘作业，否则，应采取安全措施，并报主管部门批准。

(8)临街搭设脚手架时，外侧应有防止坠物伤人的防护措施。

(9)在脚手架上进行电、气焊作业时，必须有防火措施和专人看守。

(10)工地临时用电线路的架设及脚手架接地、避雷措施等，应按现行行业标准的有关规定执行。

(11)搭、拆脚手架时，地面应设围栏和警戒标志，并派专人看守，严禁非操作人员入内。

3.2 碗扣式钢管脚手架

碗扣式钢管脚手架是我国参考国外经验自行研制的一种多功能脚手架，其杆件节点处采用碗扣连接，由于碗扣是固定在钢管上的，构件全部轴向连接，力学性能好，其连接可靠，组成的脚手架整体性好，不存在扣件丢失问题。碗扣式钢管脚手架近年来在我国发展较快，现已广泛用于房屋、桥梁、涵洞、隧道、烟囱、水塔、大坝、大跨度棚架等多种工程施工中，取得了显著的经济效益。

3.2.1 碗扣式钢管脚手架的基本构造

碗扣式钢管脚手架由钢管立杆、横杆、碗扣接头等组成，其基本构造和搭设要求与扣件式钢管脚手架类似，不同之处主要在于碗扣接头。

碗扣接头如图 3-5 所示。其由上碗扣、下碗扣、水平杆接头和限位销等组成。在立杆上焊接下碗扣和上碗扣的限位销，将上碗扣套入立杆内。在横杆和斜杆上焊接插头。组装时，将水平杆和斜杆插入下碗扣内，压紧和旋转上碗扣，利用限位销固定上碗扣。碗扣间距为 600 mm，

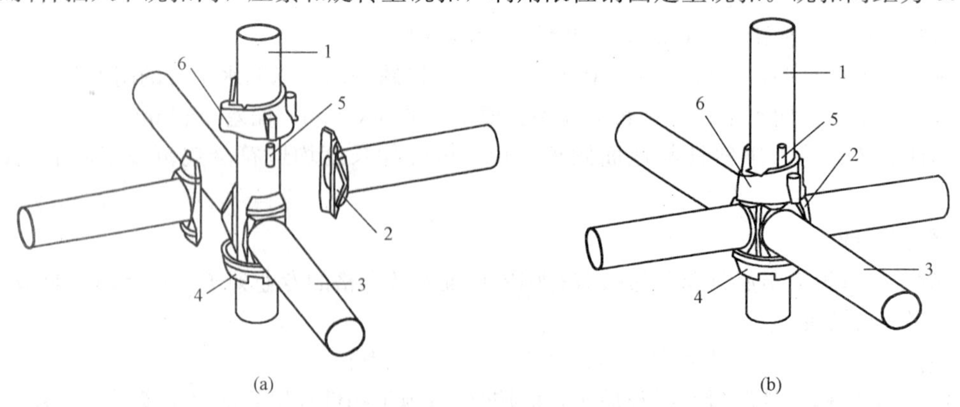

图 3-5 碗扣接头构造

1—立杆；2—水平杆接头；3—水平杆；4—下碗扣；5—限位销；6—上碗扣

碗扣处可同时连接 9 根横杆，可以互相垂直或偏转一定角度。碗扣式钢管脚手架的基本构配件有立杆、水平杆、底座等，辅助构件有脚手板、斜道板、挑梁架梯、托撑等。另外，它还有一些专用构件，包括支撑柱的各种垫座(图 3-6)、提升滑轮、爬升挑梁等。这些构件可进行各种组合以适应工程需要，如利用支撑柱的垫座组合重载荷的支架；在脚手架上装提升滑轮可以在脚手架上提升零星小材料、小工具等；利用爬升挑梁可使碗扣式脚手架沿结构墙体进行爬升，组成爬升式脚手架等。

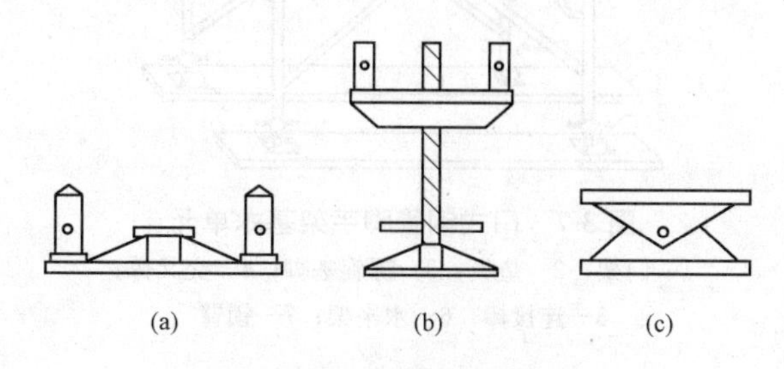

图 3-6　支撑柱的各种垫座

(a)普通垫座；(b)可调垫座；(c)转角垫座

3.2.2　碗扣式钢管脚手架的搭设要求

碗扣式钢管脚手架立柱横距为 1.2 m，根据脚手架载荷不同，纵距为 1.2 m、1.5 m、1.8 m、2.4 m，步距为 1.8 m、2.4 m。搭设时，立杆的接长缝应错开，第一层立杆应用长 1.8 m 和 3.0 m 的立杆错开布置，往上均用 3.0 m 的长杆，至顶层再用 1.8 m 和 3.0 m 两种长度找平。高 30 m 以下的脚手架的垂直度偏差应控制在 1/200 以内，高 30 m 以上的脚手架的垂直度偏差应控制在 1/400～1/600，总高垂直度偏差应不大于 100 mm。

3.3　门式钢管脚手架

门式钢管脚手架是一种工厂生产、现场搭设的脚手架，是当今国际上应用最普遍的脚手架之一。它是由门架、交叉支撑、连接棒、挂扣式脚手板或水平架、锁臂等组成基本结构，再设置水平加固杆、剪刀撑、扫地杆、封口杆、托座与底座，并采用连墙件与建筑物主体结构相连的一种标准化钢管脚手架。门式钢管脚手架不仅可作为外脚手架，也可作为内脚手架或满堂脚手架。因其几何尺寸标准化、结构合理、受力性能好、施工中装拆容易、安全可靠、经济实用，广泛应用于建筑、桥梁、隧道、地铁等工程施工，若在门架下部安放轮子，也可以作为机电安装、油漆粉刷、设备维修、广告制作的活动工作平台。

当施工载荷标准值为 3.0～5.0 kN/m^2 时，门式钢管脚手架的搭设高度限制在 45 m 以内；当施工载荷标准值小于 3.0 kN/m^2 时，其搭设高度限制在 60 m 以内。

3.3.1　门式钢管脚手架的基本构造

门式钢管脚手架用普通钢管材料制成工具式标准件，在施工现场组合而成。其基本单元为一副门式框架、两副剪刀撑、一副水平梁架和四个连接器，如图 3-7 所示。若干基本单元通过连接器在竖向叠加，扣上臂扣，组成一个多层框架。在水平方向，用加固杆和水平梁架使相邻单元连成整体，加上斜梯、栏杆柱和横杆组成上、下步相通的外脚手架。

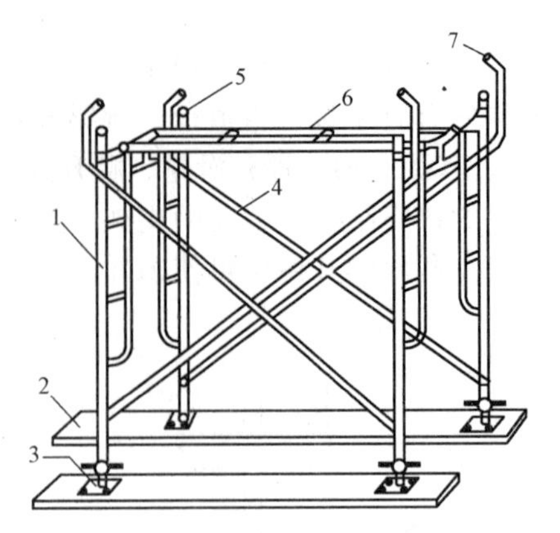

图 3-7 门式钢管脚手架基本单元

1—门架；2—垫板；3—螺旋基脚；4—交叉撑；

5—连接棒；6—水平架；7—锁臂

3.3.2 门式钢管脚手架的搭设要求

(1)门式钢管脚手架一般根据产品目录所列的使用载荷及搭设规定进行施工，而不必进行结构验算，但施工前必须进行施工设计。施工设计的内容应包括以下几项：

1)脚手架的平面、立面及剖面图；

2)脚手架基础做法；

3)连墙件的布置及构造；

4)脚手架的转角处、通道洞口处构造；

5)脚手架的施工载荷限值；

6)分段搭设或分段拆卸方案的设计计算；

7)脚手架搭设、使用、拆除等的安全措施。

必要时还应进行脚手架的计算，一般包括脚手架稳定或搭设高度的计算以及连墙件的计算。

(2)门架跨距应符合有关规定，并与交叉支撑规格配合；门架立杆离墙面净距不宜大于150 mm，大于150 mm时，应采取内设挑架板或其他隔离防护的安全措施。

(3)门架的内、外两侧均应设置交叉支撑并应与门架立杆上的锁销锁牢；上、下榀门架的组装必须设置连接棒及锁臂，连接棒直径应小于立杆内径1～2 mm。在脚手架的操作层上应连续满铺与门架配套的挂扣式脚手板，并扣紧挡板，防止脚手板脱落和松动。

(4)当脚手架搭设高度$H \leqslant 45$ m时，沿脚手架高度，水平架应至少两步一设；当脚手架搭设高度$H > 45$ m时，水平架应每步一设；无论脚手架多高，均应在脚手架的转角处、端部及间断处的一个跨距范围内每步一设，水平架在其设置层面内应连续设置；当脚手架高度超过20 m时，应在脚手架外侧每隔四步设置一道水平加固杆，并宜在有连墙件的水平层设置；应连续设置纵向水平加固杆，并形成水平闭合圈；在脚手架的底步门架下端应加封口杆，门架的内、外两侧应设通长扫地杆；水平加固杆应采用扣件与门架立杆扣牢。

(5)在施工中，应注意不配套的门架与配件不得混合使用于同一脚手架。门架安装时，应自一端向另一端延伸，逐层改变搭设方向，不得相对进行。搭完一步架后，应检查并调整其水平度与垂直度。脚手架应沿建筑物周围连续、同步搭设升高，在建筑物周围形成封闭结构；若不能封闭，在脚手架两端应增设连墙件。

3.4 升降式脚手架

扣件式钢管脚手架、碗扣式钢管脚手架及门式钢管脚手架一般都是沿结构外表面满搭的脚手架，在结构和装修工程施工中应用较为方便，但费料耗工，一次性投资大，工期也长。因此，近年来在高层建筑施工中发展了多种形式的外挂脚手架，其中应用较为广泛的是升降式脚手架，包括自升降式、互升降式、整体升降式三种类型。

升降式脚手架的主要特点是：脚手架无须满搭，只搭设至满足施工操作及安全各项要求的高度；地面无须做支承脚手架的坚实地基，也不占施工场地；脚手架及其上承担的载荷传给与之相连的结构，对这部分结构的强度有一定要求；随施工进程，脚手架可随之沿外墙升降，结构施工时由下往上逐层提升，装修施工时由上往下逐层下降。

3.4.1 自升降式脚手架

自升降脚手架的升降运动是通过手动或电动倒链交替对活动架和固定架进行升降来实现的。从升降架的构造来看，活动架和固定架之间能够进行上、下相对运动。当脚手架工作时，活动架和固定架均用附墙螺栓与墙体锚固，两架之间无相对运动；当脚手架需要升降时，活动架与固定架中的一个架子仍然锚固在墙体上，使用倒链对另一个架子进行升降，两架之间便产生相对运动。通过活动架和固定架交替附墙，互相升降，脚手架即可沿着墙体上的预留孔逐层升降，如图 3-8 所示。

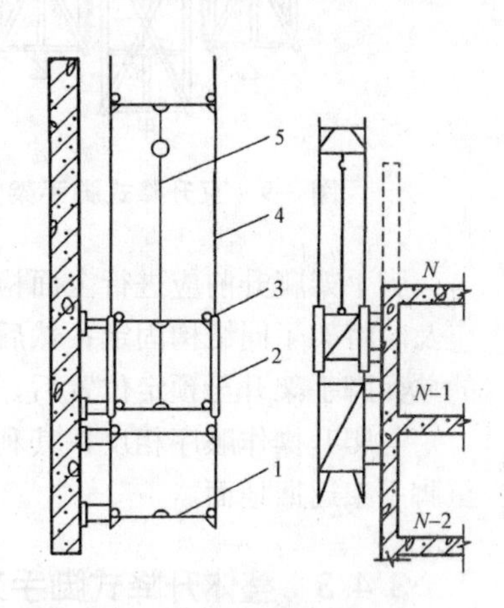

图 3-8　自升降式脚手架

1—脚手板；2—剪刀撑；3—纵向水平杆；4—安全网；5—提升设备

施工前按照脚手架的平面布置图和升降架附墙支座的位置，在混凝土墙体上设置预留孔。为使升降顺利进行，预留孔中心必须在一直线上，并检查墙上预留孔位置是否正确，如有偏差，应预先修正。

脚手架的安装一般在起重机的配合下按脚手架平面图进行。爬升可分段进行，视设备、劳动力和施工进度而定，每个爬升过程提升 1.5～2 m，分爬升活动架和爬升固定架两步进行。脚手架完成了一个爬升过程后，重新设置上部连接杆，脚手架进入上一个工作状态，以后按此循环操作，脚手架即可不断爬升，直至结构到顶。在结构施工完成后，脚手架沿着墙体预留孔倒行，其操作顺序与爬升时相反，逐层下降，最后返回地面进行拆除。

3.4.2 互升降式脚手架

互升降式脚手架将脚手架分为甲、乙两个单元，通过倒链交替对甲、乙两个单元进行升降，如图 3-9 所示。当脚手架需要工作时，甲单元与乙单元均用附墙螺栓与墙体锚固，两架之间无相对运动；当脚手架需要升降时，一个单元仍然锚固在墙体上，使用倒链对相邻一个架子进行升降，两架之间便产生相对运动，如图 3-10 所示。通过甲、乙两个单元交替附墙，相互升降，脚手架即可沿着墙体上的预留孔逐层升降。互升降式脚手架的性能特点是：结构简单，易于操作控制；架子搭设高度低、用料省；操作人员不在被升降的架体上，这提高了操作人员的安全性；脚手架结构刚度较大；附墙的跨度大。它适用于框架-剪力墙结构的高层建筑、水坝、筒体等的施工。互升降式脚手架施工前的准备与自升降式脚手架类似。其组装有两种方式：在地面组装好单元脚手架，再用塔式起重机吊装就位；或在设计爬升位置搭设操作平台，在平台上逐层安装。

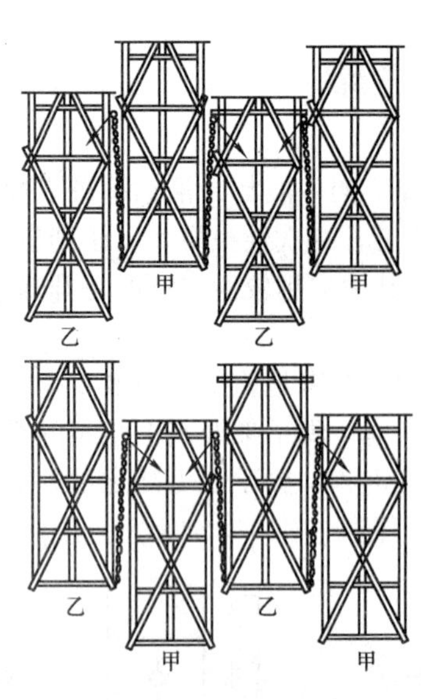

图 3-9 互升降式脚手架的基本结构

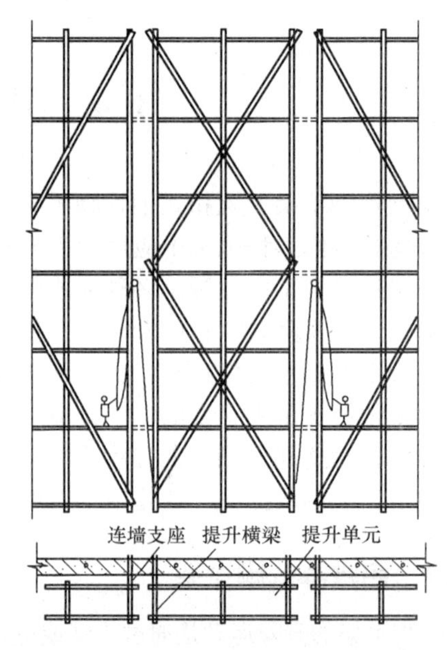

图 3-10 互升降式脚手架的爬升过程

脚手架爬升前应进行全面检查，当确认组装工序都符合要求后方可进行爬升，提升到位后，应及时将架子同结构固定；然后用同样的方法对与之相邻的单元脚手架进行爬升操作，待相邻的单元脚手架升至预定位置后，将两单元脚手架连接起来，并在两单元操作层之间铺设脚手板。

与爬升操作顺序相反，其利用固定在墙体上的架子对相邻的单元脚手架进行下降操作，直至脚手架返回地面。

3.4.3 整体升降式脚手架

在超高层建筑的主体施工中，整体升降式脚手架有明显的优越性。它整体结构好、升降快捷方便、机械化程度高、经济效益显著，是一种很有推广和使用价值的超高建(构)筑外脚手架。

整体升降式外脚手架以电动倒链为提升机，使整个外脚手架沿建筑物外墙或柱整体向上爬升，如图 3-11 所示。搭设高度依建筑物施工层的层高而定，一般取建筑物标准层四个层高加一步安全栏的高度作为架体的总高度。脚手架为双排，宽度以 0.8～1 m 为宜，内排杆与建筑物的净距为 0.4～0.6 m。脚手架的横杆和立杆的间距都不宜超过 1.8 m。可将一个标准层高分为二步架，以此步距为基数确定架体横、立杆的间距。架体设计时，可将架子沿建筑物外围分成若干单元，每个单元的宽度参考建筑物的开间而定，一般为 5～9 m。

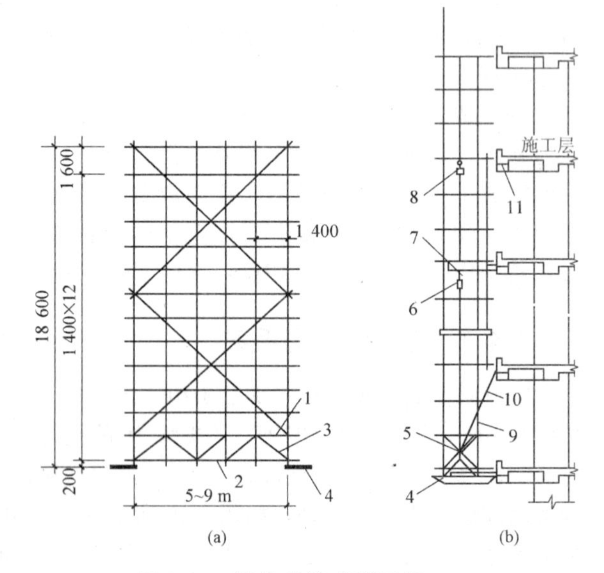

图 3-11 整体升降式脚手架

(a)立面图；(b)侧立面图

1—承力桁架；2—上弦杆；3—下弦杆；4—承力架；5—斜撑；6—电动倒链；7—挑梁；8—倒链；9—花篮螺栓；10—拉杆；11—螺栓

整体升降式脚手架施工过程如下：

(1)施工前的准备。按平面图先确定承力架及电动倒链、挑梁安装的位置和个数，在相应位置上的混凝土墙或梁内预埋螺栓或预留螺栓孔，各层的预留螺栓或预留孔的位置要求上下一致，误差不超过 10 mm；加工制作型钢承力架、挑梁、斜拉杆；准备电动倒链、钢丝绳、脚手管、扣件、安全网、木板等材料。

整体升降式脚手架的高度一般为四个施工层层高。在建筑物施工时，由于建筑物的最下几层层高通常与标准层不一致，且平面形状也往往与标准层不同，所以，一般在建筑物主体施工到3～5 层时开始安装整体脚手架，下面几层施工时，往往要先搭设落地外脚手架。

(2)安装。先安装承力架，承力架内侧用 M25～M30 螺栓与混凝土边梁固定，承力架外侧用斜拉杆与上层边梁拉结固定，用斜拉杆中部的花篮螺栓将承力架调平；在承力架上面搭设架子，安装承力架上的立杆；搭设下面的承力桁架；逐步搭设整个架体，随搭随设置拉结点，并设斜撑。在比承力架高两层的位置安装“工”字钢挑梁，挑梁与混凝土边梁的连接方法与承力架相同。电动倒链挂在挑梁下，并将电动倒链的吊钩挂在承力架的花篮挑梁上。在架体上每个层高满铺厚木板，架体外面挂安全网。

(3)爬升。短暂开动电动倒链，将电动倒链与承力架之间的吊链拉紧，使其处于初始受力状态。松开架体与建筑物的固定拉结点，松开承力架与建筑物相连的螺栓和斜拉杆，开动电动倒链开始爬升。在爬升过程中，应随时观察架子的同步情况，如发现不同步，应及时停机进行调整。爬升到位后，先安装承力架与混凝土边梁的紧固螺栓，并将承力架的斜拉杆与上层边梁固定，然后安装架体上部与建筑物的各拉结点。待检查符合安全要求后，脚手架可开始使用，进行上一层的主体施工。在新一层主体施工期间，将电动倒链及其挑梁摘下，用滑轮或手动倒链转至上一层重新安装，为下一层爬升作准备。

(4)下降。与爬升操作顺序相反，利用电动倒链顺着爬升用的墙体预留孔倒行，脚手架即可逐层下降，同时把留在墙面上的预留孔修补完毕，最后脚手架返回地面拆除。

3.5 悬挑式脚手架

悬挑式脚手架是利用建筑结构边缘向外伸出的悬挑结构来支承外脚手架，将脚手架的载荷全部或部分传递给建筑结构。悬挑脚手架的悬挑支承结构，必须有足够的强度、稳定性和刚度，并能将脚手架的载荷传递给建筑结构。

悬挑式脚手架架体可用扣件式钢管脚手架、碗扣式钢管脚手架或门式脚手架搭设，一般为双排脚手架。架体高度可依据施工要求、结构承载力和塔式起重机的提升能力确定，最高可搭设至12 步架，约 20 m 高，可同时进行 2～3 层施工。悬挑式脚手架的支撑结构形式如图 3-12 所示。

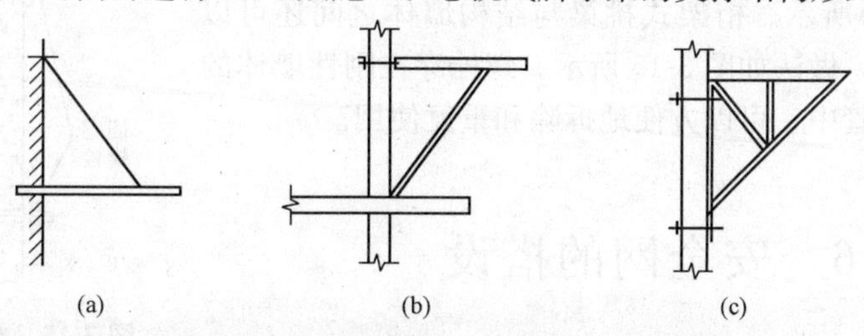

图 3-12 挑梁(架)形式

(a)悬挂式挑梁；(b)下撑式挑梁；(c)桁架式挑梁

3.5.1 悬挂式挑梁

如图 3-12(a)所示，悬挂式挑梁一端固定在结构上，一端用拉杆或拉绳拉结到结构的可靠部位。拉杆(绳)应有收紧措施，以便在收紧以后承担脚手架载荷。悬挂式挑梁与结构的连接做法如图 3-13 所示。

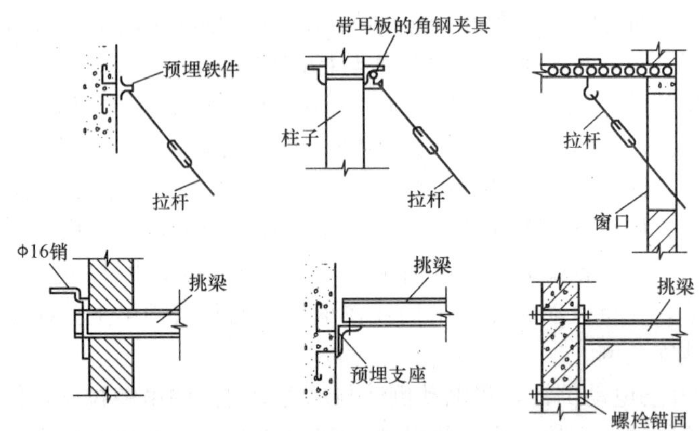

图 3-13　悬挂式挑梁与结构的连接做法

3.5.2 下撑式挑梁

下撑式挑梁的形式如图 3-12(b)所示，其结构的连接做法如图 3-14 所示。

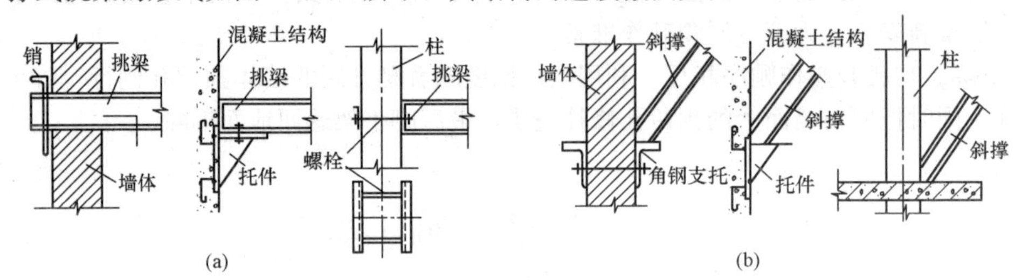

图 3-14　下撑式挑梁与结构的连接做法

(a)挑梁抗拉节点构造；(b)斜撑杆底部支点构造

3.5.3 桁架式挑梁

桁架式挑梁通常采用型钢制作，其上弦杆受拉，与结构连接采用受拉构造；其下弦杆受压，与结构连接采用支顶构造，其形式如图 3-12(c)所示。桁架式挑梁与结构墙体之间还可以采用螺栓连接做法，做法如图 3-15 所示。螺栓穿在刚性墙体的预留孔洞或预埋套管中，可以方便地拆除和重复使用。

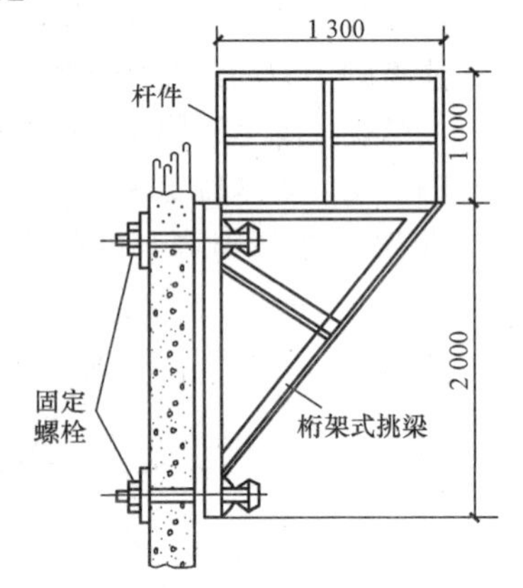

图 3-15　桁架式挑梁与结构墙体间的螺栓连接做法

3.6 安全网的搭设

当外墙砌砖高度超过 4 m 或立体交叉作业时，必须设置安全网，以防止材料下落伤人或高空操作人员坠落。安全网一般是用直径为 9 mm 的麻绳、棕绳或尼龙绳编织而成的，一般规格为宽度 3 m、长度 6 m、网眼 50 mm 左右，每块织好的安全网应能承受不小于 1.6 kN 的冲击载荷。

架设安全网时，其伸出墙面的宽度应不小于 2 m，外口要高于里口 500 mm，两网搭接应扎接牢固，每隔一定距离应用拉绳将斜杆与地面锚桩拉牢。

在无窗口的山墙上，可在墙角设立柱来挂安全网；也可在墙体内预埋钢筋环以支撑斜杆；还可用短钢管穿墙，用回转扣件来支设斜杆。

当用里脚手架施工外墙时，要沿墙外架设安全网；多层建筑用外脚手架时，也须在脚手架外侧设安全网。安全网要随楼层施工进度逐层上升。多层建筑除一道逐步上升的安全网外，还应在第二层和每隔 3～4 层加设固定的安全网。

在高层建筑施工中，安全网的搭设常有以下几种方式：

(1)在外墙面满搭外脚手架的情况下，还应在脚手架的外表面满挂安全网(或塑料编制篷布)，在作业层的脚手板下平挂安全网(或篷布)。第一步架应满铺脚手板或篷布，此后每隔 4～6 层加设一层水平安全网。

(2)在不设外脚手架的情况下，外装修所使用的悬吊式或悬挑式脚手架，除顶面和靠墙一面外，其他各面均应满挂安全网或塑料篷布，以免作业面向下坠物；同时，每隔 4～6 层设置一层安全网，并在首层架设宽度不小于 4 m 的安全网。

(3)采用悬挑式脚手架时，当脚手架升高后，保留悬挑支架，并加绑斜杆，改挂安全网；若为挑平台，可在平台上加设一道安全网。钢脚手架(包括钢井架、钢龙门架、钢独脚拔杆提升架等)应避免搭设在距离 35 kV 以上的高压线路 4.5 m 以内的地区和距离 1～10 kV 高压线路 2 m 以内的地区，否则，使用期间应断电或拆除电源。过高的脚手架必须有防雷措施，钢脚手架的防雷措施是用接地装置与脚手架连接，一般每隔 50 m 设置一处。最远点到接地装置间脚手架上的过渡电阻的距离不应超过 10 m。

3.7 垂直运输设施

垂直运输设施是指担负垂直运送材料和施工人员上下的机械设备和设施。在砌筑工程中，它不仅要运输大量的砖(或砌块)、砂浆，而且还要运输脚手架、脚手板和各种预制构件；不仅有垂直运输，而且有地面和楼面的水平运输。垂直运输设施是影响砌筑工程施工速度的重要因素。目前，砌筑工程采用的垂直运输设施有井字架、龙门架、塔式起重机和建筑施工电梯等。

3.7.1 井字架

井字架是砌筑工程垂直运输的常用设备之一，其特点是稳定性好、运输量大，可以搭设较大的高度。井字架分为单孔、两孔和多孔，常用单孔，井字架内设吊盘。井字架上可根据需要设置拔杆，供吊运长度较大的构件使用，其起重量为 5～15 kN，工作幅度可达 10 m。

井字架除用型钢或钢管加工的定型井字架外，也可用脚手架材料搭设而成，搭设高度可达 50 m 以上。图 3-16 所示为用角钢搭设的单孔四柱井字架。其主要由立柱、平撑和斜撑等杆件组成。井字架搭设要求垂直(垂直偏差≤总高的 1/400)，支承地面应平整，各连接件螺栓须拧紧，缆风绳一般每道不少于 6 根，高度在 15 m 以下时设一道，高度在 15 m 以上时每增高 10 m 增设一道。缆风绳宜采用 7～9 mm 的钢丝绳，与地面呈 45°角。安装好的井字架应有避雷和接地装置。

3.7.2 龙门架

龙门架是由两根立柱及天轮梁(横梁)组成的门式架，如图 3-17 所示。龙门架上装设滑轮、导轨、吊盘、缆风绳等，进行材料、机具、小型预制构件的垂直运输。龙门架构造简单，制作容易，用材少，装拆方便，起升高度为 15～30 m，起重量为 0.6～1.2 t，适用于中、小型工程。

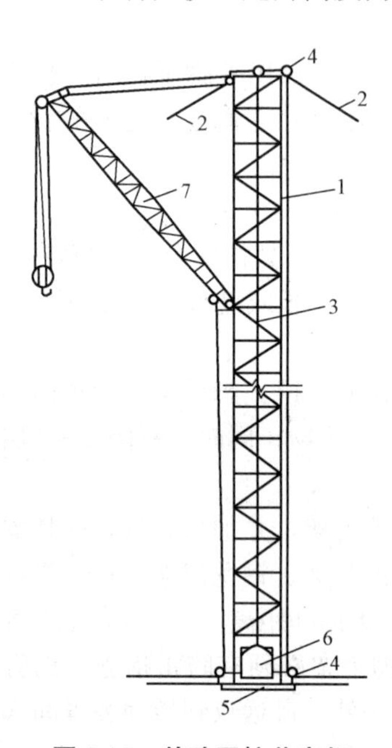

图 3-16　单孔四柱井字架

1—滑轮；2—缆风绳；3—立柱；

4—横梁；5—导轨；6—吊盘；7—钢丝绳

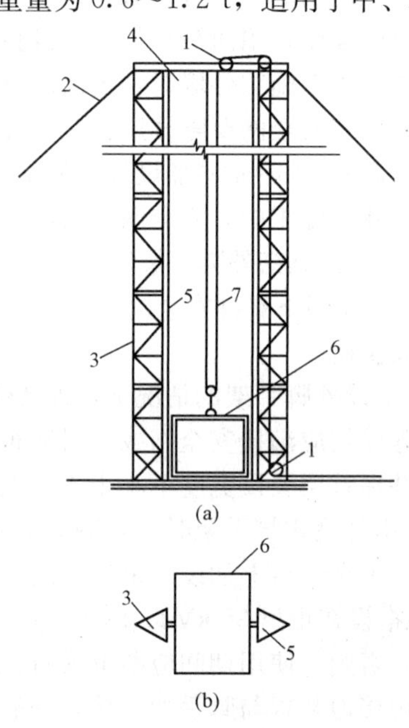

图 3-17　龙门架

(a)立面；(b)平面

1—滑轮；2—缆风绳；3—立柱；

4—横梁；5—导轨；6—吊盘；7—钢丝绳

3.7.3 塔式起重机

塔式起重机的起重臂安装在塔身顶部且可作 360°回转。它具有较高的起重高度、工作幅度和起重能力，提升材料速度快、作业效率高，且机械运转安全可靠，使用和装拆方便，广泛用于多层和高层工业与民用建筑的结构安装。塔式起重机按起重能力可分为三种：轻型塔式起重机，起重量为 0.5～3.0 t，一般用于 6 层以下的民用建筑施工；中型塔式起重机，起重量为 3～15 t，适用于一般工业建筑与民用建筑施工；重型塔式起重机，起重量为 20～40 t，一般用于重工业厂房的施工和高炉等设备的吊装。

由于塔式起重机具有提升、回转和水平运输的功能，且作业效率高，在吊运长、大、重的物料时有明显的优势，故在有可能条件下宜优先采用。

塔式起重机的布置应保证其起重高度与起重量满足工程的需求，同时，起重臂的工作范围应尽可能地覆盖整个建筑，以使材料运输切实到位。此外，主材料的堆放、搅拌站的出料口等，均应尽可能地布置在起重机的工作半径内。

塔式起重机一般分为轨道(行走)式、附着式、轨道固定式、爬升式等，如图 3-18 所示。

1. 轨道(行走)式塔式起重机

轨道(行走)式塔式起重机是一种能在轨道上行驶的起重机。这种起重机可负荷行走，有的只能在直线轨道上行驶，有的可沿 L 形或 U 形轨道行驶。轨道(行走)式塔式起重机有塔身回转

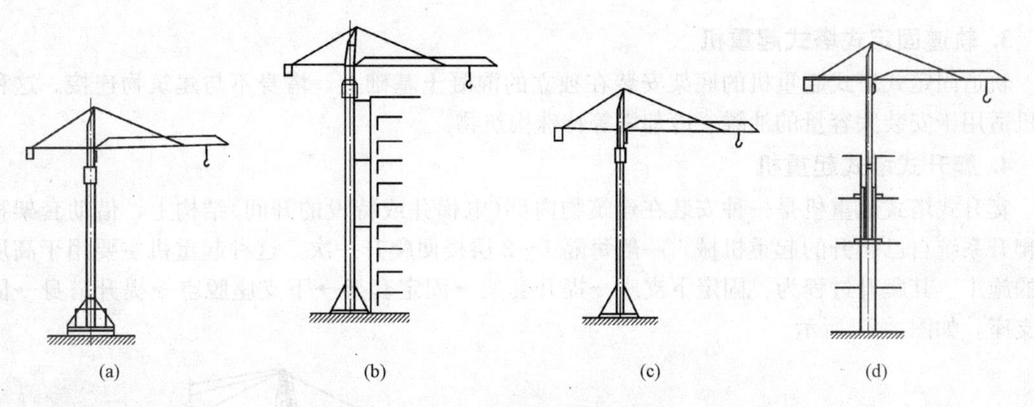

图 3-18　各种类型的塔式起重机

(a)行走式；(b)附着式；(c)固定式；(d)内爬式

式和塔顶旋转式两种。

轨道(行走)式塔式起重机使用灵活，活动范围大，为结构安装工程的常用机械。

2. 附着式塔式起重机

附着式塔式起重机(图 3-19)是固定在建筑物近旁的混凝土基础上的起重机械，它可以借助顶升系统随建筑施工进度而自行向上接高。为了减少塔身的计算高度，规定每隔 20 m 左右，须将塔身与建筑物用锚固装置连接起来。这种塔式起重机宜用于高层建筑的施工。

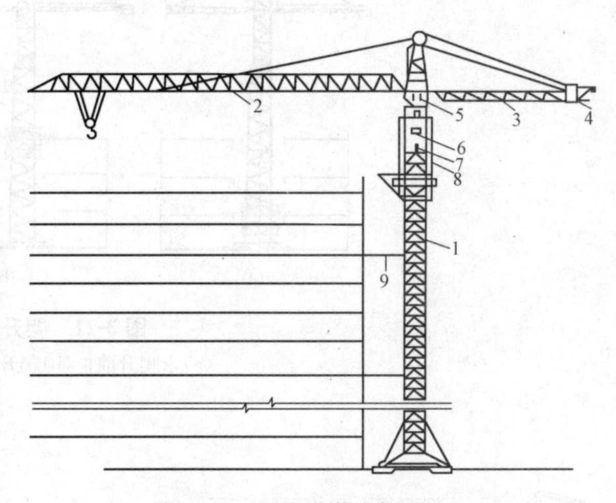

图 3-19　附着式塔式起重机

1—塔身；2—起重臂；3—平衡臂；4—平衡重；5—操作室；6—液压千斤顶；7—活塞；8—顶升套架；9—锚固装置

附着式塔式起重机的顶部有套架和液压顶升装置，需要接高时，利用塔顶的行程液压千斤顶，将塔顶上部结构(起重臂等)顶高，用定位销固定；千斤顶回油，推入标准节，用螺栓与下面的塔身连成整体，每次可接高 2.5 m。附着式塔式起重机爬升的五个步骤如图 3-20 所示。

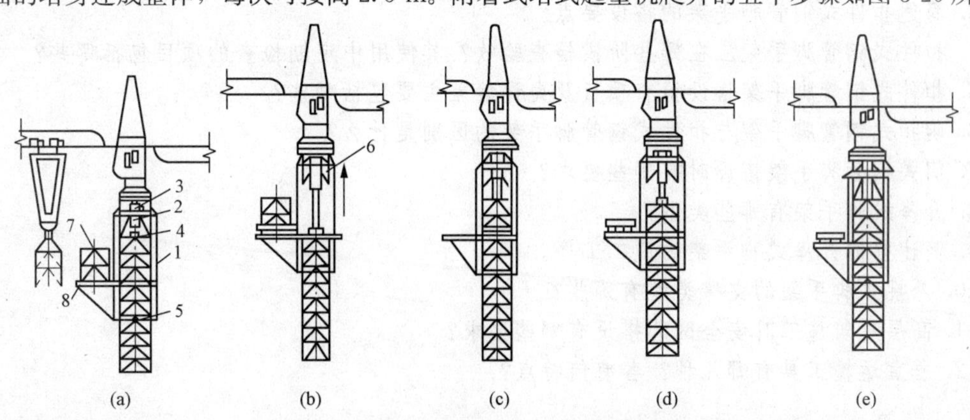

图 3-20　附着式塔式起重机爬升过程

(a)准备状态；(b)顶升塔顶；(c)安装标准节；(d)安装标准节；(e)塔顶和塔身连成整体

1—顶升套架；2—液压千斤顶；3—承座；4—顶升横梁；

5—定位销；6—过渡节；7—标准节；8—摆渡小车

3. 轨道固定式塔式起重机

轨道固定式塔式起重机的底架安装在独立的混凝土基础上，塔身不与建筑物连接。这种起重机适用于安装大容量的油罐、冷却塔等特殊构筑物。

4. 爬升式塔式起重机

爬升式塔式起重机是一种安装在建筑物内部(电梯井或特设的开间)结构上，借助套架托梁和爬升系统自己爬升的起重机械。一般每隔1～2层楼便爬升一次。这种起重机主要用于高层建筑的施工。其爬升过程为：固定下支座→提升套架→固定套架→下支座脱空→提升塔身→固定下支座，如图3-21所示。

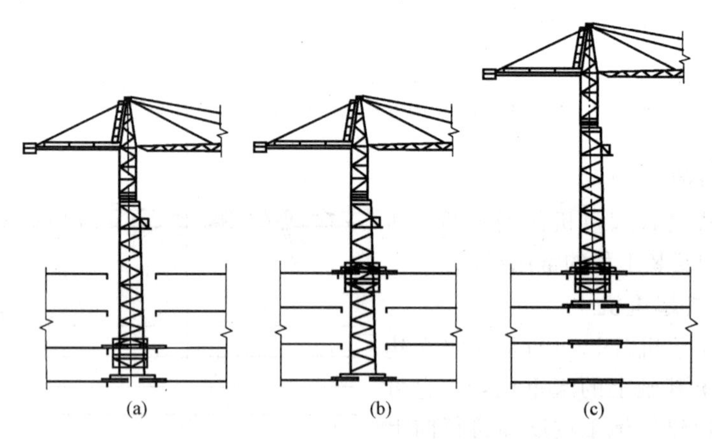

图3-21 爬升过程示意

(a)未爬升前；(b)爬升中；(c)爬升完毕

思考与练习题

1. 扣件式钢管脚手架的构配件有哪些？
2. 简述扣件式钢管脚手架的搭设构造。
3. 简述扣件式钢管脚手架的搭设要点。
4. 扣件式钢管脚手架应在哪些阶段检查验收？其使用中定期检查的项目包括哪些？
5. 扣件式钢管脚手架搭设检查项目及允许偏差主要包括哪些？
6. 碗扣式钢管脚手架与扣件式钢管脚手架的区别是什么？
7. 门式钢管脚手架搭设时有哪些要求？
8. 升降式脚手架有哪些类型？
9. 简述整体升降式脚手架的施工工序。
10. 悬挑式脚手架的支撑类型有哪些？
11. 高层建筑施工时安全网的搭设有哪些要求？
12. 垂直运输工具有哪几种？各有何特点？

第4章 砌筑工程

砌体结构是指由块体和砂浆组砌而成的墙、柱等作为建筑物主要受力构件的结构，是砖砌体、砌块砌体和石砌体结构的统称。砌体结构施工的主要施工过程就是砌筑工程，包括砌筑材料，砖、石砌体砌筑，砌块砌体砌筑。其中，砖、石砌体砌筑是我国的传统建筑施工方法，有着悠久的历史。它取材方便、施工工艺简单、造价低廉，至今仍在各类建筑和构筑物工程中广泛采用，但砖、石砌筑工程生产效率低、劳动强度高，且烧砖占用农田，难以适应现代建筑工业化的需要，因此，必须研究改善砌筑工程的施工工艺，合理组织砌筑施工，推广使用砌块等新型材料。

4.1 砌筑材料

砌筑材料主要包括块体和砂浆两大部分。

4.1.1 块体

块体是砌体的主要组成部分，块体包括砖、砌块、石材三大类。

1. 砖

(1)烧结普通砖。烧结普通砖是以黏土、页岩、煤矸石或粉煤灰为主要原料，经焙烧而成的实心的或具有一定孔洞率的、外形尺寸符合规定的砖。根据烧结原材料的不同，烧结普通砖分为烧结黏土砖、烧结页岩砖、烧结煤矸石砖以及烧结粉煤灰砖等，其外形尺寸为240 mm×115 mm×53 mm。

(2)烧结多孔砖。烧结多孔砖是以黏土、页岩、煤矸石为主要原料，经焙烧而成的孔洞率不小于33%、孔形为圆孔或非圆孔的砖。烧结多孔砖的孔尺寸小而数量多，主要适用于承重部位，简称多孔砖。目前，烧结多孔砖的规格尺寸为290、240、190、180、140、115、90(mm)。

烧结普通砖、烧结多孔砖的强度分为MU30、MU25、MU20、MU15和MU10五级。

(3)蒸压灰砂砖。蒸压灰砂砖是以石灰和砂为主要原料，经过坯料制备、压制成型、蒸压养护而成的实心砖。蒸压灰砂砖的强度分为MU25、MU20、MU15、MU10四级。

(4)蒸压粉煤灰砖。蒸压粉煤灰砖是以粉煤灰、石灰为主要原料，掺加适量石膏等外加剂和集料，经坯料制备、压制成型、高压蒸汽养护而成的砖。

蒸压粉煤灰砖的强度分为MU30、MU25、MU20、MU15和MU10五级。

(5)砖的抽样检验。每一生产厂家的砖到场后按烧结砖15万块、多孔砖5万块、灰砂砖及粉煤灰砖10万块为一验收批，在每一验收批中随机抽取15块进行抗压和抗折检验。

2. 砌块

砌块的种类较多，按形状分为实心砌块和空心砌块。砌块按规格可分为两种：小型砌块，高度为180～350 mm；中型砌块，高度为360～900 mm。常用的砌块有混凝土小型空心砌块、轻集料混凝土小型空心砌块、蒸压加气混凝土砌块和粉煤灰砌块。

(1)混凝土小型空心砌块。混凝土小型空心砌块由普通混凝土或集料混凝土制成，主规格尺寸为 390 mm×190 mm×190 mm，空心率为 25%～50%，简称混凝土砌块或砌块。砌块的强度分为 MU25、MU20、MU15、MU10、MU7.5 和 MU5 六级。

(2)轻集料混凝土小型空心砌块。轻集料混凝土小型空心砌块以水泥、砂、轻集料加水预制而成，其主规格尺寸为 390(290、190) mm×190(290、240、140、90) mm×190 (90) mm，按孔的排数分为单排孔、双排孔、三排孔和四排孔四类；按抗压强度分为 MU10、MU7.5、MU5、MU3.5、MU2.5、MU1.5 六级。

(3)蒸压加气混凝土砌块。蒸压加气混凝土砌块是以水泥、矿渣、砂、石灰等为主要原料，加入发气剂，经搅拌成型、蒸压养护而成的实心砌块。其规格为长度 600 mm，高度 200 mm、240 mm、250 mm、300 mm，宽度 100 mm、120 mm、125 mm、150 mm、180 mm、200 mm、240 mm、250 mm、300 mm。砌块按强度和干密度分级，强度有 A1.0、A2.0、A2.5、A3.5、A5.0、A7.5、A10.0(注：1.0 表示 1.0 MPa，余同)七个级别；干密度有 B03、B04、B05、B06、B07、B08(注：03 表示 300 kg/m^3，余同)六个级别。砌块按尺寸偏差与外观质量、干密度、抗压强度和抗冻性分为优等品(A)、合格品(B)两级。

3. 石材

砌筑用石材分为毛石和料石。砌筑用石材应质地坚实，无风化剥落和裂纹；用于清水墙、柱表面的石材，尚应色泽均匀。

(1)毛石应呈块状，其中部厚度不宜小于 150 mm。毛石分为乱毛石和平毛石两种。乱毛石是指形状不规则的石块；平毛石是指形状不规则但有两个平面大致平行的石块。

(2)料石按其加工面的平整程度，分为细料石、粗料石和毛料石三种。料石的宽度、厚度均不宜小于 200 mm，长度不宜大于厚度的 4 倍。料石根据抗压强度分为 MU100、MU80、MU60、MU50、MU40、MU30、MU20 七级。

4.1.2 砂浆

砂浆是由胶结料、细集料、掺合料(为改善砂浆和易性而加入的无机材料，如石灰膏、电石膏、粉煤灰、黏土膏等)和水配制而成的建筑工程材料。其在建筑工程中起黏结、衬垫和传递应力的作用。砂浆主要包括水泥砂浆和水泥混合砂浆。

1. 原材料

(1)水泥。除分批对其强度、安定性进行复验外，不同品种的水泥不得混合使用。

(2)砂。宜选用中砂，并应过筛，不得含有草根等有害杂物。对水泥砂浆和强度等级不小于 M5 的水泥混合砂浆，含泥量不应超过 5%；强度等级小于 M5 的水泥混合砂浆，砂的含泥量不应超过 10%。

(3)石灰膏。生石灰熟化成石灰膏时，应用孔径不大于 3 mm×3 mm 的网过滤，熟化时间不得少于 7 d，其稠度一般为 12 cm；磨细生石灰粉的熟化时间不得少于 2 d。对沉淀池中储存的石灰膏，应采取防干燥、防冻结和防污染的措施。严禁使用脱水硬化的石灰膏。

(4)水。采用不含有害物质的洁净水，具体应符合有关规范的规定。

(5)外加剂。凡在砂浆中掺入有机塑化剂、早强剂、缓凝剂、防冻剂等，均应经检验和试配符合要求后方可使用。有机塑化剂应有砌体强度的型式检验报告。

2. 质量要求

砂浆的强度分为 M5、M7.5、M10、M15、M20、M25 六级，M10 及 M10 以下宜采用水泥混合砂浆。水泥砂浆可用于潮湿环境中的砌体，混合砂浆宜用于干燥环境中的砌体。为便于操作，砌筑砂浆应有较好的和易性，即良好的流动性(稠度)和保水性(分层度)。和易性好的砂浆能保证砌体灰缝饱满、均匀、密实，并能提高砌体强度。水泥砂浆分层度不应大于 30 mm，水泥混合砂浆分层度一般不应超过 20 mm；水泥砂浆最小水泥用量不宜小于 200 kg/m^3，如果水泥用量太小，则不能填充砂子孔隙，其稠度、分层度将无法保证。砌筑砂浆的稠度见表 4-1。

表 4-1　砌筑砂浆的稠度

砌体种类	砂浆稠度/mm	砌体种类	砂浆稠度/mm
烧结普通砖砌体、粉煤灰砖砌体	70～90	混凝土砖砌体、普通混凝土小型空心砌块砌体、灰沙砖砌体	50～70
轻集料混凝土小型空心砌块砌体	60～80	蒸压加气混凝土砌块砌体	60～80
烧结多孔砖砌体、烧结空心砖砌体	60～80	石砌体	30～50

3. 制备与使用

砌筑砂浆应通过试配确定配合比，砂浆现场拌制时，各组分材料采用质量计量。计量精度水泥为±2%，砂、灰膏控制在±5%以内。

砌筑砂浆应采用砂浆搅拌机进行拌制。自投料完算起，搅拌时间应符合下列规定：水泥砂浆和混合砂浆不得少于 2 min；掺用外加剂的砂浆不得少于 3 min；掺用有机塑化剂的砂浆应为 3～5 min。

掺用外加剂时，应先将外加剂按规定浓度溶于水中，在拌和时投入外加剂溶液，外加剂不得直接投入拌制的砂浆中。

在施工中，当采用水泥砂浆代替水泥混合砂浆时，应重新确定砂浆强度等级。砂浆应随拌随用，水泥砂浆和水泥混合砂浆应分别在 3 h 和 4 h 内使用完毕；当施工期间最高气温超过 30 ℃时，应分别在拌成后 2 h 和 3 h 内使用完毕。对掺用缓凝剂的砂浆，其使用时间可根据具体情况延长。

4. 砌筑砂浆质量验收

砌筑砂浆立方体抗压试件每组 6 块，其尺寸为 70.7 mm×70.7 mm×70.7 mm。

(1)取样：每一楼层或 250 m^3 砌体、每一工作班、每种配比至少一组。

(2)试件制作：将无底试模放在预先铺有吸水性较好的纸(新闻纸或其他未粘过胶凝材料的纸)的烧结普通砖上，试模内壁事先涂刷薄层机油或脱模剂；向试模内一次注满砂浆，用捣棒均匀地由外向里按螺旋方向插捣 25 次，插捣完后，砂浆应高出试模顶面 6～8 mm；当砂浆表面开始出现麻斑状态时(15～30 min)，将高出部分的砂浆沿试模顶面削去抹平，按规定进行养护。

(3)试块养护至 28 d 即送检，砌筑砂浆试块在强度验收时必须符合以下规定：同一验收批砂浆试块，抗压强度平均值必须大于或等于设计强度等级所对应的立方体抗压强度；同一验收批砂浆，试块抗压强度的最小一组平均值必须大于或等于设计强度所对应的立方体抗压强度的 0.75。

5. 砌筑砂浆常见的质量通病及防治措施

(1)砂浆强度不稳定。

1)现象：砂浆强度的波动性较大、匀质性差，其中低强度等级的砂浆特别严重，强度低于设计要求的情况较多。

2)原因分析。

①影响砂浆强度的主要因素是计量不准确。对砂浆的配合比，多数工地使用体积比，用铁铲凭经验计量；砂子含水率的变化，可导致砂子体积变化幅度达到 10%～20%。这些都会造成

配料计量的偏差，使砂浆强度产生较大的波动。

②水泥混合砂浆中无机掺合料的掺量，对砂浆强度影响很大，随着掺量的增加，砂浆和易性更好，但强度降低，如超过规定用量 1 倍，砂浆强度约降低 40%。但施工时往往片面追求良好的和易性，无机掺合料的掺量常常超过规定用量，因而降低了砂浆的强度。

③无机掺合料材质不佳，如石灰膏中含有较多的灰渣或运至现场保管不当，发生结硬、干燥等情况，使砂浆中含有较多的软弱颗粒，降低了强度。在确定配合比时，用石灰膏、黏土膏试配，而实际施工时却采用干石灰或干黏土，这不但影响砂浆的抗压强度，而且对砌体的抗剪强度非常不利。

④砂浆搅拌不匀，人工拌和翻拌次数不够，机械搅拌加料顺序颠倒，使无机掺合料未散开，砂浆中含有较多的疙瘩，水泥分布不均匀，影响砂浆的匀质性及和易性。

⑤砂浆试块的制作、养护方法和强度取值等没有执行规范的统一标准，致使测定的砂浆强度缺乏代表性，产生砂浆强度的混乱。

3)防治措施。

①砂浆配合比的确定，应结合现场材质情况进行试配，试配时应采用质量比。在满足砂浆和易性的条件下，控制砂浆强度。

②建立施工计量器具校验、维修、保管制度，以保证计量的准确性。

③无机掺合料一般为湿料，计量称重比较困难，而其计量误差对砂浆强度影响很大，故应予以严格控制。计量时，应以标准稠度(12 cm)为准，供应的无机掺合料的稠度小于 12 cm 时，应调成标准稠度，或者进行折算后称重计量，计量误差应控制在±5% 以内。

④施工中，不得随意增加石灰膏、微沫剂的掺入量来改善砂浆的和易性。

⑤遵守正确的砂浆搅拌加料顺序：用砂浆搅拌机搅拌应分两次投料，先加入部分砂子、水和全部塑化材料，通过搅拌叶片和砂子搓动，将塑化材料打开(不见疙瘩为止)，再投入其余的砂子和全部水泥。用鼓式混凝土搅拌机拌制砂浆，应配备一台抹灰用麻刀机，先将塑化材料搅成稀粥状，再投入搅拌机内搅拌。人工搅拌应有拌灰池，先在池内放水，将塑化材料打开至不见疙瘩，另在池边干拌水泥和砂子至颜色均匀时，用铁铲将拌好的水泥砂子均匀撒入池内，同时用三刺铁耙来回耙动，直至拌和均匀。

⑥试块的制作、养护和抗压强度值应按有关规范规定执行。

(2)砂浆和易性差，沉底结硬。

1)现象。

①砂浆的和易性不好，砌筑时铺浆和挤浆都较困难，影响灰缝砂浆的饱满度，同时使砂浆与砖的黏结力减弱。

②砂浆的保水性差，容易产生分层、泌水现象。

③灰槽中砂浆存放时间过长，导致砂浆沉底、结硬，即使加水重新拌和，砂浆强度也会严重降低。

2)原因分析。

①强度等级低的水泥砂浆由于采用高强度等级水泥和过细的砂子，使砂子颗粒之间起润滑作用的胶结材料(水泥)的量减少，因而砂子间的摩擦力较大，砂浆的和易性较差，导致砌筑时压薄灰缝困难，且由于砂粒之间缺乏足够的胶结料起悬浮、支托作用，砂浆容易产生沉淀，出现表面泛水现象。

②水泥混合砂浆中掺入的石灰膏等塑化材料质量差，含有较多灰渣、杂物，或因保存不好而出现干燥和污染，不能起到改善砂浆和易性的作用。

③砂浆搅拌时间短，拌和不均匀。

④拌好的砂浆的存放时间过长或灰槽中的砂浆长时间不清理，使砂浆沉底、结硬。

⑤拌制砂浆缺乏计划性，在规定时间内无法用完，而将剩余砂浆捣碎加水拌和后继续使用。

3)防治措施。

①低强度等级的砂浆应采用水泥混合砂浆，如确有困难，可掺入微沫剂或掺入水泥用量为5%～10%的粉煤灰，以达到改善砂浆和易性的目的。

②水泥混合砂浆中的塑化材料，应符合实验室试配时的质量要求。现场的石灰膏、黏土膏等，应在池中妥善保管，防止暴晒、风干结硬，并经常浇水保持湿润。

③宜采用强度等级较低的水泥和中砂拌制砂浆。拌制时应严格执行施工配合比，并保证搅拌时间。

④灰槽中的砂浆在使用中应经常用铲翻拌、清底，并将灰槽内边角处的砂浆刮净，堆于一侧继续使用，或与新拌砂浆混在一起使用。

⑤拌制砂浆应有计划性，拌制量应根据砌筑需要来确定，尽量做到随拌随用、少量储存，使灰槽中经常有新拌的砂浆。

4.2　砖石与小砌块砌体施工

4.2.1　施工准备工作

(1)砖浇水。砖应提前1～2 d浇水湿润，对烧结普通砖、多孔砖，含水率宜为10%～15%；对灰砂砖、粉煤灰砖，含水率宜为8%～12%。现场检验砖含水率的简易方法为断砖法，当砖截面四周融水深度为15～20 mm时，视为符合要求的适宜含水率。

(2)确定组砌方式。

1)基本组砌方式。砖墙根据其厚度不同，可采用全顺、两平一侧、全丁(240 mm)、一顺一丁、梅花丁或三顺一丁等砌筑形式(图4-1)。

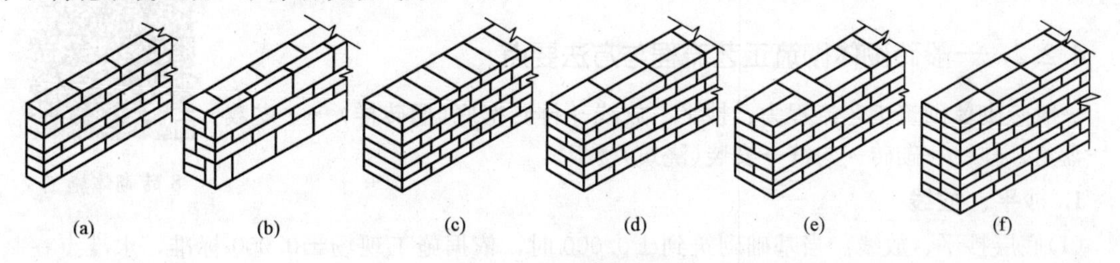

图4-1　砖墙砌筑形式

(a)全顺；(b)两平一侧；(c)全丁；(d)一顺一丁；(e)梅花丁；(f)三顶一丁

①全顺：各皮砖均顺砌，上、下皮垂直灰缝相互错开半砖长(约120 mm)，适合砌半砖厚(115 mm)墙。

②两平一侧：两皮顺(或丁)砖与一皮侧砖相间，上、下皮垂直灰缝相互错开1/4砖长(约60 mm)以上，适合砌3/4砖厚(180 mm或300 mm)墙。

③全丁：各皮砖均采用丁砌，上、下皮垂直灰缝相互错开1/4砖长，适合砌一砖厚(约240 mm)墙。

④一顺一丁：一皮顺砖与一皮丁砖相间，上、下皮垂直灰缝相互错开1/4砖长，适合砌一砖及一砖以上厚墙。

⑤梅花丁：同皮中顺砖与丁砖相间，丁砖的上、下均为顺砖，并位于顺砖中间，上、下皮垂直灰缝相互错开 1/4 砖长，适合砌一砖厚墙。

⑥三顺一丁：三皮顺砖与一皮丁砖相间，顺砖与顺砖上、下皮垂直灰缝相互错开 1/2 砖长；顺砖与丁砖上、下皮垂直灰缝相互错开 1/4 砖长。适合砌一砖及一砖以上厚墙。

一砖厚承重墙的每层墙的最上一皮砖、砖墙的阶台水平面上及挑出层，应采用整砖丁砌。

2)砖墙的转角处、交接处，根据错缝需要应该加砌配砖。图 4-2 所示为一砖厚墙一顺一丁转角处分皮砌法，配砖为 3/4 砖(俗称“七分头砖”)，位于墙外角。

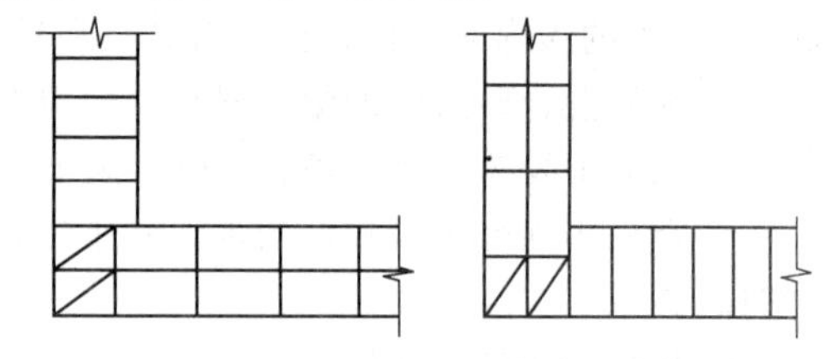

图 4-2　一砖厚墙一顺一丁转角处分皮砌法

3)在墙上留置临时施工洞口，其侧边离交接处墙面不应小于 500 mm，洞口净宽度不应超过 1 m。临时施工洞口应做好补砌。

4)不得在下列墙体或部位设置脚手眼：

①半砖厚墙；

②过梁上与过梁呈 60°的三角形范围及过梁净跨度 1/2 的高度范围内；

③宽度小于 1 m 的窗间墙；

④墙体门窗洞口两侧 200 mm 和转角处 450 mm 范围内；

⑤梁或梁垫下及其左、右 500 mm 范围内；施工脚手眼补砌时，灰缝应填满砂浆，不得用干砖填塞。

(3)制作皮数杆。皮数杆是一种方木标志杆。立皮数杆用于控制每皮砖砌筑时的竖向尺寸，并使铺灰、砌砖的厚度均匀，保证砖缝水平。皮数杆上除刻有每皮砖和灰缝的厚度外，还画出了门窗洞、过梁、楼板等的位置和标高，用于控制墙体各部位构件的标高。皮数杆长度应有一层楼高(不小于 2 m)，一般立于墙的转角处、内外墙交接处。立皮数杆时，应使皮数杆上的±0. 000 线与房屋的标高起点线吻合。

(4)清理。清除砌筑部位处残存的砂浆、杂物等。

4. 2. 2　一般砖砌体砌筑工艺流程与方法要点

8 砖砌体施工

一般砖砌体砌筑工艺流程为：抄平、放线→排砖撂底(摆砖样)→立皮数杆→盘角、挂线→砌砖→勾缝→安装(浇筑)楼板。

1. 抄平、放线

(1)底层抄平、放线。当基础砌筑到±0. 000 时，依据施工现场±0. 000 标准，水准点在基础面上用水泥砂浆或 C10 细石混凝土找平，并在建筑物四角外墙面上引测±0. 000 标高，画上符号并注明，作为楼层标高引测点；依据施工现场龙门板上的轴线钉拉通线，并沿通线挂线坠，将墙轴线引测到基础面上，再以轴线为标准弹出墙边线，定出门窗洞口的平面位置。轴线放出并经复查无误后，将轴线引测到外墙面上，画上特定的符号，作为楼层轴线引测点。

(2)轴线、标高引测。当墙体砌筑到各楼层时，可根据设在底层的轴线引测点，利用经纬仪或铅垂球，把控制轴线引测到各楼层外墙上；也可根据设在底层的标高引测点，利用钢尺向上直接丈量，把控制标高引测到各楼层外墙上。

(3)楼层抄平、放线。轴线和标高引测到各楼层后，就可进行各楼层的抄平、放线。为了保证各楼层墙身轴线的重合，并与基础定位轴线一致，引测后一定要用钢尺丈量各轴线间距，经校核无误后，再弹出各分间的轴线和墙边线，并按设计要求定出门窗洞口的平面位置。

注意，抄平时厚度不大于 20 mm 时，用 1∶3 水泥砂浆；厚度大于 20 mm 时，一般用 C15

细石混凝土找平。

2. 排砖撂底(摆砖样)

排砖撂底是指在墙基面上，按墙身长度和组砌方式先用砖块试摆，核对所弹的门洞位置线及窗口、附墙垛的墨线是否符合所选用砖型的模数，对灰缝进行调整，以使每层砖的砖块排列和灰缝均匀，并尽可能减少砍砖。

3. 立皮数杆

将皮数杆立于墙的转角处和交接处，其基准标高用水准仪校正，一般每隔 10～15 m 再设一根，在相对两皮数杆上砖上边线处拉准线。

4. 盘角、挂线

砌砖前应先盘角，一般由经验丰富的泥工负责。每次盘角不要超过 5 层，新盘的大角，及时进行吊、靠，即三皮一吊、五皮一靠，如有偏差，要及时修整。盘角时，要仔细对照皮数杆的砖层和标高，控制好灰缝大小，使水平灰缝均匀一致。大角盘好后再复查一次，平整度和垂直度完全符合要求后，再挂线砌墙。砌筑一砖半墙必须双面挂线，如果为长墙则几个人使用一根通线，中间应设几个支线点，小线要拉紧，每层砖都要穿线看平，使水平缝均匀一致，平直通顺；砌一砖厚混水墙时宜采用外手挂线，可照顾砖墙两面平整，为下道工序控制抹灰厚度奠定基础。

5. 砌砖

砌砖宜采用“三一”砌筑法，即一铲灰、一块砖、一揉压的砌筑方法。当采用铺浆法砌筑时，铺浆长度不得超过 750 mm，施工期间气温超过 30 ℃时，铺浆长度不得超过 500 mm。

砌砖时，砖要放平，里手高，墙面就要张；里手低，墙面就要背。砌砖一定要跟线，“上跟线，下跟棱，左右相邻要对平”。设计要求的洞口、管道、沟槽应于砌筑时正确留出或预埋，未经设计部门同意，不得打凿墙体或于墙体上开凿水平沟槽。宽度超过 300 mm 的洞口上部，应设置钢筋混凝土过梁。砖墙每日砌筑高度不得超过 1.8 m，在雨天不得超过 1.2 m。

(1)留槎。留槎是指因相邻砌体不能同时砌筑而设置的临时间断，其便于先砌砌体与后砌砌体之间的接合。砖砌体的转角处和交接处应同时砌筑，严禁无可靠措施的内外墙分砌施工。对不能同时砌筑而又必须留置的临时间断处应砌成斜槎，斜槎水平投影长度不应小于高度的 2/3(图 4-3)。

在非抗震设防及抗震设防烈度为 6 度、7 度地区的临时间断处，当不能留斜槎时，除转角处外，可留直槎，但直槎必须做成凸槎。留直槎处应加设拉结钢筋，拉结钢筋的数量为每 120 mm 墙厚放置 1ϕ6 拉结钢筋(120 mm 厚墙放置 2ϕ6 拉结钢筋)，间距沿墙高不应超过 500 mm，埋入长度从留槎处算起每边均不应小于 500 mm，对抗震设防烈度 6 度、7 度的地区，不应小于 1 000 mm，末端应有 90°弯钩(图 4-4)。

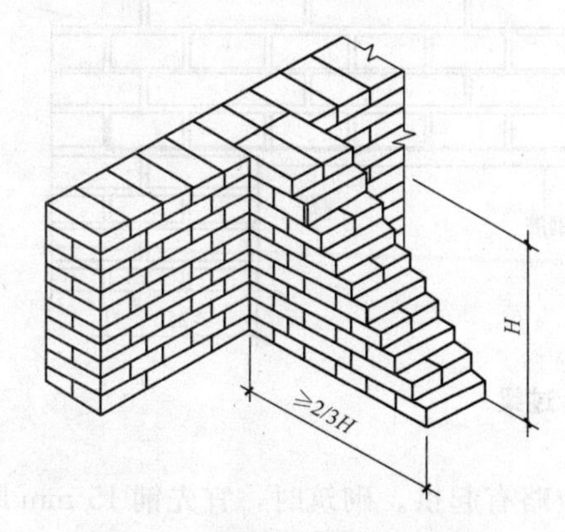

图 4-3 烧结普通砖砌体斜槎

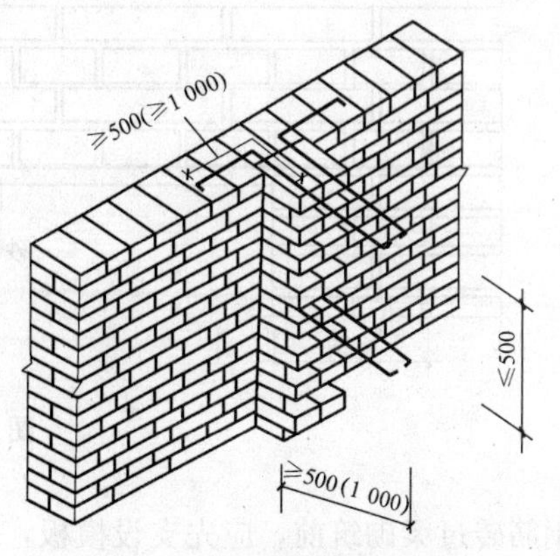

图 4-4 烧结普通砖砌体直槎

(2)构造柱设置处砖墙砌法。构造柱不单独承重，因此无须设独立基础，但其下端应锚固于钢筋混凝土基础或基础梁内。在施工时必须先砌墙，为使构造柱与砖墙紧密结合，墙体应砌成马牙槎的形式。从每层柱脚开始，先退后进，退进不小于 60 mm，每一马牙槎沿高度方向的尺寸不宜超过 300 mm。沿墙高每 500 mm 设 2Φ6 拉结钢筋，每边伸入墙内不宜小于 1 m。预留伸出的拉结钢筋，不得在施工中任意弯折，如有歪斜、弯曲，在浇灌混凝土之前，应校正到正确位置并绑扎牢固。马牙槎构造如图 4-5 所示。

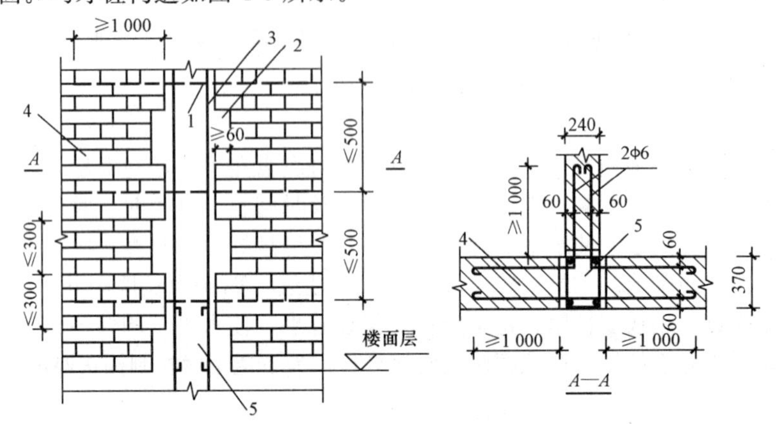

图 4-5　拉结筋布置及马牙槎构造示意

1—拉结筋；2—马牙槎；3—GZ 主筋；4—墙身；5—主筋连接区

(3)安装过梁及钢筋砖过梁的砌筑方法。安装过梁、梁垫时，其标高、位置及型号必须准确，坐灰饱满，坐灰厚度超过 20 mm 时，要用豆石混凝土铺垫。过梁安装时，两端支承点的长度应一致。

当洞口跨度小于 1.5 m 时，可采用钢筋砖过梁。钢筋砖过梁的底面为砂浆层，砂浆层厚度不宜小于 30 mm。砂浆层中应配置钢筋，钢筋直径不应小于 5 mm，其间距不宜大于 120 mm，钢筋两端伸入墙体内的长度不宜小于 250 mm，并有向上的直角弯钩(图 4-6)。

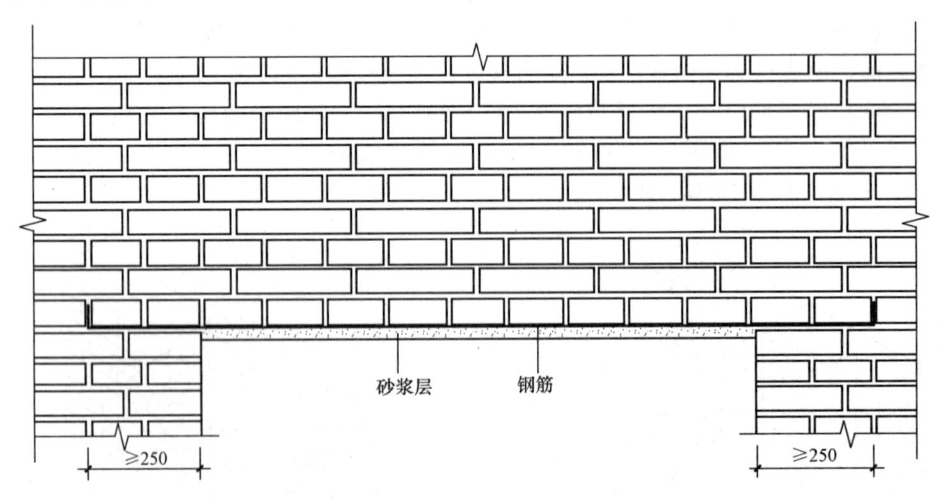

图 4-6　钢筋砖过梁

钢筋砖过梁砌筑前，应先支设模板，模板中央应略有起拱。砌筑时，宜先铺 15 mm 厚的砂浆层，将钢筋放在砂浆层上，使其弯钩向上，然后再铺 15 mm 厚的砂浆层，使钢筋位于 30 mm

厚的砂浆层中间。然后，按墙体砌筑形式与墙体同时砌砖。钢筋砖过梁截面计算高度内(7 皮砖高)的砂浆强度不宜低于 M5。钢筋砖过梁底部的模板，应在砂浆强度不低于设计强度 50%时方可拆除。

(4)门窗洞口木砖埋设。木砖预埋时应小头在外，大头在内，数量由洞口高度决定。洞口高在 1.2 m 以内时，每边放 2 块；洞口高为 1.2～2 m 时，每边放 3 块；洞口高为 2～3 m 时，每边放 4 块，预埋木砖的部位一般在洞口上边或下边四皮砖，中间均匀分布。木砖要提前做好防腐处理。

6. 勾缝

清水墙砌筑应随砌随勾缝，深度一般以 6～8 mm 为宜。缝深浅应一致，并应清扫干净。砌混水墙应随砌随将溢出砖墙面的灰浆刮除。

7. 安装(浇筑)楼板

搁置预制梁、板的砌体顶面应找平，安装时采用 1：2.5 的水泥砂浆坐浆。

4.2.3 一般砖砌体的质量要求及验收

1. 砌筑质量的基本要求

砌筑质量的基本要求可概括为：横平竖直、砂浆饱满、上下错缝、接槎牢固。

(1)横平竖直。砖砌的灰缝应横平竖直、厚薄均匀，这既可保证砌体表面美观，也能保证砌体均匀受力。水平灰缝厚度宜为 10 mm，但不应小于 8 mm，也不应大于 12 mm。过厚的水平灰缝容易使砖块浮滑，且降低砌体抗压强度；过薄的水平灰缝会影响砌体之间的黏结力。竖向灰缝应垂直对齐，如不齐称为游丁走缝，影响砌体外观质量。

(2)砂浆饱满。砌体水平灰缝的砂浆饱满度不得小于 80%。砌体的受力主要通过砌体之间的水平灰缝传递到下面，水平灰缝不饱满影响砌体的抗压强度。竖向灰缝不得出现透明缝、瞎缝和假缝。竖向灰缝的饱满程度，影响砌体的抗透风、抗渗性能和抗剪强度。

(3)上下错缝。砖砌体上、下两皮砖的竖缝应当错开，以免上下通缝。当上、下两皮砖搭接长度小于 25 mm 时，即通缝。在垂直载荷的作用下，砌体会因通缝丧失整体性，影响砌体强度。

(4)接槎牢固。临时间断处留槎必须符合有关规定要求。为使接槎牢固，后面墙体施工前，必须将留设的接槎处表面清理干净，浇水湿润，并填实砂浆，保持灰缝平直。

2. 一般砖砌体质量验收项目

(1)主控项目：砖和砂浆的强度等级；砂浆饱满度；留槎。

(2)一般项目：组砌方法；灰缝厚度；允许偏差项目(基础顶面和楼面标高；表面平整度；门窗洞口高、宽；外墙上、下窗口偏移；水平灰缝平直度；清水墙游丁走缝)；轴线位置偏移(10 mm 以内)及垂直度(每层不大于 5 mm；全高≤10 m 时，不大于 10 mm；全高＞10 m时，不大于 20 mm)。

4.2.4 砌筑工程的质量通病及预防

1. 砌体组砌方法错误

砌墙面出现数皮砖同缝(通缝、直缝)、里外两张皮，砖柱采用包心法砌筑，里外皮砖互不相咬，形成周围通天缝等，影响砌体强度，降低结构整体性。预防措施为：对工人加强技术培训，严格按规范方法组砌，缺损砖应分散使用，少用半砖，禁用碎砖。

2. 墙面灰缝不平直、游丁走缝、墙面凹凸不平

砌墙面出现水平灰缝弯曲不平直，灰缝厚度不一致，出现“螺钉”墙，垂直灰缝歪斜，灰缝宽窄不匀，丁不压中(丁砖未压在顺砖中部)，墙面凹凸不平。预防措施为：砌前应摆底，并根据砖的实际尺寸对灰缝进行调整；采用皮数杆拉线砌筑，以砖的小面跟线，拉线长度(15～20 m)超长时，应加腰线；竖缝每隔一定距离应弹墨线找齐，墨线用线坠引测，每砌一步架用立线向上引伸，立线、水平线与线坠应“三线归一”。

3. 墙体留槎错误

砌墙时随意留直槎，甚至阴槎，构造柱马牙槎不标准，槎口以砖碴填砌，接槎砂浆填塞不严，影响接槎部位砌体强度等，降低了结构整体性。预防措施为：施工组织设计中应对留槎作统一考虑，严格按规范要求留槎。

4. 拉结钢筋被遗漏

构造柱及接槎的水平拉结钢筋常被遗漏或未按规定布置；配筋砖缝砂浆不饱满，露筋年久易锈。预防措施为：拉结筋应作为隐检项目对待，加强检查，并填写检查记录存档；在施工中，对所砌部位需要的配筋应一次备齐，以备检查；适当增加灰缝厚度(以钢筋网片厚度上下各有 2 mm 保护层为宜)。

5. 层高超高

层高实际高度与设计高度的偏差超过允许偏差。预防措施为：保证配置砌筑砂浆的原材料符合质量要求，并且控制铺灰厚度和长度；砌筑前应根据砌块、梁、板的尺寸和规格，计算砌筑皮数，绘制皮数杆，砌筑时控制好每皮砌块的砌筑高度；对于原楼地面的标高误差，可在砌筑灰缝或圈梁、楼板找平层的允许误差内逐皮调整。

4.2.5 构造柱、圈梁施工

多层砌体结构主体标准层的施工顺序一般为：施工准备→构造柱钢筋绑扎→砌筑→搭脚手架→砌筑(一步架、二步架)→过梁底模支设→圈梁、过梁钢筋绑扎→构造柱、圈梁模板→构造柱、圈梁混凝土浇筑→楼板等构件安装→……

通过对汶川地震灾区未倒建筑物的仔细考察，发现地震中砖混结构建筑物结构破坏主要发生在圈梁、构造柱与墙体交界处。可见，圈梁、构造柱的设计和施工十分重要。

1. 构造柱施工要点

(1)钢筋绑扎。

1)修整底层伸出的构造柱搭接筋。根据已放好的构造柱位置线，检查搭接筋位置及搭接长度是否符合设计和抗震规范的要求，底层构造柱竖筋锚固应符合规范要求。

2)安装构造柱钢筋骨架。首先，在搭接处的钢筋套上箍筋，注意箍筋应交错布置；然后，将预制构造柱钢筋骨架立起来，对正伸出的搭接筋，对好标高线，在竖筋搭接部位各绑三个扣，两端中间各一扣。骨架调整后，可以顺序从根部加密区箍筋开始往上绑扎。

3)砌完砖墙后，应对构造柱钢筋进行调整，以保证钢筋位置及间距准确。

4)构造柱钢筋构造。底层构造柱纵筋必须锚入基础，顶层构造柱纵筋必须锚入顶层圈梁，锚固长度一般取 $40d$(d 为钢筋直径)。柱顶、柱脚与圈梁钢筋交接处 500 mm 范围内箍筋应加密，加密间距取 100 mm。墙体拉结筋为 Φ6，每隔 500 mm 进行设置，距离墙边 60 mm 各设一根，每边伸入墙 1 m，末端弯 40 mm 直钩。

(2)支设模板。

1)将构造柱、圈梁及板缝内的杂物全部清理干净。

2)构造柱模板采用定型组合钢模板或竹胶板模板，柱箍用 50 mm×100 mm 的方木(如果有成套的角钢柱箍，也可使用)。

3)外侧用阳角模板与平模拼装，模板与墙交接处的宽度不应少于 50 mm。用 50 mm×100 mm

方木做柱箍，用木楔子揳紧。每根构造柱的柱箍不得少于3道。内侧模用阴角模板、U形钢筋钉固定。模板与墙面接触部分加密封条，防止漏浆。

4)内墙十字交点部位用阴角模板拼装。先用U形钢筋钉临时固定，再调整模板的垂直度，符合要求后，用U形钢筋钉固定。固定用钢筋钉每侧不少于3个。

(3)混凝土浇筑。在浇筑砖砌体构造柱混凝土前，必须将砌体和模板浇水润湿，并将模板内的落地灰、砖碴和其他杂物清除干净。构造柱混凝土可分段浇筑，每段高度不宜大于2 m。在施工条件较好并能确保浇灌密实时，也可每层浇灌一次。浇筑混凝土前，在结合面处先注入适量水泥砂浆(与构造柱混凝土配合比相同的去石子水泥砂浆)，再浇筑混凝土。振捣时，振捣器应避免触碰砖墙，严禁通过砖墙传递振动。

对于填充墙中设置构造柱混凝土的浇筑，由于构造柱顶部采取常规模板加固后，混凝土无法满浇，可距离梁底15 cm处支成斜模高出梁底10 cm，混凝土浇筑时满填斜模，振捣密实，待混凝土满足拆模条件后拆模剔凿干净。

2. 圈梁施工要点

(1)钢筋安装。

1)圈梁与构造柱钢筋交叉处，圈梁钢筋放在构造柱受力钢筋内侧。圈梁钢筋在构造柱部位搭接时，其搭接倍数或锚入柱内长度要符合设计要求。

2)圈梁钢筋应互相交圈，在内墙交接处、墙大角转角处的锚固长度，均要符合设计要求。

3)楼梯间、附墙烟囱、垃圾道及洞口等部位的圈梁钢筋被切断时，应搭接补强，构造方法应符合设计要求，标高不同的高低圈梁钢筋，应按设计要求搭接或连接。

4)圈梁钢筋绑扎后，应加钢筋保护层垫块，以控制受力钢筋的保护层。

5)钢筋构造及下料应按照砖混结构钢筋工程相应技术规程严格执行。

6)圈梁节点构造通常有以下两种情况：

①无构造柱节点。在节点处因没有构造柱，应将圈梁的纵筋锚入相邻圈梁内，分为L形、T形和十字形三种节点，锚固长度满足受拉锚固长度，如图4-7、图4-8所示。

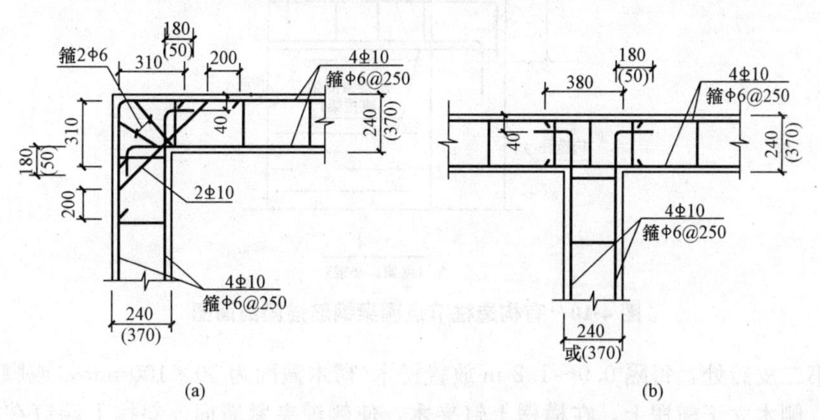

图4-7 无构造柱节点板底圈梁(6、7度设防)

(a)L形转角；(b)T形纵横墙连接

②有构造柱节点。在节点处，将圈梁的纵筋锚固构造柱内，锚固长度满足受拉锚固长度，一般取38d，如图4-9、图4-10所示。

(2)模板安装。圈梁模板由横楞(托木)、侧模、夹木、斜撑和搭头木等组成，以砖墙顶面为底模，侧模高度一般是圈梁高度加一皮砖厚度，以便支模时两侧侧模夹住顶皮砖。安装模板前，

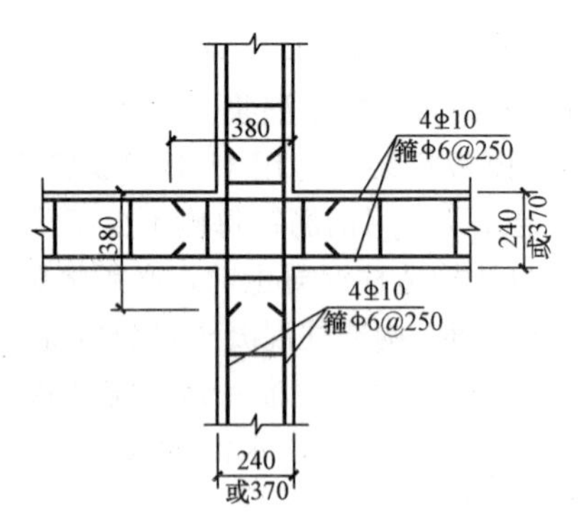

图 4-8　无构造柱"十"字

墙节点板底圈梁(6、7 度设防)

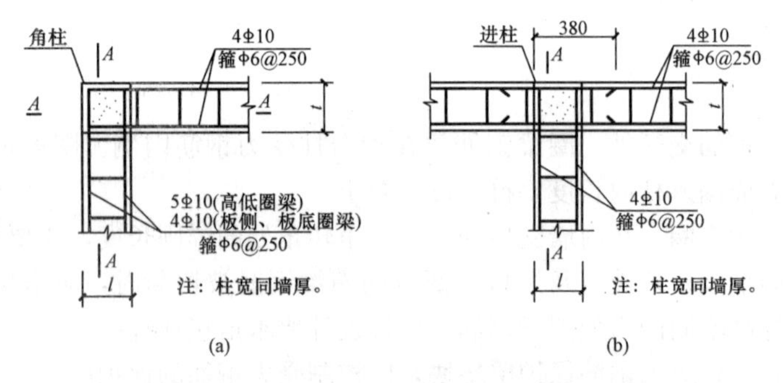

图 4-9　有构造柱节点圈梁钢筋锚固平面图

(a)L 形转角；(b)T 形纵横墙连接

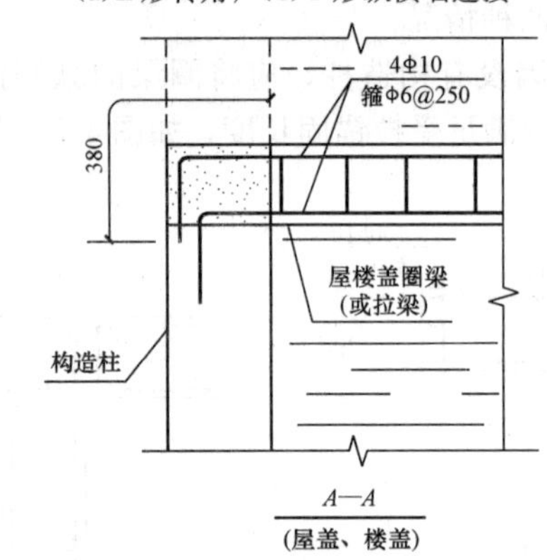

图 4-10　有构造柱节点圈梁钢筋锚固剖面图

在离圈梁底第二皮砖处，每隔 0.9～1.2 m 放置楞木(楞木截面为 50×100 mm，或脚手架钢管)，也称挑扁担。侧木立于横楞上，在横楞上钉夹木，使侧模夹紧墙面。斜撑下端钉在横楞上，上端钉在侧模的木档上。搭头木上画出圈梁宽度线，依线对准侧模里口，隔一定距离钉在侧模上(或用钢丝拉固)，如图 4-11 所示。

圈梁模板也可采用钢模板，以适当布置的梁卡具做支撑和加固，如图 4-12 所示。

3. 板缝模板

(1)板缝宽度为 4 cm 的，用 50 mm×50 mm 方木做底(或 Φ48～Φ50 的钢管)；板缝宽度大于 4 cm 的，用竹胶板做底模，伸入板底 5～10 mm，留出凹槽。

(2)板缝模板采用木支撑，尽量避免采用吊杆方法。将 20 mm×40 mm×2 500 mm 的木条一

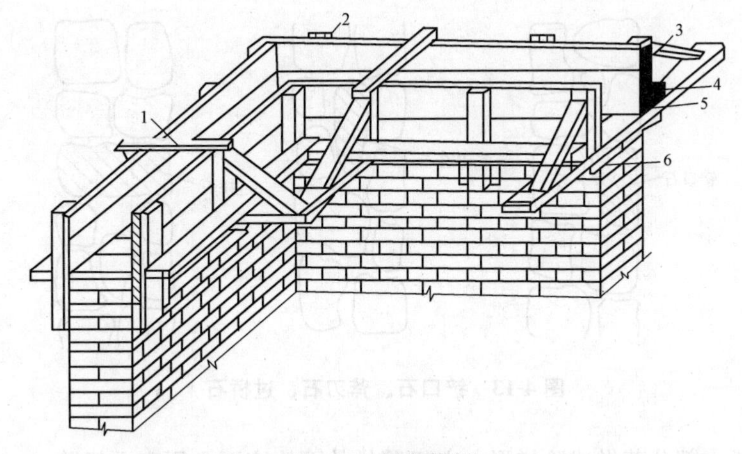

图 4-11 圈梁模板

1—搭头木；2—木档；3—斜撑；4—夹木；5—横楞；6—木楔

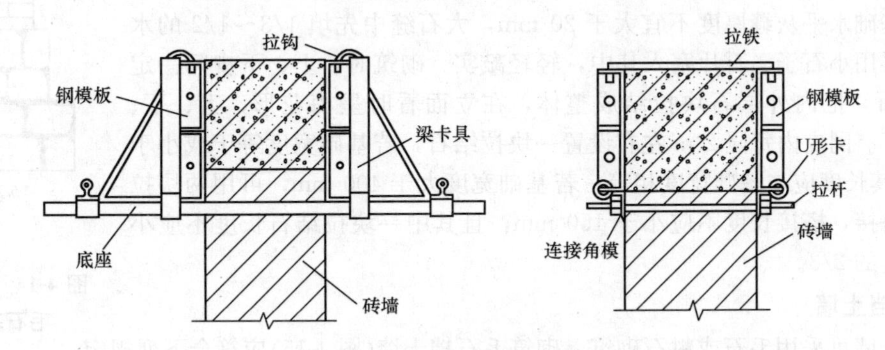

图 4-12 采用钢模板支设圈梁

端锯出一个 V 形口，用 50 mm×50 mm 的木条卡住，利用木支撑的弹力将板缝模板固定，每条板缝的支撑不少于两个。

4.2.6 石砌体

1. 毛石砌体

砌筑前应清除石材表面的泥垢、水锈等杂物。毛石砌体宜采用铺浆法砌筑，砂浆必须饱满，叠砌面的沾灰面积(即砂浆饱满度)应大于 80%。

毛石砌体宜分皮卧砌，各皮石块间应利用毛石的自然形状，经敲打、修整，使之能与先砌毛石基本吻合、搭砌紧密；毛石应上下错缝，内外搭砌，不得采用外面侧立毛石、中间填心的砌筑方法；中间不得有铲口石(尖石倾斜向外的石块)、斧刃石(尖石向下的石块)和过桥石(仅在两端搭砌的石块)，如图 4-13 所示。

石砌体的灰缝厚度，毛料石和粗料石砌体不宜大于 20 mm，细料石砌体不宜大于 5 mm。石块间不得有相互接触现象。石块间较大的空隙应先填塞砂浆，再用碎石块嵌实，不得采用先摆碎石块、后塞砂浆或干填碎石块的方法。砂浆初凝后，如移动已砌筑的石块，应将原砂浆清理干净，重新铺浆砌筑。

2. 毛石基础

砌筑毛石基础的第一皮石块坐浆，应先将石块的大面向下。毛石基础的转角处、交接处应用较大的平毛石砌筑。

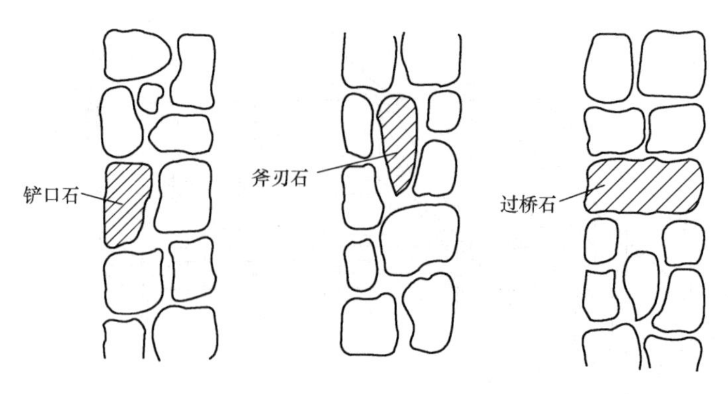

图 4-13　铲口石、斧刃石、过桥石

图 4-14　阶梯形毛石基础

毛石基础的扩大部分若做成阶梯形，上级阶梯的石块应至少压砌下级阶梯石块的 1/2，相邻阶梯的毛石应相互错缝搭砌(图 4-14)。

毛石基础水平灰缝厚度不宜大于 20 mm，大石缝中先填 1/3～1/2 的水泥砂浆，再用小石子、石片塞入其中，轻轻敲实。砌筑时，上、下皮间一定要用拉结石，把内外层石块拉结成整体，在立面看时呈梅花形，上、下、左、右错开。同皮内每隔 2 m 左右设置一块拉结石，若基础宽度等于或小于 400 mm，其长度应与基础宽度相等；若基础宽度大于 400 mm，可用两块拉结石内外搭接，搭接长度不应小于 150 mm，且其中一块拉结石长度不应小于基础宽度的 2/3。

3. 石挡土墙

石挡土墙可采用毛石或料石砌筑。砌筑毛石挡土墙(图 4-15)应符合下列规定：

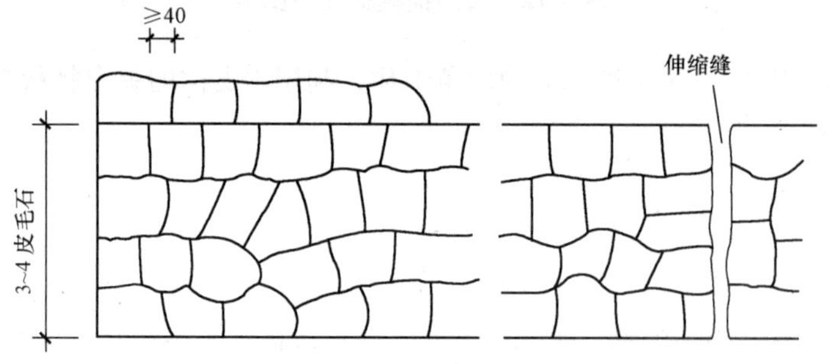

图 4-15　毛石挡土墙立面

(1)每砌 3～4 皮毛石为一个分层高度，每个分层高度应找平一次。

(2)外露面的灰缝厚度不得大于 40 mm，两个分层高度间分层处的错缝不得小于 80 mm。

(3)料石挡土墙宜采用丁顺组砌的砌筑形式。当中间部分用毛石填砌时，丁砌料石伸入毛石部分的长度不应小于 200 mm。石挡土墙的泄水孔当设计无规定时，施工应符合下列规定：

1)泄水孔应均匀设置，在每米高度上间隔 2 m 左右设置一个泄水孔；

2)泄水孔与土体间铺设长、宽均为 300 mm，厚 200 mm 的卵石或碎石作疏水层。

(4)挡土墙内侧回填土必须分层夯填，分层松土厚度应为 300 mm。墙顶土面应有适当坡度，使水流向挡土墙外侧面。

(5)石挡土墙砌筑的常见质量通病为组砌不良。

1)现象。上、下两层石块不错缝搭接或搭接长度太少；同皮内采用丁顺相间组砌时，丁砌石数量太少(中心距过大)；同皮内采用全部顺砌或丁砌时，丁砌层层数太少；阶梯形挡土墙各阶梯的标高和墙顶标高偏差过大。

2)原因分析。不执行施工规范和操作规程的有关规定；不按设计要求和石料的实际尺寸预先计算确定各段应砌皮数和灰缝厚度。

3)防治措施。毛料石挡土墙应上下错缝搭砌；阶梯形挡土墙的上阶梯料石至少压砌下阶梯料石宽的 1/3；同皮内采用丁顺组砌时，丁砌石应交错设置，其中心距不应大于 2 m；毛料石挡土墙厚度大于或等于两块石块宽度时，同皮内采用全部顺砌，但每砌两皮后，应砌一皮丁砌层；按设计要求、石料厚度和灰缝允许厚度的范围，预先计算出砌完各段、各皮的灰缝厚度。当上述要求不能同时满足时，应提前进行技术核定或设计修改。

4.2.7 混凝土小型空心砌块

1. 一般构造要求

(1)混凝土小型空心砌块砌体所用的材料，除满足强度计算要求外，还应符合下列要求：

1)对室内地面以下的砌体，应采用普通混凝土小砌块和强度不低于 M5 的水泥砂浆。

2)5 层及 5 层以上民用建筑的底层墙体，应采用强度不低于 MU5 的混凝土小砌块和 M5 的砌筑砂浆。

(2)在墙体的下列部位，应用 C20 混凝土灌实砌块的孔洞：底层室内地面以下或防潮层以下的砌体；无圈梁的楼板支承面下的一皮砌块；没有设置混凝土垫块的屋架、梁等构件支承面下，高度不应小于 600 mm，长度不应小于 600 mm 的砌体；挑梁支承面下，距墙中心线每边不应小于 300 mm，高度不应小于 600 mm 的砌体。

2. 芯柱设计

芯柱是按设计要求设置在混凝土小型空心砌块墙体的转角处、纵横墙交接处和楼梯间四角的 3 个孔洞，插入钢筋并浇筑混凝土而成的。芯柱的构造要求如下：

(1)芯柱截面不宜小于 120 mm×120 mm，宜用不低于 C20 的细石混凝土浇筑。

(2)钢筋混凝土芯柱每孔内插竖筋不应小于 1Φ10 或 Φ12(6～8 度抗震设防)，底部应伸入室内地面下 500 mm 或与基础圈梁锚固，顶部与屋盖圈梁锚固。

(3)在钢筋混凝土芯柱处，沿墙高每隔 600 mm 应设 Φ4 钢筋网片拉结，每边伸入墙体不小于 600 mm(图4-16)或 1 000 mm(6～8 度抗震设防)；芯柱应沿房屋的全高贯通，并与各层圈梁整体现浇。

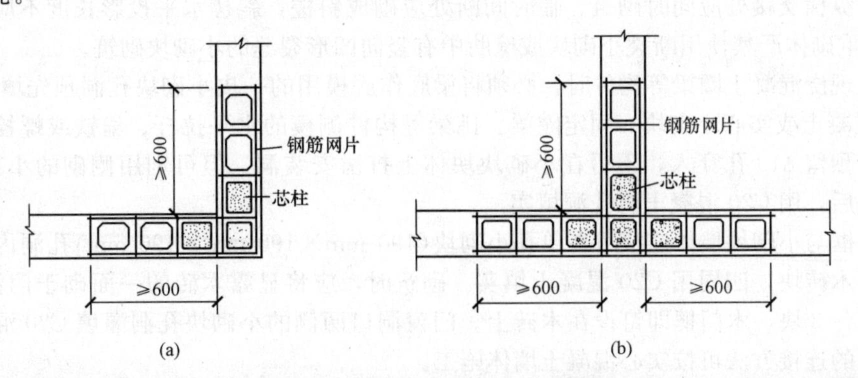

图 4-16 钢筋混凝土芯柱处拉结筋

(a)转角处；(b)交接处

3. 施工要点

(1)施工准备。

1)进入施工现场的小砌块必须从持有产品合格证明书的同一厂家购入。合格证书应包括型号、规格、产品等级、强度等级、密度等级、生产日期等内容。同时，要求在厂内的养护龄期必须确保达到 28 d。

2)墙体施工前，必须按房屋设计图的轴线编绘小砌块平面、立面排列图。排列时，应根据小砌块规格、灰缝厚度和宽度、门窗洞口尺寸、过梁与圈梁的高度、芯柱或构造柱位置、预留洞大小及管线、开关、插座敷设部位等进行对孔、错缝搭接排列，并以主规格小砌块为主，辅以相应配套块。

3)砌块进场后，应按不同规格和强度等级分别整齐堆放，高度不得超过 1.6 m；应避免雨淋，以防砌体产生干缩裂纹。

(2)操作技术要点。

1)砌块上墙前的湿度控制。由混凝土制成的砌块与一般烧结材料不同，湿度变化时，体积也会变化，通常表现为湿胀干缩。如果干缩变形过大，超过了砌块块体或灰缝允许的极限，砌块墙就可能产生裂缝。因此，用砌块砌墙时须控制砌块上墙前的湿度。混凝土砌块和烧结普通砖的显著差别是前者不能浸水或浇水，以免砌块吸水膨胀。在天气特别干热的情况下，因砂浆水分蒸发过快，不便施工时，可在砌筑前稍加喷水湿润。

2)砌块砌筑要点。小砌块砌筑应采用不低于 M5 的细砂混合浆，此砂浆能保证和易性及黏结度，立缝碰头灰若采用中粗砂，碰头灰很难刮上。

砌块应进行反砌，即使小砌块生产时的底面朝上砌筑于墙体上，易于铺放砂浆和保证水平灰缝砂浆的饱满度。小砌块应对孔错缝搭砌，个别情况下无法对孔砌筑时，普通混凝土小砌块错缝长度不应小于 90 mm，轻集料混凝土小砌块错缝长度不应小于 120 mm；当不能保证此规定时，应在水平灰缝中设置 2ϕ4 钢筋网片，钢筋网片每端均应超过该垂直灰缝，其长度不得小于 300 mm(图 4-17)。

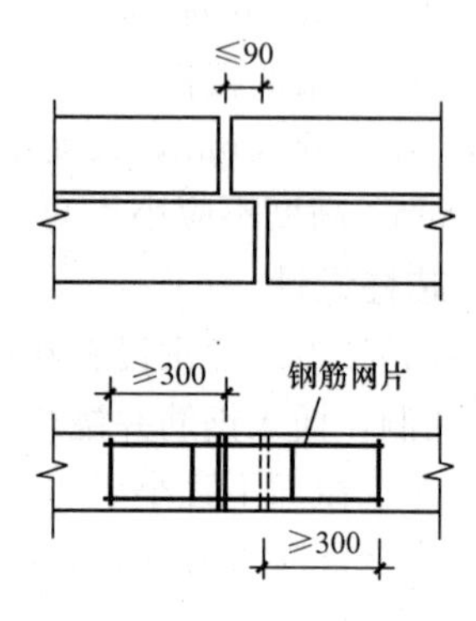

图 4-17 水平灰缝中拉结筋

水平灰缝的砂浆饱满度，应按净面积计算，不得低于 90%；竖向灰缝饱满度不得小于 80%，竖缝凹槽部位应用砌筑砂浆填实；不得出现瞎缝、透明缝。灰缝厚度与砖砌体一致。墙体转角处和纵横交接处应同时砌筑。临时间断处应砌成斜槎，斜槎水平投影长度不应小于高度的 2/3。承重砌体严禁使用断裂小砌块或壁肋中有竖向凹形裂缝的小砌块砌筑。

3)墙上现浇混凝土圈梁等构件时，必须将梁底作底模用的一皮小砌块孔洞预先填实140 mm 高的 C20 混凝土或实心小砌块。固定圈梁、挑梁等构件侧模的水平拉杆、扁铁或螺栓应从小砌块灰缝中的预留 ϕ10 孔穿入，不得在小砌块块体上打凿安装洞，但可利用侧砌的小砌块孔洞，等模板拆除后，用 C20 混凝土将孔洞填实。

4)木门框与小砌块墙体连接可在单孔小砌块(190 mm×190 mm×190 mm)孔洞内埋入满涂沥青的楔形木砖块，四周用 C20 混凝土填实。砌筑时，应将显露木砖的一面砌于门洞两侧上、中、下部位各 3 块，木门框即钉设在木砖上。门窗洞口两侧的小砌块孔洞灌填 C20 混凝土，其门窗与墙体的连接方法可按实心混凝土墙体施工。

5)严禁在墙体上剔凿。对设计规定的洞口、管道、沟槽和预埋件，应在砌筑时预留或预埋。

4. 芯柱施工

(1)芯柱部位宜采用不封底的通孔小砌块，当采用半封底小砌块时，砌筑前必须打掉孔洞毛边。在楼(地)面砌筑第一皮小砌块时，在芯柱部位应用开口砌块(或U形砌块)砌出操作孔，在操作孔侧面宜预留连通孔，必须清除芯柱孔洞内的杂物，削掉孔内凸出的砂浆，用水冲洗干净，校正钢筋位置并绑扎或焊接固定后，方可浇灌混凝土。

芯柱钢筋应与基础或基础梁中的预埋钢筋连接，上、下楼层的钢筋可在楼板面上搭接，搭接长度不应小于 $40d$。

(2)砌筑砂浆强度达到1.0 MPa以上时，才可浇筑芯柱混凝土。浇筑混凝土前不用浇水湿润(即使浇水湿润，往往只对上面几层砌块有作用)，芯柱以坍落度在100 mm以上的塑性混凝土为宜，这样既便于浇筑，又能使孔洞周围的砌块吸收一部分水分，从而起到湿润砌块的作用。每浇灌400～500 mm高度混凝土捣实一次。灌孔所用混凝土内宜加一定量的膨胀剂，以保证混凝土不因失水收缩而降低与周围砌块的黏结力。浇筑后的芯柱应低于最上面一层砌块表面至少50 mm，以利于上、下芯柱的连接，增加芯柱抗剪能力并保证芯柱连成整体。芯柱、底圈梁、上圈梁的钢筋应相互连接，同时浇筑混凝土。

5. 混凝土小砌块砌体的质量要求

(1)主控项目：小砌块和砂浆的强度等级；砌体水平灰缝的砂浆饱满度和竖缝；留槎。

(2)一般项目：水平灰缝厚度和竖向灰缝宽度；一般尺寸允许偏差(基础顶面和楼面标高，表面平整度，门窗洞口高、宽，外墙上、下窗口偏移，水平灰缝平直度)；轴线偏移和垂直度偏差。

4.3 填充墙砌体

4.3.1 填充墙砌体施工的一般问题

填充墙是应用于框架、框-剪结构或钢结构中，主要用于围护或分隔区间的墙体，其砌筑材料大多采用烧结多孔砖、混凝土小型空心砌块和加气混凝土砌块等，要求有一定的强度、轻质、隔声、隔热等效果。加气混凝土砌块近年来得到了广泛的应用，但目前的使用情况并不理想，其原因主要有：设计单位未能掌握加气混凝土砌块的有关设计要点，构造补强措施未能在图纸上标明；建设单位对构造补强措施认识不足，为降低工程造价，取消挂网等构造补强措施；监理和施工单位现场管理人员未掌握加气混凝土砌块的施工要点，砌筑工人不熟悉工艺，仍按黏土实心砖的施工工艺进行砌筑；砌块生产企业为加速周转，将产品龄期未到28 d的加气混凝土砌块运至施工现场并用于工程。

在汶川地震灾区倒塌破坏房屋调查中，填充墙的破坏较为普遍，因此，填充墙的施工除应满足一般砖砌体和各类砌块等相应技术、质量、工艺标准外，还应注意以下几个方面的问题。

1. 填充墙与结构的连接问题

(1)填充墙两端与结构连接(图4-18)。砌体与混凝土柱或剪力墙的连接一般有三种方式：第一种方法是预留拉结筋法；第二种方法是预埋铁件法；第三种方法是植筋法。无论采用何种方法，都应注意预留位置和砌块灰缝对齐。

(2)墙顶与结构件底部连接。为保证墙体的整体性、稳定性，填充墙顶部应采取相应的措施与结构挤紧。通常采用砌筑“滚砖”(实心砖)或在梁底做预埋铁件等方式与填充墙连接，具体构造如图4-19所示。不论采用哪种连接方式，都应分两次完成一片墙体的施工，其中时间间隔不少于7 d。这是为了让砌体砂浆有一个完成压缩变形的时间，保证墙顶与构件连接的效果。

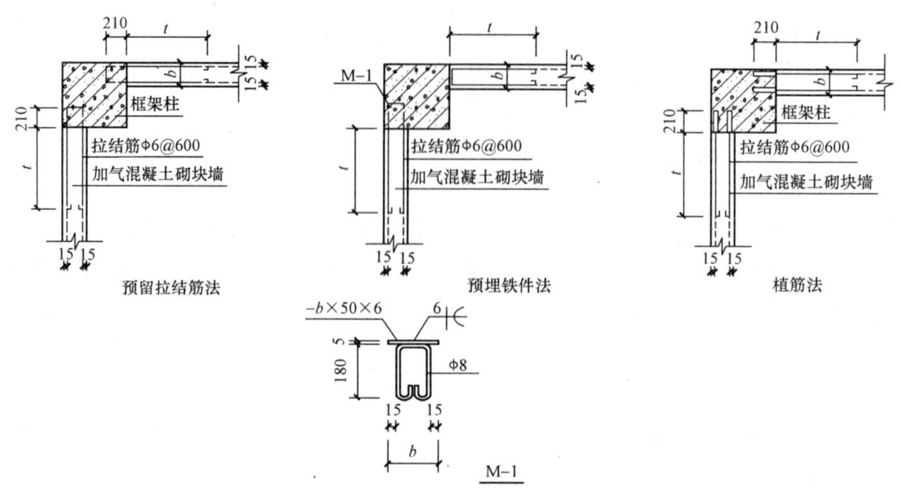

图 4-18　填充墙两端与结构连接

注：1. 拉结筋伸入墙内长度 l：非抗震为500 mm，6、7 度抗震设防为墙长的1/5 且≥700 mm，8、9 度抗震设防沿墙全长贯通。

2. 植筋锚固长度根据胶的粘结力由抗拔试验结果确定并不得小于 100 mm。

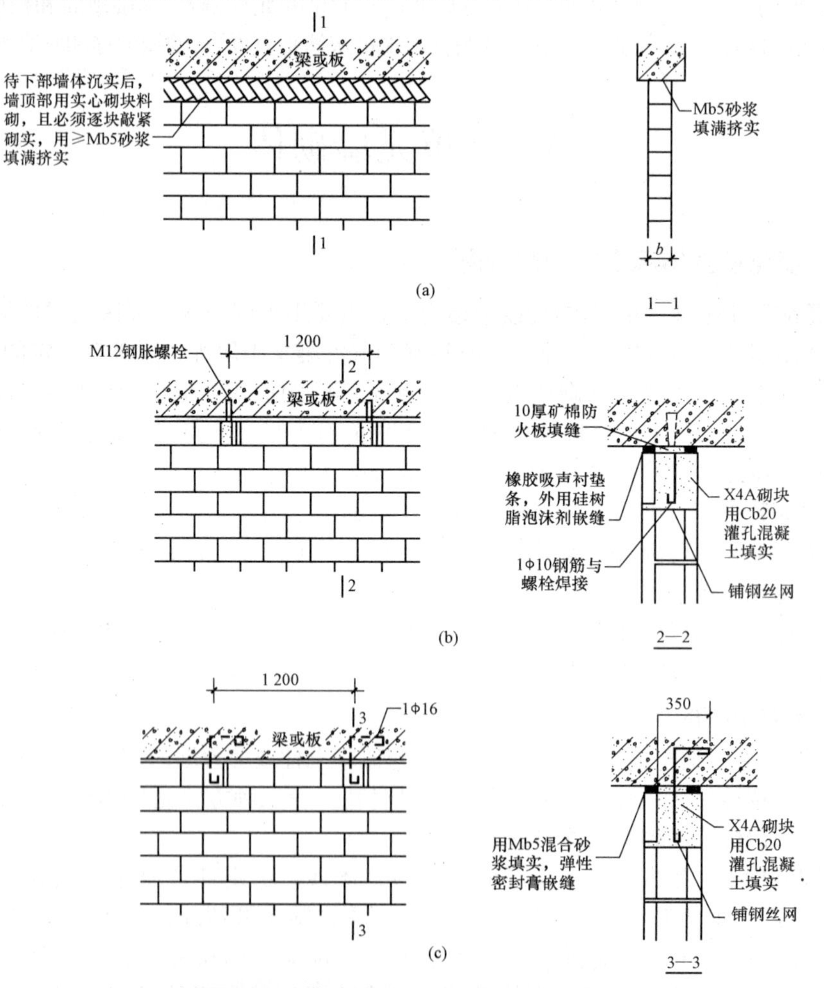

图 4-19　填充墙顶与结构件底部连接

(a)砌块斜砌；(b)当墙长大于 5 m 时，墙顶与梁或楼板用钢胀螺栓焊接拉筋拉结；

(c)墙长大于 5 m 时，墙顶与梁或板用预埋筋拉结

注：节点 1 只适用于非抗震设防或 6、7 度抗震设防且墙长小于 5 m 的内隔墙。

(3)施工注意事项。填充墙施工最好从顶层向下层砌筑，防止因结构变形量向下传递而造成早期下层先砌筑的墙体产生裂缝。特别是空心砌块，此裂缝的发生往往是在工程主体完成3～5个月后，通过墙面抹灰在跨中产生竖向裂缝得以暴露。因而，质量问题的滞后性给后期处理带来困难。

当工期太紧，填充墙施工必须由底层逐步向顶层进行时，则墙顶的连接处理需待全部砌体完成后，从上层向下层施工，这是为了给每一层结构完成变形的时间和空间。

2. 门窗的连接问题

由于空心砌块与门窗框直接连接不易达到要求，特别是门窗较大时，施工中通常采用在洞口两侧做混凝土构造柱、预埋混凝土预制块及镶砖的方法。空心砌块在窗台顶面应做成混凝土压顶，以保证门窗框与砌体的可靠连接。

3. 防潮防水问题

空心砌块用于外墙面时，涉及防水问题。在墙的迎风迎雨面，在风雨作用下易产生渗漏现象，主要发生在灰缝处。因此，在砌筑中应注意灰缝饱满密实，竖缝应灌砂浆插捣密实。外墙面的装饰层应采取适当的防水措施，如在抹灰层中加3%～5%的防水粉、面砖勾缝或表面刷防水剂等，确保外墙的防水效果。目前，市场上有多种防水砂浆材料，其工艺特点是靠砂浆材料自身在养护条件下产生较好的防水效果来满足外墙的防水要求，特别是高孔隙率的墙体材料。

空心砌块用于室内隔墙时，砌体下应用实心混凝土块或实心砖砌200 mm高的底座，也可采用混凝土现浇。

4. 墙体转角构造问题

墙体转角、交接处(L形、T形和“十”字形)属于填充墙的薄弱环节，应使纵、横墙的砌块相互搭砌，隔皮砌块露端面。加气混凝土砌块墙的T形交接处，应使横墙砌块隔皮露端面，并坐中于纵墙砌块(图4-20)；还应沿墙高每600 mm在水平灰缝中放置拉结钢筋，拉结钢筋为2Φ6，钢筋伸入墙内长度l如下：非抗震为700 mm，6、7度抗震设防为墙长的1/5且不小于700 mm，8、9度抗震设防沿墙全长贯通(图4-21)。

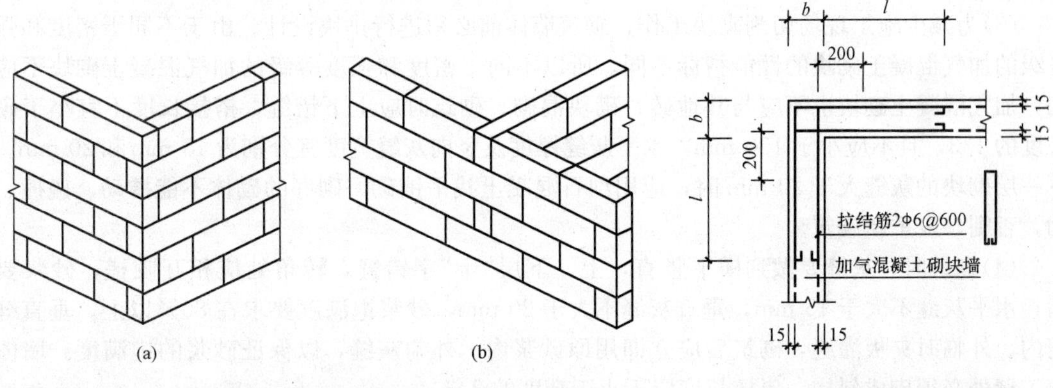

图4-20　加气混凝土砌块墙的转角处、交接处砌法
(a)转角处；(b)交接处

图4-21　墙体转角、交接处预留拉结钢筋

5. 单片面积较大的填充墙施工问题

大空间的框架结构填充墙，应在墙体中根据墙体长度、高度需要设置构造柱和水平现浇混凝土带，以提高砌体的稳定性。当大面积的墙体有洞口时，在洞口处应设置混凝土现浇带并沿洞口两侧设置混凝土边框。施工中应注意预埋构造柱钢筋的位置正确。具体情况如下：

(1)墙长≤两倍墙高，且墙高≤4 m时，沿框架柱每隔600 mm间距预留拉结筋。

(2)墙长＞两倍墙高，但墙高≤4 m时，可在墙中加设构造柱。

(3)墙高＞4 m，但墙长≤两倍墙高时，沿墙高之间设置现浇带。

(4)墙高大于4 m且墙长＞两倍墙高时，既设构造柱也设现浇带。

拉结筋伸入墙长度l如下：非抗震为700 mm，6、7度抗震设防时，为墙长的1/5且不小于700 mm，8、9度抗震设防时，沿墙全长贯通；混凝土现浇带宽同墙厚，高为120 mm，配4Φ8钢筋，箍筋为Φ6@200 mm，锚入框架柱280 mm；构造柱截面长度为200 mm，配4Φ10钢筋，箍筋为Φ6@200 mm，锚入下部梁中380 mm。

由于块料不同，填充墙的做法各异，因此要求也不尽相同。实际施工时，应参照相应设计要求及施工质量验收规范和各地颁布实施的标准图集、施工工艺标准等。

4.3.2 加气混凝土砌块填充墙施工

1. 工艺流程

弹出墙身及门窗洞口位置墨线→预留拉结筋→楼面找平→选砌块、摆砌块→撂底→砌一步架墙→砌二步架墙(砌筑过程中留槎、下拉结网片、安装混凝土过梁)→勾缝或斜砖砌筑与框架顶紧→检查验收。

2. 加气混凝土砌块填充墙施工要点

(1)严格控制好加气混凝土砌块上墙砌筑时的含水率，一般控制在10%～15%，即砌块含水深度以表层下8～10 mm为宜，可通过刀刮或敲小边观察规律，按经验判定。通常情况下在砌筑前24 h浇水，浇水量应根据施工时的季节和干湿温度情况决定，由表面湿润度控制。禁止直接使用饱含雨水或浇水过量的砌块。

(2)砌筑前应弹好墙身墨线、地墨线、转角留位留洞指示墨线等，注意墙身墨线一定要到楼板或梁底，地面墨线要正角对准。将砌筑墙部位的楼地面，应剔除高出底面的凝结灰浆，清扫干净。砌筑前，应将预砌墙与原结构相接处洒水湿润以保砌体黏结，但注意地面不能有积水。

(3)为减少施工现场切割砌块工作，砌筑墙体前必须进行排块设计。由于不同干密度和强度等级的加气混凝土砌块的性能指标不同，所以不同干密度和强度等级的加气混凝土砌块不应混砌，加气混凝土砌块也不应与其他砖、砌块混砌。砌筑时应上下错缝，搭接长度不宜小于砌块长度的1/3，且不应小于150 mm，水平灰缝厚度及竖向灰缝宽度宜分别为15 mm和20 mm。最下一层砌块的灰缝大于20 mm时，应用细石混凝土找平铺砌。砌好的砌体不能撬动、碰撞、松动，否则，应重新砌筑。

(4)砌筑时，灰缝要做到横平竖直，上、下层“十”字错缝，转角处应相互咬槎，砂浆要饱满，水平灰缝不大于15 mm，垂直灰缝不大于20 mm，砂浆饱满度要求在80%以上。垂直缝宜用内、外临时夹板灌缝，砌筑后应立即用原砂浆内、外勾灰缝，以保证砂浆的饱满度。墙体的施工缝处必须砌成斜槎，斜槎长度应不小于高度的2/3。

(5)在墙面上凿槽敷管时，应使用专用工具，不得用斧或瓦刀任意砍凿。管道表面应低于墙面4～5 mm，并将管道与墙体卡牢，不得有松动、反弹现象，然后浇水湿润，填嵌强度等同砌筑所用的砂浆，与墙面补平，并沿管道敷设方向铺10 mm×10 mm钢丝网，其宽度应跨过槽口，每边不小于50 mm，绷紧、钉牢。

(6)墙体砌筑后，做好防雨遮盖，避免雨水直接冲淋墙面。外墙向阳面的墙体，也要做好遮阳处理，避免高温引起砂浆中水分挥发过快，必要时应适当用喷雾器喷水养护。每日砌筑高度控制在1.4 m以内，春季施工时每日砌筑高度控制在1.2 m以内，下雨天停止砌筑。因砌体自重较轻，容易造成与砂浆的黏结不充分而产生裂缝，故在停砌时，最高一皮砌块用一皮浮砖压顶。

3. 加气混凝土填充墙的质量通病及预防

(1)质量通病。加气混凝土填充墙砌筑及后续抹灰常见的质量通病为墙体裂缝。加气混凝土砌块填充墙体裂缝的产生原因是多样、复杂的，水泥制品的干缩变形特性及受潮后二次收缩变形的特性是墙体裂缝产生的主要因素，温度变形和施工操作不当也会加剧墙体裂缝的形成和发展。因此，要彻底解决裂缝问题，必须在材料、设计、施工等各个环节严格遵守规范、规程、技术标准的有关规定，精心施工，严格监督。

(2)预防措施。产品龄期未到 28 d 不能上墙砌筑，严禁不同级别的加气混凝土砌块混砌，严格按有关构造规定和质量验收要求进行砌筑。为确保加气混凝土墙面抹灰与基层黏结牢固，抹灰前应满刷界面剂，涂刷界面剂前，应在加气混凝土砌块填充墙管道沟槽处和填充墙与钢筋混凝土柱、墙、梁等接缝处贴紧墙面满钉加强网，且不同材质抹灰基体灰沟槽两侧搭接宽度不小于 150 mm；外墙抹灰前采用聚合物水泥砂浆进行第一道抹灰，抹灰厚度为 6 mm，内墙抹灰采用聚合物混合砂浆，底槽与饰面层不得一次成型。

4.3.3 填充墙的质量要求

1. 一般规定

(1)蒸压加气混凝土砌块、轻集料混凝土小型空心砌块砌筑时，其产品龄期应超过 28 d。

(2)在烧结空心砖、蒸压加气混凝土砌块、轻集料混凝土小型空心砌块等的运输、装卸过程中，严禁抛掷和倾倒。进场后应按品种、规格分别堆放整齐，堆置高度不宜超过 2 m。加气混凝土砌块应防止雨淋。

(3)填充墙砌体砌筑前，块材应提前 2 d 浇水湿润。蒸压加气混凝土砌块砌筑时，应向砌筑面适量浇水。

(4)用轻集料混凝土小型空心砌块或蒸压加气混凝土砌块砌筑墙体时，墙底部应砌烧结普通砖、多孔砖或普通混凝土小型空心砌块、现浇混凝土坎台等，其高度不宜小于 200 mm。

2. 主控项目

烧结空心砖、小砌块和砌筑砂浆的强度等级应符合设计要求。

3. 一般项目

(1)填充墙砌体一般尺寸的允许偏差应符合表 4-2 的规定。

表 4-2 填充墙砌体一般尺寸的允许偏差

项次	项目		允许偏差/mm	检验方法
1	轴线位移		10	用尺检查
2	垂直度(每层)	≤3 m	5	用 2 m 托线板或吊线、尺检查
		>3 m	10	
3	表面平整度		8	用 2 m 靠尺和楔形尺检查
4	门窗洞口高、宽(后塞口)		±10	用尺检查
5	外墙上、下窗口偏移		20	用经纬仪或吊线检查

(2)蒸压加气混凝土砌块砌体和轻集料混凝土小型空心砌块砌体不应与其他块材混砌。

(3)填充墙砌体的砂浆饱满度及检验方法应符合表 4-3 的规定。

表 4-3　填充墙砌体的砂浆饱满度及检验方法

砌体分类	灰缝	饱满度及要求	检验方法
空心砖砌体	水平	≥80%	采用百格网检查块体底面或侧面砂浆的粘结痕迹面积
	垂直	填满砂浆，不得有透明缝、瞎缝、假缝	
蒸压加气混凝土砌块和轻集料混凝土小型空心砌块砌体	水平	≥80%	
	垂直	≥80%	

(4)填充墙留置的拉结钢筋或网片的位置应与块体皮数符合。拉结钢筋或网片应置于灰缝中，埋置长度应符合设计要求，竖向位置偏差不应超过一皮高度。

(5)填充墙砌筑时应错缝搭砌，蒸压加气混凝土砌块的搭砌长度不应小于砌块长度的 1/3；轻集料混凝土小型空心砌块的搭砌长度不应小于 90 mm；竖向通缝不应大于两皮。

(6)填充墙砌体的水平灰缝厚度和竖向灰缝宽度应正确。烧结空心砖、轻集料混凝土小型空心砌块砌体的灰缝应为 8～12 mm；蒸压加气混凝土砌块砌体的水平灰缝厚度及竖向灰缝宽度不应超过 15 mm。

(7)填充墙砌至接近梁、板底时，应留一定空隙，待填充墙砌完并应至少间隔 7 d 后，再将其补砌、挤紧。

思考与练习题

1. 试述砌筑砂浆原材料的质量要求，质量指标，搅拌、使用等要求及常见质量通病预防。

2. 试述一般砖砌体的施工流程和操作要点(包含构造柱、留槎、钢筋砖过梁)。

3. 简述混凝土小型空心砌块的施工要点。

4. 简述填充墙砌体施工的一般问题。

5. 简述加气混凝土填充墙砌筑的工艺流程和砌筑要点。

6. 某住宅建筑，建筑层高为 3.0 m，使用 240 mm×115 mm×90 mm 标准多孔砖砌筑。其中，楼面采用 120 mm 厚现浇板，现浇板与承重墙体的现浇圈梁整体浇筑。圈梁设计截面高度为 240 mm，底层地圈梁已完成，其面标高为－0.02 m，楼地面装饰层预留 40 mm 厚面层，门窗洞口高度为 2 700 mm，试确定底层墙和二层标准层墙体的砌筑高度和组砌层(皮)数。

第5章　钢筋混凝土工程

混凝土结构工程在土木工程施工中占主导地位，它对工程的劳动力、物资消耗和对工期均有很大的影响。混凝土结构工程包括现浇混凝土结构与装配式混凝土结构。

(1)现浇混凝土结构：在现场支模并整体浇筑而成的混凝土结构。现浇式结构的整体性和抗震性能好，施工时不需要大型起重机械，但要消耗大量模板，劳动强度高，施工中受气候条件影响较大。

(2)装配式混凝土结构：由预制混凝土构件或部件通过焊接、螺栓连接等方式装配而成的混凝土结构。与整体现浇式结构相比，预制装配式结构耗钢量较大，施工时对起重设备要求高、依赖性强。结构的整体性和抗震性则不如现浇混凝土结构。

混凝土结构工程是由模板、钢筋、混凝土等分项工程组成的，每个分项工程又包括很多施工过程，因而要加强施工管理，统筹安排，合理组织，以达到保证质量、加快施工进度和降低造价的目的。

混凝土结构施工工艺流程如图5-1所示。

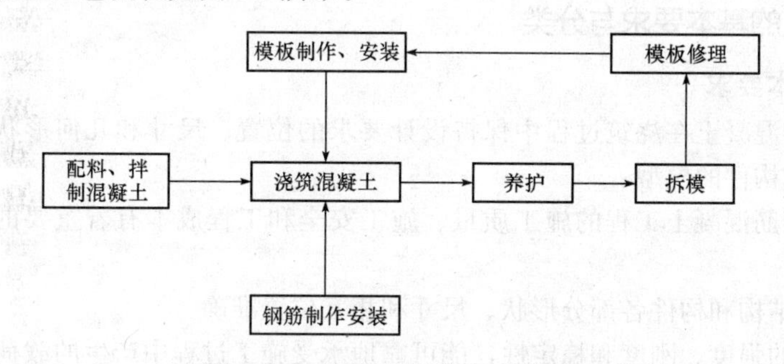

图5-1　混凝土结构施工工艺流程

混凝土结构工程施工技术近年来发展很快，为建设高质量的土木工程创造了先决条件。2005年，住房和城乡建设部在《关于进一步做好建筑业10项新技术推广应用的通知》(建质〔2005〕26号)中提出了高性能混凝土技术、高效钢筋与预应力技术、新型模板及脚手架应用技术等一系列新技术。在钢筋工程中，在材料方面推广HRB400级钢筋的应用技术，在钢筋加工工艺方面，提高了机械化、自动化的水平，采用了数字程序控制调直剪切机、光电控制点焊机、钢筋冷拉联动线等；在钢筋焊接网应用和直螺纹钢筋机械连接等技术方面不断成熟和快速推广。在模板工程方面，采用了工具式支模方法与钢框胶合板模板，还推广了全钢大模板、液压自动爬模、隧道模等机械化程度较高的模板和预应力混凝土薄板、压延型钢板等永久模板以及模板早拆体系等新技术。在混凝土工程方面，已实现了混凝土搅拌站后台上料机械化、称量自动化和混凝土搅拌自动化或半自动化，扩大了商品混凝土的应用范围，还推广了混凝土强制搅拌、高频振动、混凝土搅拌运输车和混凝土泵送等新工艺，特别是近年来流态混凝土、高性能混凝土等新型混凝土的出现，引发了混凝土工艺的很大变化；新型外加剂的使用，也是混凝土施工技术发展的重点；大尺寸、大体积混凝土的防裂技术也已逐渐成熟，为保证相应混凝土结构的使用功能和使用寿命提供了技术保障。

在装配式钢筋混凝土构件的生产工艺方面，推广了拉模、挤压工艺、立窑和折线窑养护、热拌热模、远红外线和太阳能养护等新工艺。在预应力钢筋混凝土工艺中，也出现了折线张拉、曲线张拉、无黏结后张拉等新技术。整体预应力混凝土结构的出现，对混凝土的施工工艺和施工技术的要求也越来越高。

5.1 模板工程

混凝土结构的模板工程，是混凝土结构施工的重要措施项目。现浇框架-剪力墙结构模板使用量按建筑面积每平方米约为 2.5 m^2 和 5 m^2，占混凝土结构工程总造价的 25%、总用工量的 35%、工期的 50%～60%。

目前，国外先进的模板体系主要有两大类：一类是无框木梁木模板体系；另一类是带框胶合板模板体系。带框胶合板模板体系装拆方便，使用灵活，施工速度快，施工用工省，周转使用次数多(可达 100 多次)，从而可以大大节约木材，提高木材利用率。我国胶合板模板的施工仍停留在散装散拆的落后施工工艺上，不仅施工速度慢、用工多，而且胶合板模板使用次数少、损耗量大、木材利用率低。因此，应积极推广应用新型模板体系，推动施工技术进步，达到节约施工成本和提高木材利用率的双重目标。

5.1.1 模板的基本要求与分类

1. 模板的基本要求

模板是使新拌混凝土在浇筑过程中保持设计要求的位置、尺寸和几何形状，使之硬化成为钢筋混凝土结构或构件的模型。

模板结构对钢筋混凝土工程的施工质量、施工安全和工程成本有着重要的影响，其必须符合下列要求：

(1)保证工程结构和构件各部分形状、尺寸和相互位置准确。

(2)具有足够的强度、刚度和稳定性，能可靠地承受施工过程中产生的载荷。

(3)构造简单、装拆方便，便于钢筋的绑扎、安装和混凝土的浇筑、养护等工艺要求。

(4)接缝严密，不漏浆。

(5)因地制宜，就地取材，周转次数多，损耗少，成本低。

模板工程的施工包括模板的选材、选型、设计、制作、安装、拆除和修整等过程。

2. 模板的分类

9 模板分类

模板的种类很多，按材料可分为木模板、钢木模板、胶合板模板、钢模板、塑料模板、玻璃钢模板、铝合金模板等；按结构类型可分为基础模板、柱模板、墙模板、梁模板、楼板模板、楼梯模板等；按施工方法可分为现场装拆式模板、固定式模板和移动式模板。

现场装拆式模板按照设计要求的结构形状、尺寸及空间位置在现场组装，当混凝土达到拆模强度后即拆除模板，多用定型模板和工具式支撑；固定式模板多用于制作预制构件，是按构件的形状、尺寸于现场或预制厂制作，涂刷隔离剂、浇筑混凝土，当混凝土达到规定的强度后，即脱模、清理模板，再重新涂刷隔离剂，继续制作下一批构件，各种胎模(土胎模、砖胎模、混凝土胎模)即属于固定式模板；随着混凝土的浇筑，移动式模板可沿垂直方向或水平方向移动，如烟囱、水塔、墙(柱)混凝土浇筑采用的滑升模板、爬升模板、提升模板、大模板，高层建筑楼板采用的飞模，筒壳混凝土浇筑采用的水平移动式模板等。

5.1.2 胶合板模板和钢模板

1. 胶合板模板

胶合板模板包括木胶合板和竹胶合板。木胶合板是由木段旋切成单板或由木方刨切成薄木，再用胶黏剂胶合而成的三层或多层板状材料，通常用奇数层单板，并使相邻层单板的纤维方向互相垂直胶合而成。竹胶合板由竹席、竹帘、竹片等多种组坯结构，与木单板等其他材料复合而成，专用于混凝土施工。胶合板模板的优点为：表面平整光滑，容易脱模；耐磨性强；防水性好；模板强度和刚度较好；使用寿命较长(周转次数可达5次以上)；材质轻，适宜加工大面积模板；板缝少，能满足清水混凝土施工的要求。

(1)胶合板模板的规格。竹胶合板的规格尺寸见表5-1。竹胶合板使用中应注意最大变形控制(即挠度验算)问题，避免出现胀模，而弹性模量(E)对于挠度有直接的决定作用。竹胶板的弹性模量由于各地所生竹材的材质而有所不同，同时，又与胶黏剂的胶种、胶层厚度、涂胶均匀程度以及热固化压力等生产工艺有关，其性质差异也很大，变化范围为$(2\sim10)\times10^3$ N/mm^2，实际验算时，应先向所使用板材的生产厂家或供货商索要其产品的性能指标说明作为参考。

表5-1 竹胶合板的规格尺寸 mm

长度	宽度	厚度
1 830	915	9、12、15、18
1 830	1 220	
2 000	1 000	
2 135	915	
2 440	1 220	
3 000	1 500	

(2)胶合板模板的配制要求。目前木模板均采用胶合板作为面板，辅以木方或型钢边框，采用钢管或木支撑，配制要求如下：

1)合理进行模板配板设计，尽量减少随意锯截，竹胶板模板锯开的边及时用防水油漆封边两道，防止竹胶板模板在使用过程中开裂、起皮。

2)胶合板常用厚度一般为18 mm，内、外楞的间距通过设计计算进行调整；拼板接缝处要求附加小龙骨。

3)支撑系统可以选用钢管或木材脚手架支撑。采用木支撑时，不得选用脆性、严重扭曲和受潮容易变形的木材。

4)钉子长度应为胶合板厚度的1.5～2.5倍，每块胶合板与木楞相叠处至少钉两个钉子。第二块模板的钉子要转向第一块模板方向斜钉，使拼缝严密。

5)配制好的模板应在反面编号并写明规格，分别堆放保管，以免错用。

2. 钢模板

组合钢模板是一种工具式模板，由两部分组成，即模板和支承件。模板包括平面模板、转角模板(包括阴角模、阳角模和连接角模)及各种卡具；支承件包括用于模板固定、支撑模板的支架、斜撑、柱箍、桁架等。组合钢模板由于面积小、拼缝多，已不能满足清水混凝土施工的要求，目前我国正大力推广钢大模板和钢框胶合板模板技术。

(1)模板。钢模板由边框，面板和纵、横肋组成。其边框和面板常用2.5～2.8 mm厚的钢板轧制而成，纵、横肋则采用3 mm厚扁钢与面板及边框焊接而成。钢模板的厚度均为55 mm。为了便于模板之间拼装连接，边框上都开有连接孔，且无论长短，边框上的孔距都为150 mm，如图5-2、图5-3所示。

模板的模数尺寸关系到模板的适应性，是设计制作模板的基本问题之一。我国钢模板的长度以150 mm为模数，宽度以50 mm为模数。平模板的长度尺寸共7个(450～1 800 mm)，宽度尺寸共11个(100～600 mm)，因而平模板尺寸系列化共有70余种规格。进行配模设计时，如出现不足

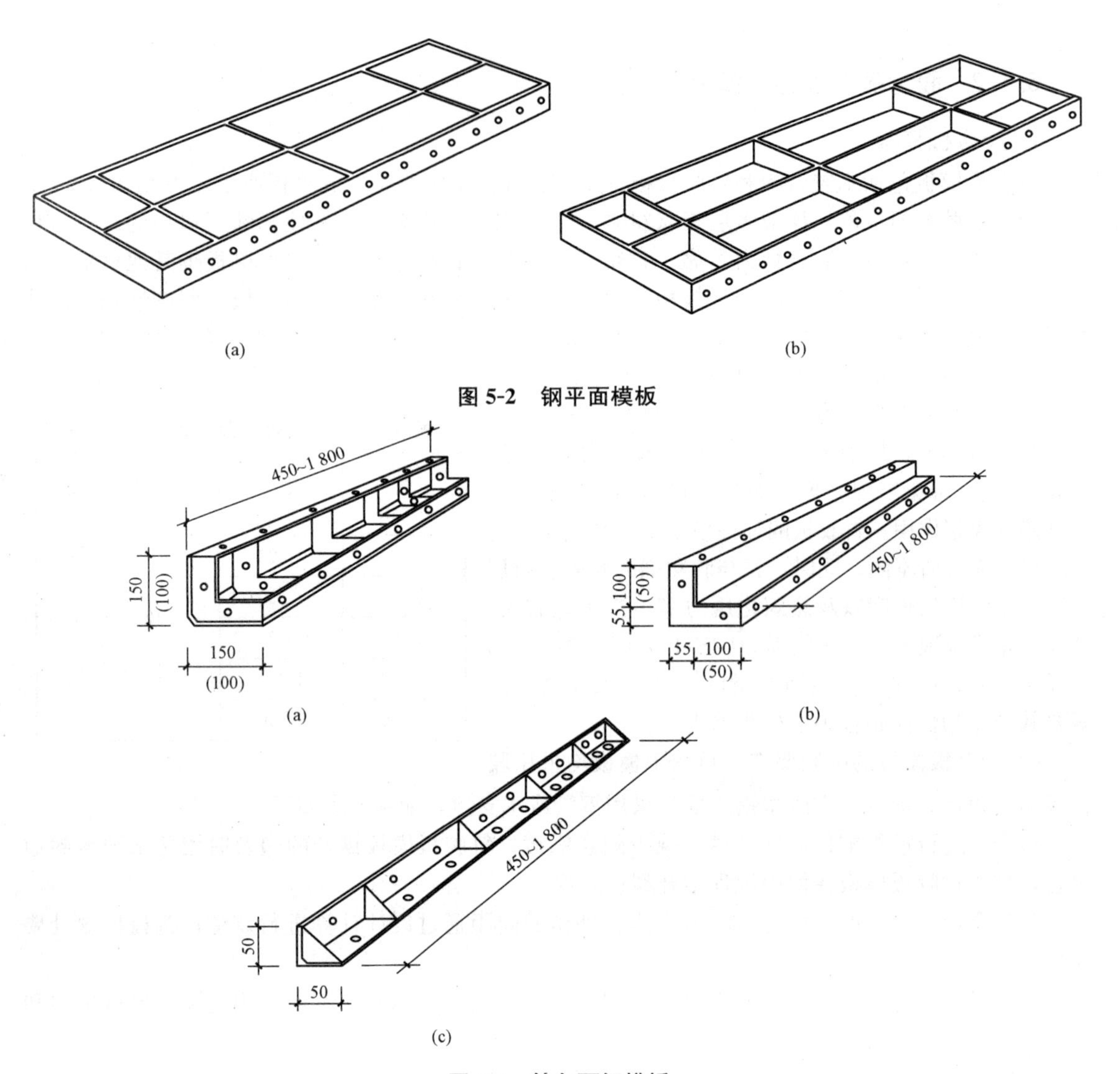

图 5-2　钢平面模板

图 5-3　转角面钢模板

整块模板处，则用木板镶拼，用钢钉或螺栓将木板与钢模板连接起来。

平面模板、阴角模板、阳角模板及连接角模分别用字母 P、E、Y、J 表示，在代号后面用四位数表示模板规格，前两位是宽度的厘米数，后两位是长度的整分米数。如 P3015 表示宽 300 mm、长 1 500 mm 的平模板。又如 Y0507 表示肢宽为 50 mm×50 mm、长度为 700 mm 的阳角模。钢模板规格见表 5-2。

表 5-2　钢模板规格

mm

名　称	代号	宽　度	长　度	肋高
平面模板	P	600、550、500、450、400、350、300、250、200、150、100	1 800、1 500、1 200、900、750、600、450	55
阴角模板	E	150×150、100×100		
阳角模板	Y	100×100、50×50		
连接角模	J	50×50		
注：本表摘自《组合钢模板技术规范》(GB/T 50214—2013)。				

钢模板的连接件有U形卡、L形插销、钩头螺栓、对拉螺栓、3形扣件、蝶形扣件等。钢模板间横向连接用U形卡，U形卡操作简单，卡固可靠，其安装间距一般不大于300 mm。纵向连接以L形插销为主，以增强模板组装后的纵向刚度，如图5-4所示。大片模板组装时，采用钢管钢楞，这时必须用钩头螺栓配合3形扣件或蝶形扣件固定。对于截面尺寸较大的柱、截面较高的梁和混凝土墙体，一般需要在两侧模板之间加设对拉螺栓，以增强模板抵抗混凝土挤压的能力。

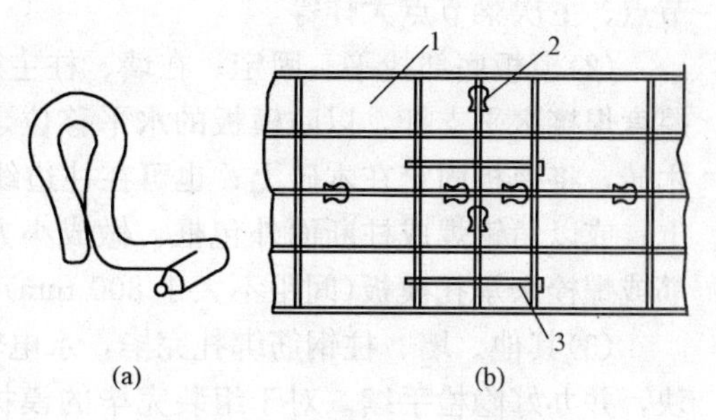

图5-4 U形卡和L形插销

(a)U形卡；(b)连接件使用

1—钢模板；2—U形卡；3—L形插销

钢模板组拼原则为：从施工的实际条件出发，以满足结构施工要求的形状、尺寸为前提，以大规格的模板为主，以较小规格的模板为辅，减少模板块数，方便模板拼装；不足模板尺寸的部位用木板镶补；为了提高模板的整体刚度，可以采取错缝组拼，但同一模板拼装单元模板的方向要统一。

(2)支承部件。组合钢模板支承部件的作用是将已拼装完毕的模板固定并支承在相应的设计位置上，承受模板传来的一切载荷，如图5-5所示。由于在施工中，一些较小零件容易丢失损坏，目前在工程中仍比较广泛地使用钢制脚手架作模板支承部件，包括扣件式钢管脚手架、门式脚手架等。

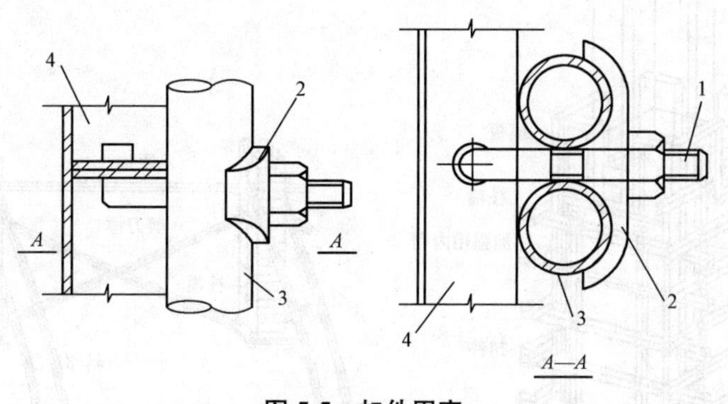

图5-5 扣件固定

1—钩头螺栓；2—“3”形扣件；3—钢楞；4—钢模板

5.1.3 现浇结构常见构件的模板施工

1. 模板施工前准备工作

现浇结构常见构件主要包括柱、墙、梁、板、楼梯等。模板施工前应进行下列准备工作：

(1)模板设计。

1)根据工程结构的形式、特点及现场条件，合理确定模板工程施工的流水区段，以减少模板投入，增加周转次数，均衡工序工程(钢筋、模板、混凝土工序)的作业量。

2)确定模板配板平面布置及支撑布置。按各构件尺寸设计出配板图，包括模板面板尺寸及背楞规格、布置位置和间距。支撑布置包括柱箍选用的形式及间距，竖向支撑、横向支撑、抛撑、剪刀撑等的型号、间距，对拉螺栓的布置间距。

3)绘图与验算。根据模板配板布置及支撑系统布置进行强度、刚度及稳定性验算，合格后要绘制全套模板设计图，其中包括模板平面布置配板图、分块图、组装图、节点大样图、梁柱节点、主次梁节点大样等。

(2)模板底部找平、固定。在墙、柱主筋上距离地面50～80 mm处，根据模板线，按保护层厚度焊接水平支杆，以防模板的水平移位。柱、墙模板底部固定可采用如下方法：在地面预埋木砖，将模板固定在木砖上；也可在柱边线抹定位水泥砂浆带或用水泥钉将模板直接钉在地面上；或以角钢焊成柱断面外包框，做成小方盘模板。对于柱、墙外侧模板，可在下层柱预留钢筋或螺栓来承托模板(间距不大于800 mm)。

(3)其他。墙、柱钢筋绑扎完毕，水电管线、预留洞、预埋件安装完毕，绑好钢筋保护层垫块，并办好隐检手续。对于组装完毕的模板，应按图纸要求检查其对角线、平整度、外形尺寸及牢固是否有效，并涂刷脱模剂，分门别类地放置。

2. 柱模板安装

(1)柱模板构造。柱模板的特点为断面尺寸不大，但比较高。柱模板由四面侧板、柱箍、支撑组成。一般采用18 mm厚胶合板做面板，竖向内楞采用60 mm×80 mm木方，间距(中到中)为250～300 mm，在木工车间制作并于施工现场组拼。柱顶与梁交接处留出缺口，缺口尺寸为梁的高及宽(梁高以扣除板厚度计算)，并在缺口两侧及口底钉上衬口档，衬口档离缺口边的距离即梁侧板及底板的厚度，衬口档为50 mm×50 mm木档，与梁柱接面刨平，拼接密实。柱支撑一般采用柱箍和木方、钢管等作为剪刀撑和抛撑，也可沿柱轴线方向搭成排架，又可兼作梁模及顶板的支撑体系。柱模板支设如图5-6所示。

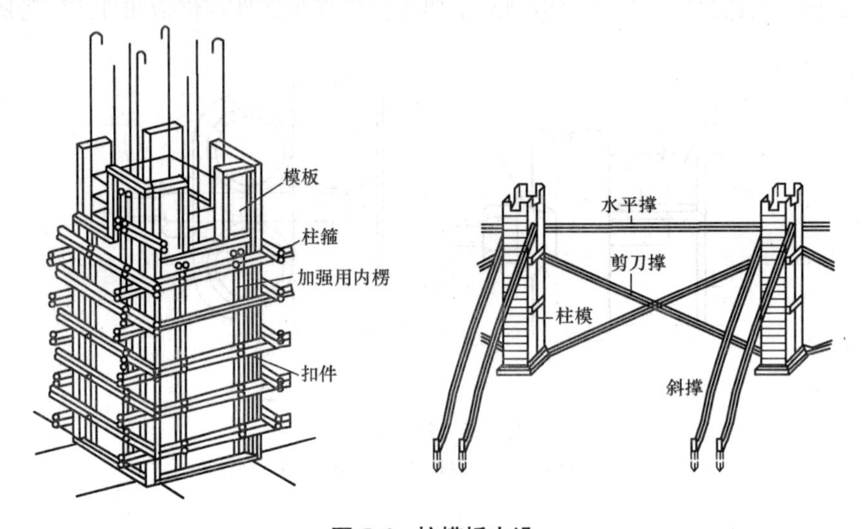

图5-6 柱模板支设

(2)柱模板的施工要点。柱模板的施工工艺流程为：模板放样、下料→第一片柱模板就位→第二片柱模板就位并连接固定→安装第三、四片柱模板→检查柱模板对角线及位移并纠正→自下而上安装柱套箍并做方木格栅→全面检查安装质量→群体柱模板固定。

1)安装就位第一片柱模板，并设临时支撑或用不小于14号的钢丝与柱主筋绑扎临时固定。随即安装第二片柱模板，在两片柱模板的接缝处粘贴2 mm厚的海绵条，以防漏浆；用连接螺栓连接两片柱模板，做好支撑或固定。依次完成第三、四片柱模板的安装与连接，使之呈方桶形。

2)自下而上安装柱套箍，间距为500 mm左右，下部可稍密。

3)柱模加固，轴线及垂直度校正。首先，校正单根柱模的轴线位移、垂直偏差(两个方向)、截面、对角线，为保证柱模板稳定、牢固，每根柱四边用钢管、钢丝绳或圆木等做抛撑，通常在钢丝绳上用花篮螺栓(利用丝杠进行伸缩，能调整钢丝绳的松紧)校正模板的垂直度，抛撑的支承点(钢筋环)要牢固可靠，并与地面成不大于45°的角，预埋在楼板混凝土内。同排柱模，按纵、横方向先校正端部两根柱，然后在柱上口拉通线校正中间柱，两根柱间加剪刀撑和水平撑加固。柱脚要预留清扫口，以便在浇筑混凝土时清理垃圾。较高的柱子，应在模板中部一侧留临时浇捣口，以便浇筑混凝土。

(3)柱模板安装的质量通病及预防。柱模板安装的质量通病主要有：胀模，造成截面尺寸不准，鼓出、漏浆，混凝土不密实或蜂窝、麻面；偏斜，一排柱子不在同一轴线上；柱身扭曲，梁柱接头处偏差大。原因如下：

1)柱箍间距太大或不牢，钢筋骨架缩小。

2)测放轴线不认真，梁柱接头处未按大样图安装组合。

3)成排柱子支模不跟线、不找方，钢筋偏移未扳正就套柱模。

4)柱模未保护好，支模前已歪扭，未整修好就使用，板缝不严密。

5)模板两侧松紧不一，未进行柱箍和穿墙螺栓设计。

6)模板上有混凝土残渣，未很好地清理，或拆模时间过早。

预防措施如下：

1)根据规定的柱箍间距要求将构件钉牢固，柱子支模前必须先校正钢筋位置。

2)成排柱子支模前，先在底部弹出通线，将柱子位置兜方找中；应先立两端柱模，校直与复核位置无误后，顶部拉通长线，再立中间各根柱模。柱距不大时，相互间应用剪刀撑及水平撑搭牢。柱距较大时，各柱单独拉四面斜撑，保证柱子位置准确。

3)四周斜撑要牢固。

3. 墙模板安装

(1)墙模板构造。墙模板的特点为高度大而厚度小，主要承受混凝土的侧向压力。墙模板面板采用18 mm胶合板，背部支撑由内、外楞组成：直接支撑模板的为竖向内楞(又称内龙骨、立档)，一般采用60 mm×80 mm木方，间距为(中到中)300 mm左右；用于支撑内层龙骨的为横向外楞(又称外龙骨、横档)，一般采用双肢ϕ48×3.5钢管或50 mm×100 mm方木，间距为500～600 mm，下部可稍密，上、下两道距模板上、下口200 mm。组装墙体模板时，通过M14穿墙螺栓将墙体两侧模板拉结，每个穿墙螺栓成为主龙骨的支点，穿墙螺栓布置水平间距为600 mm左右，竖向间距同外楞；并采用钢管U形托作为斜撑，一般设中、下两道，间距为600 mm左右，以固定模板并保证模板垂直度，如图5-7所示。

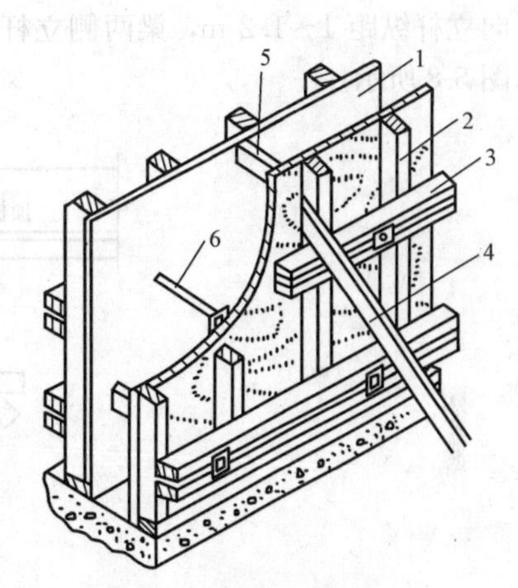

图5-7　墙模板支设示意

1—胶合板；2—内楞；3—外楞；4—斜撑；5—撑头；6—穿墙螺栓

(2)墙模板的施工要点。墙模板施工工艺流程为：安装前检查→安装门窗洞口模板→一侧墙模安装就位→安装斜撑→插入穿墙螺栓及塑料套管→清扫墙内杂物→安装就位另一侧墙模板→安装斜撑→穿墙螺栓穿过另一侧墙模板→调整模板位置→紧固穿墙螺栓→斜撑固定→与相邻模板连接。

1)安装墙模前，要对墙体接槎处凿毛，用空压机清除墙体内的杂物，做好测量放线工作。为防止墙体模板根部出现漏浆、“烂根”现象，墙模安装前，在底板上根据放线尺寸贴海绵条，做到平整、准确、黏结牢固，并注意穿墙螺栓的安装质量。

2)安装可回收穿墙螺栓的塑料套管，拧紧时注意避免塑料套管变形；外墙的穿墙螺栓应采用止水螺栓，并向外倾斜，以利于防水。

3)每 3 m 左右留一个清扫口(100 mm×100 mm)。

(3)墙模板安装的质量通病及预防。墙模板安装的质量通病主要有：墙体混凝土厚薄不一致；墙体上口过大；混凝土墙体表面粘连；角模与大模板缝隙过大导致跑浆；角模入墙过深、门窗洞口变形。

预防措施如下：

1)墙身放线应准确，将误差控制在允许范围内，模板就位调整应认真，穿墙螺栓要全部穿齐、拧紧。

2)支模时上口卡具按设计要求尺寸卡紧。

3)将模板清理干净，隔离剂涂刷均匀，拆模不能过早。

4)模板拼装时缝隙过大，连接固定措施不牢固，应加强检查，及时处理。

5)改进角模支模方法。

6)门窗洞口模板的组装及固定要牢固，必须认真进行洞口模板设计，保证尺寸合适，便于装拆。

4. 梁模板安装

(1)构造要点。梁模板的特点是跨度较大而宽度不大。梁模板采用 18 mm 胶合面板作为面板，梁侧模板采用 40 mm×60 mm 的木方作内楞(横向)，上、中、下各设一道，间距约为 300 mm；采用 60 mm×80 mm 的木方或钢管作为外楞(竖向)，间距为 500 mm 左右；当梁高>700 mm 时，应在梁中设置一道 M12 对拉螺栓加固，水平间距为 500 mm。梁底模采用 60 mm×80 mm 的木方横向布置，间距为 300 mm 左右。纵向支承一般采用 ϕ48×3.5 钢管脚手架作为支撑系统，沿梁跨方向立杆纵距 1～1.2 m，梁两侧立杆间距为 600～700 mm，其他纵距为 1.5 m，步距为 1.5 m，如图 5-8 所示。

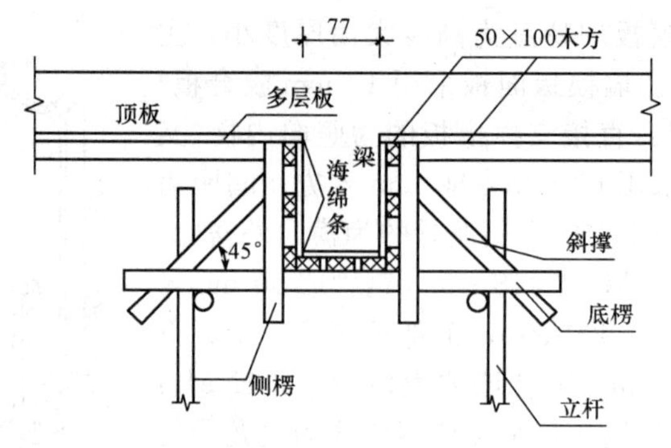

图 5-8　梁模板支设示意

(2)施工要点。梁模板施工工艺流程为：搭设和调底模板支架(包括安装水平拉杆和剪刀撑)→按标高铺梁底模板→拉线找直→绑扎梁钢筋→安装保护层垫块→安装梁两侧模板→调整模板。

1)安装梁模支架前，首层若为土壤地面，应先平整夯实，在支撑下宜铺设通长垫板，楼层中作业，可在立杆底部垫 5 cm 厚木方垫木，并且尽量做到上、下楼层间的立杆位置相重叠；竖向立杆一般采用双排立杆，间距一般以 500～1 000 mm 为宜(具体应按施工计算定)，梁底位置加水平横杆与立杆相连。其他水平横杆位置布置：层高在 4.5 m 以下时，应设两道水平拉杆和剪刀撑，一般在距离地面 200～300 mm 处设一道(即扫地杆)，往上纵、横方向每隔 1 500 mm 左右设一道，层高度在 4.5 m 以上时，要另行设计施工方案。

2)在支撑上调整梁底短钢管，预留梁底模板的厚度，拉线安装梁底模板并找直。当梁跨度≥4 m 时，梁底板应按设计要求起拱；如设计无要求，起拱高度宜为全跨长度的1/1 000～

3/1 000。然后，安装梁底模板。

3)在底模上绑扎钢筋，安装梁侧模板，安装外竖楞、斜撑，其间距一般为750 mm。当梁高超过700 mm时，需加腰楞，并穿对拉螺栓拉结；侧梁模上口要拉线找直，安装牢固，以防跑模。

4)梁模板支设时，为便于拆梁侧模板，采用顶板压梁侧模板的做法。

(3)梁模板安装的质量通病及预防。梁模板安装的质量通病主要有：梁身不平直；梁底不平及下挠；梁侧模胀模；局部模板嵌入柱梁间，拆除困难等。

预防措施如下：

1)支模时应遵守边模包底模的原则，梁模与柱模连接处，下料尺寸一般应略为缩短。

2)梁模板上、下口设锁口楞后，再进行侧向支撑，以保证上、下口模板不变形；梁底模板按规定起拱。

3)浇筑混凝土前，应将模内清理干净，并浇水湿润。

5. 楼面模板安装

(1)构造要点。楼面模板的特点为面积大，厚度一般不大，横向侧压力很小。应尽量采用18 mm厚整张胶合板，以60 mm×80 mm的木方作板底支撑(内楞)，中心间距为300 mm左右，内楞(小龙骨)由外楞支撑，外楞(大龙骨)采用50 mm×100 mm的木方或钢脚手管，中心间距为1 m左右，以定型钢支撑、圆木或扣件式钢管脚手架作为支撑系统，脚手架排距为1 m，跨距为1 m，步距为1.5 m，如图5-9所示。支承木方的横杆与立杆的连接一般采用双扣件。

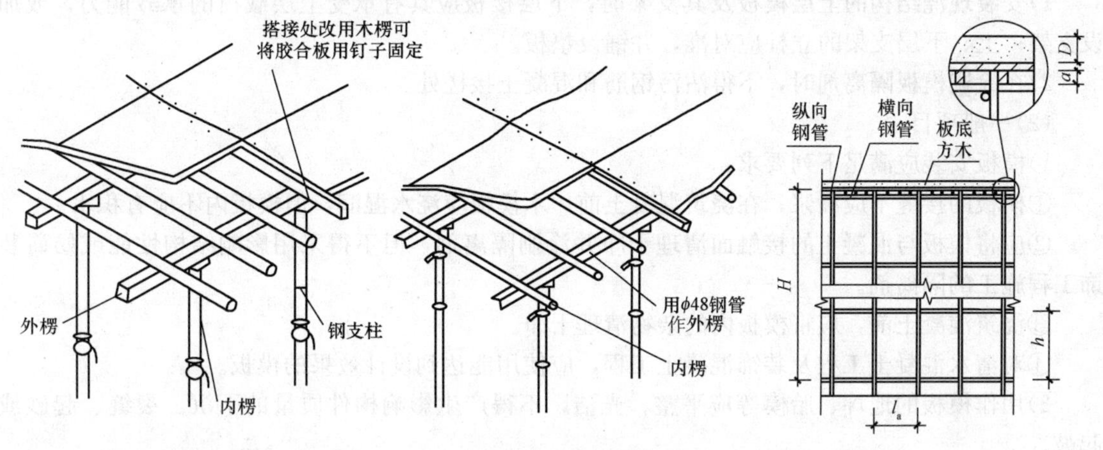

图5-9　楼面模板支设示意

(2)施工要点。楼面模板施工工艺流程为：搭设支架(脚手钢管搭设、木顶撑支设)→安装内、外楞→调整板下皮标高及起拱→铺设顶板模板→检查模板上皮标高、平整度→模板验收。

1)搭设支架或安装支撑一般从边跨开始，依次进行，第一排支撑距墙10 cm，以防形成翘头楞木，在梁侧模板外侧弹出大龙骨的下标高线，水平线的标高应为楼板底标高减去楼板模板厚度及大、小龙骨高度，按控制线安装大龙骨，通长布置。小龙骨排设方向同大龙骨垂直。将龙骨标高调平后，开始设置拉杆，以保证支撑系统的稳定性，拉杆距离地面30 cm设一道，向上每1.5 m设置水平拉杆一道。

2)铺楼面模板时，可从四周铺起，在中间收口，铺设时，用电钻打眼，螺钉与龙骨拧紧；在相邻两块竹胶板的端部粘贴胶带或挤好密封条，以保证楼面模板拼缝的严密。

3)楼面模板铺完后，应认真检查支架是否牢固，用靠尺、塞尺和水平仪检查平整度与楼板标高，并进行校正；应将模板梁面、板面清扫干净。

(3)楼面模板安装的质量通病及预防。楼面模板安装的质量通病主要包括板中部下挠、板底混凝土面不平等。

预防措施如下：

1)楼面模板厚度要一致，大、小龙骨木料要有足够的强度和刚度，表面要平整。

2)支顶要符合规定的保证项目要求。

3)板模按规定起拱。

5.1.4 模板分项工程施工质量验收

1. 基本规定

(1)模板及其支架应根据工程结构形式、载荷大小、地基土类别、施工设备和材料供应等条件进行设计。模板及其支架应具有足够的承载能力、刚度和稳定性，能可靠地承受浇筑混凝土的质量、侧压力以及施工载荷。

(2)浇筑混凝土前，应对模板工程进行验收。安装模板和浇筑混凝土时，应对模板及其支架进行观察和维护。发生异常情况时，应按施工技术方案及时进行处理。

(3)模板及其支架拆除的顺序和安全措施应按施工技术方案执行。

2. 模板安装

(1)主控项目。

1)安装现浇结构的上层模板及其支架时，下层楼板应具有承受上层载荷的承载能力，或加设支架；上、下层支架的立柱应对准，并铺设垫板。

2)在涂刷模板隔离剂时，不得沾污钢筋和混凝土接槎处。

(2)一般项目。

1)模板安装应满足下列要求：

①模板的接缝不应漏浆；在浇筑混凝土前，木模板应浇水湿润，但模板内不应有积水。

②应将模板与混凝土的接触面清理干净并涂刷隔离剂，但不得采用影响结构性能或妨碍装饰工程施工的隔离剂。

③浇筑混凝土前，应将模板内的杂物清理干净。

④对清水混凝土工程及装饰混凝土工程，应使用能达到设计效果的模板。

2)用作模板的地坪、胎模等应平整、光洁，不得产生影响构件质量的下沉、裂缝、起砂或起鼓。

3)对跨度不小于 4 m 的现浇钢筋混凝土梁、板，其模板应按设计要求起拱；当设计无具体要求时，起拱高度宜为跨度的 1/1 000～3/1 000。

4)固定在模板上的预埋件、预留孔和预留洞均不得遗漏，且应安装牢固，其偏差项目包括：预埋钢板中心线位置；预埋管、预留孔中心线位置；插筋(中心线位置、外露长度)；预埋螺栓(中心线位置、外露长度)；预留洞(中心线位置、尺寸)。

5)现浇结构模板安装的允许偏差项目包括：轴线位置；底模上表面标高；截面内部尺寸；层高垂直度；相邻两板表面高低差；表面平整度。

6)预制构件模板安装的允许偏差项目包括：长度；宽度；高(厚)度；侧向弯曲；对角线差；翘曲；设计起拱。

3. 模板拆除

(1)主控项目。

1)底模及其支架拆除时的混凝土强度应符合设计要求。

2)对后张法预应力混凝土结构构件，侧模宜在预应力张拉前拆除；底模支架的拆除应按施工技术方案执行，当无具体要求时，不应在结构构件建立预应力前拆除。

3)后浇带模板的拆除和支顶应按施工技术方案执行。

(2)一般项目。

1)侧模拆除时的混凝土强度应能保证其表面及棱角不受损伤。

2)模板拆除时，不应对楼层形成冲击载荷；拆除的模板和支架宜分散堆放并及时清运。

5.2 钢筋工程

钢筋工程是混凝土结构施工的关键工程，其施工工艺流程如图 5-10 所示。

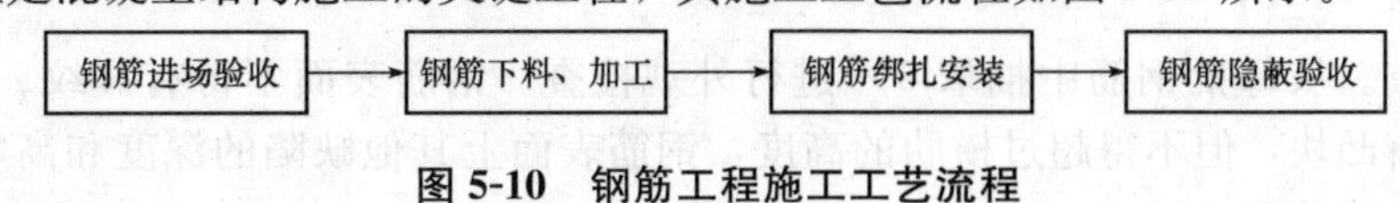

图 5-10 钢筋工程施工工艺流程

5.2.1 钢筋进场验收

1. 钢筋的分类

混凝土结构用的普通钢筋可分为热轧钢筋和冷加工钢筋(冷轧带肋钢筋、冷轧扭钢筋等)两类(图 5-11)。冷拉钢筋与冷拔低碳钢筋已逐渐被淘汰。余热处理钢筋属于热轧钢筋。

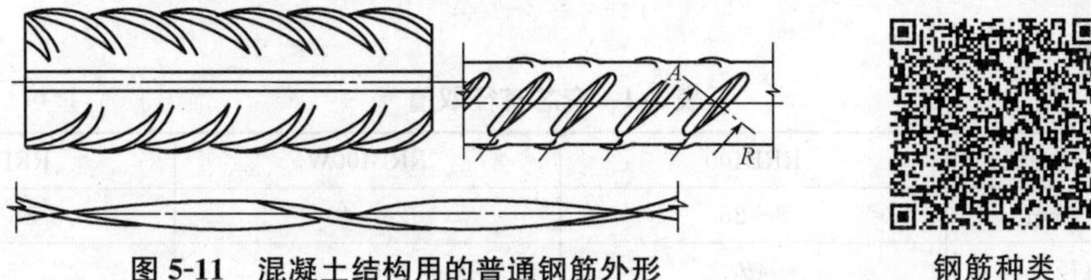

图 5-11 混凝土结构用的普通钢筋外形

钢筋种类

热轧钢筋的强度等级由旧规范中的Ⅰ级、Ⅱ级、Ⅲ级和Ⅳ级更改为按照屈服强度(MPa)分为 300 级、335 级、400 级、500 级[参照《混凝土结构设计规范(2015 年版)》(GB 50010—2010)]。

《混凝土结构设计规范(2015 年版)》(GB 50010—2010)第 4.2.1 条规定：纵向受力普通钢筋宜采用 HRB400、HRB500、HRBF400、HRBF500 钢筋，也可采用 HRB335、RRB400 钢筋；箍筋宜采 HRB400、HRBF400、HPB300、HRB500、HRBF500 钢筋，也可采用 HRB335 钢筋(其中 HRBF 为细晶粒热轧带肋钢筋，HRB 为热轧带肋钢筋)。混凝土结构用的普通钢筋的强度标准值见表 5-3。

表 5-3 普通钢筋强度标准值

牌号	符号	公称直径 d/mm	屈服强度标准值 f_{yk}/(N·mm^{-2})	极限强度标准值 f_{stk}/(N·mm^{-2})
HPB300	Φ	6~14	300	420
HRB335	Φ	6~14	335	455
HRB400 HRBF400 RRB400	Φ $Φ^F$ $Φ^R$	6~50	400	540
HRB500 HRBF500	Φ $Φ^F$	6~50	500	630

2. 钢筋的验收

钢筋质量必须合格，应先试验后使用。钢筋质量检验包括：检查产品合格证(如为复印件，应注明原件存放单位并有存放单位的盖章和经手人签名)、出厂检验报告；进行外观检查，钢筋应平直、无损伤，表面不得有裂纹、油污、颗粒状或片状老锈；按炉(批)号及直径见证取样送检，包括拉力试验(屈服强度、抗拉强度、伸长率)和冷弯试验，当发现钢筋脆断、焊接性能不良或力学性能显著不正常等现象时，应对该批钢筋进行化学成分检验(碳、硫、磷、锰、硅)或其他专项检验。如有一项不符合钢筋的技术要求，则应取双倍试件(样)进行复试，再有一项不合格，则该验收批钢筋判为不合格。

(1)热轧钢筋(余热处理钢筋)检验。每批由同一牌号、同一炉罐号、同一规格的钢筋组成，质量不大于60 t。

1)外观检查。从每批钢筋中抽取5%进行外观检查。钢筋表面不得有裂纹、结疤和折叠。钢筋表面允许有凸块，但不得超过横肋的高度，钢筋表面上其他缺陷的深度和高度不得大于所在部位尺寸的允许偏差。

钢筋可按实际质量或公称质量交货。当钢筋按实际质量交货时，应随机抽取10根(6 m长)钢筋称重，如质量偏差大于允许偏差，则应与生产厂家交涉，以免损害用户利益。

2)力学性能试验。从每批钢筋中任选两根钢筋，每根取两个试件分别进行拉伸试验和冷弯试验。取样长度为：冷拉试件长度一般取500 mm，冷弯试件长度$L=1.55\times$(钢筋直径+弯芯直径)+140 mm，弯芯直径取值见表5-4。在切取试样时，应先将钢筋端头的500 mm去掉后再切取。

表5-4　弯芯直径取值　　mm

钢筋牌号(强度等级)	RRB400	RRB400W	RRB500
公称直径/mm	8～25	28～40	8～25
弯芯直径	$4d$	$5d$	$6d$

对一、二级抗震等级，检验所得的强度实测值应符合下列规定：

①钢筋的抗拉实测值与屈服强度实测值的比值不应大于1.25；

②钢筋的屈服强度实测值与强度标准值的比值不应大于1.3。

(2)冷轧带肋钢筋检验。每批由同一牌号、同一规格和同一级别的钢筋组成，质量不大于50 t。

1)每批抽取5%(但不少于5盘或5捆)进行外形尺寸、表面质量和质量偏差的检查，检查结果应符合规范要求，如其中有一盘(捆)不合格，则应对该批钢筋逐盘或逐捆检查。

2)对钢筋的力学性能应逐盘、逐捆进行检验。从每盘或每捆取两个试件，一个做拉伸试验，一个做冷弯试验，拉件取样长度为500 mm，弯件取样长度为250 mm。

(3)冷轧扭钢筋检验。每批由同一钢厂、同一牌号、同一规格的钢筋组成，质量不大于10 t。当连续检验10批均为合格时，检验批质量可扩大一倍。

1)外观检查。从每批钢筋中抽取5%进行外形尺寸、表面质量和质量偏差的检查。钢筋表面不应有影响钢筋力学性能的裂纹、折叠、结疤、压痕、机械损伤或其他影响使用的缺陷。钢筋的压扁厚度和节距、质量等应符合规定要求。当质量负偏差大于5%时，该批钢筋判定为不合格。当仅轧扁厚度小于规定值或节距大于规定值时，仍可判为合格，但需降直径规格使用，如公称直径从$\phi^{t}14$降为$\phi^{t}12$。

2)力学性能试验。从每批钢筋中随机抽取三根钢筋，各取一个试件，其中两个试件做拉伸试验，一个试件做冷弯试验。试件长度宜取偶数倍节距，且不应小于4倍节距，同时不小于500 mm。

5.2.2 钢筋的下料、加工

5.2.2.1 钢筋连接

由于受钢筋定尺寸、长度的影响，或出于钢筋下料经济性的考虑，钢筋之间需采取焊接连接、机械连接和绑扎连接等方式进行连接。纵向受力钢筋连接的基本要求是其连接方式应符合设计要求，这是保证受力钢筋应力传递及结构构件的受力性能所必需的。钢筋的接头宜设置在受力较小处。同一纵向受力钢筋不宜设置两个或两个以上接头。接头末端至钢筋弯起点的距离不应小于钢筋直径的10倍。

1. 焊接连接

钢筋连接种类

目前常用的钢筋焊接方式有闪光对焊、电弧焊、电渣压力焊和气压焊。钢筋焊接必须符合现行规范有关规定的要求。一般规定如下：

(1)凡施焊的各种钢筋、钢板，均应有质量证明书；焊条、焊剂应有产品合格证；必须选用与焊接方式对应的焊条、焊剂。

(2)焊工必须持证上岗；应进行现场条件下的焊接工艺试验，并经试验合格后方可正式生产。

(3)钢筋焊接施工前，应清除钢筋、钢板焊接部位以及钢筋与电极接触处表面的锈斑、油污、杂物等；当钢筋端部有弯折、扭曲时，应予以矫直或切除。

(4)注意焊条的防潮和烘焙；低温、雨雪、大风天气的施工应符合要求。

(5)纵向受力钢筋焊接接头质量检查的主控项目包括连接方式检查和接头的力学性能检验。接头连接方式应符合设计要求，并应全数检查，检验方法为观察。对接头试件进行力学性能检验时，其质量和检查数量应符合规定；检验项目包括检查钢筋出厂质量证明书、钢筋进场复验报告、各项焊接材料产品合格证、接头试件力学性能试验报告等。焊接接头的外观质量检查规定为一般项目，外观检查的抽检数量为每一检验批中随机抽取10%的焊接接头。

(6)钢筋闪光对焊接头、电弧焊接头、电渣压力焊接头、气压焊接头拉伸试验结果均应符合下列要求：

1)三个热轧钢筋接头试件的抗拉强度均不得小于该牌号钢筋规定的抗拉强度；HRB400级钢筋接头试件的抗拉强度均不得小于570 N/mm^2。

2)至少应有两个试件断于焊缝之外，并应呈延性断裂。当达到上述两项要求时，应评定该批接头为抗拉强度合格。

3)当试验结果有两个试件抗拉强度小于钢筋规定的抗拉强度或三个试件均在焊缝或热影响区发生脆性断裂时，则一次判定该批接头为不合格品。

4)当试验结果有一个试件的抗拉强度小于规定值或两个试件在焊缝或热影响区发生脆性断裂，其抗拉强度均小于钢筋规定抗拉强度的1.10倍时，应进行复验。

5)复验时，应再切取六个试件。复验结果，当仍有一个试件的抗拉强度小于规定值或有三个试件断于焊缝或热影响区呈脆性断裂，其抗拉强度小于钢筋规定抗拉强度的1.10倍时，应判定该批接头为不合格品。

6)对闪光对焊接头、气压焊接头进行弯曲试验时，应将受压面的全面毛刺和镦粗凸起部分消除，且应与钢筋的外表齐平。若弯至90°，有两个或三个试件外侧(含焊缝和热影响区)未发生破裂，应评定该批接头弯曲试验合格；当三个试件均发生破裂，则一次判定该批接头为不合格品；有两个试件发生破裂时，应进行复验。复验时，应再切取六个试件。复验结果中有三个试件发生破裂时，应判定该接头为不合格品。

(1)闪光对焊。闪光对焊是将两钢筋安放成对接形式，利用电阻热使接触点金属熔化，产生强烈飞溅，形成闪光，迅速施加顶锻力完成的一种压焊方法。闪光对焊适用于在钢筋加工车间对各种钢筋的焊接接长，但不能在施工现场进行。闪光对焊接头应分批进行外观检查和力学性能检验，并应按下列规定作为一个检验批：

1)在同一台班内，由同一焊工完成的 300 个同牌号、同直径钢筋焊接接头应作为一批。当同一台班内焊接的接头数量较少时，可在一周内累计计算；若累计仍不足 300 个接头，应按一批计算。

2)进行力学性能检验时，应从每批接头中随机切取六个接头，其中三个做拉伸试验，试件长度取 $8d$+240 mm；三个做弯曲试验，试件长度取 $2.5d$+弯芯直径+150 mm，弯芯直径取值见表 5-4。

闪光对焊接头的外观应符合下列要求：

1)接头处不得有横向裂纹。

2)与电极接触处的钢筋表面不得有明显烧伤。

3)接头处的弯折角不得大于 3°。

4)接头处的轴线偏移不得大于钢筋直径的 0.1 倍，且不得大于 2 mm。

(2)电弧焊。电弧焊是以焊条作为一极，以钢筋为另一极，利用焊接电流通过产生的电弧热进行焊接的一种熔焊方法。钢筋电弧焊包括帮条焊、搭接焊、坡口焊和熔槽帮条焊等接头形式。电弧焊设备主要为交流弧焊机，采用的焊条应避免受潮，使用时需要进行烘焙。电弧焊焊条型号的选择见表 5-5。

表 5-5　电弧焊焊条型号的选择

钢筋级别	电弧焊接头形式		
	帮条焊 搭接焊	坡口焊 熔槽帮条焊 预埋件穿孔塞焊	钢筋与钢板搭接焊 预埋件 T 形角焊
HPB300	E4303	E4303	E4303
HRB335	E4303	E5003	E4303
HRB400	E5003	E5503	—
RRB400	E5003	E5503	—

需要在工地现场进行焊接时，常用搭接焊，必须满足以下条件：

1)搭接长度：HPB300 级钢筋单面焊≥$8d$，双面焊≥$4d$；其他级钢筋单面焊≥$10d$，双面焊≥$5d$。

2)焊缝尺寸：宽度≥$0.8d$，高度≥$0.3d$。

在现浇混凝土结构中，应以 300 个同牌号钢筋、同形式接头作为一个检验批；在房屋结构中，应在不超过二楼层中取 300 个同牌号钢筋、同形式接头作为一个检验批。每批随机切取3 个接头做拉伸试验，双面焊试件长度为 $8d$+搭接长度+240 mm；单面焊试件长度为 $5d$+搭接长度+240 mm。

电弧焊接头的外观应符合下列要求：

1)焊缝表面应平整，不得有凹陷或焊瘤。

2)焊接接头区域不得有肉眼可见的裂纹。

3)咬边深度、气孔、夹渣等缺陷值及接头尺寸的偏差应不大于规范允许值。

(3)电渣压力焊。电渣压力焊是将两钢筋安放成竖向对接形式，利用焊接电流通过两钢筋端面间隙，在焊剂层下形成电弧过程和电渣过程，产生电弧热和电阻热，熔化钢筋，加压完成的一种压焊方法。这种焊接方法比电弧焊节省钢材、工效高、成本低。电渣压力焊适用于柱、墙、构筑物等现浇混凝土结构中竖向受力钢筋的连接，其两直径之差不宜超过两级(25 与 20 或 18 与 14)，若直径相差过大，受力时会出现应力集中现象；不得在竖向焊接后横置于梁、板等构件中作水平钢筋用。

在现浇钢筋混凝土结构中，应以 300 个同牌号钢筋接头作为一个检验批；在房屋结构中，应在不超过二楼层中取 300 个同牌号钢筋接头作为一个检验批；当不足 300 个接头时，仍应作为一批。每批随机切取三个接头做拉伸试验，试件长度取 $8d+240$ mm。

电渣压力焊接头外观应符合下列要求：

1)四周焊包凸出钢筋表面的高度不得小于 4 mm。

2)钢筋与电极接触处应无烧伤缺陷。

3)接头处的弯折角不得大于 3°。

4)接头处的轴线偏移不得大于钢筋直径的 0.1 倍，且不得大于 2 mm。

(4)气压焊。钢筋气压焊是采用氧乙炔火焰或其他火焰对两钢筋对接处加热，使其达到塑性状态(固态)或熔化状态(熔态)后，加压完成的一种压焊方法。由于加热和加压使接合面附近金属受到镦锻式压延，被焊金属产生强烈的塑性变形，促使两接合面接近原子间的距离，进入原子作用的范围内，实现原子间的互相嵌入、扩散及键合，并在热变形过程中，完成晶粒重新组合的再结晶过程而获得牢固的接头。

钢筋气压焊工艺具有设备简单、操作方便、质量好、成本低等优点，但对焊工要求严，焊前对钢筋端面的处理要求高。被焊两钢筋直径之差不得大于 7 mm。

对气压焊接头应逐个进行外观检查。当进行力学性能试验时，应从每批 300 个接头中随机切取三个接头做拉伸试验；在梁、板的水平钢筋连接中，应另切取三个接头做弯曲试验。

气压焊接头的外观应符合下列要求：

1)偏心量不得大于钢筋直径的 0.15，且不得大于 4 mm[图 5-12(a)]。当不同直径的钢筋焊接时，偏心量应按较小钢筋直径计算。当偏心量大于上述规定值，但在钢筋直径的 0.30 倍以下时，可加热矫正；当偏心量大于钢筋直径的 0.30 倍时，应切除重焊。

2)接头处的弯折角不得大于 3°；当弯折角大于规定值时，应重新加热矫正。

3)镦粗直径 d_c 不得小于钢筋直径的 1.4 倍[图 5-12(b)]。当 d_c 小于此规定值时，应重新加热镦粗。

4)镦粗长度 L_c 不得小于钢筋直径的 1.2 倍，且凸起部分平缓、圆滑[图 5-12(c)]。当 L_c 小于此规定值时，应重新加热镦长。

5)钢筋压焊区表面不得有横向裂纹或严重烧伤。

(5)钢筋焊接的常见质量通病。

1)焊工无证上岗，钢筋及接头未送检；焊条、焊剂不合要求。

2)闪光对焊：焊口未焊透(焊口局部区域未能相互结晶，焊合不良，接头镦粗变形量很小，挤出的金属毛刺极不均匀)，过热(焊口局部区域为氧化膜所覆盖，呈光滑面状态；或焊口四周或大片区域遭受强烈氧化，失去金属光泽，呈发黑状态)；烧伤(钢筋与电极接触处在焊接时产生的熔化状态)；弯折、偏移(超过要求)。

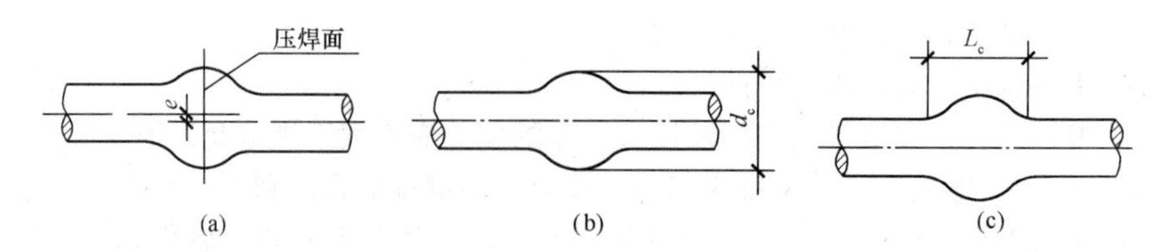

图 5-12　钢筋气压焊接头外观质量图解

(a)偏心量；(b)镦粗直径；(c)镦粗长度

3)电弧焊：尺寸偏差(搭接长度不足，焊缝宽高偏差)；焊缝成形不良(焊缝表面凹凸不平，宽窄不匀)；焊瘤(正常焊缝之外多余地焊着金属)；咬边(焊缝与钢筋交界处烧成缺口没有得到熔化金属的补充)；未焊透(焊缝金属与钢筋之间有局部未熔合)；夹渣(焊缝金属中存在块状或弥散状非金属夹渣物)；气孔(焊接熔池中的气体来不及逸出而停留在焊缝中所形成的孔眼，大半呈球状)；裂纹。

4)电渣压力焊：偏心、弯折(超过规范要求)；未熔合(上、下钢筋在接合面处没有很好地熔合在一起)；焊包不匀(被挤出的熔化金属形成的焊包很不均匀，大的一面熔化金属很多，小的一面的高度不足 2 mm；钢筋端面形成的焊缝厚薄不匀)；表面烧伤(钢筋夹持处产生许多烧伤斑点或小弧坑)；气孔(在焊包外部或焊缝内部由于气体的作用形成小孔眼)；夹渣(焊缝中有非金属夹渣物)；成形不良(焊包上翻或焊包下流)。

5)气压焊：接头成形不良(焊接头镦粗区的最大直径小于 $1.4d$，变形长度小于 $1.2l$；焊接头镦粗区出现帽檐状)；接头偏心和倾斜(焊接头两端轴线偏移大于 $0.15d$，或超过 4 mm；接头弯折角度大于 3°)；偏凸、压焊面偏移(焊接镦粗头不均匀，一侧膨鼓过大，另一侧没有膨鼓；镦粗区最大直径处与压焊面偏移量大于 $0.2d$)；过烧、纵向裂纹(钢筋压焊区表面有严重过烧现象，形状类似铁渣；镦粗区表面局部纵向裂纹宽度大于 3 mm)；平破面、未焊合(焊接接头受力后从压焊面破断，断面呈平口，没有焊合现象)。

(6)连接接头错开规定。当受力钢筋采用焊接接头时，设置在同一构件内的接头宜相互错开。纵向受力钢筋焊接接头连接区段的长度为 $35d$(d 为纵向受力钢筋的较大直径)且不小于 500 mm。凡接头中点位于该连接区段长度内的接头，均属于同一连接区段。同一连接区段内，纵向受力钢筋焊接的接头面积百分比为该区段内有接头的纵向受力钢筋截面面积与全部纵向受力钢筋截面面积的比值。同一连接区段内，纵向受力钢筋的接头面积百分比应符合设计要求。当设计无具体要求时，应符合下列规定：

1)在受拉区不宜大于 50%。

2)接头不宜设置在有抗震设防要求的框架梁端、柱端的箍筋加密区；当无法避开时，对等强度高质量机械连接接头，不应大于 50%。

3)直接承受动力载荷的结构构件中，不宜采用焊接接头；当采用机械连接接头时，不应大于 50%。

2. 机械连接

钢筋机械连接是指通过连接件的机械咬合作用或钢筋端面的承压作用，将一根钢筋的受力传递至另一根钢筋的连接方法。机械连接具有以下优点：接头质量稳定、可靠，不受钢筋化学成分的影响，人为因素的影响也小；操作简便，施工速度快且不受气候条件影响；无污染、火灾隐患，施工安全等。常见的连接有锥螺纹、冷挤压、镦粗直螺纹、滚轧直螺纹等。直螺纹连接不存在扭紧力矩对接头性能的影响，从而提高了连接的可靠性，也加快了施工速度。直螺纹接头比套筒挤压接头省钢 70%，比锥螺纹接头省钢 35%，技术经济效果显著。下面主要介绍直螺纹连接的施工要点。

(1)一般规定。

1)根据抗拉强度以及高应力和大变形条件下反复拉压性能的差异，接头分为下列三个等级：

①Ⅰ级：接头抗拉强度不小于被连接钢筋实际抗拉强度或1.10倍钢筋抗拉强度标准值，并具有高延性及反复拉压性能。

②Ⅱ级：接头抗拉强度不小于被连接钢筋抗拉强度标准值，并具有高延性及反复拉压性能。

③Ⅲ级：接头抗拉强度不小于被连接钢筋屈服强度标准值的1.25倍，并具有一定的延性及反复拉压性能。

2)钢筋连接件的混凝土保护层厚度不得小于15 mm，连接件之间的横向净距不宜小于25 mm。

3)结构构件中纵向受力钢筋的接头宜相互错开，钢筋机械连接的连接区段长度应按35d计算(d为被连接钢筋中的较大直径)。在同一连接区段内，有接头的受力钢筋截面面积占受力钢筋总截面面积的百分比(以下简称接头百分比)应符合下列规定：

①接头宜设置在结构构件受拉钢筋应力较小部位。当需要在高应力部位设置接头时，在同一连接区段内Ⅲ级接头的接头百分比不应大于25%；Ⅱ级接头的接头百分比不应大于50%；Ⅰ级接头的接头百分比可不受限制。

②接头宜避开有抗震设防要求的框架的梁端、柱端箍筋加密区；当无法避开时，应采用Ⅰ级接头或Ⅱ级接头，且接头百分比不应大于50%。

③受拉钢筋应力较小部位或纵向受压钢筋，接头百分比可不受限制。

④对直接承受动力载荷的结构构件，接头百分比不应大于50%。

(2)剥肋滚轧直螺纹钢筋连接。该连接方法为将待连接钢筋端部的纵肋和横肋用切削的方法剥去一部分，然后滚轧成普通直螺纹，最后直接用特制的直螺纹套筒进行连接，从而完成钢筋连接的工艺过程。该技术的优点在于无虚拟螺纹，力学性能好，连接安全可靠，连接部位与钢筋母材等强。其适用规程《钢筋机械连接技术规程》(JGJ 107—2016)、《钢筋机械连接用套筒》(JG/T 163—2013)。接头按套筒的基本使用条件分类见表5-6。

表5-6 接头按套筒的基本使用条件分类

序号	使用要求	套筒形式	代号
1	正常情况下钢筋连接	标准型	省略
2	用于两端钢筋均不能转动的场合	正反丝型	F
3	用于不同直径的钢筋连接	异径型	Y
4	用于较难对中的钢筋连接	扩口型	K
5	钢筋完全不能转动，通过转动连接套筒连接钢筋，用锁母锁紧套筒	加锁母型	S

其工艺流程为：钢筋端面平头→剥肋滚压螺纹→丝头质量检验→利用套筒连接→接头检验，操作要点如下：

1)钢筋丝头加工分为钢筋切削剥肋和滚轧螺纹两个工序，于同一台设备上一次完成。

①钢筋下料时不宜用热加工方法切断。

②钢筋端面宜平整并与钢筋轴线垂直。

③不得有马蹄形或扭曲；钢筋端部不得有弯曲，出现弯曲时应调直。

丝头中径、牙型角及丝头有效螺纹长度应符合设计规定；丝头有效螺纹中径的圆柱度(每个螺纹的中径)误差不得超过0.20 mm。标准型接头丝头有效螺纹长度应不小于1/2连接套筒长度，其他连接形式应符合产品设计要求。丝头加工完毕经检验合格后，应立即带上丝头保护帽或拧上连接套筒，防止装卸钢筋时损坏丝头。

2)根据待接钢筋所在部位及转动难易情况，选取不同的套筒类型和安装方法，如图 5-13 所示。

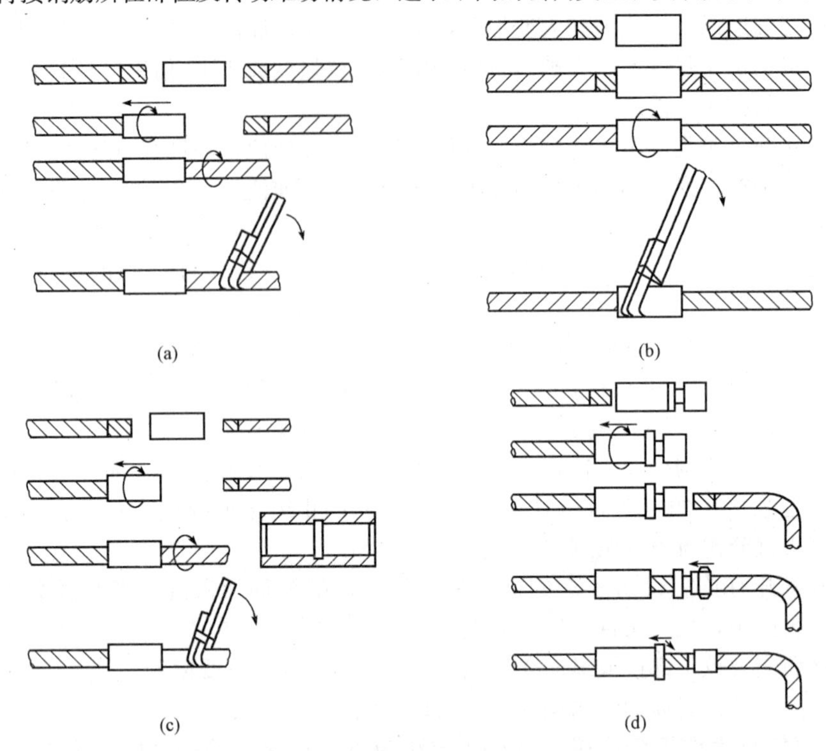

图 5-13　不同套筒安装方法示意

(a)标准型接头安装；(b)正反丝型接头安装；(c)异径型接头安装；(d)加锁母型接头安装

3)使用扳手或管钳对钢筋接头拧紧时，只要达到力矩扳手调定的力矩值即可，钢筋接头拧紧后应用力矩扳手按不小于表 5-7 中的拧紧力矩值检查，并加以标记。

表 5-7　滚轧直螺纹钢筋接头拧紧力矩值

钢筋直径/mm	≤16	18～20	22～25	28～32	36～40
拧紧力矩值/(N·m)	80	160	230	300	360
注：当不同直径的钢筋连接时，拧紧力矩值按较小直径钢筋的相应值取用。					

4)直螺纹接头验收。

①在同一施工条件下，采用同一批材料的同等级、同形式、同规格接头，以 500 个为一验收批进行检验和验收，不足 500 个也为一验收批。每一批取三个试件做单向拉伸试验。试件取样长度 L＝接头试件连接长度＋8×钢筋直径＋2×试验机夹具长度($d<20$ mm，取70 mm；$d\geqslant 20$ mm，取 100 mm)。

②当三个试件的抗拉强度均不小于该级别钢筋抗拉强度的标准值时，该验收批定为合格。如有一个试件的抗拉强度不符合要求，应取六个试件进行复检。

剥肋滚轧直螺纹连接质量通病有：钢筋原材料缺陷(钢筋端面不垂直于钢筋轴线，端头出现挠曲或马蹄形)；套筒缺陷(长度及外径尺寸不符合设计要求；量规的止端通过螺纹小径；量规止端螺纹塞规旋入量超过三倍螺距；通端螺纹塞规不能顺利旋入连接套筒两端并达到旋入长度)；接头露丝(拼装完后，有一扣以上完整丝扣外露)。

(3)绑扎连接。考虑到连接的经济性，绑扎连接主要适用于小直径的钢筋连接。绑扎连接的具体规定如下：

1)钢筋绑扎接头宜设置在受力较小处。同一纵向受力钢筋不宜设置两个或两个以上接头。接头末端至钢筋弯起点的距离不应小于钢筋直径的10倍。

2)同一构件中相邻纵向受力钢筋的绑扎搭接接头宜相互错开。绑扎搭接接头中钢筋的横向净距不应小于钢筋直径，且不应小于25 mm。钢筋绑扎搭接接头连接区段的长度为1.3l_l(l_l为搭接长度)，凡搭接接头中点位于该连接区段长度内的搭接接头均属于同一连接区段。同一连接区段内，纵向钢筋搭接接头面积百分比为该区段内有搭接接头的纵向受力钢筋截面面积与全部纵向受力钢筋截面面积的比值(图5-14)。

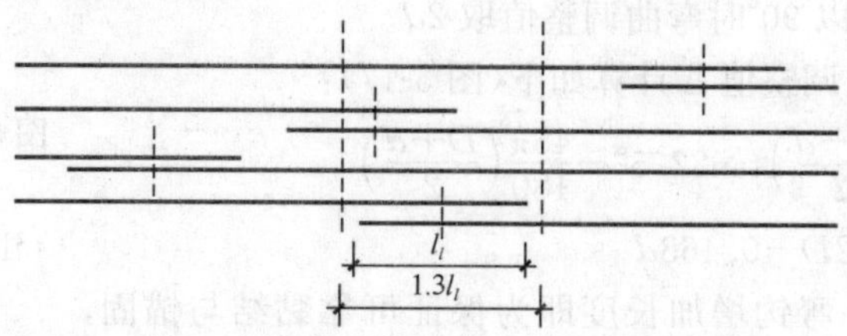

图5-14　钢筋绑扎接头连接区段及接头面积百分比

注：图中所示搭接接头同一连接区段内的搭接钢筋为两根，当各钢筋直径相同时，接头百分比为50%。

同一连接区段内，纵向受拉钢筋搭接接头面积百分比应符合设计要求；当设计无具体要求时，应符合下列规定：

①对梁类、板类及墙类构件，不宜大于25%。

②对柱类构件，不宜大于50%。

③当工程中确有必要增大接头面积百分比时，对梁类构件不应大于50%；对其他构件，可根据实际情况放宽。

钢筋连接时具体采用何种连接方式，需要综合考虑连接质量、施工方便和经济效益。一般来说，小直径钢筋(小于18 mm)采用绑扎连接较为经济，焊接连接由于受焊工水平、气候、工地电量等因素限制，已经较少使用，一般柱钢筋可采用电渣压力焊。在现场施工不方便进行机械连接的地方或在机械连接现场取样时补连接位置时，采用搭接焊。一般来说，大直径(大于22 mm)钢筋均采用直螺纹连接。

5.2.2.2　钢筋下料计算

1. 基本概念

钢筋在弯曲过程中，内皮缩短，外皮伸长，中心线不变，弯曲处变成圆弧。

(1)图示长度(外包长度、量度尺寸)。图示长度即从图纸上看到的钢筋尺寸，相当于钢筋加工好后去量度的尺寸，也是钢筋的外包尺寸(图5-15)。

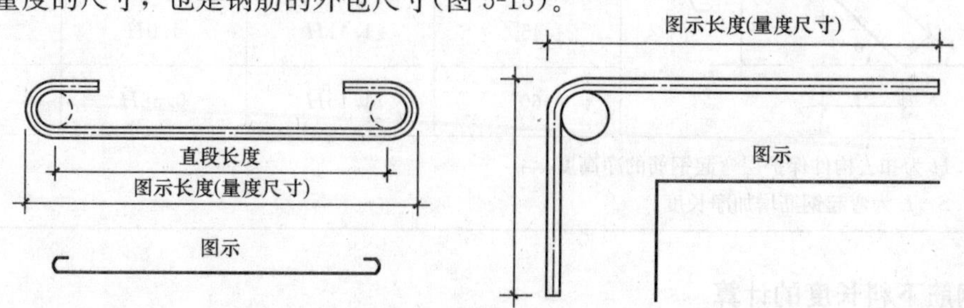

图5-15　钢筋下料长度示意

(2)下料长度(中心线长度)。根据钢筋弯曲时的现象，要把钢筋加工成图示形状，计算出钢筋的直线长度(注意：钢筋如果不发生弯曲，图示尺寸与下料长度是相等的)。

(3)弯曲调整值(量度差值)。弯曲调整值即钢筋发生弯曲时，量度尺寸和中心线长度的差值。

1)弯曲 90°时，弯曲调整值 Δ 的计算如下(图 5-16)：

$$\Delta = D + 2d - \frac{\pi}{4}(D+d) = 0.215D + 1.215d$$

通常，D 取 $4d$，所以 90°时弯曲调整值取 $2d$。

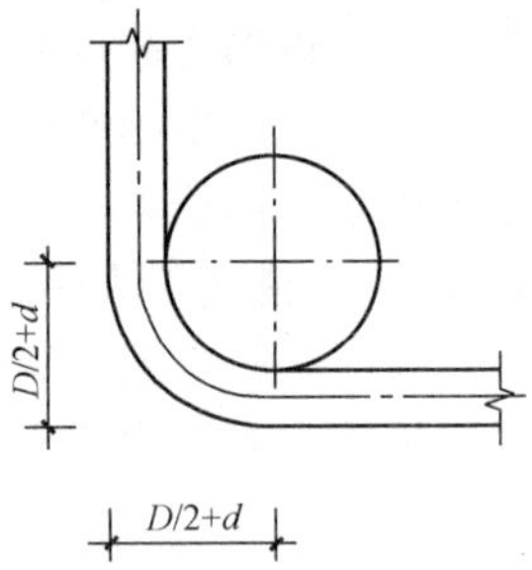

图 5-16　弯曲 90°时弯曲调整值计算示意

注：D 为弯心直径，d 为钢筋直径，下同。

2)弯曲 45°时，弯曲调整值 Δ 计算如下(图 5-17)：

$$\Delta = 2\left(\frac{D+d}{2}\right)\tan 22.5° - \frac{45\pi}{180}\left(\frac{D+d}{2}\right) = 0.022D + 0.463d$$

(4)弯钩增加长度。弯钩增加长度即为保证可靠黏结与锚固，光圆钢筋(HPB300)末端做成的弯钩的长度。作为受力纵筋时，要求做 180°半圆弯钩，且平直段为 $3d$，其增加长度计算如下(图 5-18)：

$$\frac{D+d}{2}\pi + 3d - \frac{D}{2} + d = 6.25d$$

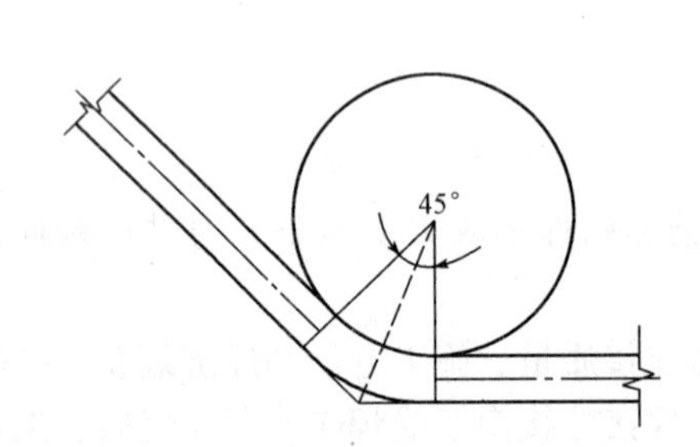

图 5-17　弯曲 45°时弯曲调整值计算示意

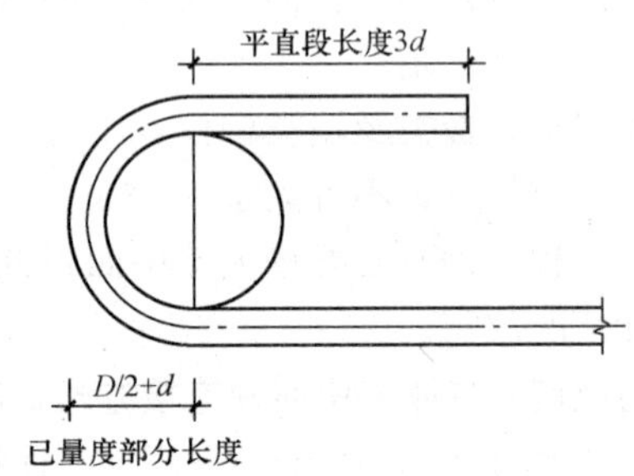

图 5-18　180°弯钩增加长度计算示意

(5)弯起钢筋坡度系数。计算弯起钢筋下料长度时，可根据弯起角度，折算弯起钢筋坡度系数，见表 5-8。

表 5-8　弯起钢筋坡度系数

弯起钢筋示意图	α	S	L	$S-L$
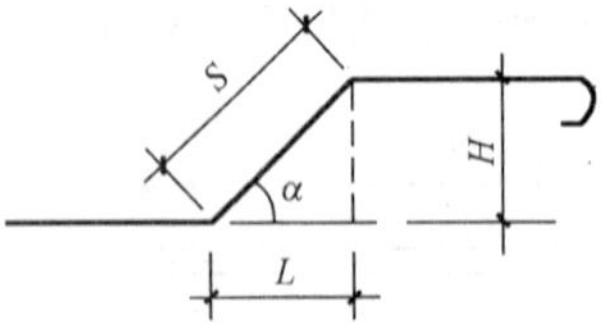	30°	$2.0H$	$1.73H$	$0.27H$
	45°	$1.41H$	$1.0H$	$0.41H$
	60°	$1.15H$	$0.58H$	$0.57H$

注：1. H 为扣去构件保护层弯起钢筋的净高度。
2. $S-L$ 为弯起钢筋增加净长度。

2. 钢筋下料长度的计算

钢筋主筋下料长度＝图示构件长度(高度)－保护层厚度＋搭接增加长度(按规范)＋弯钩增加长度($6.25d$)＋弯起增加长度(45°为 $0.41H$；60°为 $0.57H$)＋锚固增加长度(按规范)－弯曲调

整值(45°为 $0.5d$；90°为 $2d$)。

$$箍筋下料长度=(梁宽-2a+梁高-2a)\times 2+11.9d\times 2 \tag{5-1}$$

式中 a——梁保护层厚度；

$11.9d$——箍筋调整系数(含量度差值及末端弯钩增加长度)。

无加密区箍筋数量：

$$n=L/a+1 \tag{5-2}$$

式中 a——箍筋间距。

有加密区的梁、柱箍筋数量：

$$n=[(加密区长度/加密区箍筋间距)+1]+[(非加密区长度/非加密区箍筋间距)-1] \tag{5-3}$$

5.2.2.3 钢筋加工

钢筋加工是根据钢筋配料单使钢筋成型的施工过程，主要包括除锈、调直(3～12 mm 钢筋)、切断、弯曲成型等工序。

1. 除锈

钢筋除锈是指把油渍、漆污和用锤敲击时能剥落的浮皮(俗称老锈)、铁锈等在使用前清除干净。在焊接前，焊点处的水锈应清除干净。钢筋的除锈一般可通过以下两个途径完成：一是在钢筋冷拉或钢丝调直过程中除锈，其对大量钢筋的除锈较为经济、省力；二是用机械方法除锈，如采用电动除锈机除锈，其对钢筋的局部除锈较为方便。另外，还可采用手工除锈(用钢丝刷、砂盘)、喷砂和酸洗除锈等。

若在除锈过程中发现钢筋表面的氧化薄钢板鳞落现象严重并已损伤钢筋截面，或发现除锈后钢筋表面有严重的麻坑、斑点伤蚀截面，应将其降级使用或剔除不用。

2. 调直

调直是指利用钢筋调直机、数控钢筋调直切断机或卷扬机拉直设备等把盘条钢筋拉直的施工过程。

3. 切断

切断是指利用钢筋切断机、手动液压切断器、砂轮切割机等设备对钢筋进行切断的施工过程。切断时应注意以下几项：

(1)将同规格钢筋根据不同长度进行长短搭配，统筹排料；一般应先断长料，后断短料，减少短头和损耗。

(2)断料时应避免用短尺量长料，防止在量料中产生累计误差，宜在工作台上标出尺寸刻度线并设置控制断料尺寸用的挡板。

(3)在切断过程中，若发现钢筋有劈裂、缩头或严重的弯头等，必须切除；若发现钢筋的硬度与该钢种有较大的出入，应及时向有关人员反映，查明情况。

(4)钢筋的断口，不得有马蹄形或起弯等现象。

4. 弯曲成型

弯曲成型即利用钢筋弯曲机、手工弯曲工具(细钢筋)等，对钢筋按设计要求的角度进行弯曲的施工过程。

钢筋加工常见的质量问题有：规格出错；下料长度不够；箍筋尺寸不对，弯钩度数不对，弯钩直线段长度不够，弯钩长度达不到锚固要求；套筒连接的螺纹长度不够；马凳高度不够等。

5.2.2.4 钢筋代换

钢筋的级别、钢号和直径应按设计要求采用，若施工中缺乏设计图中所要求的钢筋，在征得设计单位的同意并办理设计变更文件后，可按下述原则进行代换：

(1)不同级别钢筋代换(级差不能超过一级)，可按强度相等的原则代换，称为“等强代换”。如设计中所用钢筋强度为 f_{y1}，钢筋总面积为 A_{s1}；代换后钢筋强度为 f_{y2}，钢筋截面积为 A_{s2}，应使代换前后钢筋的总强度相等，即

$$A_{s2} \cdot f_{y2} \geqslant A_{s1} \cdot f_{y1} \tag{5-4}$$

$$A_{s2} \geqslant (f_{y1}/f_{y2}) \cdot A_{s1} \tag{5-5}$$

(2)同种级别不同规格钢筋之间(直径差值一般不大于 4 mm)，可按钢筋面积相等的原则进行代换，称为“等面积代换”，即

$$A_{s2} \geqslant A_{s1} \tag{5-6}$$

【例 5-1】 某墙体设计配筋为 ϕ14@200，施工现场无此钢筋，拟用 ϕ12 的钢筋代换，试计算代换后的钢筋数量(每米根数)。

【解】 因钢筋的级别相同，所以，可按面积相等的原则进行代换。代换前墙体每米设计配筋的根数：

$$n_1 = 1\,000/200 + 1 = 6(\text{根})$$

$$n_2 \geqslant \frac{n_1 d_1^2 f_{y1}}{d_2^2 f_{y2}} = \frac{6 \times 196}{144} = 8.2$$

故取 $n_2 = 8$，即代换后每米 8 根 ϕ12 的钢筋。

【例 5-2】 某构件原设计用 7 根直径为 10 的 HRB335 钢筋，现拟用直径为 12 的 HPB300 钢筋代换，试计算代换后的钢筋根数。

【解】 因钢筋强度和直径均不相同，应按下式进行计算：

$$n_2 \geqslant \frac{n_1 d_1^2 f_{y1}}{d_2^2 f_{y2}} = \frac{7 \times 100 \times 335}{144 \times 300} = 5.4$$

故取 $n_2 = 6$，即取 6 根直径为 12 的 HPB300 钢筋代换。

钢筋代换注意事项：不同种类的钢筋代换，应按钢筋受拉承载力设计值相等的原则进行；必要时应进行抗裂、裂缝宽度或挠度验算；代换后，钢筋间距、锚固长度、最小钢筋直径、根数等应符合《混凝土结构设计规范(2015 年版)》(GB 50010—2010)的要求；对重要受力构件，不宜用 HPB300 代换 HRB335 钢筋；梁的纵向受力钢筋与弯起钢筋应分别进行代换；偏心受力构件，应按受力(受拉或受压)分别代换；对有抗震要求的框架，不宜用强度等级高的钢筋代替设计中的钢筋；预制构件的吊环，必须采用未经冷拉的 HPB300 钢筋制作，严禁以其他钢筋代换。

5.2.2.5 钢筋加工质量检验

1. 主控项目

受力钢筋的弯钩和弯折应符合下列规定：

(1)HPB300 钢筋末端应做 180°弯钩，其弯弧内直径不应小于钢筋直径的 2.5 倍，弯钩的弯后平直部分长度不应小于钢筋直径的 3 倍。

(2)当设计要求钢筋末端需做 135°弯钩时，HRB335、HRB400 钢筋的弯弧内直径不应小于钢筋直径的 5 倍，弯钩的弯后平直部分长度应符合设计要求。

(3)钢筋做不大于 90°的弯折时，弯折处的弯弧内直径不应小于钢筋直径的 5 倍。除焊接封闭式箍筋外，箍筋的末端应做弯钩，弯钩形式应符合设计要求；当设计无具体要求时，应符合下列规定：

1)箍筋弯钩的弯弧内直径除应满足上述(1)的规定外，还应不小于受力钢筋直径。

2)箍筋弯钩的弯折角度：对一般结构，不应小于 90°；对有抗震等要求的结构，不应小于 135°。

3)箍筋弯后平直部分长度：对一般结构，不应小于箍筋直径的 5 倍；对有抗震等要求的结构，不应小于箍筋直径的 10 倍和 75 mm 的较大值。

2. 一般项目

(1)钢筋调直宜采用机械方法，也可采用冷拉方法。当采用冷拉方法调直钢筋时，HPB300 钢筋的冷拉率不宜大于 4%，HRB335、HRB400、HRB500、HRBF335、HRBF400、HRBF500 和 RRB400 钢筋的冷拉率不宜大于 1%。

(2)钢筋加工的形状与尺寸应符合设计要求，其允许偏差应符合表 5-9 的规定。检查数量和方法与主控项目相同。

表 5-9 钢筋加工的允许偏差

mm

项目	允许偏差
受力钢筋顺长度方向全长的净尺寸	±10
弯起钢筋的弯折位置	±20
箍筋内的净尺寸	±5

5.2.3 钢筋安装

1. 准备工作

(1)核对成品钢筋的钢号、直径、形状、尺寸和数量等是否与料单、料牌相符。如有错漏，应纠正增补。

(2)准备绑扎用的钢丝、绑扎工具(如钢筋钩、带扳口的小撬棍)和绑扎架等。钢筋绑扎用的钢丝，可采用 20～22 号钢丝，其中 22 号钢丝只用于绑扎直径为 12 mm 以下的钢筋。钢丝长度可参考表 5-10 中的数值。因钢丝是成盘供应的，故习惯上按每盘钢丝周长的几分之一来切断。

表 5-10 钢筋绑扎钢丝长度参考表

钢筋直径/mm	3～5	6～8	10～12	14～16	18～20	22	25	28	32
3～5	120	130	150	170	190				
6～8		150	170	190	220	250	270	290	320
10～12			190	220	250	270	290	310	340
14～16				250	270	290	310	330	360
18～20					290	310	330	350	380
22						330	350	370	400
注：每吨钢筋绑扎 22 号钢丝需用量：6～12 mm 钢筋为 6～7 kg；16～25 mm 钢筋为 5～6 kg。									

(3)准备控制混凝土保护层用的水泥砂浆垫块或塑料卡。水泥砂浆垫块的厚度应等于保护层厚度，强度应不低于 M15，面积不小于 40 mm×40 mm。当在垂直方向使用垫块时，可在垫块中埋入 20 号钢丝。塑料卡的形状有塑料垫块和塑料环圈两种，如图 5-19 所示。塑料垫块用于水平构件(如梁、板)，在两个方向均有凹槽，以便适应两种保护层厚度。塑料环圈用于垂直构件(如柱、墙)，使用时钢筋从卡嘴进入卡腔；由于塑料环圈有弹性，可使卡腔的大小适应钢筋

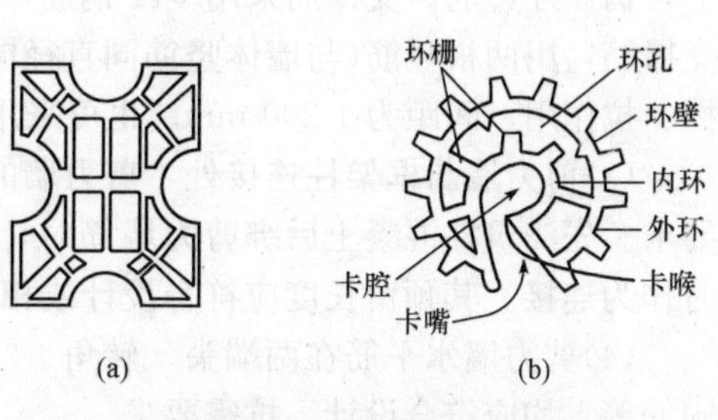

图 5-19 控制混凝土保护层用的塑料卡

(a)塑料垫块；(b)塑料环圈

直径的变化。

(4)画出钢筋位置线。平板或墙板的钢筋，在模板上画线；柱的箍筋，在两根对角线主筋上画点；梁的箍筋，在架立筋上画点；基础的钢筋，在双向各取一根钢筋画点或在垫层上画线。钢筋接头的位置应根据来料规格，结合相应规范有关对有关接头位置、数量的规定，使其错开，在模板上画线。

(5)绑扎形式复杂的结构部位时，应先研究逐根钢筋穿插就位的顺序，并与模板工联系讨论支模和绑扎钢筋的先后次序，以降低绑扎难度。

2. 柱钢筋绑扎

柱钢筋绑扎工艺流程为：套柱箍筋→竖向受力筋连接→画箍筋间距线→绑箍筋。其操作要点如下：

(1)套柱箍筋：按图纸要求间距绑扎，注意柱箍筋加密区长度应符合要求，计算好每根柱箍筋数量，首先将箍筋套在下层伸出的连接钢筋上，然后立柱子钢筋。

(2)竖向钢筋连接后，按图纸要求用粉笔画箍筋间距线，按已画好的箍筋位置线，将已套好的箍筋往上移动，由上往下绑扎。宜采用缠扣绑扎，绑扎箍筋时绑扣相互间应呈“八”字形。

(3)箍筋与主筋要垂直，箍筋转角处与主筋交点均要绑扎，主筋与箍筋非转角部分的相交点呈梅花交错绑扎。箍筋的接头(弯钩叠合处)应交错布置在四角纵向钢筋上。

(4)柱筋保护层厚度应符合要求，如主筋外皮为25 mm，垫块应绑在柱竖筋外皮上，间距一般为1 m(或用塑料卡卡在外竖筋上)，以保证主筋保护层厚度准确。同时，可采用钢筋定距框来保证钢筋位置的正确性。当柱截面尺寸有变化时，柱应在板内弯折，弯后的尺寸要符合设计要求。

(5)如果采用搭接方式，下层柱的钢筋露出楼面部分，宜用工具式柱箍将其收进一个柱筋直径，以利于上层柱的钢筋搭接。当柱截面有变化时，其下层柱钢筋的露出部分，必须在绑扎梁的钢筋前先行收缩准确。

(6)墙体拉结筋或埋件，根据墙体所用材料，按有关图集留置。

(7)注意柱箍筋加密区、连接区、变截面、柱顶等的构造要求。

3. 墙钢筋绑扎

墙钢筋绑扎工艺流程为：立2～4根竖筋→画水平筋间距→绑定位横筋→绑其余横竖筋。其操作要点如下：

(1)立2～4根竖筋，将竖筋与下层伸出的搭接筋绑扎在一起，在竖筋上画好水平筋分档标志，在下部及齐胸处绑两根横筋定位，并在横筋上画好竖筋分档标志，接着绑其余竖筋，最后绑其余横筋。横筋在竖筋里面或外面应符合设计要求。

(2)剪力墙筋应逐点绑扎，在两层钢筋之间要绑扎拉结筋和支撑筋，以保证钢筋的正确位置。拉结筋采用Φ6～Φ10钢筋，绑扎时纵横间距不大于600 mm，绑扎在纵横向钢筋的交叉点上，钩住外边筋。支撑筋采用Φ12钢筋，间距为1 000 mm左右，两端刷防锈漆。另有一种梯形支撑筋，用两根竖筋(与墙体竖筋同直径同高度)与拉结筋焊接成形，绑在墙体网片之间，起到撑、拉作用，间距为1 200 mm。也可采用加固模板用的PVC管做支撑筋。

(3)剪力墙与框架柱连接处，剪力墙的水平横筋应锚固到框架柱内，其锚固长度要符合设计要求。先浇筑柱混凝土后绑剪力墙筋时，柱内要预留连接筋或柱内预埋铁件，待柱拆模绑墙筋时作为连接。其预留长度应符合设计或相关规范的规定。

(4)剪力墙水平筋在两端头、转角、“十”字节点、连梁等部位的锚固长度以及洞口周围的加固筋等，均应符合设计、抗震要求。

(5)合模后对伸出的竖向钢筋应进行修整，在模板上口加角铁或用梯子筋将伸出的竖向钢筋加以固定，浇筑混凝土时应有专人看护，浇筑后再次调整，以保证钢筋位置的准确。

4. 梁钢筋绑扎

(1)梁钢筋绑扎工艺流程。

1)模内绑扎(梁的钢筋在梁底模上绑扎，其两侧模或一侧模后装，适用于梁的高度较大时，一般≥1.0 m)：画主、次梁箍筋间距→放主、次梁箍筋→穿主梁底层纵筋及弯起筋→穿次梁底层纵筋并与箍筋固定→穿主梁上层纵向架立筋→按箍筋间距绑扎→穿次梁上层纵向钢筋→按箍筋间距绑扎。

2)模外绑扎(先在梁模板上口绑扎成型后再入模内，适用于梁的高度较小时)：画箍筋间距→在主、次梁模板上口铺横杆数根→在横杆上面放箍筋→穿主梁下层纵筋→穿次梁下层钢筋→穿主梁上层钢筋→按箍筋间距绑扎→穿次梁上层纵筋→按箍筋间距绑扎→抽出横杆落骨架于模板内。

(2)操作要点。

1)纵向受力钢筋采用双层排列时，两排钢筋之间应垫以直径≥25 mm的短钢筋，以保持其设计距离。

2)箍筋的接头(弯钩叠合处)应交错布置在两根架立钢筋上，其余同柱。

3)板、次梁与主梁交叉处，板的钢筋在上，次梁的钢筋居中，主梁的钢筋在下(图5-20)；应避免主、次梁交接处及梁与柱相交(与柱平)时钢筋相撞(图5-21)。主、次梁相撞时，可采取图5-22所示的措施。

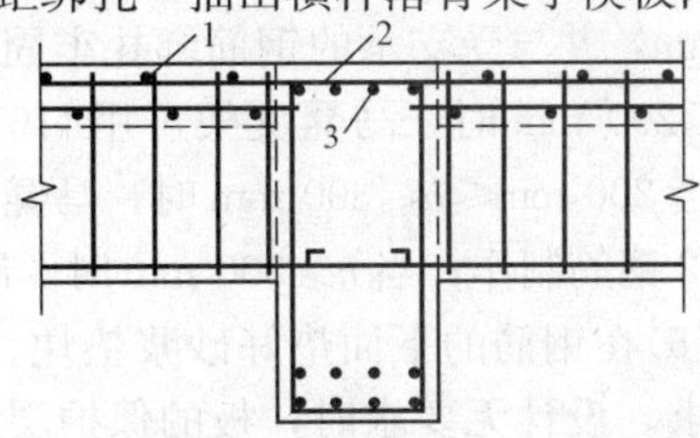

图5-20　板、次梁与主梁交叉处钢筋

1—板的钢筋；2—次梁钢筋；3—主梁钢筋

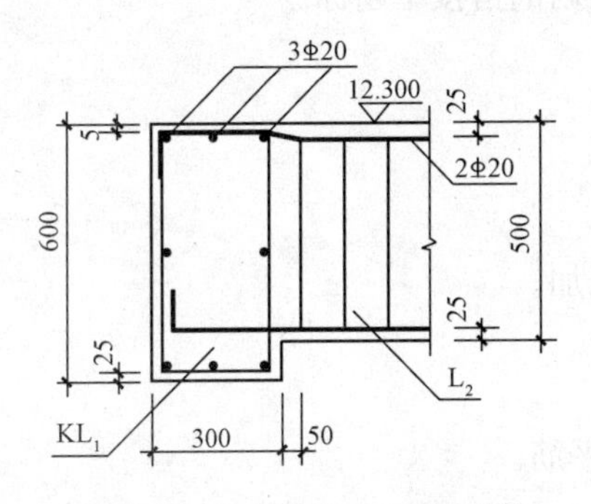

图5-21　L_2与KL_1主筋相撞

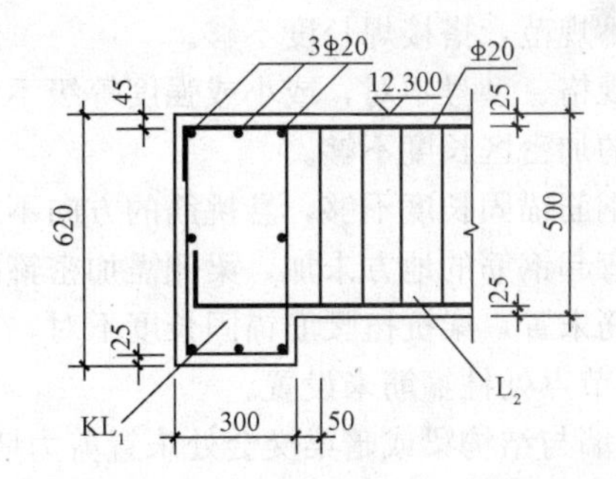

图5-22　KL_1降低一个L_2主筋直径

4)框架节点处钢筋穿插十分稠密时，应特别注意梁顶面主筋间的净距要达到30 mm(下部钢筋净距要达到25 mm)，以利于浇筑混凝土。

5)梁板钢筋绑扎时，应防止水电管线将钢筋抬起或压下。

(3)梁钢筋绑扎常见的质量通病。其质量通病主要包括：主筋位移；箍筋间距偏差大；箍筋下料不准导致骨架偏小或偏大、弯钩没有弯曲135°、平直部分长度不足；主筋锚固长度不足等。

5. 板钢筋绑扎

板钢筋绑扎工艺流程为：清理模板→在模板上画线→绑板下受力筋→绑负弯矩钢筋。其操作要点如下：

(1)清理模板上面的杂物，用墨斗在模板上弹好主筋、分布筋间距线。

(2)按画好的间距，先摆放受力主筋，后放分布筋。预埋件、电线管、预留孔等及时配合安装。

(3)在现浇板中有板带梁时，应先绑板带梁钢筋，再摆放板钢筋。绑扎板筋时，除外围两根筋的相交点应全部绑扎外，其余各点可交错绑扎(双向板相交点须全部绑扎)。负弯矩钢筋每个相交点均要绑扎。

(4)当板面受力钢筋和分布钢筋的直径均小于10 mm时，采用图5-23(a)所示的支架，支架间距为：当采用Φ6分布筋时，不大于500 mm；当采用Φ8分布筋时，不大于800 mm，支架与受支承钢筋应绑扎牢固。当板面受力钢筋和分布钢筋的直径均大于10 mm时，采用图5-23(b)所示的马凳支架。马凳支架在纵、横两个方向的间距均不大于800 mm，并与受支承的钢筋绑扎牢固。当板厚$h \leqslant 200$ mm时，马凳支架可用Φ10钢筋制作；当200 mm$\leqslant h \leqslant$300 mm时，马凳支架应用Φ12钢筋制作；当$h>300$ mm时，制作马凳支架的钢筋应适当加大。

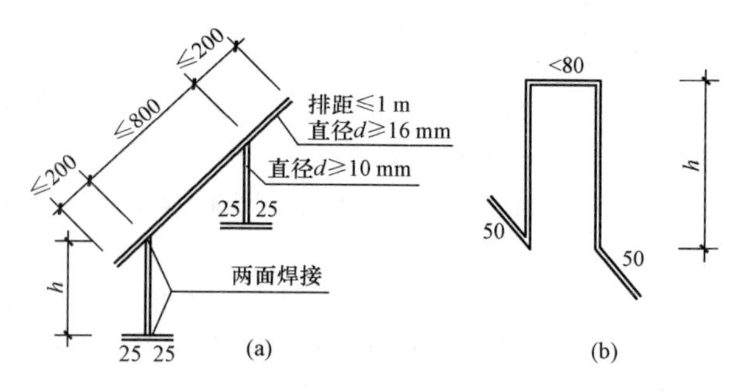

图5-23　钢筋支架、马凳示意

(a)钢筋支架；(b)马凳支架

注：h为模板面至面筋底的高度

(5)在钢筋的下面垫好砂浆垫块，间距为1.5 m。垫块的厚度等于保护层厚度，应满足设计要求。设计无要求时，板的保护层厚度应为15 mm。盖铁下部安装马凳，位置同垫块。

6. 钢筋绑扎安装常见质量通病

(1)主筋偏位、间距不规范。

(2)主筋保护层厚度不够。

(3)主筋搭接位置不对，搭接长度不够，搭接区段内的搭接率超标。

(4)焊接不规范，搭接焊长度不够。

(5)主筋规格、型号不对，或小或强度等级不够。

(6)梁柱的加密区长度不够。

(7)悬挑钢筋锚固长度不够，悬挑筋的方向不对。

(8)应加弯起钢筋的地方未加，梁侧需加密箍的未加。

(9)梁腰筋未置，梁抗扭腰筋锚固长度不对。

(10)梁柱节点处柱箍筋未设置。

(11)剪力墙与结构梁或暗梁交会处未置剪力墙水平筋。

(12)多排筋的排距不正确。

(13)板负筋未满扎并呈“八”字扣。

(14)同截面尺寸的相交梁柱，梁主筋未弯入柱，导致梁有效截面尺寸变小。

(15)柱筋入承台等基础时未弯曲，在基础中的柱筋未置箍筋。

5.2.4　钢筋隐蔽验收

钢筋安装完成后，浇筑混凝土前应进行钢筋隐蔽工程验收，其内容包括以下几项：

(1)纵向受力钢筋的品种、规格、数量、位置等。

(2)钢筋连接方式、接头位置、接头数量、接头面积百分比等。

(3)箍筋、横向钢筋的品种、规格、数量、间距等。

(4)预埋件的规格、数量、位置等。

钢筋隐蔽工程验收前，应提供钢筋出厂合格证与检验报告及进场复验报告、钢筋焊接接头和机械连接接头力学性能试验报告。验收时的主控项目和一般项目的内容如下：

(1)主控项目：受力钢筋的品种、级别、规格和数量；纵向受力钢筋的连接方式。

(2)一般项目：钢筋接头(位置、接头面积百分比、绑扎搭接长度)；箍筋、横向钢筋(品种、规格、数量、间距)；钢筋安装位置的偏差(绑扎钢筋网长宽和网眼尺寸；绑扎钢筋骨架长宽高；间距；排距；保护层厚度；绑扎箍筋、横向钢筋间距；钢筋弯起点位置；预埋件中心线位置和水平高差)。

钢筋工程隐蔽验收要点有：查(钢筋品种、规格是否正确，主筋数量是否有遗漏，接头数量是否符合要求，主筋、支座负筋截断点、箍筋开口、钢筋接头等的位置是否正确)；量(箍筋间距、纵筋间距是否正确，锚固长度是否达到要求，钢筋接头错开距离是否符合要求，保护层厚度是否满足要求)；看(绑扎是否出现缺扣现象和未按规定绑扎，主筋有没有松动位移、被污染等情况，模内是否有杂物)。

5.3 混凝土工程

混凝土分项工程的工艺过程包括：配料→搅拌、运输→浇筑、振捣→养护。各个施工过程相互联系和影响，任一施工过程处理不当都会影响混凝土工程的最终质量。其施工特点为：工序多，相互联系和影响；质量要求高(外形、强度、密实度、整体性)；不易及时发现质量问题(往往拆模后或试压后方可发现)。

近年来，混凝土外加剂发展很快，它们的应用影响了混凝土的性能和施工工艺。此外，自动化、机械化的发展与新的施工机械和施工工艺的应用，也大大改变了混凝土工程的施工面貌。

随着建筑技术的发展，混凝土的性能不断改善，混凝土的品种也由过去的普通混凝土发展到今天的高强度混凝土、高性能混凝土等。各种环境下的混凝土结构及复杂、特殊形式的混凝土结构，都对混凝土施工提出了越来越高的要求，混凝土工程施工工艺和技术还需进一步改进、提高。

5.3.1 混凝土配料

1. 原材料组成及质量要求

结构工程中所用的混凝土是以水泥为胶凝材料，外加粗、细集料、水，按照一定配合比拌和而成的混合材料。另外，还可根据需要向混凝土中掺加外加剂和掺合料，以改善混凝土的某些性能。因此，混凝土的原材料除水泥、砂、石、水外，还有外加剂、掺合料(常用的有粉煤灰、硅粉、磨细矿渣等)。

(1)水泥。水泥是混凝土的重要组成材料，在进场时必须具有出厂合格证明和试验报告(3天和28天强度报告)，并对其品种、强度等级、出厂日期等内容进行检查验收。根据结构的设计和施工要求，准确选定水泥品种和强度等级。水泥进场后，应按品种、强度等级、出厂日期的不同分别堆放并做好标记，做到先进先用完，不得将不同品种、强度等级或不同出厂日期的水泥混用。水泥要防止受潮，仓库地面、墙面要干燥。存放袋装水泥时，水泥要离地、离墙30 cm以上，而且堆放高度不超过10包。水泥存放时间不宜过长，水泥存放期自出厂日算起不得超过三个月(快硬硅酸盐水泥不超过一个月)；因此，使用前必须重新取样检查，试验其实际性能。

水泥抽样检测：检测项目(细度、安定性、凝结时间、胶砂强度)；抽检频率(散装水泥：对同一水泥厂家生产的同期出厂的同品种、同强度等级的水泥每500 t抽检一次，不同批号及不足500 t的均按一批次抽检；袋装水泥：以同一厂家生产的同期出厂的同品种、同强度等级的水泥每200 t抽检一次)；取样(随机从不少于20袋中各取等量水泥拌和均匀后，取不少于12 kg水泥作为检验试样，散装水泥从罐中取不少于12 kg的样品)。

(2)砂、石子。砂、石子是混凝土的集料，其质量应符合现行行业标准《普通混凝土用砂、石质量及检验方法标准》(JGJ 52—2006)的规定。集料有天然集料、人造集料，根据砂的来源不同，砂分为河砂、海砂、山砂，海砂中的氯离子对钢筋有腐蚀作用，因此，海砂一般不作为混凝土的集料。粗集料有碎石、卵石两种，碎石是用天然岩石经破碎、过筛而得的粒径大于 5 mm 的颗粒。由自然条件作用形成的粒径大于 5 mm 的颗粒，称为卵石。混凝土集料要质地坚固、颗粒级配良好，含泥量、泥块含量和针、片状颗粒含量应符合要求(表 5-11、表 5-12)，有害杂质含量要满足国家有关标准的要求，尤其对可能引起混凝土碱-集料反应的活性硅、云石等含量，必须严格控制。

表 5-11　混凝土集料中含泥量(按质量计)限值　　%

集料种类		混凝土强度等级≥C30	混凝土强度等级<C30
砂子	含泥量	3	5
	泥块含量	1	2
石子	含泥量	1	2
	泥块含量	0.5	0.7

注：1. 含泥量是指粒径小于 0.08 mm 颗粒的含量。
2. 泥块含量是指砂和石子中粒径大于 1.25 mm 和 5 mm，经水洗、手捏后变成小于 0.630 mm 和 2.5 mm 的颗粒的含量。

表 5-12　针、片状颗粒含量(按质量计)限值　　%

混凝土强度等级	混凝土强度等级≥C30	混凝土强度等级<C30
针、片状颗粒含量	≤15	≤25

注：针、片状颗粒：凡岩石颗粒长度大于该颗粒所属粒级的平均粒径 2.4 倍者为针状颗粒；厚度小于平均粒烃 0.4 倍者为片状颗粒。

混凝土中的粗集料，其最大颗粒粒径不得超过构件截面最小尺寸的 1/4，且不得超过钢筋最小净距的 3/4；对混凝土实心板，集料的最大粒径不宜超过板厚的 1/3 且不得超过 40 mm。

砂抽样检测：检测项目(筛分级配、含泥量、泥块含量、表观密度、堆积密度、空隙率、坚固性、有害物质等试验)；抽检频率(同一料源的砂每进场 200 m^3 为一批次，不足 200 m^3 也按一批次抽检)；取样(从料堆不同部位铲取，取样前先将取样部位表层铲除，然后取不少于 20 kg 的样品)。

碎石抽样检测：检测项目(筛分级配、含泥量、泥块含量、表观密度、堆积密度、空隙率、压碎值、针片状含量、有害物质以及料源岩石的单轴抗压强度试验)；抽检频率(同一料源的碎石每进场 400 m^3 为一批次，不足 400 m^3 也按一批次抽检)；取样(在料堆上取样时，取样部位应均匀分布(分别在料堆的顶部、中部和底部由均匀分布的五个不同部位取不少于 50 kg 的样品)。

(3)水。混凝土拌合用水宜采用饮用水，当使用其他来源的水时，水质必须符合《混凝土用水标准》(JGJ 63—2006)的有关规定。含有油类、酸类(pH<4 的水)、硫酸盐和氯盐的水不得用作混凝土拌合用水。海水含有氯盐，严禁用作钢筋混凝土或预应力混凝土的拌合用水。

(4)外加剂、掺合料。混凝土工程中已广泛使用外加剂，以改善混凝土的相关性能。外加剂的种类很多，根据其用途和用法的不同，总体可分为早强剂、减水剂、缓凝剂、抗冻剂、加气剂、防锈剂、防水剂等。使用外加剂前，必须详细了解其性能，准确掌握其使用方法，并取样试验、检查其性能，不得盲目使用外加剂。在混凝土中加适量的掺合料，既可以节约水泥、降低混凝土的水泥水化总热量，又可以改善混凝土的性能。尤其在高性能混凝土中掺入一定的外加剂和掺合料，是实现其有关性能指标的主要途径。

掺合料有水硬性和非水硬性两种：水硬性掺合料在水中具有水化反应能力，如粉煤灰、磨细矿渣等；而非水硬性掺合料在常温、常压下基本上不与水发生水化反应，主要起填充作用，如硅粉、石灰石粉等。掺合料的使用要符合设计要求，掺量要经过试验确定，一般为水泥用量的5%～40%。

2. 混凝土的试配强度

为使混凝土强度保证率达到95%，混凝土的配制强度应比设计强度标准值高1.645σ，即

$$f_{cu,0}=f_{cu,k}+1.645\sigma \tag{5-7}$$

式中 $f_{cu,0}$——混凝土的施工配制强度(N/mm^2)；

$f_{cu,k}$——设计的混凝土强度标准值(N/mm^2)；

σ——施工单位的混凝土强度标准差(N/mm^2)。

σ的取值分为有近期资料和无近期资料两种情况。施工单位无近期同一品种混凝土强度统计资料时，σ可按表5-13取值。

表5-13 混凝土强度标准差σ

混凝土强度等级	低于C20	C25～C35	高于C35
σ/MPa	4.0	5.0	6.0
注：σ反映我国施工单位的混凝土施工技术和管理的平均水平，采用时可根据本单位情况作适当调整。			

3. 混凝土的施工配合比调整换算

混凝土强度值对水胶比的变化十分敏感。由于实验室试配混凝土时的砂、石是干燥的，而施工现场的砂、石均有一定的含水率，其含水量的大小随当时当地的气候而异，因此，为保证现场混凝土准确的水胶比，应按现场砂、石实际含水率(砂、石中水的质量与砂、石质量的比值)对用水量予以调整。

设实验室的配合比为：水泥∶砂∶石子$=1:x:y$，水胶比为W/C。

现场测得的砂、石的含水率分别为W_x、W_y，则施工配合比为：

$$水泥:砂:石子=1:x(1+W_x):y(1+W_y)$$

为使水胶比保持不变，则必须扣除砂、石中的含水量，因而有：

$$实际用水量=W(原用水量)-x\cdot W_x-y\cdot W_y$$

$$调整后的水胶比\ C=C'-x\cdot W_x-y\cdot W_y$$

【例5-3】 某混凝土试验配合比为1∶2.28∶4.47，水胶比为0.63，水泥用量为285 kg/m³，现场实测砂、石的含水率为3%和1%。拟用出料容量为250 L的搅拌机拌制，试计算施工配合比及每盘投料量。

【解】 (1)混凝土施工配合比。

水泥∶砂∶石∶水=1∶2.28×(1+0.03)∶4.47×(1+0.01)∶(0.63−2.28×0.03−4.47×0.01)

=1∶2.35∶4.51∶0.517

(2)每盘投料量。

水泥：285×0.25=71(kg)

砂：71×2.35=167(kg)

石：71×4.51=320(kg)

水：71×0.517=37(kg)

4. 材料计量

混凝土所用原材料的计量必须准确，以保证所拌制的混凝土满足设计和施工要求。各种原材料每盘称量的偏差不得超过表5-14所示的规定。

表5-14 混凝土原材料称量的允许偏差 %

材料名称	允许偏差
水泥、混合材料	±2
粗、细集料	±3
水、外加剂	±2

5.3.2 混凝土的搅拌、运输

1. 搅拌机选择

混凝土搅拌机按搅拌原理分为自落式和强制式两类，如图5-24所示。

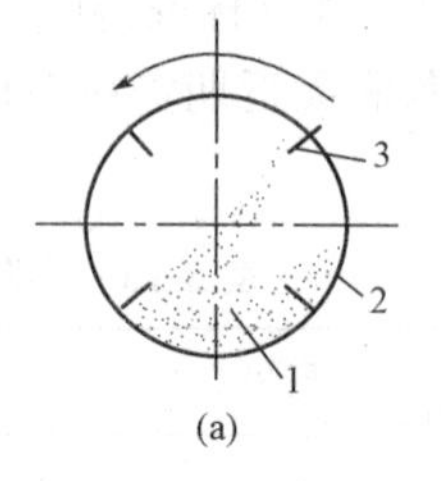

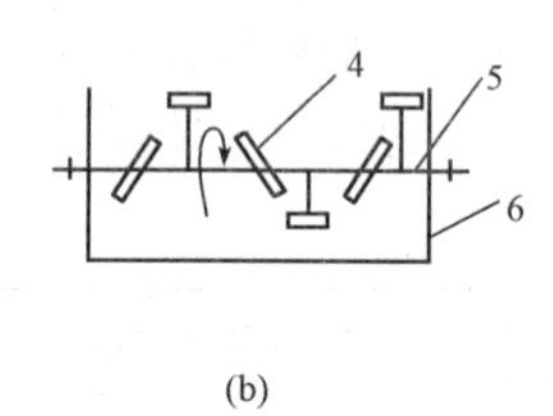

图5-24 混凝土搅拌机工作原理

(a)自落式搅拌；(b)强制式搅拌

1—混凝土拌合物；2、6—搅拌筒；3、4—叶片；5—转轴

(1)自落式搅拌机。自落式搅拌机的搅拌筒内壁焊有弧形叶片，当搅拌筒绕水平轴旋转时，弧形叶片不断将物料提高到一定高度，然后使物料自由落下滚动，由于下落时间、落点和滚动距离不同，物料颗粒相互穿插、翻拌、混合而达到均匀。自落式搅拌机宜用于搅拌塑性混凝土。目前常用的有双锥反转出料式搅拌机。

(2)强制式搅拌机。强制式搅拌机是利用拌筒内运动的叶片强迫物料朝各个方向(环向、径向、竖向)运动，由于各物料颗粒的运动方向、速度各不相同，相互之间产生剪切滑移而相互穿插、扩散，从而在很短的时间内使物料拌和均匀，这种拌制机制称为剪切搅拌机制。

强制式搅拌机的搅拌作用比自落式搅拌机强烈，宜用于搅拌干硬性混凝土和轻集料混凝土，但强制式搅拌机的转速比自落式搅拌机高，动力消耗大，叶片、衬板等的磨损也大。

搅拌机以其出料容量(L)为标定规格，在建筑工程中，250 L、350 L、500 L、750 L这四种型号比较常用。

2. 搅拌制度

为了获得质量优良的混凝土拌合物，除正确选择搅拌机外，还必须正确制定搅拌制度，即确定搅拌时间、投料顺序和进料容量等。

(1)搅拌时间。搅拌时间是指从原材料全部投入搅拌筒开始搅拌时起，到开始卸料时为止所经历的时间。混凝土在一定范围内随搅拌时间的延长，强度有所提高，但过长时间的搅拌既不经济也不合理。因为搅拌时间过长，不坚硬的粗集料在大容量搅拌机中会因脱角、破碎等而影响混凝土的质量；加气混凝土也会因搅拌时间过长而使含气量下降。为了保证混凝土的质量，对混凝土搅拌的最短时间也作了规定，见表5-15。

表 5-15 混凝土搅拌的最短时间 s

混凝土坍落度/mm	搅拌机机型	搅拌机出料量/L		
		<250	250～500	>500
≤30	强制式	60	90	120
	自落式	90	120	150
>30	强制式	60	60	90
	自落式	90	90	120

注：1. 当掺有外加剂时，搅拌时间应适当延长。
2. 全轻混凝土、砂轻混凝土搅拌时间应延长 60～90 s。

(2)投料顺序。投料顺序应从提高搅拌质量、减少叶片和衬板的磨损、减少拌合物与搅拌筒的黏结、减少水泥飞扬、改善工作环境等方面综合考虑确定。常用的有一次投料法和二次投料法。一次投料法是在上料斗中先装石子，再加水泥和砂，然后一次投入搅拌机。对自落式搅拌机，要在搅拌筒内先加部分水，投料时砂压住水泥，水泥不致飞扬，且水泥和砂先进入搅拌筒形成水泥砂浆，可缩短包裹石子的时间。对立轴强制式搅拌机，因出料口在下部，不能先加水，应在投入原料的同时缓慢、均匀、分散地加水。

二次投料法经过我国的研究和实践形成了“裹砂石法混凝土搅拌工艺”，其是在日本研究的造壳混凝土(简称“SEC 混凝土”)的基础上结合我国的国情研究成功的。它分两次加水，两次搅拌。用这种工艺搅拌时，先将全部的石子、砂和 70%的拌合用水倒入搅拌机，拌和 15 s 使集料湿润，再倒入全部水泥进行造壳，搅拌 30 s 左右，然后加入 30%的拌合水再进行糊化，搅拌 60 s 左右即完成。与普通搅拌工艺相比，用裹砂石法搅拌工艺可使混凝土强度提高10%～20%，或节约水泥5%～10%。在我国推广这种新工艺有巨大的经济效益。另外，我国还对净浆法、净浆裹石法、裹砂法、先拌砂浆法等各种二次投料法进行了试验和研究。

(3)进料容量。进料容量是将搅拌前各种材料的体积累积起来的数量，又称干料容量。进料容量与搅拌机搅拌筒的几何容量要有一定比例关系，一般情况下该比值为 0.22～0.40。进料容量为出料容量的 1.4～1.8 倍(通常取 1.5 倍)。若任意超载(进料容量超过 10%)，就会使材料在搅拌筒内无充分的空间进行拌和，影响混凝土的和易性；反之，装料过少，又不能充分发挥搅拌机的效能。

3. 混凝土的运输

混凝土的运输是指将混凝土从搅拌站送到浇筑点的过程。为了保证混凝土的施工质量，对混凝土拌合物运输的基本要求是：不产生离析现象，不漏浆，保证浇筑时规定的坍落度，在混凝土初凝前有充分的时间进行浇筑和捣实。

匀质的混凝土拌合物为介于固体和液体之间的弹塑性体，其中的集料，由于作用于其上的内摩阻力、黏聚力和重力处于平衡状态，能在混凝土拌合物内均匀分布并处于固定位置。在运输过程中，由于运输工具的颠簸、振动等动力的作用，黏聚力和内摩阻力将明显削弱，使集料失去平衡状态，在自重作用下向下沉落，质量越大，向下沉落的趋势越强，由于粗、细集料和水泥浆的质量各异，因而各自聚集在一定深度，形成分层离析现象。这对混凝土质量是有害的，因此，运输道路要平坦，运输工具要选择恰当，运输距离要有所限制，以防混凝土分层离析。如已产生离析，在浇筑前要进行二次搅拌。

另外，运输混凝土的工具要不吸水、不漏浆，而且运输时间要有一定限制。普通混凝土从搅拌机中卸出后到浇筑完毕的延续时间不宜超过表 5-16 所示的规定。如需进行长距离运输，可选用混凝土搅拌运输车，先将配好的混凝土干料装入混凝土筒内，在接近现场时再加水拌制，这样就可以避免长途运输所引起的混凝土坍落度损失。

表 5-16　混凝土从搅拌机中卸出后到浇筑完毕的延续时间　min

混凝土强度等级	气温/℃	
	≤25	＞25
≤C30	120	90
＞C30	90	60

混凝土运输分为地面运输、垂直运输和楼面运输三种情况：

(1)混凝土地面运输，如采用预拌(商品)混凝土运输距离较远时，我国多用混凝土搅拌运输车。混凝土如来自工地搅拌站，则多用载重约 1 t 的小型机动翻斗车或双轮手推车，有时还用皮带运输机和窄轨翻斗车。

(2)混凝土垂直运输，我国多用塔式起重机、混凝土泵、快速提升斗和井架。用塔式起重机时，混凝土要配吊斗运输，这样可直接进行浇筑。混凝土浇筑量大、浇筑速度快的工程，可以采用混凝土泵输送。

泵送混凝土过程

(3)混凝土楼面运输，我国以双轮手推车为主，也可用机动、灵活的小型机动翻斗车，如用混凝土泵则用布料机布料。

目前，我国很多大、中城市在市区施工时，均禁止现场拌制混凝土而推广商品混凝土，商品混凝土一般采用搅拌运输车(图 5-25)进行运输，其一般容积为 8 m^3，价格在 50 万元左右。

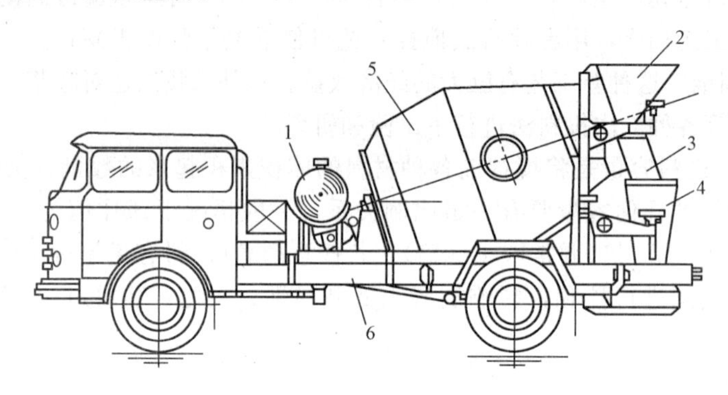

图 5-25　混凝土搅拌运输车

1—水箱；2—进料斗；3—卸料斗；4—活动卸料溜槽；5—搅拌筒；6—汽车底盘

商品混凝土一般采用混凝土泵车进行运输和浇筑，它以泵为动力，沿管道输送混凝土，可以一次完成水平及垂直运输，将混凝土直接输送到浇筑地点，是发展较快的一种混凝土运输方法。根据驱动方式，混凝土泵目前主要分为挤压泵和活塞泵两类，我国主要利用活塞泵。

活塞泵目前多用液压驱动，它主要由料斗、液压缸和活塞、混凝土缸、分配阀、Y 形输送管、冲洗设备、液压系统和动力系统等组成。如图 5-26 所示，活塞泵工作时，搅拌机卸出的或由混凝土搅拌运输车卸出的混凝土倒入料斗 6，控制吸入的水平分配阀 7 开启，控制排出的竖向分配阀 8 关闭，液压活塞 4 在液压的作用下通过活塞杆 5 带动推压混凝土活塞 2 后移，料斗内的混凝土在重力和吸力的作用下进入混凝土缸 1。然后，液压系统中压力油的进出反向，推压混凝土活塞 2 向前推压，同时控制吸入的水平分配阀 7 关闭，而控制排出的竖向分配阀 8 开启，混凝土缸中的混凝土拌合物就通过 Y 形输送管压入输送管，送至浇筑地点。由于其有两个缸体交替进料和出料，因而能连续、稳定地排料。不同型号的混凝土泵，其排量不同，水平运距和垂直运距也不同，常用的活塞式混凝土泵的混凝土排量为80～120 m^3/h，水平运距为1 200～1 500 m，垂直运距为280～350 m。最大的活塞式混凝土泵的水平输送距离已超过2 000 m，最大垂直泵送高度达500 m以上。

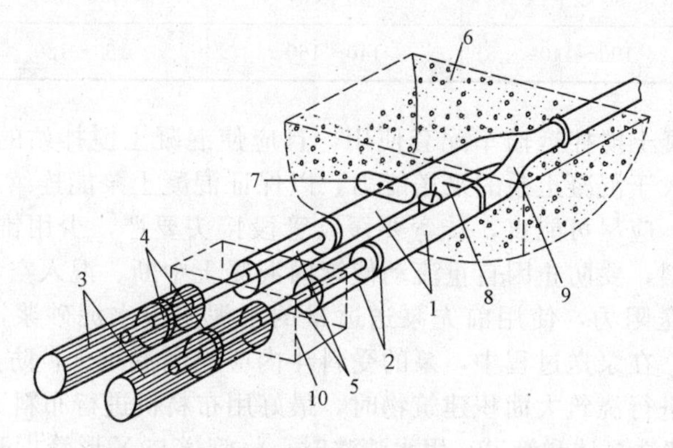

图5-26　液压活塞式混凝土泵的工作原理

1—混凝土缸；2—推压混凝土活塞；3—液压缸；4—液压活塞；5—活塞杆；6—料斗；
7—控制吸入的水平分配阀；8—控制排出的竖向分配阀；9—Y形输送管；10—水箱

常用的混凝土输送管为钢管、橡胶和塑料软管，直径为75～200 mm，每段长约为3 m，配有45°、90°等弯管和锥形管。弯管、锥形管和软管的流动阻力大，计算输送距离时要换算成水平长度。垂直输送时，在立管的底部要增设逆流阀，以防停泵时立管中的混凝土反压回流。

将混凝土泵装在汽车上便成为混凝土泵车(图5-27)，在车上还装有可以伸缩或曲折的布料杆，其末端是一软管，可将混凝土直接送至浇筑地点，布料臂架达42～56 m，使用十分方便。

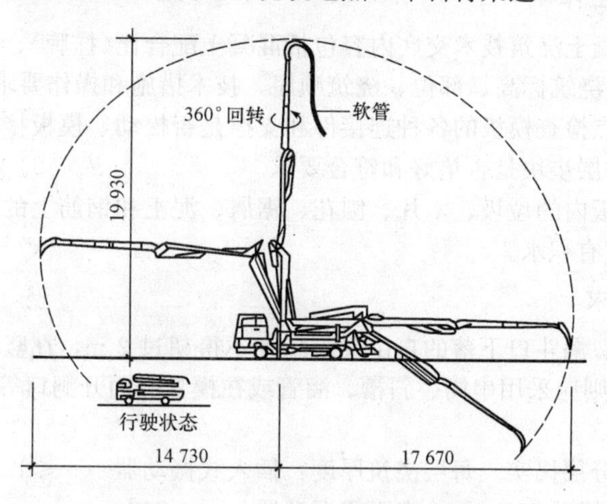

图5-27　带布料杆的混凝土泵车

泵送混凝土是指坍落度不低于100 mm并用泵送施工的混凝土，对混凝土的配合比和材料有较严格的要求：碎石、卵石的最大粒径与输送管内径之比宜≤1∶3和1∶2.5，泵送高度在50～100 m时，宜为1∶3～1∶4；泵送高度在100 m以上时，宜为1∶4～1∶5，以免堵塞，如用轻集料，则以吸水率小者为宜，并宜用水预湿，以免在压力作用下强烈吸水，使坍落度降低而在管道中形成阻塞。砂宜用中砂，通过0.315 mm筛孔的砂应不少于15%。含砂率宜控制在35%～45%，集料为轻集料，还可适当提高。水泥用量不宜过少，否则泵送阻力增大，水泥和矿物掺合料的总量不宜少于 300 kg/m^3，用水量与水泥和矿物掺合料的总量之比不宜大于 0.60。掺用引气型外加剂时，含气量不宜大于 4%。不同泵送高度入泵时混凝土的坍落度参考表 5-17。

表 5-17　不同泵送高度入泵时混凝土的坍落度

泵送高度/m	30 以下	30～60	60～100	100 以上
坍落度/mm	100～140	140～160	160～180	180～200

混凝土泵宜与混凝土搅拌运输车配套使用，且应使混凝土搅拌站的供应能力和混凝土搅拌运输车的运输能力大于混凝土泵的泵送能力，以保证混凝土泵能连续工作，防止停机堵管。进行输送管线布置时，应尽可能直，转弯要缓，管段接头要严，少用锥形管，以减少压力损失。如输送管向下倾斜，要防止因自重流动使管内混凝土中断、混入空气而引起混凝土离析，产生阻塞。为减小泵送阻力，使用前先泵送适量的水泥浆或水泥砂浆，以润滑输送管内壁，然后进行正常的泵送。在泵送过程中，泵的受料斗内应充满混凝土，防止吸入空气形成阻塞。混凝土泵排量大，在进行浇筑大面积建筑物时，最好用布料机进行布料。

泵送结束要及时清洗泵体和管道，用水清洗时，将管道与 Y 形管拆开，放入海绵球并清洗活塞，再通过法兰使高压水软管与管道连接，高压水推动活塞和海绵球，将残存的混凝土压出管道。

对用混凝土泵浇筑的结构物要加强养护，防止因水泥用量较大而开裂。如混凝土浇筑速度快，对模板的侧压力大，模板和支撑应保证稳定和足够的强度。选择混凝土运输方案时，技术上可行的方案可能不止一个，这就要通过综合的技术、经济比较来选择最优方案。

5.3.3　混凝土的浇筑、振捣

1. 浇筑前的准备工作

(1)技术交底。混凝土浇筑技术交底内容包括混凝土配合比(挂牌)、计量方法、工程量、施工进度、施工缝留设、浇筑标高、部位、浇筑顺序、技术措施和操作要求等。

(2)交接检查。重点检查模板的各种连接件和支撑是否松动，模板接缝是否严密；检查钢筋是否变形和移位，保护层垫块是否垫好和符合要求。

(3)清理。清理模板内的垃圾、木片、刨花、锯屑、泥土和钢筋上的油污等，木模板应浇水加以润湿，但不允许留有积水。

2. 浇筑的一般要求

(1)混凝土自料斗、漏斗口下落的自由倾落高度不得超过 2 m，在竖向结构中浇筑混凝土的高度不得超过 3 m，否则应采用串筒、斜槽、溜管或在模板侧面开洞口等方法下料，避免混凝土离析。

(2)应分层浇筑，分层捣实。每层浇筑厚度：插入式振动器——≤1.25 倍振捣器作用部分长度(300～400 mm)，不超过 500 mm；表面式振动器——≤200 mm。

(3)浇筑混凝土应连续进行，即在前层混凝土初凝前，将上层混凝土浇筑完毕。间歇的最长时间应按所用水泥品种、气温及混凝土凝结条件确定，一般超过 2 h 应按施工缝处理(当混凝土的凝结时间小于 2 h 时，则应当按混凝土的初凝时间执行)，施工缝留设位置应符合要求。

(4)浇筑混凝土时应经常观察模板、钢筋、预留孔洞、预埋件和插筋等有无移动、变形或堵塞情况，发现问题应立即处理，并应在已浇筑的混凝土初凝前修正完好。

3. 施工缝留设

混凝土浇筑因技术或组织上的原因不能连续进行，且浇筑的中断时间有可能超过混凝土的初凝时间，形成的新、旧混凝土交接缝，称为施工缝。

混凝土施工缝不应随意留置，其位置应事先在施工技术方案中确定。确定施工缝位置的原则为：尽可能留置在受剪力较小的部位；留置部位应便于施工。

(1)留设规定。

1)柱：留设水平缝，留置在基础的顶面、框架梁的底面(顶层柱若采用梁钢筋锚入柱的构造，应留设在梁钢筋锚固位置处)或顶面、无梁楼板柱帽的下面(图 5-28)。

2)梁：梁板宜同时浇筑，当梁高＞1 m 时，可留设水平缝，设在板或梁托(翼缘)下 20～30 mm 处。

3)单向板：留置在平行于板的短边的任何位置。

4)有主、次梁的楼板：留置在次梁跨中的中间 1/3 范围内(图 5-29)。

5)墙：留置在门洞口过梁跨中 1/3 范围内，也可留在纵、横墙的交接处。

6)楼梯：楼梯间有剪力墙时，留在该层楼板后退 1/3 的楼梯长处；框架结构无剪力墙时，留在该层楼板向上 1/3 的楼梯长处(上 3～4 个踏步且截面垂直于梯板)。

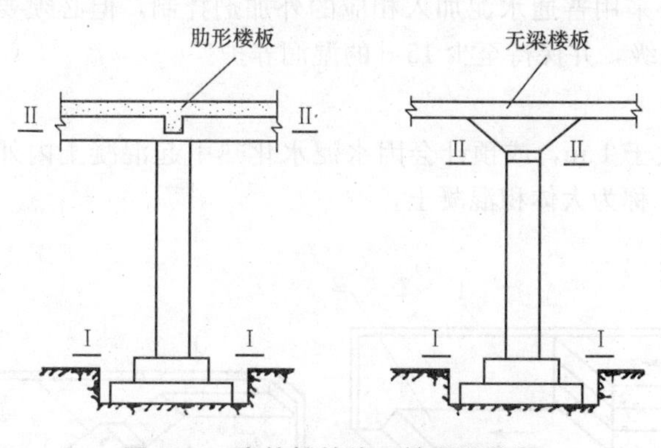

图 5-28　浇筑柱的施工缝留设位置

注：Ⅰ—Ⅰ、Ⅱ—Ⅱ表示施工缝位置

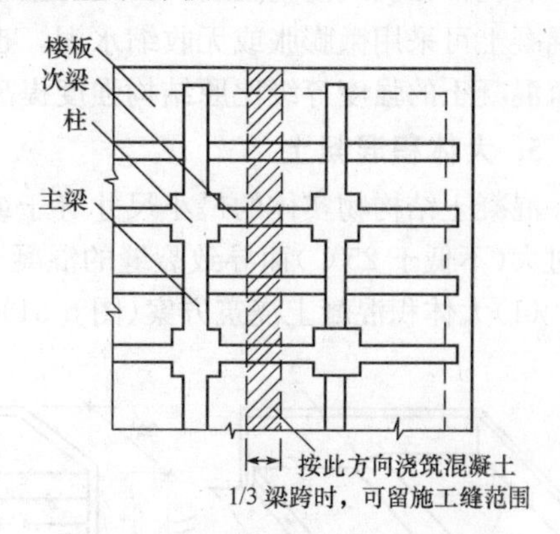

图 5-29　浇筑有主、次梁楼板的施工缝留设位置

(2)施工缝处理。在施工缝处继续浇筑混凝土时，已浇筑的混凝土抗压强度不应小于 1.2 N/mm^2，混凝土强度达到 1.2 N/mm^2 的时间可通过试验决定。同时，必须对施工缝进行必要的处理。

1)在已硬化的混凝土表面上继续浇筑混凝土前，应清除垃圾、水泥薄膜、表面松砂石和软弱混凝土层。同时，还应加以凿毛，用水冲洗干净并充分湿润，一般浇筑间隔不宜少于 24 h。残留在混凝土表面的积水应予以清除。

2)注意在施工缝位置附近回弯钢筋时，要做到钢筋周围的混凝土不受松动和损坏。钢筋上的油污、水泥砂浆及浮锈等也应清除。

3)浇筑前，水平施工缝宜先铺上 10～15 mm 厚的水泥砂浆一层，其配合比与混凝土内的砂浆成分相同。

4)从施工缝处开始继续浇筑时，要注意避免直接靠近缝边下料。机械振捣前，宜向施工缝处逐渐推进，并于距其 80～100 cm 处停止振捣，但应加强对施工缝接缝的捣实工作，使其紧密结合。

4. 后浇带的设置

后浇带是在现浇钢筋混凝土结构施工过程中，为克服由于温度、收缩而可能产生有害裂缝而设置的临时施工缝，其构造如图 5-30 所示。该缝需根据设计要求保留一段时间后再浇筑，将整个结构连成整体。

后浇带的设置距离，应考虑在有效降低温差和收缩应力的条件下，通过计算来获得。在正常的施工条件下，如混凝土置于室内和土中，后浇带的设置距离为 30 m，如在露天情况下，设置距离则为 20 m。

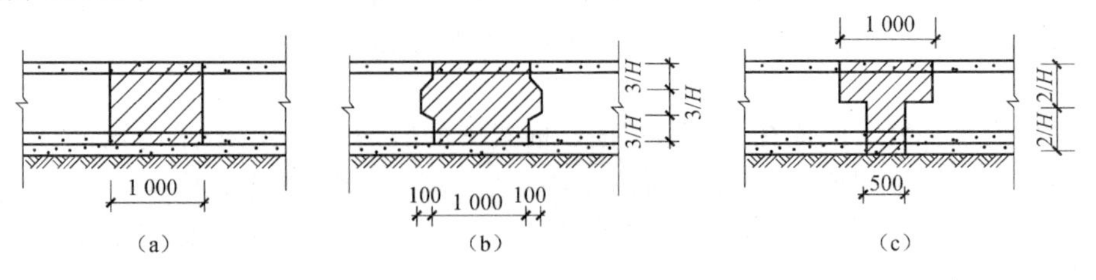

图 5-30　后浇带构造

(a)平接式；(b)企口式；(c)台阶式

后浇带的保留时间应根据设计确定；若设计无要求，一般至少保留 28 d。后浇带的宽度应考虑施工简便，避免应力集中，其宽度一般为 70～100 cm。后浇带内的钢筋应完好保存。

后浇带在浇筑混凝土前，必须将整个混凝土表面按照施工缝的要求进行处理。填充后浇带的混凝土可采用微膨胀或无收缩水泥，也可采用普通水泥加入相应的外加剂拌制，但必须要求填筑混凝土的强度等级比原结构强度提高一级，并保持至少 15 d 的湿润养护。

5. 大体积混凝土

混凝土结构物实体的最小尺寸等于或大于 1 m，或预计会因水泥水化热引起混凝土内外温差过大(不低于 25℃)而导致裂缝的混凝土，称为大体积混凝土。

(1)大体积混凝土浇筑方案(图 5-31)。

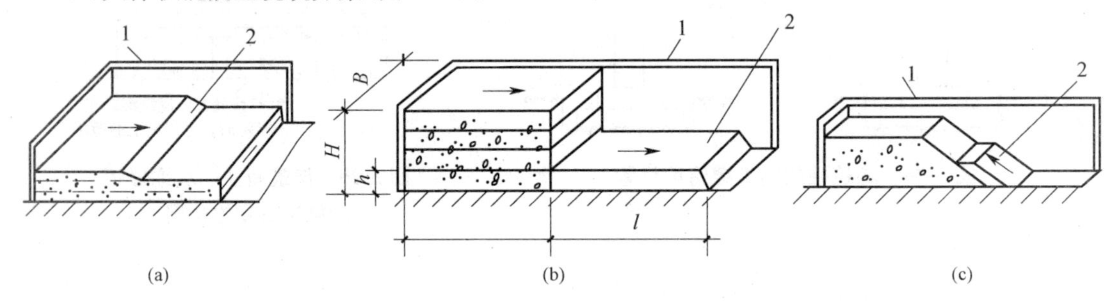

图 5-31　大体积混凝土浇筑方案

(a)全面分层；(b)分段分层；(c)斜面分层

1—模板；2—新浇筑的混凝土

1)全面分层。当结构面积小而厚度大时，可将整个结构分为若干层，逐层进行浇筑。若结构平面面积为 A(m^2)，浇筑分层厚度为 h(m)，每小时浇筑量为 Q(m^3/h)，混凝土从开始浇筑至初凝的延续时间为 T(h)，为保证结构的整体性，则应保证 $Ah \leqslant QT$。

2)分段分层。当结构面积较大但呈长条形时，可将结构划分为若干段，每段又分为若干层，先浇筑第一段各层，然后浇筑第二段各层，如此连续浇筑，直至结束。若结构的厚度为 H(m)，宽度为 b(m)，分段长度为 L(m)，为保证结构的整体性，则应满足 $L \leqslant QT/b(H-b)$。

3)斜面分层。当结构的面积大但厚度小时，一般可采用斜面浇筑方案。

(2)大体积混凝土裂缝产生的原因和防治措施。厚大钢筋混凝土结构由于体积大，水泥水化热聚积在内部不易散发，内部温度显著升高，外表散热快，形成较大内外温差，导致内部产生压应力，外表产生拉应力，如内外温差过大(25 ℃以上)，混凝土表面将产生裂缝。

当混凝土内部逐渐散热冷却，产生收缩时，由于受到基底中已硬混凝土的约束，不能自由收缩而产生拉应力。温差越大，约束程度越高；结构长度越大，拉应力越大。当拉应力超过混凝土的抗拉强度时即产生裂缝，裂缝从基底向上发展，甚至贯穿整个基础。这种裂缝比表面裂缝危害更大。

要防止混凝土早期产生裂缝，就要控制混凝土的内外温差，以防表面开裂；控制混凝土冷却过程中的总温差和降温速度，以防基底开裂。

早期裂缝的预防方法为：优先采用水化热低的水泥(如矿渣硅酸盐水泥)；减少水泥用量；掺入适量的粉煤灰或在浇筑时投入适量毛石；放慢浇筑速度和减小浇筑厚度，采用人工降温措施；浇筑后应及时覆盖；必要时，取得设计单位的同意后可分块浇筑，块和块间留1 m宽的后浇带，待各分块混凝土干缩后再浇后浇带。

6. 混凝土振捣

混凝土振动密实的原理为：在振动力的作用下，混凝土内部的黏着力和内摩擦力显著减少，集料在其自重作用下紧密排列，水泥砂浆均匀分布于填充空隙，气泡逸出，混凝土填满了模板并形成密实体积。

主要振捣机械(图 5-32)如下：

(1)内部振动器，又称为插入式振动器，多用于振实梁、柱、墙、厚板和基础等。其振捣要点如下：

1)插入方向：垂直或 45°斜向插入。

2)振捣原则：振捣时应做到快插慢拔，上下抽动，插入下层 50～100 mm，以促使上、下层混凝土结合成整体。

3)振捣时间：每点振捣时间为 20～30 s(初始振捣时，混凝土呈明显下沉和冒气泡；振实后表面呈现浮浆，无气泡冒出)。

4)移动距离：振动棒移动间距不宜大于作用半径的 1.5 倍，每点间呈行列式或梅花形排列，距离模板不大于作用半径的 0.5 倍，应避免漏振和碰模板、钢筋、预埋件等。

(2)表面振动器适用于捣实楼板、地面、板形构件和薄壳等薄壁结构。在无筋或单层钢筋结构中，每次振实的厚度不大于 250 mm；在双层钢筋结构中，每次振实的厚度不大于 120 mm。

(3)附着式振动器通过螺栓或夹钳等固定在模板外侧的横挡或竖挡上，但模板应有足够的刚度。

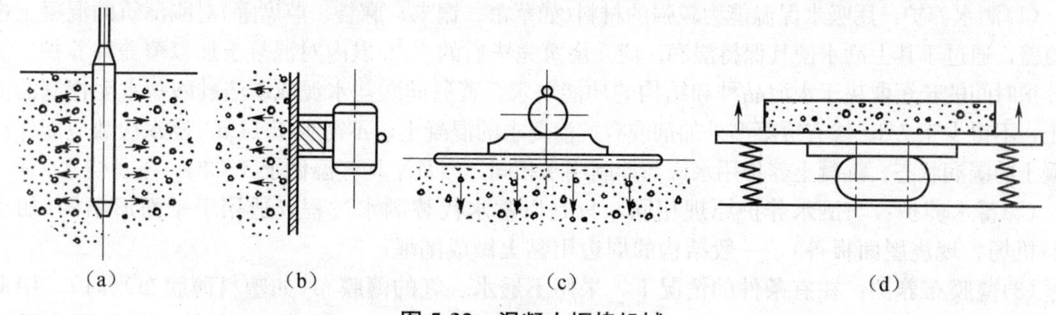

图 5-32 混凝土振捣机械

(a)内部振动器；(b)外部振动器；(c)表面振动器；(d)振动台

7. 框架结构混凝土浇筑要点

(1)柱的混凝土浇筑。柱浇筑前底部应先填 5～10 cm 厚与混凝土配合比相同的减石子砂浆；与梁板整体浇筑时，应在柱浇筑完毕后停歇 1～1.5 h，使其初步沉实，再继续浇筑。浇筑完毕后，应及时将伸出的连接钢筋整理到位。

(2)剪力墙混凝土浇筑。当柱、墙的混凝土强度等级相同时，可以同时浇筑；反之，宜先浇筑柱混凝土，预埋剪力墙锚固筋，待拆柱模后，再绑剪力墙钢筋、支模、浇筑混凝土。剪力墙浇筑混凝土前，先在底部均匀浇筑 5～10 cm 厚与墙体混凝土同配比的减石子砂浆，并用铁锹入模，不应用料斗直接灌入模内。振捣时注意钢筋密集区及洞口部位，为防止出现漏振，须在洞口两侧同时振捣，下灰高度也要大体一致。大洞口的洞底模板应开口，并在此处浇筑振捣。墙体混凝土浇筑高度应高出板底 20～30 mm。混凝土墙体浇筑完毕后，应对上口甩出的钢筋加以整理，用木抹子按标高线将墙上表面混凝土找平。

(3)梁、板混凝土浇筑。梁、板应同时浇筑，浇筑方法如下：由一端开始用“赶浆法”浇筑，即先浇筑梁，根据梁高分层浇筑成阶梯形。当达到板底位置时，再与板的混凝土一起浇筑，随着阶梯形不断延伸，梁、板混凝土浇筑连续向前进行。浇捣时，浇筑与振捣必须紧密配合，第一层下料慢些，梁底充分振实后再下第二层料，用“赶浆法”保持水泥浆沿梁底包裹石子向前推进；梁柱节点钢筋较密处，宜用小粒径石子且同强度等级的混凝土浇筑，并用小直径振捣棒振捣。浇筑板混凝土的虚铺厚度应略大于板厚，用平板振捣器沿垂直浇筑方向来回振捣，厚板可用插入式振捣器顺浇筑方向拖拉振捣，并用铁插尺检查混凝土厚度，振捣完毕后用长木抹子抹平。

5.3.4 混凝土养护

混凝土浇筑捣实后逐渐凝固硬化，这个过程主要由水泥的水化作用来实现，而水化作用必须在适当的温度和湿度条件下才能完成。因此，为了保证混凝土有适宜的硬化条件，使其强度不断增长，必须对混凝土进行养护。混凝土的养护就是创造一个具有一定湿度和温度的环境，使混凝土凝结硬化，达到设计要求的强度。养护对于保证混凝土的质量是至关重要的，混凝土的养护方法分为标准养护、自然养护和人工养护。

1. 标准养护

标准养护是指混凝土在温度为(20±3)℃和相对湿度为 90%以上的潮湿环境(或水中)进行的养护。标准养护主要用于混凝土试块的养护。

2. 自然养护

自然养护是指利用平均气温高于 5 ℃的自然条件，通过对混凝土采取相应的保湿、保温等措施所进行的养护。自然养护操作简单、费用低，是混凝土养护的首选方法。自然养护又分为洒水养护、蓄水养护、薄膜布养护和喷涂薄膜养生液养护四种。

(1)洒水养护：用吸水保温能力较强的材料(如草帘、锯末、麻袋、芦席等)对刚浇筑的混凝土进行覆盖，通过于其上洒水使其保持湿润。应在浇筑完毕后的 12 h 以内对混凝土加以覆盖并养护。洒水养护时间的长短取决于水泥品种和结构的功能要求，普通硅酸盐水泥或矿渣硅酸盐水泥拌制的混凝土，不得少于 7 d；掺有缓凝型外加剂或有抗渗要求的混凝土，不得少于 14 d。浇水次数应能保持混凝土的湿润状态。混凝土养护用水应与拌制用水相同。当日平均气温低于 5 ℃时，不得浇水。

(2)蓄水养护：与洒水养护原理相同，只是以蓄水代替洒水过程，适用于平面形结构(如道路、机场、现浇屋面板等)，一般结构的周边用黏土做成围堰。

(3)薄膜布养护：在有条件的情况下，采用不透水、气的薄膜布(如塑料薄膜布)养护。用薄膜布把混凝土表面敞露的部分全部严密地覆盖起来，保证混凝土在不浇水的情况下得到充足的养护。这种养护方法的优点是不必浇水、操作方便、能重复使用，其能提高混凝土的早期强度，加速模具的周转。采用塑料布覆盖养护的混凝土，其敞露的全部表面应覆盖严密，并应保持塑料面布内有凝结水。

(4)喷涂薄膜养生液养护：适用于缺水地区的混凝土结构或不易洒水养护的高耸构筑物和大面积混凝土结构。它是将高分子合成乳液等喷洒在新浇筑的混凝土表面上，溶剂挥发后在混凝土表面形成一层薄膜，使混凝土与空气隔绝，阻止混凝土中水分的蒸发，以保证水化作用的继续进行。薄膜在养护完成一定时间后要能自行老化脱落，否则不宜喷洒在以后要做粉刷的混凝土表面上。在夏季，薄膜成型后还要防晒，否则易产生裂纹。

3. 人工养护

人工养护就是用人工来控制混凝土的养护温度和湿度，使混凝土的强度增加，如蒸汽养护、热水养护、太阳能养护等。人工养护主要用来养护预制构件，现浇构件大多用自然养护。

混凝土必须养护至其强度达到 1.2 N/mm^2 以上，方可允许在其上行人或拆除模板和支架。混凝土养护必须填写混凝土养护记录表。

5.3.5 混凝土质量检查

混凝土质量检查包括施工前的检查、拌制和浇筑过程中的质量检查和养护后的质量检查。

1. 施工前的检查

(1)混凝土原材料的质量是否合格。

(2)配合比是否正确。首次使用的混凝土配合比应进行开盘鉴定，其性能应满足设计配合比的要求。混凝土拌制前，应测定砂、石含水率并根据测试结果调整材料用量，提出施工配合比。

2. 拌制和浇筑过程中的质量检查

(1)混凝土拌制计量是否准确。各种衡器应定期校验，每次使用前应进行零点校核，保证计量准确；当遇雨天，含水率有显著变化时，应增加含水率检测次数，并及时调整水和集料的用量。

(2)应随时检查混凝土的搅拌时间。每一工作班至少检查两次混凝土坍落度并填写“混凝土坍落度测定报告”，并对混凝土振捣情况进行检查、监督。

进行坍落度试验时，将试样分三层均匀地装入筒内，每层的装入高度在插捣后大致为筒高的 1/3。顶层装料时，应使拌合物高出筒顶。插捣过程中，如试样沉落到低于筒口位置，则应随时添加，以使其自始至终保持高于筒顶。每装一层，分别用捣棒插捣 25 次，插捣应在全部面积上进行，沿螺旋线由边缘渐向中心。在筒边插捣时，捣棒应稍有倾斜，然后垂直插捣中心部分。每层插捣时，均应捣至下层表面。插捣完毕后卸下漏斗，将多余的拌合物用镘刀刮去，使之与筒顶面齐平，筒周围拌板上的杂物必须刮净、清除。将坍落度筒小心、平稳地垂直向上提起，不得歪斜，提离过程于 5～10 s 内完成，将筒放在拌合物试样一旁，量出坍落后拌合物试样最高点与筒的高度差(以 mm 为单位，读数精确至 5 mm)，即为该拌合物的坍落度。从开始装料到提起坍落度筒的整个过程应在 150 s 内完成。

在试验时，应同时观察记录混凝土的和易性、黏聚性和保水性指标。①和易性：坍落度筒提离后，如混凝土发生崩坍或一边剪坏现象，则应重新取样测定，如第二次试验仍出现上述现象，则表示混凝土和易性不好(和易性指标分为良好、一般、不好)。②黏聚性：用捣棒在已坍落的混凝土锥体侧面轻轻敲打，如果锥体逐渐下沉，则表示黏聚性良好；如果锥体倒塌、部分崩裂或出现离析现象，则表示黏聚性不好。③保水性：坍落度筒提离后如有较多的稀浆从底部析出，锥体部分的混凝土也因失浆而集料外露，则表示此混凝土拌合物的保水性不好；如坍落度筒提离后无稀浆自底部析出，则表示此混凝土拌合物的保水性良好。

(3)混凝土运输、浇筑及间歇的全部时间不应超过混凝土的初凝时间。同一施工段的混凝土应连续浇筑，并应在底层混凝土初凝之前将上一层混凝土浇筑完毕。

(4)检查施工缝、后浇带的留置位置是否正确。

(5)混凝土浇筑完毕后，应按施工技术方案及时采取有效的养护措施。在混凝土制备和浇筑过程中，对原材料的质量、配合比、坍落度、振捣等进行检查，如遇特殊情况还应及时进行抽查。

3. 养护后的质量检查

养护后的质量检查包括混凝土拆模后的外观检查和强度检查。

(1)外观检查。混凝土结构构件拆模后，应从外观上检查其表面有无麻面、蜂窝、露筋、裂缝、孔洞等缺陷，预留洞孔道是否通畅，应由监理(建设)单位、施工单位等各方根据其对结构性能和使用功能影响的严重程度，按表 5-18 确定。

表 5-18　现浇结构外观质量缺陷

名称	现象	严重缺陷	一般缺陷
露筋	构件内钢筋未被混凝土包裹而外露	纵向受力钢筋有露筋	其他钢筋有少量露筋
蜂窝	混凝土表面因缺少水泥砂浆而形成石子外露	构件主要受力部位有蜂窝	其他部位有少量蜂窝
孔洞	混凝土中孔穴深度和长度均超过保护层厚度	构件主要受力部位有孔洞	其他部位有少量孔洞
夹渣	混凝土中夹有杂物且深度超过保护层厚度	构件主要受力部位有夹渣	其他部位有少量夹渣
疏松	混凝土中局部不密实	构件主要受力部位有疏松	其他部位有少量疏松
裂缝	缝隙从混凝土表面延伸至混凝土内部	构件主要受力部位有影响结构性能或使用功能的裂缝	其他部位有少量不影响结构性能或使用功能的裂缝
连接部位缺陷	构件连接处混凝土缺陷及连接钢筋、连接件松动	连接部位有影响结构传力性能的缺陷	连接部位有基本不影响结构传力性能的缺陷
外形缺陷	缺棱、掉角、棱角不直、翘曲不平、飞边凸肋等	清水混凝土构件有影响使用功能或装饰效果的外形缺陷	其他混凝土构件有不影响使用功能的外形缺陷
外表缺陷	构件表面麻面、掉皮、起砂、沾污等	具有重要装饰效果的清水混凝土表面有外表缺陷	其他混凝土构件有不影响使用功能的外表缺陷

现浇结构拆模后，应由监理(建设)单位、施工单位对外观质量和尺寸偏差进行检查，作出记录，并应及时按施工技术方案对缺陷进行处理。

现浇结构拆模后的尺寸偏差项目包括：轴线位置；垂直度(层高、全高)；标高(层高、全高)；截面尺寸；电梯井[井筒长、宽对定位中心线，井筒全高(H)垂直度]；预埋设施中心线位置；预留洞中心线位置。

(2)强度检查。

1)试件取样规定。在混凝土结构施工中，用于检查结构构件混凝土强度的试件留置组数应符合下列规定：

①每拌制 100 盘且不超过 100 m³ 的同配合比的混凝土，取样不得少于一次；

②每工作班拌制的同配合比的混凝土不足 100 盘时，取样不得少于一次；

③当一次连续浇筑超过 1 000 m³ 时，同一配合比的混凝土每 200 m³ 取样不得少于一次；

④每一楼层、同一配合比的混凝土，取样不得少于一次；

⑤每次取样应至少留置一组标准养护试件。用于结构实体检验的同条件养护试件的留置组数应根据实际需要确定，同一强度等级的同条件养护试件，不宜少于 10 组，且不应少于 3 组；当试件达到等效养护龄期时，方可对同条件养护试件进行强度试验，等效养护龄期可取按日平均温度逐日累计达到 600 ℃·d 时所对应的龄期(0 ℃及以下的龄期不计入；等效养护龄期不应小于 14 d，也不宜大于 60 d)。

对有抗渗要求的混凝土结构，其混凝土试件应在浇筑地点随机取样。浇筑量在 500 m³ 以下时，应留置两组(12 块)抗渗试块，且每增加 250～500 m³，应增加两组(12 块)抗渗试块。

试件取样时，应在监理方的见证下，从搅拌车 1/4～3/4 处随机抽样且不少于 0.02 m³，取样后用铁锹翻拌三次，分两层入模，插捣应按螺旋方向从边缘到中间均匀进行，捣棒应达到试模底部；插捣上层时，捣棒应贯穿上层后插入下层 20～30 mm，每层插捣次数为 27 次左右并用橡皮锤轻轻敲击试模四周，直到捣棒留下的空洞消失为止，并用抹刀沿试模内壁插拔数次。捣棒应垂直插入，不得倾斜。

2)试件强度取值。每组三个试件应在同盘混凝土中取样制作，并按下列规定确定该组试件的混凝土强度的代表值：

①取三个试件强度的算术平均值；

②当三个试件强度中的最大值或最小值与中间值之差超过中间值的 15%时，取中间值；

③当三个试件强度中的最大值或最小值与中间值之差均超过 15%时，该组试件不应作为强度评定的依据。

4. 混凝土质量缺陷

(1)缺陷分类及其产生原因。

1)麻面：是指结构构件表面呈现无数的小凹点，而尚无钢筋暴露的现象。麻面是模板内表面粗糙、未清理干净、润湿不足，模板拼缝不严密而漏浆，混凝土振捣不密实、气泡未排出以及养护不好所致。

2)露筋：即钢筋未被混凝土包裹而外露的现象。露筋主要是绑扎钢筋或安装钢筋骨架时未放垫块或垫块位移、钢筋位移、结构断面较小、钢筋过密等使钢筋紧贴模板，以致混凝土保护层厚度不够所致；有时，也因混凝土结构物缺边、掉角而露筋。

3)蜂窝：是指混凝土表面出现无水泥砂浆，露出石子的深度大于 5 mm，但小于保护层厚度的蜂窝状缺陷。蜂窝主要是由混凝土配合比不准确(浆少石多)或搅拌不匀、浇筑方法不当、振捣不合理，砂浆与石子分离，模板严重漏浆等原因而产生。

4)孔洞：是指混凝土结构存在着较大的孔隙，局部或全部无混凝土的现象。孔洞是集料粒径过大、钢筋配置过密导致混凝土下料中被钢筋挡住，混凝土流动性差，混凝土分层离析，混凝土振捣不实，混凝土受冻或混凝土中混入泥块、杂物等所致。

5)缝隙及夹层：是指施工缝处有缝隙或夹有杂物的现象。缝隙及夹层是施工缝处理不当以及混凝土中含有垃圾、杂物所致。

6)缺棱、掉角：是指梁、柱、板、墙以及洞口的直角边上的混凝土局部残损掉落的现象。缺棱、掉角产生的主要原因是混凝土浇筑前模板未充分润湿，使棱角处混凝土中水分被模板吸去而水化不充分，引起强度降低，拆模时则棱角损坏；另外，拆模过早或拆模后保护不善，也会造成棱角损坏。

7)裂缝：有温度裂缝、干缩裂缝和外力引起的裂缝三种。裂缝产生的原因主要是：结构和构件下的地基产生不均匀沉降；模板、支撑没有固定牢固；拆模时混凝土受到剧烈振动；环境或混凝土表面与内部温差过大；混凝土养护不良及其中水分蒸发过快等。

(2)缺陷处理。

1)表面抹浆修补。对数量不多的小蜂窝、麻面、露筋、露石的混凝土表面，用钢丝刷或加压水洗刷基层，再用 1∶2～1∶2.5 的水泥砂浆填满抹平，抹浆初凝后要加强养护。当表面裂缝较细、数量不多时，裂缝用水冲洗并用水泥浆抹补；对宽度和深度较大的裂缝，应将裂缝附近的混凝土表面凿毛或沿裂缝方向凿成深为 15～20 mm、宽为 100～200 mm 的 V 形凹槽，扫净并洒水润湿，先刷水泥浆一层，然后用 1∶2～1∶2.5 的水泥砂浆涂抹 2～3 层，将总厚度控制在 10～20 mm 并压实抹光。

2)细石混凝土填补。当蜂窝比较严重或露筋较深时，应按其全部深度凿去薄弱的混凝土和个别凸出的集料颗粒，然后用钢丝刷或加压水洗刷表面，再用比原混凝土强度等级高一级的细石混凝土填补并仔细捣实。

对于孔洞，可在混凝土表面采用施工缝的处理方法。将孔洞处不密实的混凝土和凸出的石子剔除，并将洞边凿成斜面，以避免死角；然后，用水冲洗或用钢丝刷刷清表面，充分润湿72 h后，浇筑比原混凝土强度等级高一级的细石混凝土。细石混凝土的水胶比宜在0.5以内，并掺入水泥用量1/10 000的铝粉(膨胀剂)，用小振捣棒分层捣实，然后进行养护。

3)化学注浆修补。当裂缝宽度在0.1 mm以上时，可用环氧树脂注浆修补。修补时，先用钢丝刷清除混凝土表面的灰尘、浮渣及散层，使裂缝处保持干净，然后把裂缝用环氧砂浆密封表面，做出一个密闭空腔，有控制地留置注浆口及排口，借助压缩空气把浆液压入缝隙，使其充满整个裂缝。压注浆液与混凝土有很好的黏结作用，使修补处具有很好的强度和耐久性。对0.05 mm以上的细微裂缝，可用甲凝修补。

防渗堵漏常用的注浆材料有丙凝(能压注入0.01 mm以上的裂缝)和聚氨酯(能压注入0.015 mm以上的裂缝)等。

4)对混凝土强度严重不足的承重构件，必须拆除返工；对强度不足但经设计单位验算同意的，可不拆除，根据混凝土实际强度提出加固处理方案，但其所在的分部分项工程验收不得评为优良，只能评为合格。

思考与练习题

1. 模板的作用及基本要求有哪些？
2. 模板设计需考虑哪些载荷？如何取值与组合？
3. 混凝土达到什么强度方可拆模？该强度如何确认？
4. 简述柱、墙、梁、楼板模板的支设要点及常见质量问题。
5. 简述模板安装应满足的要求和现浇结构模板安装的允许偏差项目及模板拆除的要求。
6. 钢筋进场应如何进行验收？
7. 简述闪光对焊、电弧焊、电渣压力焊和闪光对焊接头的质量验收要求和规定。
8. 简述钢筋连接的类型和有关规定。
9. 简述滚轧直螺纹连接的质量检查要点。
10. 简述钢筋焊接的常见质量通病。
11. 简述抗震框架柱的连接及柱顶纵向钢筋构造及框架梁支座的锚固要求。
12. 简述柱、墙、梁、板钢筋绑扎安装的要点和常见质量问题。
13. 简述钢筋代换方法、适用范围及代换时应注意的问题。
14. 简述钢筋隐蔽工程验收的主要内容及验收要点。
15. 简述混凝土原材料的质量要求。
16. 影响混凝土搅拌质量的因素有哪些？
17. 浇筑混凝土前应做哪些准备工作？
18. 混凝土浇筑的基本要求有哪些？混凝土浇筑的要点有哪些？
19. 什么是混凝土施工缝？其留设位置如何确定？留设方法与处理要求有哪些？
20. 混凝土插入式振捣的要点有哪些？
21. 混凝土养护包括哪些手段？什么是自然养护？其有哪些具体做法与要求？
22. 大体积混凝土的浇筑方案及浇筑强度如何确定？如何防止开裂？
23. 混凝土质量检查的主要内容及要求有哪些？
24. 计算图5-33所示梁的钢筋下料长度(抗震结构)，并绘制出配料单。

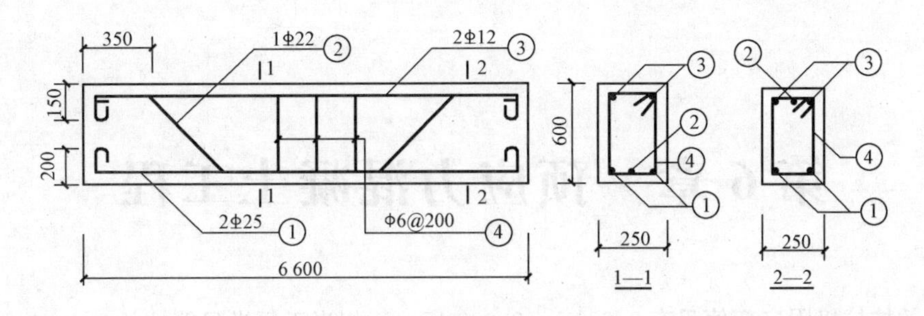

图 5-33　某简支梁配筋

25. 某高层建筑的基础底板长 25 m、宽 14 m、深 1.2 m，采用强度等级为 C25 的混凝土，要求连续浇筑，不留施工缝。现场搅拌站设三台 375 L 搅拌机，每台的实际生产率为 5 m^3/h，混凝土的运输时间为 25 min，混凝土的温度为 25 ℃，气温为 27 ℃，每层浇筑厚度定为 60 cm。

(1)确定混凝土浇筑方案(提示：初凝时间的取值，除应考虑计算值外，还需满足混凝土浇筑允许间歇时间)；

(2)计算正常情况下完成浇筑所用的时间。

26. 某钢筋混凝土墙体高为 2.7 m，厚为 0.18 m。施工时采用塔式起重机吊 0.8 m^3 的吊斗运输浇灌，浇筑速度为 3 m/h，混凝土的坍落度为 50～70 mm，不掺外加剂，混凝土的温度为 20 ℃。试求：

(1)混凝土对模板的最大侧压力及侧压力分布图形；

(2)进行墙体模板强度设计时的载荷取值。

27. 根据图 5-34 进行钢筋配料，计算各种钢筋的下料长度并编制料单。

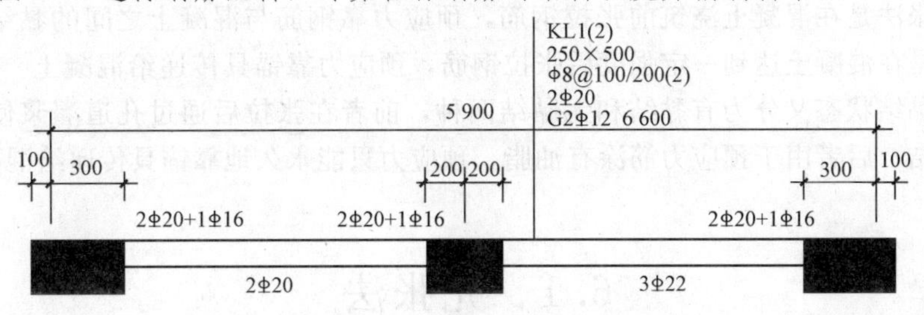

图 5-34　某框架梁平法配筋

28. 某宾馆建筑大厅部分有 16 层，两翼有 13 层，建筑面积为 11 620 m^2。大厅部分主体为框架-剪力墙结构，两翼为剪力墙结构，外墙板为大模板住宅通用构件，内墙为 C20 钢筋混凝土。工程竣工后，检测发现下列部位混凝土强度达不到要求：

(1)七层有六条轴线的墙体混凝土 28 d 试块强度为 12.40 N/mm^2，至 80 d 后取墙体混凝土芯一组，其抗压强度分别为 9.03 N/mm^2、12.15 N/mm^2、13.02 N/mm^2；

(2)十层有六条轴线的墙柱混凝土 28 d 试块强度为 13.25 N/mm^2，至 60 d 后取墙柱混凝土芯一组，其抗压强度分别为 10.08 N/mm^2、11.66 N/mm^2、12.26 N/mm^2，除这条轴线上的混凝土强度不足外，该层其他构件也有类似问题。

问题：

(1)造成该工程混凝土强度不足的原因可能有哪些？

(2)为避免该工程出现的混凝土强度不足，在施工过程中浇筑混凝土时应注意哪些问题？

(3)在检查结构构件混凝土强度时，试件的取样与留置应符合哪些规定？

第 6 章　预应力混凝土工程

混凝土的抗拉极限应变值只有0.000 1～0.000 15 m，相当于每米只能拉长0.1～0.15 mm，超过这个数值就会开裂，要保证混凝土不开裂，钢筋的拉应力只能达到20～30 N/mm²；即使允许出现裂缝的构件，当裂缝宽度限制在0.2～0.3 mm时，钢筋应力也只能达到150～250 N/mm²，这使高强度钢筋的优势无法得到充分利用。预应力混凝土在结构构件承受载荷前，对受拉混凝土施加预压应力，可提高构件的抗裂性能和刚度，推迟裂缝出现的时间，减轻自重，节约材料，增加构件的耐久性，降低造价。

近年来，随着预应力混凝土设计理论和施工工艺、设备的不断完善和发展，高强度材料性能的不断改进，预应力混凝土得到进一步的推广应用。预应力混凝土与普通混凝土相比，具有抗裂性好、刚度大、材料省、自重轻、结构寿命长等优点，这为建造大跨度结构创造了条件。预应力混凝土已由单个预应力混凝土构件发展到整体预应力混凝土结构，广泛用于土建、桥梁、路面、管道、水塔、电杆和轨枕等领域。

预应力混凝土按施工方式的不同，分为预制预应力混凝土、现浇预应力混凝土和叠合预应力混凝土等。对混凝土施加预应力，一般是通过张拉预应力筋，利用预应力筋的回弹来挤压混凝土实现的。根据张拉钢筋与混凝土浇筑的先后关系，张拉预应力筋的方法分为先张法和后张法两大类。先张法是在混凝土浇筑前张拉钢筋，预应力靠钢筋与混凝土之间的黏结力传递给混凝土；后张法是在混凝土达到一定强度后张拉钢筋，预应力靠锚具传递给混凝土。在后张法中，按预应力筋的黏结状态又分为有黏结和无黏结两种，前者在张拉后通过孔道灌浆使预应力筋与混凝土相互黏结；后者由于预应力筋涂有油脂，预应力只能永久地靠锚具传递给混凝土。

6.1　先张法

先张法是在浇筑混凝土构件前，张拉预应力钢筋(丝)，将其临时锚固在台座(在固定的台座上生产时)或钢模(在机组中流水生产时)上，然后浇筑混凝土构件，待混凝土达到一定(约为75%标准)强度，使预应力钢筋(丝)与混凝土之间有足够的黏结力时，放松预应力，预应力钢筋(丝)弹性缩回，借助混凝土与预应力钢筋(丝)之间的黏结，对混凝土产生预压应力。先张法适用于预制构建生产厂家进行小型预制构件的批量生产。

6.1.1　先张法施工设备——台座

台座是先张法施工中张拉和临时固定预应力筋的支撑结构，它承受预应力筋的全部张拉力，因此，要求台座具有足够的强度、刚度和稳定性。台座按构造分为墩式台座和槽式台座，选用时根据构件种类、张拉吨位和施工条件确定。

1. 墩式台座

墩式台座由台墩、台面与横梁等组成，目前应用较多，如图 6-1 所示。墩式台座的长度一般为100～150 m，一条线上可生产的构件数量可根据单个构件长度，并考虑两构件相邻端头距离0.5 m、台座横梁到第一个构件端头距离1.5 m左右进行计算。台座宽度取决于构件的布筋宽度、张拉与现浇混凝土是否方便。在台座端部应留出张拉操作用地和通道，两侧要有用于构件运输和堆放的场地。

台墩一般由现浇钢筋混凝土制作，应有合适的外伸部分，以增大力臂，减少台墩自重。台墩应具有足够的强度、刚度和稳定性。稳定性验算一般包括抗倾覆验算与抗滑移验算。台墩横梁的挠度不应大于2 mm，并不得产生翘曲。预应力筋的定位板必须安装准确，其挠度不大于1 mm。

台面一般是在夯实的碎石垫层上浇筑一层厚度为60～100 mm的混凝土而成。台面需要进行承载力验算。台面的伸缩缝一般约10 m设置一条，也可采用预应力混凝土滑动台面，不留施工缝。

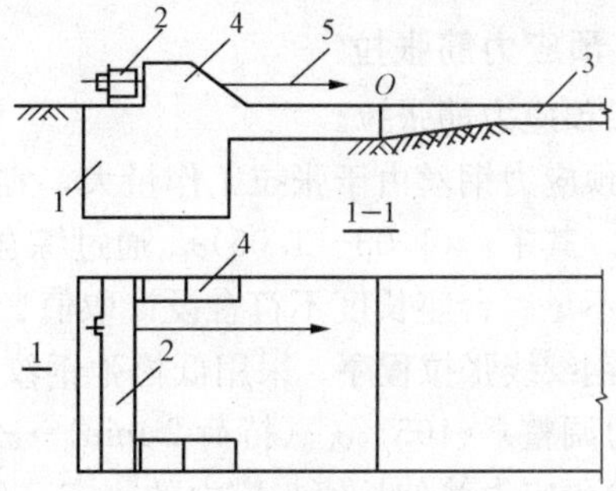

图 6-1　墩式台座

1—台墩；2—横梁；3—台面；4—牛腿；5—预应力筋

2. 槽式台座

槽式台座由端柱、传力柱、柱垫、横梁和台面等组成，既可承受张拉力，又可作蒸汽养护槽，适用于张拉吨位较大的构件，如吊车梁、屋架、薄腹梁等。槽式台座如图6-2所示，其长度一般不大于76 m，宽度随构件外形及制作方式而定。槽式台座一般与地面相平，以便运送混凝土和蒸汽养护，但需考虑排水和地下水水位等问题。端柱、传力柱的端面必须平整，对接接头必须紧密，柱与柱垫连接必须牢靠。

槽式台座也需要进行强度和稳定性验算。

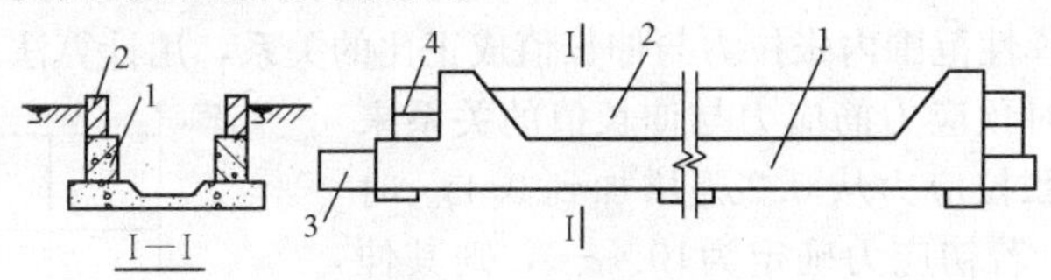

图 6-2　槽式台座

1—传力柱；2—砖墙；3—下横梁；4—上横梁

6.1.2　先张法的施工工艺及施工要点

先张法的施工工艺流程如图6-3所示。

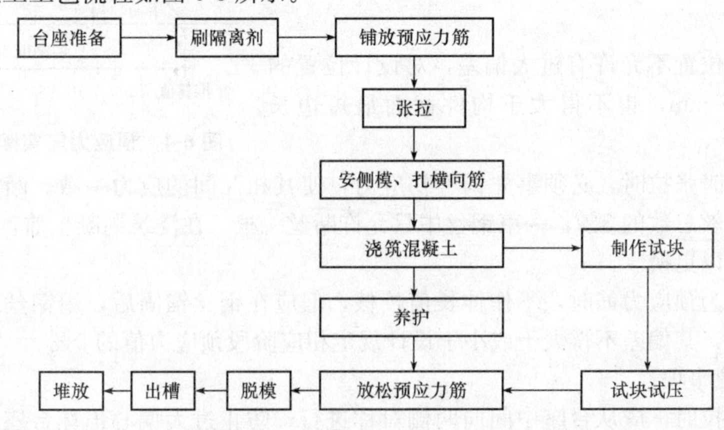

图 6-3　先张法的施工工艺流程

1. 预应力筋铺设

预应力筋铺设前应在台面涂隔离剂，隔离剂不得使预应力筋受污，以免影响预应力筋与混凝土的黏结。如果预应力筋受到污染，应用适宜的溶剂加以清洗。在生产过程中应防止雨水冲刷台面上的隔离剂。

2. 预应力筋张拉

(1)预应力筋张拉。

1)预应力钢丝由于张拉工作量大，宜采用一次张拉程序。张拉程序为：0→(1.03～1.05)σ_{con}(锚固)。其中，(1.03～1.05)σ_{con}通过综合考虑弹簧测力计的误差、温度影响、台座横梁或定位板刚度不足、台座长度不符合设计取值、工人操作影响等因素而得出。

2)钢绞线张拉程序。采用低松弛钢绞线时，可采取一次张拉程序。张拉程序为：0→20%σ_{con}(初应力调整)→105%σ_{con}(持荷 2 min)→σ_{con}。

(2)预应力筋伸长值与应力的测定。预应力筋张拉后，一般应校核预应力筋的伸长值。实际伸长与计算伸长值的偏差超过±6%时，应暂停张拉，查明原因并采取措施予以调整后，方可继续张拉。预应力筋的伸长值 ΔL 按下式计算：

$$\Delta L=(P_j \times L)/(A_p \times E_s) \tag{6-1}$$

式中 P_j——预应力筋张拉力；

L——预应力筋的长度；

A_p——预应力筋的截面面积；

E_s——预应力筋的弹性模量。

预应力筋的实际伸长值，宜在初应力约为10%控制应力时开始量测(初应力取值应不低于10%σ_{con}，以保证预应力筋拉紧)，但必须加上初应力以下的推算伸长值。预应力筋初应力以下的推算伸长值，根据弹性范围内张拉力与伸长值成正比的关系，用计算法或图解法确定。

计算法根据张拉时预应力筋应力与伸长值的关系来推算。如某预应力筋张拉应力从 0.2σ_{con}增加到 0.4σ_{con}时钢筋伸长量为 4 mm，若初应力确定为10%σ_{con}，则其伸长值为 4 mm。

图解法是建立直角坐标系，以伸长值为横坐标，以张拉应力为纵坐标，将各级张拉力的实测伸长值标在图上，绘制张拉力与伸长值关系曲线 CAB，然后延长此线与横坐标交于 O_1 点，则 OO_1 段即推算伸长值，如图 6-4 所示。

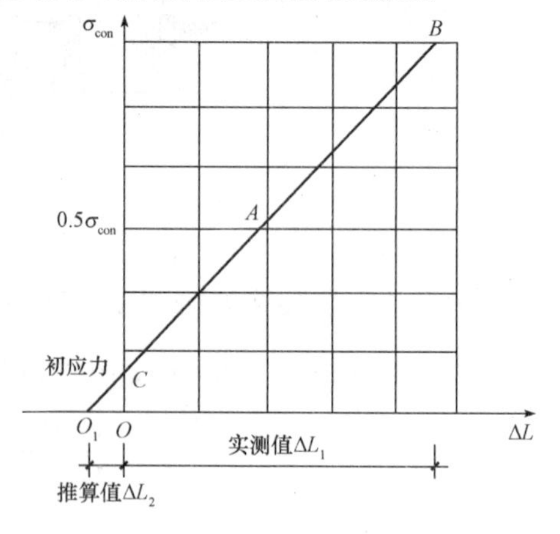

图 6-4 预应力筋实际伸长值图解法

预应力筋的位置不允许有过大偏差，对设计位置的偏差不得大于 5 mm，也不得大于构件截面最短边长的 4%。

多根钢丝同时张拉时，必须事先调整初应力，使其相互间的应力一致。断丝和滑脱钢丝的数量不得大于钢丝总数的3%，一束钢丝中只允许断丝一根。在浇筑混凝土前，断丝或滑脱的预应力钢丝必须予以更换。

采用钢丝作为预应力筋时，不作伸长值校核，但应在钢丝锚固后，用钢丝内力测定仪检查钢丝的预应力值，其偏差不得大于或小于设计规定相应阶段预应力值的5%。

(3)张拉注意事项。

1)台座法张拉时，应从台座中间向两侧对称进行，防止过大偏心损坏台座；多根成组张拉时，各预应力钢筋的初应力应一致；张拉时拉速应平稳，锚固松紧一致，敲击楔块不得过猛，设备缓慢放松。

2)张拉时，张拉机具与预应力筋应在一条直线上；同时在台面上每隔3～4 m放一根圆钢筋头或相当于保护层厚度的其他垫块，防止预应力筋因自重而下垂。

3)张拉完的预应力筋位置偏差应≤5 mm，且不大于构件截面短边的4%；冬季张拉时，环境温度不应低于−15 ℃。

4)若钢丝在张拉过程中发生断丝或滑脱，应予以更换。

5)台座两端应有防护设施。张拉时沿台座长度方向每隔4～5 m放一个防护架。张拉时，严禁正对钢筋张拉的两端站立人员，也不准无关人员进入台座，防止断筋回弹伤人。

3. 混凝土浇筑与养护

为了减少预应力损失，在设计配合比时应考虑减少混凝土的收缩和形变，应采用低水胶比，控制水泥用量，采用良好的级配并振捣密实。

振捣混凝土时，振动器不得碰撞预应力钢筋。混凝土未达到一定强度前，也不允许碰撞和踩动预应力筋，以保证预应力筋与混凝土有良好的粘结力。

预应力混凝土可采用自然养护和湿热养护。当采用湿热养护时，应建立正确的养护制度，减少由温差引起的预应力损失。在台座上生产的构件采用湿热养护时，由于温度升高，预应力筋膨胀而台座长度并无变化，因而预应力筋的应力减小。在这种情况下，混凝土逐渐硬结，导致在混凝土硬化前预应力筋由于温度升高而引起的应力降低无法恢复，形成温差应力损失。因此，为了减少温差应力损失，应使混凝土达到一定强度(100 N/mm^2)前，将温度升高限制在一定范围内(一般不超过20 ℃)。用机组流水法钢模制作预应力构件，因为湿热养护时钢模与预应力筋同样伸缩，所以不存在由温差引起的预应力损失。

4. 预应力筋放张

(1)放张要求。放张预应力筋时，混凝土应达到设计要求的强度；若设计无要求，应不低于设计混凝土强度等级的75%。

(2)放张顺序。预应力筋的放张顺序，应满足设计要求；设计无要求时，应满足下列规定：

1)轴心受预压构件(如压杆、桩等)所有预应力筋应同时放张。

2)偏心受预压构件(如梁等)先同时放张预压力较小区域的预应力筋，再同时放张预压力较大区域的预应力筋。

3)不能按上述规定放张时，应分阶段、对称、相互交错放张，以防在放张过程中构件发生翘曲、裂纹及预应力筋断裂等现象。

(3)放张方法。配筋不多的中小型构件，钢丝用砂轮锯或切断机等方法放张。配筋多的钢筋混凝土构件，钢丝应同时放张，如逐根放张，最后几根钢丝将由于承受过大的拉力而突然断裂，使构件端容易开裂。放张的常用方法有千斤顶放张、砂箱放张、楔块放张、预热熔割、钢丝钳或氧炔焰切割等。

6.2 后张法

后张法是先制作构件或结构，待混凝土达到一定强度后，再在构件或结构上张拉预应力筋的方法。后张法预应力施工不需要台座设备，灵活性大，广泛用于在施工现场生产大型预制预应力混凝土构件和就地浇筑预应力混凝土结构。后张法预应力施工，又分为有粘结预应力施工和无粘结预应力施工两类。

有粘结预应力施工过程为：制作混凝土构件或结构时，在预应力筋部位预先留设孔道，然后浇筑混凝土并进行养护；制作预应力筋并将其穿人孔道；待混凝土达到设计要求的强度后，张拉预应力筋并用锚具锚固；最后，进行孔道灌浆与封锚。这种施工方法通过孔道灌浆，使预应力筋与混凝土相互粘结，减轻了锚具传递预应力的作用，提高了锚固的可靠性与耐久性，广泛用于主要承重构件或结构。

无粘结预应力施工过程为：制作混凝土构件或结构时，预先铺设无粘结预应力筋，然后浇筑混凝土并进行养护；待混凝土达到设计要求的强度后，张拉预应力筋并用锚具锚固；最后，进行封锚。这种施工方法不需要留孔灌浆，施工方便，但预应力只能永久地靠锚具传递给混凝土，宜用于分散配置有预应力筋的楼板与墙板、次梁及低预应力度的主梁等。

6.2.1 有粘结预应力施工

有粘结预应力施工的工艺流程如图 6-5 所示。

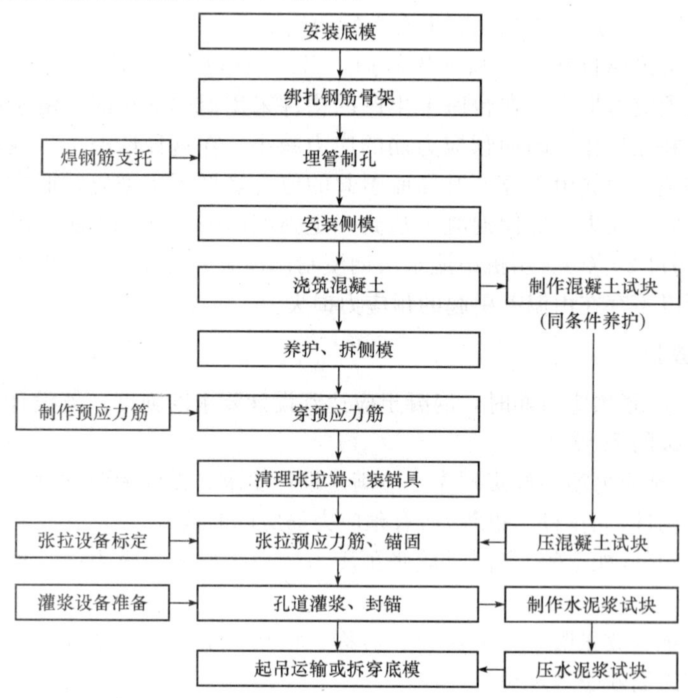

图 6-5 后张法有粘结预应力施工的工艺流程
(穿预应力筋也可在浇筑混凝土前进行)

1. 预留孔道

预应力筋孔道形状有直线、曲线和折线三种类型。其曲线坐标应符合设计图纸的要求。

(1)预应力筋线形数据计算。在预应力混凝土构件和结构中，常见的预应力筋布置有以下几种形状：

1)单抛物线形(图 6-6)。预应力筋单抛物线形布置适用于简支梁。

$$\theta=\frac{4H}{L},\ L_T=\left(1+\frac{8H^2}{3L^2}\right)L \tag{6-2}$$

2)正、反抛物线形(图 6-7)。

$$y=Ax^2,\ A=\frac{4H}{L^2} \tag{6-3}$$

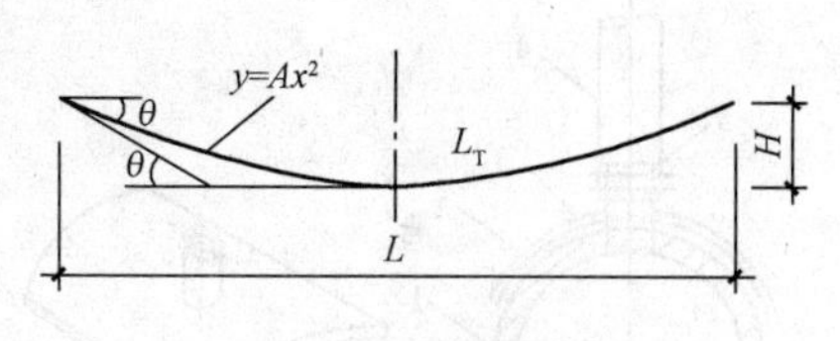

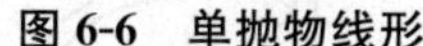

图 6-6　单抛物线形

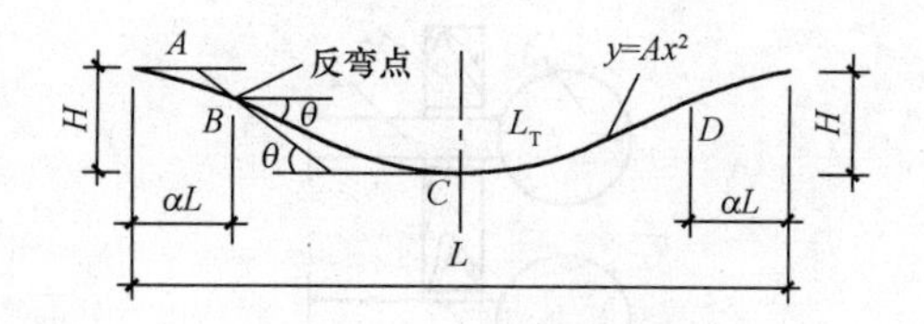

图 6-7　正、反抛物线形

预应力筋正、反抛物线形布置适用于框架梁，其优点是与载荷弯矩图吻合。预应力筋外形从跨中 C 点至支座 A(或 E)点采用两段曲率相反的抛物线，在反弯点 B(或 D)处相接并相切，A(或 E)点与 C 点分别为两抛物线的顶点。反弯点求法：先定出反弯点的位置线至梁端的距离 αL 为(0.1～0.2)L，再连接 A(或 E)点与 C 点的直线，两者交点即反弯点。图 6-7 中，抛物线方程为

$$y=Ax^2 \tag{6-4}$$

式中，跨中区段 $A=\dfrac{2H}{(0.5-\alpha)L^2}$，梁端区段 $A=\dfrac{2H}{\alpha L^2}$。

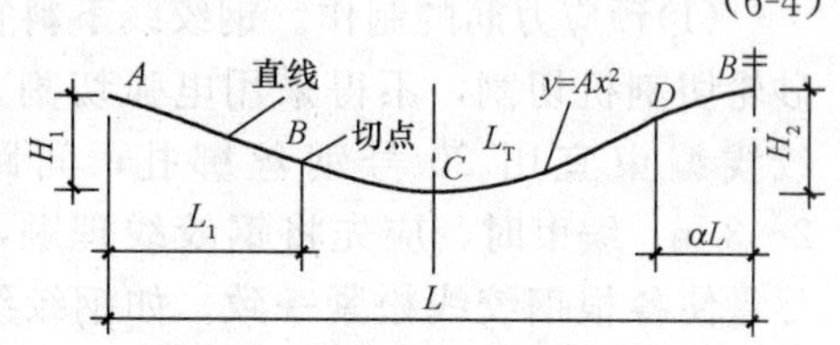

图 6-8　直线与抛物线形相切

3)直线与抛物线形相切(图 6-8)。预应力筋直线与抛物线形相切布置适用于多跨框架梁的边跨梁外端，其优点是可以减少框架梁跨中及内支座处的摩擦损失。预应力筋外形在梁端区段为直线而在跨中区段为抛物线，两段相切于 B 点，切点至梁端的距离 L_1 按下式计算：

$$L_1=\frac{L}{2}\sqrt{1-\frac{H_1}{H_2}+2\alpha\frac{H_1}{H_2}} \tag{6-5}$$

(2)金属螺旋管安装。金属螺旋管又称波纹管，是用冷轧钢带或镀锌钢带在卷管机上压波后螺旋咬合而成，按照截面形状分为圆形和扁形。金属螺旋管的长度一般为 4～6 m，内径为 40～130 mm。置波纹管前，应对每一根波纹管进行检查，管壁上不得有孔洞，否则需及时修补。波纹管接头采用套接法，套管长度为 200～300 mm，用大一号规格的波纹管套旋在要接的波纹管上，两头用胶布沿周长贴封，以防砂浆流入管内。

波纹管的定位直接关系到预应力束的施工质量，而预应力束的位置和形状准确与否，将直接影响梁体内应力分布。根据预应力束的直线和曲线形状，准确计算出各预应力孔道每隔 1 m 左右的标高和水平投影位置，按预应力曲线矢高在控制点处箍筋上画线，焊接 U 形定位支架，将波纹管固定在支架上，以保证预应力孔道位置与设计相符。铺管时，先将固定端锚垫板安装就位，从张拉端处逐步套入波纹管。在螺旋管安装就位过程中，应尽量避免反复弯曲，以防管壁开裂。同时，还应防止电焊火花烧伤管壁。

(3)设置灌浆孔和排气孔。在预应力筋孔道两端，应设置灌浆孔和排气孔。灌浆孔设置在锚垫板上或利用灌浆管引至构件外，孔径应能保证浆液畅通，一般不宜小于 20 mm。曲线预应力筋孔道的每个波峰处，应设置排气管。泌水管伸出梁面的高度不宜小于 0.5 m，排气管也可兼作灌浆孔用。灌浆孔的做法，对一般预制构件，可采用木塞留孔。木塞应抵紧螺旋管并固定，严防混凝土振捣时脱开(图 6-9)。对现浇预应力结构金属螺旋管留孔，其做法是在螺旋管上开口，用带嘴的塑料弧形压板与海绵垫片覆盖并用钢丝扎牢，再接增强塑料管(外径为 20 mm、内径为 16 mm)，如图 6-10 所示。为保证留孔质量，金属螺旋管上可先不开孔，在外接塑料管内插一根钢筋；待孔道灌浆前，再用钢筋打穿螺旋管。

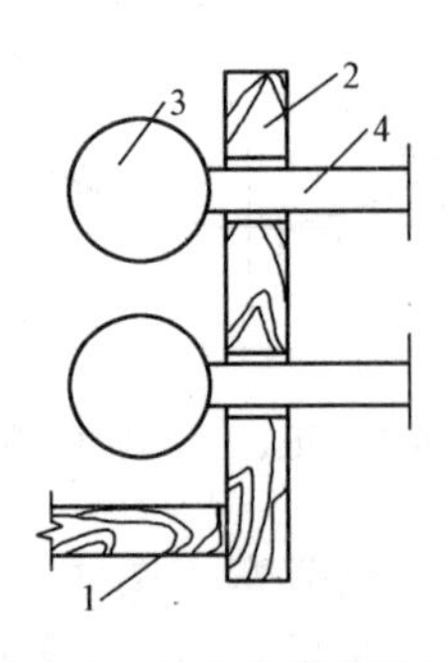

图 6-9　用木塞留灌浆孔

1—底模；2—侧模；3—抽芯管；4—ϕ20 木塞

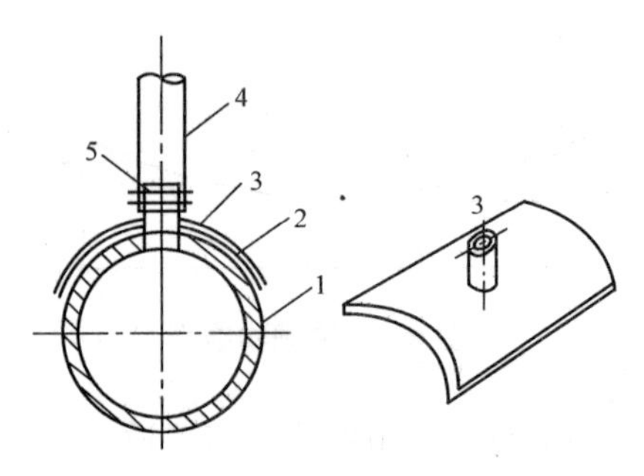

图 6-10　螺旋管上留灌浆孔

1—螺旋管；2—海绵垫；3—塑料弧形压板；
4—塑料管；5—钢丝

2. 预应力筋的制作与穿束

(1)预应力筋的制作。钢绞线下料宜用砂轮切割机切割，不得采用电弧切割。钢绞线编束宜用 20 号钢丝绑扎，间距为 2～3 m。编束时，应先将钢绞线理顺，并尽量使各根钢绞线松紧一致。如钢绞线单根穿入孔道，则不编束。采用夹片锚具，以穿心式千斤顶在构件上张拉时，钢绞线下料长度 L(图 6-11)按下式计算：

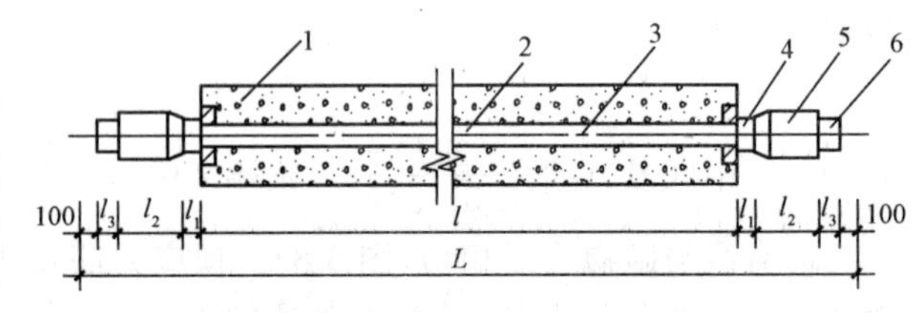

图 6-11　钢绞线下料长度计算简图

1—混凝土构件；2—孔道；3—钢绞线；
4—夹片式工作锚；5—穿心式千斤顶；6—夹片式工具锚

1)两端张拉：

$$L=l+2(l_1+l_2+l_3+100) \tag{6-6}$$

2)一端张拉：

$$L=l+2(l_1+100)+l_2+l_3 \tag{6-7}$$

式中　l——构件的孔道长度；

l_1——夹片式工作锚的厚度；

l_2——穿心式千斤顶的长度；

l_3——夹片式工具锚的厚度。

(2)预应力筋穿束。根据穿束与浇筑混凝土之间的先后关系，预应力筋穿束可分为先穿束法和后穿束法两种。

1)先穿束法。该法穿束省力，但穿束占用工期，束的自重引起的波纹管摆动会增大摩擦损失，束端保护不当易生锈。按穿束与预埋波纹管之间的配合，又可分为以下三种情况：

①先穿束后装管：将预应力筋先穿入钢筋骨架内，然后将螺旋管逐节从两端套入并连接。

②先装管后穿束：将螺旋管先安装就位，然后将预应力筋穿入。

③两者组装后放入：在梁外侧的脚手架上将预应力筋与套管组装后，从钢筋骨架顶部放入就位，箍筋应先做成开口箍，再封闭。

2)后穿束法。该法在混凝土养护期内进行，不占工期，便于用通孔器或高压水通孔；穿束后即行张拉，有利于防锈，但穿束较为费力。穿束工作可由人工、慢速卷扬机和穿束机进行。束长小于 60 m 的预应力筋，一般采用人工穿束，束的前端应扎紧并裹以胶布，以便顺利通过孔道。对多波曲线束，宜采用特制的牵引头，工人在前头牵引、后头推送。对束长为 60～80 m 的预应力筋，也可人工先穿束，但在梁的中部留设约 3 m 长的穿束助力段。助力段的波纹管应加大一号，在穿束前套接在原波纹管上留出穿束空间，待钢绞线穿入后再将助力段波纹管旋出、接通，该范围内的箍筋暂缓绑扎。

3. 预应力筋张拉与锚固

(1)张拉准备工作。张拉前的准备工作包括：确认混凝土强度达到设计强度的75%以上；张拉设备已送法定计量部门进行标定，锚具已经按规定进行检验；锚具及千斤顶已安装好。

(2)张拉方式。根据预应力筋形状、长度以及施工方法的不同，预应力筋张拉方式分为以下两种：

1)一端张拉方式：张拉设备放置在预应力筋一端，适用于长度≤30 m的直线预应力筋与锚固损失影响长度 $L_f \geqslant L/2$(L为预应力筋长度)的曲线预应力筋；如设计人员根据计算资料或实际条件认为可以放宽以上限制，也可采用一端张拉，但张拉端宜分别设置于构件的两端。

2)两端张拉方式：张拉设备放置在预应力筋两端，适用于长度>30 m的直线预应力筋与锚固损失影响长度 $L_f < L/2$ 的曲线预应力筋。当张拉设备不足或与张拉顺序安排有关系时，也可先在一端张拉完成后，再移至另一端张拉，补足张拉力后锚固。

(3)张拉顺序。预应力筋的张拉顺序，应保证混凝土不产生超应力、构件不扭转与侧弯、结构不变位等。因此，对称张拉是一项重要原则。同时，还应考虑到尽量减少张拉设备的移动次数。图6-12所示为预应力混凝土屋架下弦杆钢丝束的张拉顺序。钢丝束的长度不大于30 m，采用一端张拉方式。图6-12(a)中，预应力筋为两束，用两台千斤顶分别设置在构件两端，对称张拉，一次完成。图6-12(b)中，预应力筋为四束，需要分两批张拉，用两台千斤顶分别张拉对角线上的两束。由分批张拉引起的预应力损失统一增加到张拉力内。图6-13所示为双跨预应力混凝土框架梁钢绞线束的张拉顺序。钢绞线束为双跨曲线筋，长度达40 m，采用两端张拉方式。图6-13中，四束钢绞线分为两批张拉，两台千斤顶分别设置在梁的两端，按左、右对称各张拉一束，待两批(四束)均进行一端张拉后，再分批在另一端补张拉。这种张拉顺序还可减少先批张拉预应力筋的弹性压缩损失。

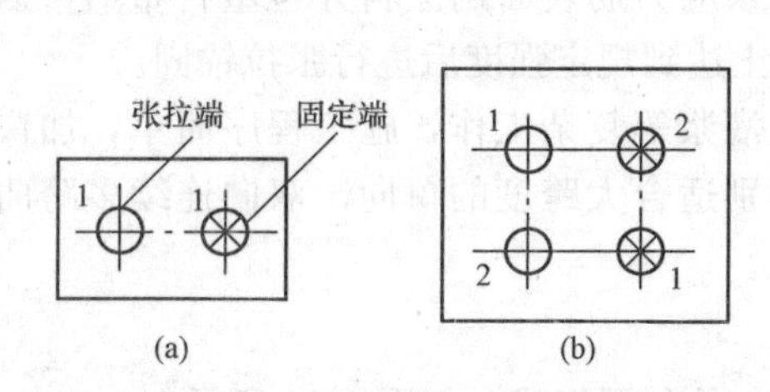

图6-12 屋架下弦杆预应力筋的张拉顺序

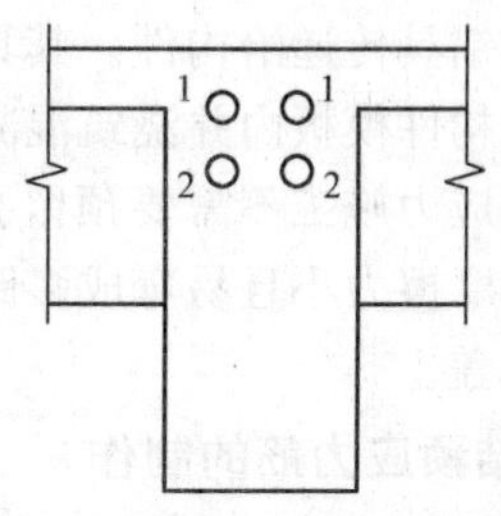

图6-13 框架梁预应力筋的张拉顺序

上述构件的预应力筋如仅用一台千斤顶张拉或两台千斤顶同时在一束预应力筋上张拉，会引起构件不对称受力。对称两束预应力筋张拉时，拉力相差应不大于设计拉力的50%，可先将第1束张拉至50%力，再将第2束张拉至100%力，最后将第1束张拉至100%力。

(4)张拉程序。预应力筋的张拉操作程序主要根据构件类型、张拉锚固体系、松弛损失等因素确定。

(5)张拉注意事项。

1)在预应力作业中，必须特别注意安全。因为预应力筋持有很大的能量，一旦预应力筋被拉断或锚具与张拉千斤顶失效，巨大能量急剧释放，就有可能造成很大危害。因此，任何情况下，作业人员均不得站在预应力筋的两端。同时，在张拉千斤顶的后面应设立防护装置。

2)操作千斤顶和测量伸长值的人员，应站在千斤顶侧面操作，严格遵守操作规程。油泵开动过程中，不得擅自离开岗位。如需离开，必须把油泵阀门全部松开或切断电路。

3)张拉时应认真做到孔道、锚环与千斤顶三对中，以便张拉工作顺利进行，并不致增加孔道摩擦损失。

4)多根钢绞线束夹片锚固体系如遇到个别钢绞线滑移，可更换夹片，用小型千斤顶单根张拉。

4. 孔道灌浆

孔道灌浆是后张法预应力工艺的重要环节。预应力筋张拉完毕后，应立即进行孔道灌浆，以防预应力筋锈蚀，改善构件的受力性能。

灌浆用水泥强度等级一般应不低于42.5，将水泥浆水胶比例控制在0.4～0.45，3 h后泌水率不宜大于2%，最大值不超过3%，将水泥浆的稠度控制在14～18 s。为减少水泥浆收缩，可掺0.05%～0.1%的脱脂铝粉或其他类型的膨胀剂。灌浆前用压力水冲洗孔道，宜将压力控制在0.3～0.5 MPa。灌浆顺序应先下后上，直线孔道灌浆可以从构件一端到另一端，曲线孔道应从最低点开始向两端进行，在最高点设排气管。孔道末端应设置排气孔，灌浆时待排气孔溢出浓浆后，才能将排气孔堵住，继续加压到0.5～0.6 MPa，并稳定2 min，关闭控制闸，保持孔道内压力。每条孔道应一次灌成，中途不应停顿，否则应将已压的水泥浆冲洗干净，从头开始灌浆。

灌浆时，留取标准水泥浆试块一组，每组六块。标准养护28 d后检查其抗压强度，作为水泥浆质量的评定依据。

灌浆后，切割外露部分预应力钢绞线(留30～50 mm)并将其分散，锚具应采用混凝土封头保护。封头混凝土尺寸应大于预埋钢板尺寸，厚度≥100 mm，封头内应配钢筋网片，细石混凝土的强度等级为C30～C40。

6.2.2 无粘结预应力施工

无粘结预应力是指在预应力构件中的预应力筋与混凝土没有粘结力，预应力筋张拉力完全靠构件两端的锚具传递给构件。其具体做法是在预应力筋表面刷涂料并包塑料布(管)后，将其铺设在支好的构件模板内并浇筑混凝土，待混凝土达到规定强度后进行张拉锚固。

无粘结预应力施工不需要预留孔道、穿筋、灌浆等复杂工作，施工程序简单，加快了施工速度；同时，摩擦力小且易弯成多跨曲线形，特别适合大跨度的单向、双向连续多跨曲线配筋梁板结构和屋盖。

1. 无粘结预应力筋的制作

无粘结预应力筋主要由预应力钢材、涂料层、外包层组成，如图6-14所示。

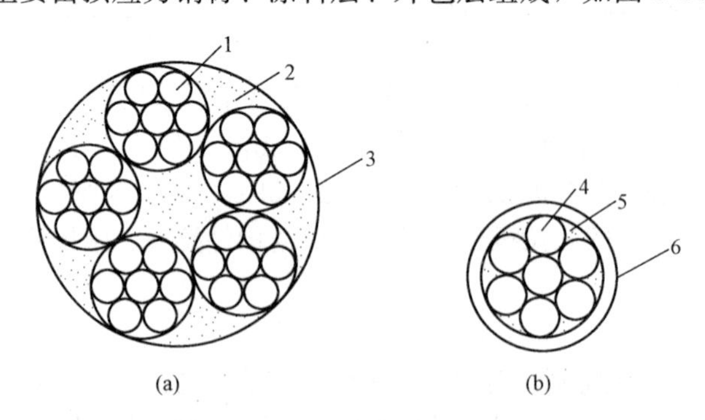

图6-14 无粘结预应力筋横截面示意

(a)无粘结钢绞线束；(b)无粘结钢丝束或单根钢绞线

1—钢绞线；2—沥青涂料；3—塑料布外包层；

4—钢丝；5—油脂涂料；6—塑料管、外包层无粘结预应力筋所用钢材主要有消除应力钢丝和钢绞线。钢丝和钢绞线不得有死弯，有死弯时必须切断，每根钢丝必须通长，严禁有接点。预应力筋的下料长度计算，应考虑构件长度、千斤顶长度、镦头的预留量、弹性回弹值、张拉伸长值、钢材品种和施工方法等因素，具体计算方法与有粘结预应力筋的计算方法基本相同。

预应力筋下料时，宜采用砂轮锯断或切断机切断，不得采用电弧切割。钢丝束的钢丝下料应采用等长下料。钢绞线下料时，应在切口两侧用 20 号或 22 号钢丝预先绑扎牢固，以免切割后松散。

涂料层的作用是使预应力筋与混凝土隔离，减少张拉时的摩擦损失，以及防止预应力筋腐蚀等。常用涂料主要有防腐沥青和防腐油脂。涂料应有较好的化学稳定性和韧性；在−20 ℃～70 ℃温度范围内应不开裂、不变脆、不流淌，能较好地黏附在钢筋上；涂料层应不透水、不吸湿、润滑性好、摩阻力小。

外包层主要由塑料带或高压聚乙烯塑料管制作而成。外包层应在−20 ℃～70 ℃温度范围内不脆化、化学稳定性高，抗破性强和具有足够的韧性，防水性好且对周围材料无侵蚀作用。塑料使用前必须烘干或晒干，避免在使用过程中由于气泡引起塑料表面开裂。

制作单根无粘结筋时，宜优先选用防腐油脂。预应力筋与套管之间有一定的间隙，使其能在塑料套管中任意滑动。成束无粘结预应力筋可用防腐沥青或防腐油脂作涂料层。当使用防腐沥青时，应用密缠塑料带作外包层，塑料带各圈之间的搭接宽度不应小于带宽的 1/2，缠绕层数不少于 4 层。

制作好的预应力筋可以直线或盘圆运输、堆放。存放地点应设有遮盖棚，以免日晒雨淋。装卸堆放时，应采用软钢绳绑扎并在吊点处垫上橡胶衬垫，避免塑料套管外包层损坏。

2. 无粘结预应力筋施工

(1)预应力筋的铺设。铺设无粘结预应力筋前应检查外包层的完好程度，有轻微破损者，用塑料带包好，破损严重者应予以报废。铺设双向预应力筋时，应先铺设下面的预应力筋，再铺设上面的预应力筋。

无粘结预应力筋应严格按设计要求的曲线形状固定牢固，可用短钢筋或混凝土垫块等架起控制标高，再用钢丝绑扎在非预应力筋上。绑扎点间距不大于 1 m，钢丝束的曲率可用铁马凳控制，马凳间距不宜大于 2 m。

(2)预应力筋的张拉。预应力筋张拉时，混凝土强度应符合设计要求。当设计无要求时，混凝土的强度应达到设计强度的 75%后方可开始张拉。

张拉程序一般采用 $0\to103\%\sigma_{con}$，以减少无粘结预应力筋的松弛损失。张拉顺序应根据预应力筋的铺设顺序进行，先铺设的先张拉，后铺设的后张拉。预应力筋的长度小于 25 m 时，宜采用一端张拉；长度大于 25 m 时，宜采用两端张拉；长度超过 50 m 时，宜分段张拉。预应力平板结构中，预应力筋往往很长，如何减少其摩阻损失值是一个重要的问题。

影响摩阻损失值的主要因素是润滑介质、外包层和预应力筋截面形式。其中，润滑介质和外包层的摩阻损失值，对一定的预应力束而言是个定值，相对稳定；而截面形式则影响较大，不同截面形式其离散性不同，但如能保证截面形状在全长内一致，则其摩阻损失值就能在很小范围内波动。否则，局部阻塞就可能导致其损失值无法测定。摩阻损失值，可用标准测力计或传感器等测力装置进行测定。施工时，为降低摩阻损失值，宜采用多次重复张拉工艺。成束无粘结筋正式张拉前，一般先用千斤顶往复抽动 1～2 次。在张拉过程中，要严防钢丝被拉断，要控制同一截面的断裂不得大于 2%，最多只允许一根断裂。

预应力筋张拉伸长值应按设计要求进行控制。

(3)预应力筋端部处理。

1)张拉端处理。预应力筋端部处理取决于无粘结筋和锚具种类。锚具通常从混凝土的端面缩进一定距离，前面做成一个凹槽，待预应力筋张拉锚固后，将外伸在锚具外的钢绞线切割到规定长度(要求露出夹片锚具外的长度不小于 30 mm)，然后在槽内壁涂以环氧树脂类胶粘剂，以加强新老材料间的黏结，再用后浇膨胀混凝土或低收缩防水砂浆或环氧砂浆密封。

在对凹槽填砂浆或混凝土前，应预先对无粘结筋端部和锚具夹持部分进行防潮、防腐、封闭处理。

无粘结预应力筋采用钢丝束镦头锚具时，其张拉端头处理如图 6-15 所示，其中塑料套筒供钢丝束张拉时，将锚环从混凝土中拉出，软塑料管用来保护无粘结钢丝末端不因穿锚具而损坏。无粘结钢丝的错头防腐处理，应特别重视。当锚环被拉出后，塑料套筒的产生空隙，必须用油枪通过锚环的注油孔向套筒内注满防腐油脂，灌油后将外露锚具封闭好，避免长期与大气接触造成锈蚀。

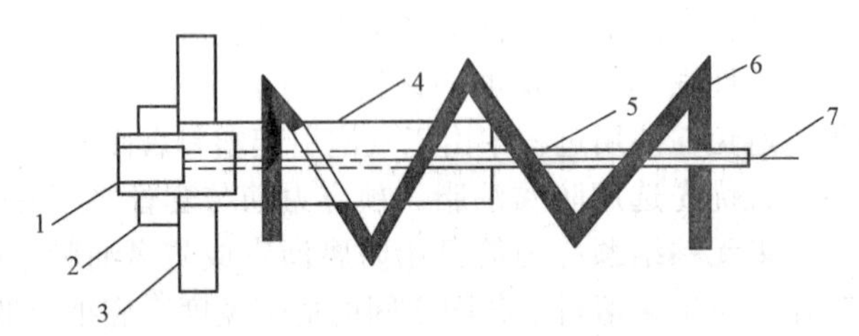

图 6-15　镦头锚固系统张拉端处理

1—锚环；2—螺母；3—承衬板；4—塑料套筒；
5—软塑料管；6—螺旋筋；7—无粘结筋

采用无粘结钢绞线夹片锚具时，张拉端头构造简单，无须另加设施。张拉端头钢绞线预留长度不小于 150 mm，割掉多余部分，然后在锚具及承压板表面涂以防水涂料，再进行封闭。锚固区可以用后浇的钢筋混凝土圈梁封闭，将锚具外伸的钢绞线散开、打弯，埋在圈梁内，如图 6-16 所示。

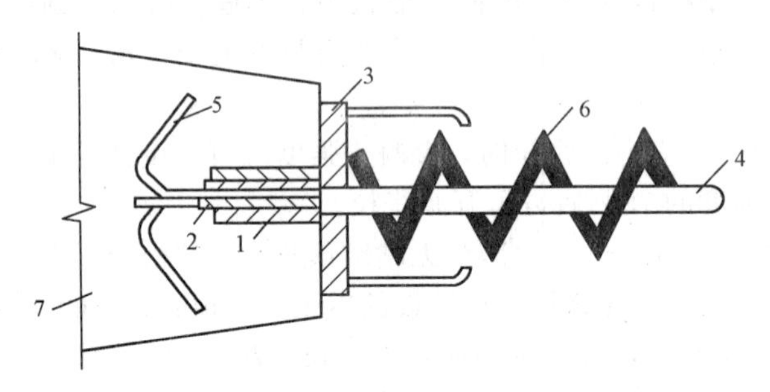

图 6-16　夹片式锚具张拉端处理

1—锚环；2—夹片；3—承压板；4—无粘结筋；
5—散开打弯钢丝；6—螺旋筋；7—后浇混凝土

2)固定端处理。无粘结筋的固定端可设置在构件内。当采用无粘结钢丝束时，固定端可采用扩大的镦头锚板，并用螺旋筋加强，如图 6-17(a)所示。施工中，端头无粘结配筋时，需要配置构造钢筋，使固定端板与混凝土之间有可靠的锚固性能。当采用无粘结钢绞线时，锚固端可采用压花成型，使固定端板与混凝土之间有可靠的锚固性能，如图 6-17(b)所示，埋置在设计部位。这种做法的关键是张拉前锚固端的混凝土强度等级必须达到设计强度(≥C30)，才能形成可靠的粘结式锚头。

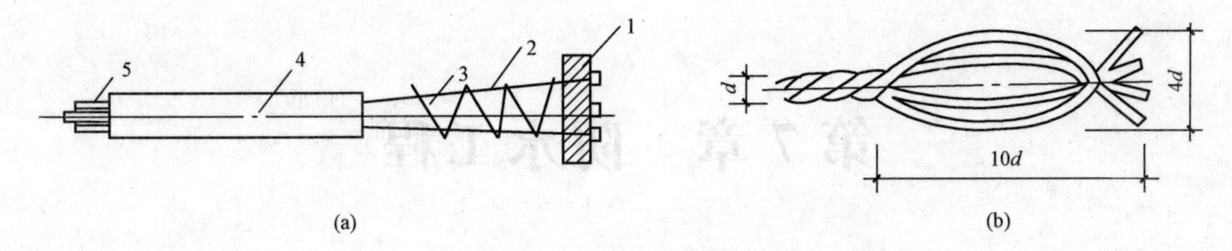

图 6-17 无粘结筋固定端

(a)无粘结钢丝束固定端；(b)无粘结钢绞线固定端

1—锚板；2—钢丝；3—螺旋筋；4—软塑料管；5—无粘结钢丝束

思考与练习题

1. 简述不同预应力筋配套的常用锚具及其质量检验的内容。
2. 预应力损失包括哪些方面？
3. 简述先张法施工的工艺流程及操作要点。
4. 简述后张法施工的工艺流程及操作要点。
5. 简述孔道灌浆的作用、灌浆材料的要求和灌浆施工要点。
6. 简述无粘结预应力施工工艺。

第 7 章　防水工程

建筑防水技术是一项保证建筑工程结构不受侵蚀的专门技术，对房屋建筑功能的正常发挥起着一定的保障作用。建筑防水工程必须综合考虑，进行合理设计，选择合适的防水方案，采用优质的防水材料，由优秀的施工队伍严格按施工工艺及操作规程施工，才能确保质量。

建筑物防水按其构造做法分为两大类，即刚性防水和柔性防水。刚性防水又分为结构构件的自防水和刚性防水材料防水，结构构件的自防水主要是依靠建筑物构件(如屋面板、墙体、底板等)材料自身的密实性及某些构造措施(如坡度、伸缩缝并辅以油膏嵌缝、埋设止水带等)，起到自身防水的作用；刚性防水材料防水则是在建筑构件上抹防水砂浆、浇筑掺有外加剂的细石混凝土或预应力混凝土等以达到防水的目的。柔性防水则是在建筑构件上使用柔性材料(如铺设防水卷材、涂布防水涂料等)做防水层。

建筑物防水按建筑工程的不同部位分为屋面防水、地下防水、厨卫间防水和外墙面防水。

防水工程应遵循“防排结合，刚柔并用，多道设防，综合治理”的原则，在工期的安排上应尽量避开冬、雨期施工。

7.1　屋面防水施工

屋面工程应根据建筑物的性质、重要程度、使用功能要求以及防水层合理使用年限，按不同等级进行设防，见表 7-1。屋面工程施工时，应建立各道工序的自检、交接检和专职人员检查的“三检”制度，并有完整的检查记录。每道工序完工后，应经监理单位检查，验收合格后，方可进行下道工序的施工。屋面工程施工前，施工单位应通过图纸会审，掌握施工图中的细部构造及有关技术要求，并编制相应的施工方案或技术措施。屋面工程所采用的防水、保温隔热材料应有产品合格证和性能检测报告，材料的品种、规格、性能等应符合国家产品标准和设计要求。

7.1.1　卷材防水屋面

卷材防水属于柔性防水，是指用胶结材料粘贴卷材进行防水。卷材防水屋面具有质量轻、防水性能好的优点，防水层的柔韧性好，能适应一定程度的结构振动和胀缩变形。防水卷材包括沥青卷材、高聚物改性沥青卷材、合成高分子卷材三大系列，适用于屋面防水等级为Ⅰ～Ⅳ级的工业与民用建筑。

7.1.1.1　卷材防水屋面构造

卷材防水屋面的典型构造层次如图 7-1 所示(具体施工层次应根据设计要求而定)。

7.1.1.2　卷材防水屋面施工

1. 对结构层的要求

结构屋面板应有较好的刚度，表面平整。屋面结构层表面应清理干净，屋面的排水坡度应符合设计要求。如结构层表面粗糙，应增设找平层，以便于隔汽层施工。

表 7-1　屋面防水等级和设防要求

项　目	屋面防水等级			
	Ⅰ	Ⅱ	Ⅲ	Ⅳ
建筑物类别	特别重要或对防水有特殊要求的建筑	重要的建筑和高层建筑	一般的建筑	非永久性的建筑
防水层合理使用年限	25 年	15 年	10 年	5 年
防水层选用材料	宜选用合成高分子防水卷材、高聚物改性沥青防水卷材、金属板材、合成高分子防水涂料、细石混凝土等材料	宜选用高聚物改性沥青防水卷材、合成高分子防水卷材、金属板材、合成高分子防水涂料、高聚物改性沥青防水涂料、平瓦、细石混凝土、油毡瓦等材料	宜选用三毡四油沥青防水卷材、高聚物改性沥青防水卷材、合成高分子防水卷材、金属板材、高聚物改性沥青防水涂料、合成高分子防水涂料、细石混凝土、平瓦、油毡瓦等材料	宜选用二毡三油沥青防水卷材、高聚物改性沥青防水涂料等材料
设防要求	三道或三道以上防水设防	二道防水设防	一道防水设防	一道防水设防

2. 隔汽层施工

隔汽层的作用如下：

(1)对于雨天施工或者当地纬度气候潮湿或者下面有严重湿气的房间，防止水蒸气透过钢筋混凝土找坡等缝隙，到达防水层，温度升高使防水层局部区域反复鼓胀，时间一长，该区域提前老化。

(2)防止湿气进入保温层而使保温层达不到保温效果。

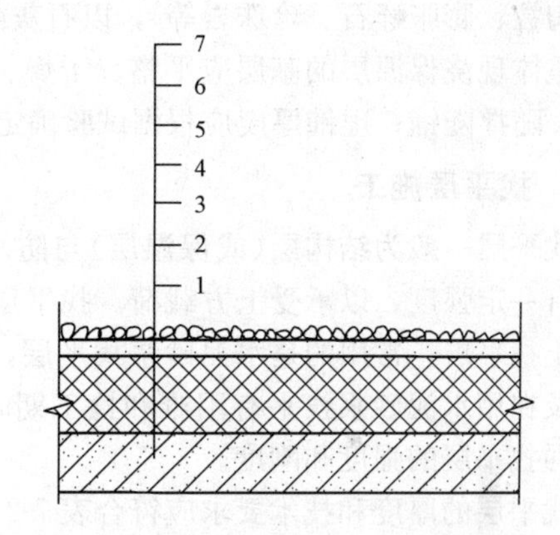

图 7-1　卷材防水屋面构造层次示意

1—结构层；2—隔汽层；3—保温层；4—找平层；5—结合层；6—防水层；7—保护层

一般情况下，在纬度 40°以北且室内空气湿度大于 75%或其他地区室内湿度大于 80%时，保温层下应设隔汽层。如虽符合以上条件，但经过计算，保温层内不致产生冷凝水时，也可不设隔汽层。

用于隔汽层的材料，除要满足防水性能外，还要具有隔绝水蒸气渗透的性能，一般采用气密性好的单层卷材或防水涂膜作隔汽层。有重物覆盖时(隔汽层被保温层、找平层压埋)，应优先采用空铺法、点粘法和条粘法。卷材隔汽层采用空铺法进行铺设时，可提高卷材抗基层变形的能力。为了提高卷材搭接部位防水、隔汽的可靠性，搭接边应采用满粘法，搭接边长度不得小于 70 mm。

采用沥青基防水涂料做隔汽层时，其耐热温度应比室内或室外可能出现的最高温度高出 20 ℃～25 ℃，以防涂料受热流淌，失去防水、隔汽性能。

采用卷材或涂膜做隔汽层时，在屋面与墙面连接的阴角部位，隔汽层应沿墙面向上连续铺设，高出保温层上表面的高度不得小于 150 mm，以防水蒸气在保温层四周由于温差结露，导致水珠回落在屋面周边的保温层上。

3. 保温层施工

设置保温层的目的是防止冬季室内温度下降过快。按使用材料的形状，保温材料分为松散保温材料、板状保温材料和整体式现浇保温材料。在雨期施工的保温层应采取遮盖措施，防止雨淋。

(1)松散保温材料保温层。松散保温材料保温层是指采用炉渣、膨胀蛭石、膨胀珍珠岩、矿物棉等材料干铺而成的保温层。铺设松散材料保温层的基层应平整、干燥、洁净。松散保温材料应分层铺设并适当压实，其厚度与设计厚度的允许偏差为±5%，且不得大于 4 mm。压实后不得直接在保温层上行车或堆放重物。保温层施工完后，应及时进行下一道工序，尽快完成上部防水层的施工。

(2)板状保温材料保温层。板状保温材料保温层是指用泡沫混凝土板、矿物棉板、蛭石板、有机纤维板、木丝板等板状材料铺设而成的保温层。铺设板状材料保温层的基层应平整、干燥、洁净。干铺的板状保温材料应紧靠在需保温的基层表面上，并应铺平垫稳。分层铺设的板块上、下层接缝应相互错开，板间缝隙应用同类材料嵌填密实。粘贴的板状保温材料应贴严、铺平，分层铺设的板块上、下层接缝应相互错开。用胶结材料粘贴时，板状保温材料相互之间及基层之间应满涂胶结材料，以便互相粘牢。用水泥砂浆粘贴板状保温材料时，板间缝隙应用保温灰浆填实并勾缝。保温灰浆的配合比一般为 1∶1∶10(水泥∶石灰膏∶同类保温材料的碎粒，体积比)。

(3)整体式现浇保温材料保温层。整体式现浇保温材料保温层是指采用轻集料(如炉渣、矿渣、陶粒、膨胀蛭石、珍珠岩等)，以石灰或水泥作为胶凝材料现场浇筑成的保温层。

整体现浇保温层的基层应平整、干燥、洁净。水泥膨胀蛭石、水泥膨胀珍珠岩应人工搅拌均匀，随拌随铺；虚铺厚度应根据试验确定，铺后拍实、抹平至设计厚度，并应立即抹找平层。

4. 找平层施工

找平层一般为结构层(或保温层)与防水层之间的过渡层，可使卷材铺贴平整，粘贴牢固，并具有一定强度，以承受上方载荷。找平层主要分为水泥砂浆找平层、沥青砂浆找平层和细石混凝土找平层，常用的是水泥砂浆找平层，施工时宜掺微膨胀剂；沥青砂浆找平层适合冬、雨期以及在用水泥砂浆找平有困难和抢工期时采用；细石混凝土找平层尤其适用于松散保温层，可增强找平层的强度和刚度。

找平层的厚度和技术要求应符合表 7-2 的规定。

表 7-2 找平层的厚度和技术要求

类 别	基层种类	厚度/mm	技术要求
水泥砂浆找平层	整体混凝土 整体或板状材料保温层 装配式混凝土板、松散材料保温层	15～20 20～25 20～30	1∶2.5～1∶3(水泥∶砂，体积比)，水泥强度等级不低于 32.5
细石混凝土找平层	松散材料保温层	30～35	混凝土强度等级为 C20
沥青砂浆找平层	整体混凝土 装配式混凝土板、整体或板状材料保温层	15～20 20～25	1∶8(沥青∶砂，质量比)

找平层宜留设分格缝，缝宽宜为 20 mm，缝内嵌填密封材料。分格缝兼作屋面的排汽通道时，可适当加宽，并应与保温层连通。分隔缝应留设在板端缝处，其纵、横最大间距有如下要求：找平层采用水泥砂浆、细石混凝土时，不宜大于 6 m；找平层采用沥青砂浆时，不宜大于

4 m。基层与凸出屋面结构(如女儿墙、立墙、天窗壁、变形缝、烟囱等)的连接处以及基层的转角处(水落口、檐口、天沟、檐沟、屋脊等)，均应做成圆弧。圆弧半径应根据卷材种类按表 7-3 选用。内部排水的水落口周围应做成略低的凹坑。

表 7-3　转角处圆弧半径

卷材种类	圆弧半径/mm
沥青防水卷材	100～150
高聚物改性沥青防水卷材	50
合成高分子防水卷材	20

找平层表面应压实平整，排水坡度应符合设计要求。施工时，可先做标志，以控制坡度和厚度。细石混凝土和水泥砂浆找平层的铺设，应按由远而近、由高到低的顺序进行。每格内宜一次连续铺成，严格掌握坡度，用 2 m 左右的刮尺找平；待砂浆或细石混凝土稍收水后，用抹子压实并进行二次抹光；终凝前，轻轻取出木条。完工后，表面应避免踩踏，铺设找平层 12 h 后，需洒水养护，不得有酥松、翻砂、空鼓现象。夏季找平层施工时，宜避开阳光直射时段并及时养护。

5. 结合层施工

结合层的作用是增强防水材料与基层之间的黏结力。在防水层施工前，预先在基层上涂刷涂料(或称基层处理剂)。选择涂料时，应确保其与所用卷材的材性相容。高聚物改性沥青防水卷材屋面常用氯丁胶沥青乳胶、橡胶改性沥青溶液、沥青溶液(即冷底子油)，而用于合成高分子防水卷材屋面的是聚氨酯煤焦油系的二甲苯溶液、氯丁胶溶液、氯丁胶沥青乳胶等。

基层处理剂采用喷涂或刷涂施工，喷、刷应均匀一致；若喷、刷两遍，第二遍必须在第一遍干燥后进行；待最后一遍干燥后，方可铺贴卷材。喷、刷大面积基层处理剂前，应在屋面周边节点、拐角等处先行喷刷。

6. 防水层施工

(1)防水材料。常用的防水卷材按照材料的组成不同一般分为合成高分子防水卷材、高聚物改性沥青防水卷材和沥青防水卷材三大系列，见表 7-4。

表 7-4　主要防水卷材分类

类　别		防水卷材名称
高聚物改性沥青防水卷材		SBS、APP、SBS-APP，丁苯橡胶改性沥青卷材；胶粉改性沥青卷材、再生胶卷材等
合成高分子防水卷材	硫化型橡胶或橡胶共混卷材	三元乙丙卷材、氯磺化聚乙烯卷材、丁基橡胶胶卷材、氯化聚乙烯-橡胶共混卷材等
	非硫化型橡胶或橡塑共混卷材	丁基橡胶卷材、氯丁橡胶卷材、氯化聚乙烯-橡胶共混卷材等
	合成树脂系防水卷材	氯化聚乙烯卷材、PVC 卷材、SBC120 聚乙烯丙纶复合卷材等
沥青防水卷材		普通防水卷材

1)高聚物改性沥青防水卷材。高聚物改性沥青防水卷材是采用改性后的沥青做卷材的涂盖材料，用聚酯毡、玻纤毡、黄麻布、聚乙烯膜等薄毡做胎体增强材料，用片岩、彩色砂、矿物砂、细砂、合成膜或金属箔等做覆面(隔离)材料。新型胎体增强材料大大增强了卷材的强度和

延伸率，克服了纸胎油毡强度低、延伸率差等缺点。

2)合成高分子防水卷材。合成高分子防水卷材是以合成橡胶或合成树脂为主要原料，再加入一定量的填料、增塑剂、防老剂、润滑剂、软化剂、补强剂等辅助材料而制成的新型防水材料。

合成高分子防水卷材的抗拉强度高、延伸率大、弹性强、高低温特性好、防水性能优异。

各种防水材料及制品均应符合设计要求，并经抽样复试合格，方能使用。所选用的基层处理剂、胶黏剂、密封材料等配套材料应与铺贴的卷材材性相容。

(2)施工工艺及施工顺序。卷材防水施工工艺流程如图7-2所示。卷材铺贴应以先高后低、先远后近的施工顺序进行，即高低跨屋面，先铺高跨，后铺低跨；对等高大面积屋面，先铺离上料地点较远的部位，后铺较近部位，以免已铺屋面因材料运输而踩踏，导致破坏。

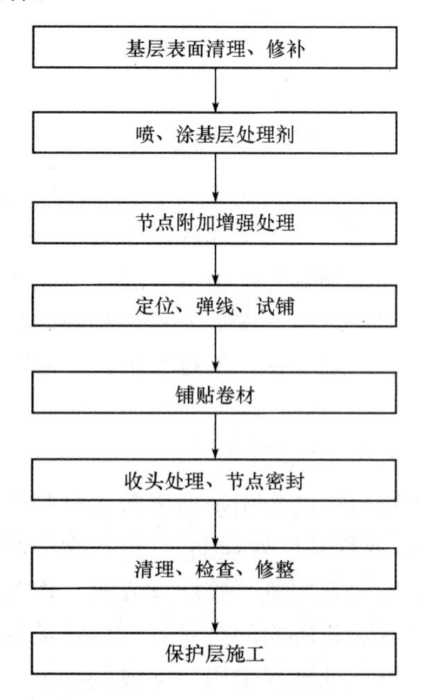

图7-2　卷材防水施工工艺流程

屋面防水层施工时，应先做好节点、附加层和屋面排水比较集中的部位(如屋面与水落口连接处、檐口、天沟、屋面转角处、板端缝等)的处理，然后由屋面最低标高处向上施工。

(3)卷材铺设方向。卷材铺设方向应根据屋面坡度和屋面是否有振动来确定。当屋面坡度小于3%时，卷材宜平行屋脊铺贴；当屋面坡度为3%～5%时，卷材可平行或垂直屋脊铺贴；当屋面坡度大于15%或屋面受振动时，沥青防水卷材应垂直屋脊铺贴；高聚物改性沥青防水卷材和合成高分子防水卷材应根据防水层的黏结方式、强度，是否机械固定等因素综合考虑采用平行或垂直屋脊铺贴。卷材屋面的坡度不宜超过25%，否则应采取防止卷材下滑的措施；上、下层卷材不得相互垂直铺贴。

(4)搭接方法和宽度要求。卷材的搭接方法和宽度应根据屋面坡度、主导风向、卷材的材料决定。采用搭接法时，相邻两幅卷材短边塔接缝的错开距离应不小于500 mm，上、下两层卷材长边接缝应错开1/3或1/2幅宽。平行于屋脊的搭接缝应顺水流方向搭接，垂直于屋脊的搭接缝应顺主导风向搭接。

垂直于屋脊铺贴时，每幅卷材都应铺过屋脊不小于200 mm。屋脊处不得留设短边搭接缝。叠层铺设的各种卷材，在天沟与屋面连接处采用叉接法搭接。搭接缝应错开，接缝宜留在屋面或天沟侧面，不宜留在沟底。高聚物改性沥青卷材和合成高分子卷材的搭接缝宜用与其材性相容的密封材料封严。

各种卷材搭接宽度应符合表7-5所示的要求。

(5)铺贴方法。

1)高聚物改性沥青防水卷材施工。依据高聚物改性沥青防水卷材的特性，其施工方法有冷粘法、热熔法和自粘法之分。在立面或大坡面铺贴高聚物改性沥青防水卷材时，应采用满粘法，并宜减少短边搭接。

①冷粘法施工。冷粘法施工是利用毛刷将胶黏剂涂刷在基层或卷材上，然后直接铺贴卷材，使卷材与基层、卷材与卷材黏结的方法。施工时，胶黏剂涂刷应均匀、不露底、不堆积。空铺法、点粘法、条粘法应按规定的位置与面积涂刷胶黏剂。铺贴卷材时应平整顺直，搭接尺寸准确，接缝应满涂胶黏剂，辊压黏结牢固，不得扭曲，随即刮平破折溢出的胶黏剂封口；也可采用热熔法接缝。接缝口应用密封材料封严，宽度不应小于10 mm。

表 7-5　卷材搭接宽度　　mm

<table>
<tr><th colspan="2" rowspan="2">铺贴方法
卷材种类</th><th colspan="2">短边搭接</th><th colspan="2">长边搭接</th></tr>
<tr><th>满粘法</th><th>空铺法、点粘法、条粘法</th><th>满粘法</th><th>空铺法、点粘法、条粘法</th></tr>
<tr><td colspan="2">沥青防水卷材</td><td>100</td><td>150</td><td>70</td><td>100</td></tr>
<tr><td colspan="2">高聚物改性沥青防水卷材</td><td>80</td><td>100</td><td>80</td><td>100</td></tr>
<tr><td rowspan="4">合成高分子防水卷材</td><td>胶黏剂</td><td>80</td><td>100</td><td>80</td><td>100</td></tr>
<tr><td>胶黏带</td><td>50</td><td>60</td><td>50</td><td>60</td></tr>
<tr><td>单缝焊</td><td colspan="4">60，有效焊接宽度不小于 25</td></tr>
<tr><td>双缝焊</td><td colspan="4">80，有效焊接宽度 10×2＋空腔宽</td></tr>
</table>

②热熔法施工。热熔法施工是指利用火焰加热器熔化热熔型防水卷材底层的热熔胶进行粘贴的方法。施工时，在卷材表面热熔后(以卷材表面熔融至光亮黑色为度)，应立即滚铺卷材，使之平展，并辊压黏结牢固。搭接缝处必须以溢出热熔的改性沥青胶为度，并应随即刮封接口。加热卷材时应均匀，不得过热或烧穿卷材。

③自粘法施工。自粘法施工是指采用带有自粘胶的防水卷材，不用热施工，也无须涂胶结材料进行黏结的方法。铺贴前，基层表面应均匀涂刷基层处理剂，待干燥后及时铺贴卷材。铺贴时，应先将自粘胶底面的隔离纸完全撕净，排除卷材下面的空气，并辊压黏结牢固，不得空鼓。搭接部位必须采用热风焊枪加热，随即粘贴牢固，刮平溢出的自粘胶，最后封口。接缝用不小于 10 mm 宽的密封材料封严。对厚度小于 3 mm 的高聚物改性沥青防水卷材，严禁采用热熔法施工。

2)合成高分子防水卷材施工。合成高分子卷材的主要品种有三元乙丙橡胶防水卷材、氯化聚乙烯-橡胶共混防水卷材、氯化聚乙烯防水卷材、聚氯乙烯防水卷材、SBC120 聚乙烯丙纶复合卷材等，其施工工艺流程与高聚物改性沥青防水卷材相同。合成高分子防水卷材的施工方法一般有冷粘法、自粘法和热风焊接法三种。

①冷粘法、自粘法施工。冷粘法、自粘法施工要求与高聚物改性沥青防水卷材基本相同，但冷黏法施工时搭接部位应采用与卷材配套的接缝专用胶黏剂，在搭接缝黏合面上涂刷均匀，并控制涂刷与黏合的间隔时间，排除空气，辊压黏结牢固。

②热风焊接法施工。热风焊接法施工是利用热空气焊枪进行防水卷材搭接黏合的方法。焊接前，卷材铺放应平整顺直，搭接尺寸正确；施工时焊接缝的接合面应清扫干净，无水滴、油污及附着物。施工时先焊长边搭接缝，后焊短边搭接缝，焊接处不得有漏焊、缺焊、焊焦或焊接不牢的现象，也不得损害非焊接部位的卷材。

3)沥青防水卷材施工。沥青卷材防水施工常见的施工工艺有热施工工艺、冷施工工艺和机械固定工艺；卷材铺贴的方法有满粘法、空铺法、条粘法和点粘法。施工时应根据不同的设计要求、材料和工程的具体情况，选用合适的施工方法。

①热施工工艺。

a. 热玛瑅脂粘贴法：边浇热玛瑅脂边滚铺油毡，逐层铺贴，适用于石油沥青油毡三毡四油(二毡三油)叠层铺贴。

b. 热熔法：采用火焰加热器熔化热熔型防水卷材底部的热熔胶进行黏结，适用于热塑性合成高分子防水卷材搭接缝焊。

c. 热风焊接：采用热空气焊枪加热防水卷材搭接缝进行黏结，适用于热塑性合成高分子防水卷材搭接缝焊接。

②冷施工工艺。

a. 冷玛琋脂粘贴法：其做法是采用工厂配制好的冷用沥青胶结材料，施工时无须加热，直接涂刮后粘贴油毡。

b. 冷粘法：采用胶黏剂进行卷材与基层、卷材与卷材的黏结，无须加热。

c. 自粘法：采用带有自粘胶的防水卷材，不用热施工，也无须涂刷胶材料，直接进行黏结。

③机械固定工艺。

a. 机械钉压法：采用镀锌钢或铜钉等固定卷材防水层。

b. 压埋法：卷材与基层大部分不黏结，上面采用卵石等压埋，但搭接缝及周围全黏。

(6)屋面特殊部位的铺贴要求。天沟、檐沟、檐口、水落口、泛水、变形缝和伸出屋面管道的防水构造必须符合设计要求。天沟、檐沟、檐口、泛水和立面卷材收头的端部应裁齐，塞入预留凹槽内，用金属压条钉压固定，最大钉距不应大于 900 mm，并用密封材料嵌填封严，凹槽距屋面找平层不小于 250 mm，凹槽上部墙体应作防水处理。

水落口杯应牢固地固定在承重结构上，如承重结构是铸铁制品，所有零件均应除锈并刷防锈漆；天沟、檐沟铺贴卷材应从沟底开始，如沟底过宽，卷材纵向搭接时，搭接缝必须用密封材料封口，密封材料嵌填必须密实、连续、饱满、黏结牢固、无气泡、无开裂脱落。沟内卷材附加层在与屋面交接处宜空铺，空铺宽度不小于 200 mm，卷材防水层应由沟底翻上至沟外檐顶部，卷材收头应用水泥钉固定并用密封材料封严，铺贴檐口 800 mm 范围内的卷材应采用满粘法。

铺贴泛水处的卷材应采用满粘法，防水层贴入水落口杯内不小于 50 mm，水落口周围直径 500 mm 范围内的坡度不小于 5%，并用密封材料封严。

变形缝处的泛水高度不小于 250 mm，伸出屋面管道的周围与找平层或细石混凝土防水层之间应预留 20 mm×20 mm 的凹槽，并用密封材料嵌填严密，在管道根部直径 500 mm 范围内，找平层应抹出高度不小于 30 mm 的圆台，管道根部四周应增设附加层，宽度和高度均不小于 300 mm。管道上的防水层收头应用金属箍紧固，并用密封材料封严。伸出屋面管道根部的防水构造如图 7-3 所示。

7. 保护层施工

卷材铺设完毕经检查合格后，应立即进行保护层的施工，及时保护防水层免受损伤，从而延长卷材防水层的使用年限。常用的保护层做法有以下几种：

(1)块料面层保护层。块料面层分地面砖和混凝土预制板保护层，可采用水泥砂浆铺贴。铺砌必须平整，并满足排水要求。块料应先浸水湿润并阴干。摆铺后应立即挤压密实、平整，使之结合牢固。块料之间应作勾缝处理。

(2)水泥砂浆保护层。水泥砂浆保护层与防水层之间应设置隔离层。保护层用的水泥砂浆配合比一般为 1∶(2.5～3)(体积比)。保护层施工前，应根据结构情况用木模设置纵、横分格缝。铺设水泥砂浆时应随铺随拍实，并用刮尺刮平。排水坡度应符合设计要求。立面水泥砂浆保护层施工时，为使砂浆与防水层黏结牢固，可事先在防水层表面进行处理(如粘麻丝、金属网等)，然后再做保护层。

(3)细石混凝土保护层。施工前应在防水层上铺设隔离层，并按设计要求支设好分格缝

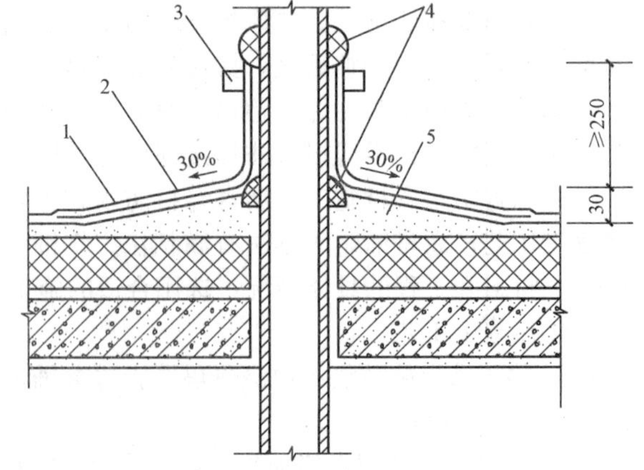

图 7-3　伸出屋面管道根部的防水构造

1—防水层；2—附加防水层；3—金属箍；4—密封材料；5—圆锥台找平层

木模。设计无要求时，每格面积不大于36 m²，分格缝宽度为20 mm。一个分格内的混凝土应连续浇筑，不留施工缝。振捣宜采用铁辊滚压或人工拍实，以免防水层被破坏。拍实后随即用刮尺按排水坡度刮平，初凝前用木抹子提浆抹平，初凝后及时取出分格缝木模，终凝前用铁抹子压光。

细石混凝土保护层浇筑后应及时进行养护，养护时间不应少于7 d。养护期满即将分格缝清理干净，待干燥后嵌填密封材料。

7.1.2 涂膜防水屋面

涂膜防水屋面是在屋面基层上涂刷防水涂料，经固化后形成一层有一定厚度和弹性的整体涂膜，从而达到防水目的的一种防水屋面形式。这种屋面具有施工操作简便、无污染、冷操作、无接缝、能适应复杂基层、防水性能好、温度适应性强、容易修补等特点，适用于防水等级为Ⅲ级、Ⅳ级的屋面防水，也可作为Ⅰ级、Ⅱ级屋面多道防水设防的一道防水层。

1. 涂膜防水屋面构造

涂膜防水屋面构造如图7-4所示。

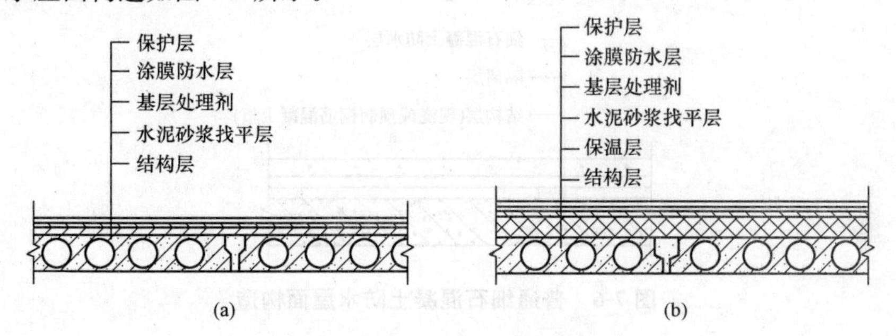

图7-4 涂膜防水屋面构造

(a)无保温层涂膜屋面；(b)有保温层涂膜屋面

2. 防水涂料

防水涂料的主要品种见表7-6。

表7-6 防水涂料的主要品种

类别	品种	备注
高聚物改性沥青类	溶剂型氯丁橡胶沥青防水涂料 溶剂型再生橡胶沥青防水涂料 水乳型再生橡胶沥青防水涂料(阴离子水乳型) 水乳型氯丁橡胶沥青防水涂料(阳离子水乳型)	属于此类的还有丁腈胶乳沥青防水涂料、丁苯胶乳沥青防水涂料、SBS橡胶沥青防水涂料、丁基橡胶沥青防水涂料等
合成高分子类	聚氨酯防水涂料(反应型)	属于此类的还有氯磺化聚乙烯橡胶防水涂料等
	丙烯酸酯浅色隔热防水涂料(水乳型)	属于此类的还有丙烯酸酯类防水涂料等

3. 涂膜防水工艺流程

涂料的涂布应按先高后低、先远后近、先立面后平面的施工顺序，工艺流程如图7-5所示。同一屋面上，先涂布排水比较集中的水落口、天沟、檐口等节点部位，然后再进行大面积的涂布。

7.1.3 刚性防水屋面

刚性防水屋面是指利用刚性防水材料做防水层的屋面。与卷材及涂膜防水屋面相比，刚性防水屋面所用材料易得、价格低廉、耐久性好、维修方便，但刚性防水层材料的表观密度大，抗拉强度低，易受混凝土或砂浆的干湿变形、温度变形和结构变形影响而产生裂缝。刚性防水主要适用于防水等级为Ⅲ级的屋面防水，也可用作Ⅰ、Ⅱ级屋面多道防水设防中的一道防水层或兼作屋面保护层。

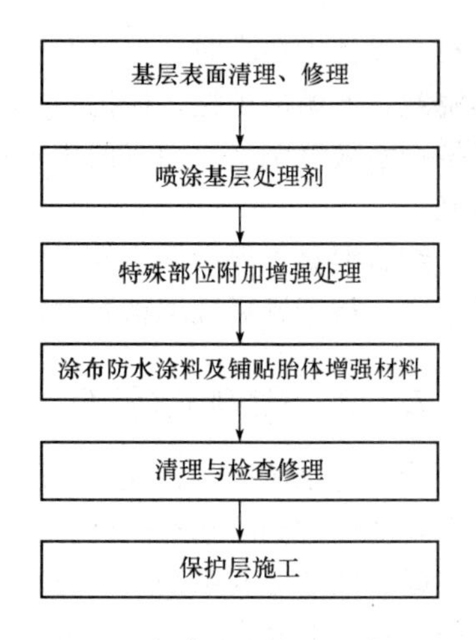

图 7-5　涂膜防水施工工艺流程

1. 刚性防水屋面构造

由细石混凝土或掺入减水剂、防水剂等非膨胀性外加剂的细石混凝土浇筑成的防水混凝土统称普通细石混凝土防水层，用于屋面时，称为普通细石混凝土防水屋面。

常用的防水剂主要有三氯化铁、三乙醇胺、有机硅等。其抗渗原理是防水剂掺入混凝土后，即形成不溶性胶体化合物或配位化合物，用来堵塞毛细孔隙和减少毛细管通路，增加混凝土的密实性，从而提高抗渗性。

刚性防水屋面(普通细石混凝土)的典型构造形式如图 7-6 所示。

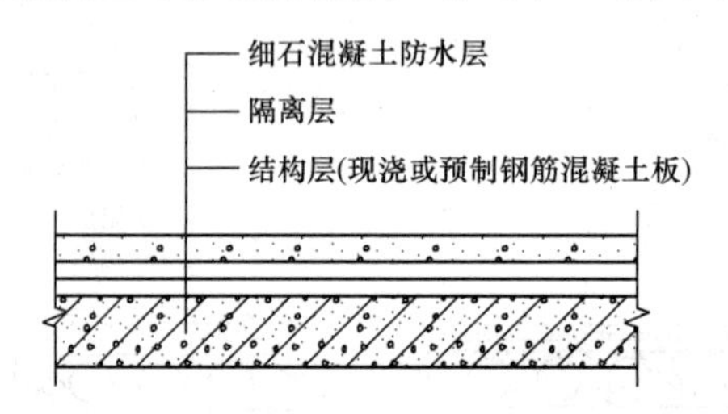

图 7-6　普通细石混凝土防水屋面构造

2. 刚性防水屋面施工

(1)隔离层施工。隔离层施工先将钢筋混凝土屋面表面清扫干净，对前期预留的施工洞口及出屋面管道位置进行细石混凝土封堵及油膏嵌缝，然后根据设计要求平铺隔离材料。隔离层的做法：一般根据设计平铺相应的隔离材料，如油毡、0.4 mm 原聚氯乙烯塑料薄膜等，具体施工并无技术难度。隔离层的主要作用是防止保护层热胀冷缩的时候拉破防水层，因为不同材料的伸缩性不同，另外材料之间会有一定的粘连。

(2)防水层施工。

1)防水材料。防水层的细石混凝土采用普通硅酸盐水泥或硅酸盐水泥，用矿渣硅酸盐水泥时应采取减少泌水措施，不得使用火山灰质水泥。水泥强度等级不宜低于 32.5。防水层的细石混凝土和砂浆中，粗集料的最大粒径不宜超过 15 mm，含泥量不应大于 1%，细集料应采用中砂或粗砂，含泥量不应大于 2%；拌和用水应采用不含有害物质的洁净水。混凝土水胶比不应大于 0.55，每立方米混凝土水泥的最小用量不应小于 330 kg，含砂率宜为 35%～40%，灰砂比应为 1∶2～2.5，并宜掺入外加剂；混凝土强度不得低于 C20。普通混凝土、补偿收缩混凝土的自由膨胀率应为 0.05%～0.1%。

2)施工工艺与施工顺序。普通细石混凝土刚性防水屋面施工工艺如图 7-7 所示。

混凝土浇筑应按先高后低、先远后近的施工顺序进行。一个分格缝内的混凝土必须一次浇筑完毕，不得留施工缝。

3)分格缝的设置与处理。为防止大面积的刚性防水层因温差、混凝土收缩等影响而产生裂缝，应按设计要求设置分格缝，一般应设在结构应力变化较突出的部位，如结构层屋面板的支承端、屋面转折处、防水层与凸出屋面结构的交接处等，并应与板缝对齐。分格缝的纵、横间

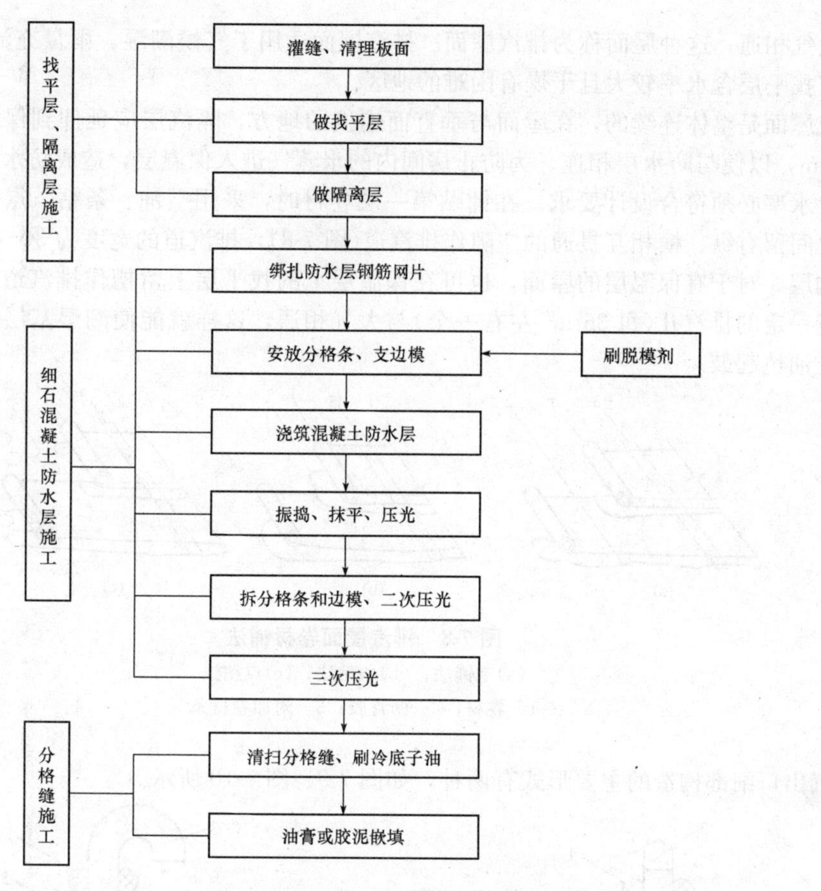

图 7-7　普通细石混凝土刚性防水屋面施工工艺

距一般不大于 4 m。

分格缝的一般做法为：在施工刚性防水层前，先在隔离层上定好分格缝位置，再安放分格条，然后按分隔板块浇筑混凝土；待混凝土初凝后，将分格条取出，缝边如有缺棱、掉角，须修补完整，做到平整、密实，不得有蜂窝、露筋、起皮、松动现象。分格缝隙处可采用嵌填密封材料并加贴防水卷材的办法进行处理，以增加防水的可靠性。

4)细石混凝土施工。细石混凝土防水层厚度应不小于 40 mm，并应配置双向钢筋网片(钢筋的直径、间距应满足设计要求，设计无明确要求时，可采用 ϕ^b4～6@100～200)。钢筋在分格缝处应断开，钢筋网片应放置在混凝土的中上部，其保护层厚度不小于 10 mm。混凝土应采用机械搅拌，投料顺序得当，搅拌均匀，搅拌时间不少于 2 min，加入外加剂时，应准确计量。在混凝土运输过程中应防止漏浆和离析。浇筑混凝土时，先用平板振动器振实，再用滚筒滚压至表面平整、泛浆，然后用铁抹子压实、抹平，并确保防水层的设计厚度和排水坡度。抹压时严禁在表面洒水、加水泥浆或撒干水泥。待混凝土收水初凝后，应进行二次表面压光，并在终凝前三次压光，以提高抗渗性。混凝土浇筑 12～24 h 后应进行养护，养护时间不应少于 14 d，养护初期屋面不得上人。施工气温宜为 5 ℃～35 ℃，以保证防水层的施工质量。

7. 1. 4　其他屋面

1. 排汽屋面

为防止室内(基层)水蒸气引起卷材起鼓破坏，通过构造措施(设置排汽道、排汽孔)使室内水汽与大气相通，这种屋面称为排汽屋面。排汽屋面适用于气候潮湿、雨量充沛、夏季阵雨多、保温层或找平层含水率较大且干燥有困难的地区。

排汽屋面是整体连续的，在屋面与垂直面连接的地方，隔汽层应延伸到保温层顶部，并高出 150 mm，以便与防水层相连。为防止房间内的水蒸气进入保温层，造成防水层起鼓破坏，保温层的含水率必须符合设计要求。在铺贴第一层卷材时，采用空铺、条粘、点粘等方法使卷材与基层之间留有纵、横相互贯通的空隙作排汽道(图 7-8)，排汽道的宽度为 30～40 mm，深度一直到结构层。对于有保温层的屋面，也可在保温层上的找平层上留槽作排汽道，并在屋面或屋脊上设置一定的排汽孔(每 36 m^2 左右一个)与大气相通，这样就能使潮湿基层中的水分蒸发排出，防止油毡起鼓。

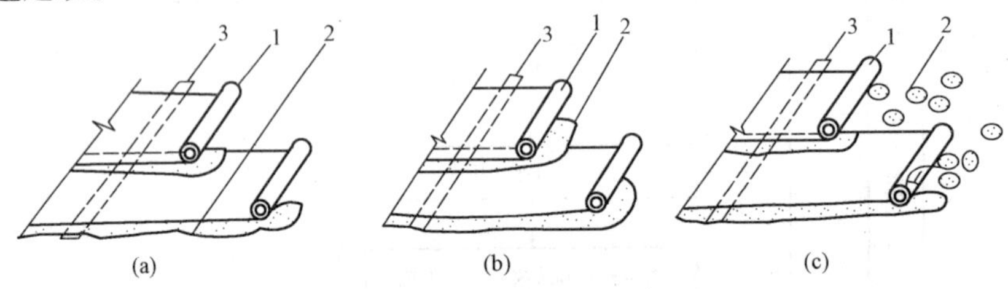

图 7-8　排汽屋面卷材铺法

(a)空铺法；(b)条粘法；(c)点粘法

1—卷材；2—沥青胶；3—附加卷材条

排汽出口细部构造的主要形式有两种，如图 7-9、图 7-10 所示。

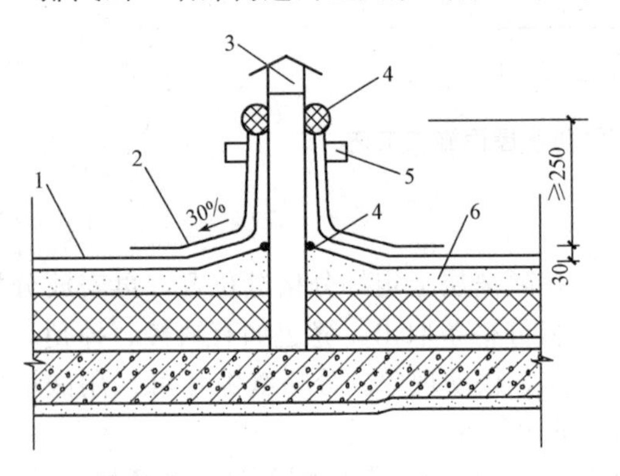

图 7-9　排汽出口构造 1

1—防水层；2—附加防水层；3—排汽管；

4—密封材料；5—金属箍；6—找平层

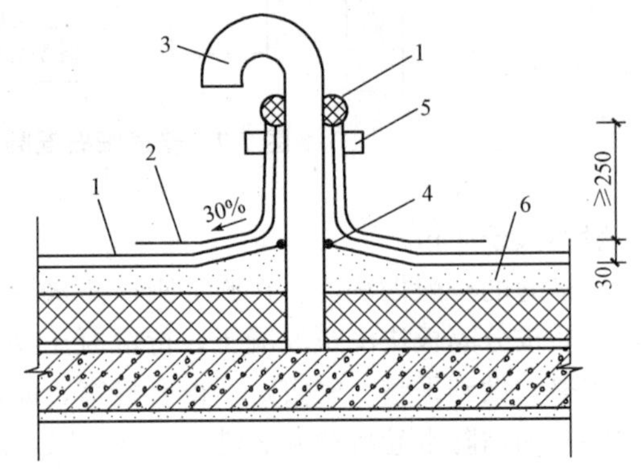

图 7-10　排汽出口构造 2

1—防水层；2—附加防水层；3—排汽管；

4—密封材料；5—金属箍；6—找平层

排汽口通过排汽管与大气相通，排汽管底部应架设在结构层上，穿过保温层部分的管壁应打孔，孔径不宜过小，分布应适当，以利于保温层潮气的排出，排汽管的管径规格视排汽道的宽度而定，一般可选择直径为 25～45 mm 的金属管或 PVC 塑料管进行制作(金属管外壁应进行防锈处理)。一般情况下，直立式排汽管能牢固地固定在基层上，如某些基层采用直立式排汽管而缺乏足够的稳定性时，可采用稳定性能好的倒 J 形排汽管(图 7-11)。架设在结构层上的横管应打孔，孔径、孔距和分布均应适当，以便找平层和保温层排出潮气。排汽管根部的防水做法应按照伸出屋面管道根部的防水做法进行施工。

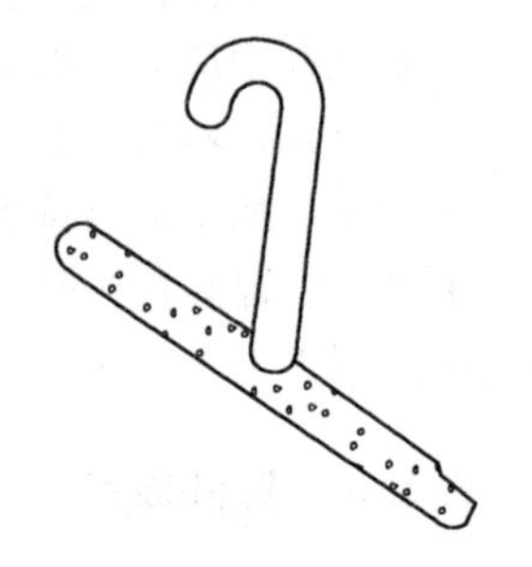

图 7-11　倒 J 形排汽管

2. 隔热屋面

为降低夏季屋顶热量对室内的影响而采取隔热措施的屋面称为隔热屋面。在炎热地区，屋面一般都需设置隔热层。隔热屋面主要有架空隔热屋面、蓄水隔热屋面、种植隔热屋面和涂料反射隔热屋面等形式。

3. 倒置式屋面

倒置式屋面与传统的防水层在上、保温层在下的构造相反，将渗水性能好、吸水率低、导热系数小的保温材料放在防水层之上，故称倒置式屋面。

倒置式屋面的防水层在保温层之下，避免了太阳光线的直接照射，减少了温差变形，从而延缓了防水层的老化，同时，侵入屋面内部的水和水蒸气更容易通过置于上层的多孔保温材料蒸发出去，加之保温材料导热系数小，因此，夏季能起到更好的隔热作用。但这种屋面一旦发生渗漏，其维修工序多、费用高，因此，设计、施工均必须严格遵循现行规范进行。

倒置式屋面的防水层完工后，应经各项检查、试验确认合格后，方可进行保温层及其上各层次施工。

4. 金属屋面

金属屋面的成本普遍较高，目前并没有得到广泛应用。我国目前应用的金属屋面一般有压型钢板和不锈钢薄板等。国外还有用铜、铝、铅锡合金等金属材料作屋面防水材料的情况。金属屋面适用于防水等级为Ⅱ、Ⅲ级的屋面防水。

压型钢板(彩钢)是我国目前金属屋面中常用的种类，主要有波形、平板形镀锌薄钢板，带肋镀铝钢板，金属压型夹心板等种类。其外形有长条形、波形和锯齿形等。铺设压型钢板屋面时，相邻两块板应顺年最高频率风向搭接，以免刮风时冷空气贯入室内；上、下两排板的搭接长度应根据板型和屋面坡长确定。搭接缝应用密封材料嵌填封严，防止渗漏。不锈钢钢板一般滚压成长条形平面板材，两边用锯齿形凸肋连接。由于压型钢板价格高昂，故其仅在少量高档建筑物上使用。

7.2 地下防水施工

地下工程防水是防止地下水对地下构筑物或建筑物基础长期侵蚀，保证地下构筑物或地下室的使用功能正常发挥的一项重要工程。由于地下工程常年受到地表水、潜水、上层滞水、毛细管水等的作用，所以，地下工程防水比屋面工程防水的要求更高，技术难度更大。

根据地下工程的不同要求，按不同渗水量的指标将地下工程防水划分为四个等级。各级标准应符合表7-7所示的规定。

表 7-7 地下工程防水等级标准

防水等级	标准
一级	不允许渗水，结构表面无湿渍
二级	不允许漏水，结构表面可有少量湿渍； 工业与民用建筑：湿渍总面积不大于总防水面积(包括顶板、墙面、地面)的1/1 000，任意100 m^2防水面积上的湿渍不超过两处； 其他地下工程：总湿渍面积不应大于总防水面积的2/1 000，单个湿渍的最大面积不大于0.2 m^2，任意100 m^2防水面积中上的湿渍不超过三处，其中，隧道工程还要求平均渗水量不大于0.05 L/(m^2·d)，任意100 m^2渗水量不大于0.15 L/(m^2·d)

续表

防水等级	标　　准
三级	有少量漏水点，不得有线流，不得漏泥砂； 单个湿渍的最大面积不大于 0.3 m^2，单个漏水点的漏水量不大于 2.5 L/d，任意 100 m^2 防水面积上的漏水或湿渍点数不超过七处
四级	有漏水点，不得有线流，不得漏泥砂； 整个工程平均漏水量不大于 2 L/(m^2 · d)，任意 100 m^2 防水面积的平均漏水量不大于 4 L/(m^2 · d)

地下工程的防水等级，应根据工程的重要性和设防要求选定。不同防水等级地下工程的适用范围见表 7-8。

表 7-8　不同防水等级地下工程的适用范围

防水等级	适用范围
一级	人员长期停留的场所；如有少量湿渍会使物品变质、失效的储物场所及严重影响设备正常运转和危及工程安全运营的部位；极重要的战备工程；地铁车站
二级	人员经常活动的场所，在有少量湿渍的情况下不会使物品变质、失效的储物场所及基本不影响设备正常运转和工程安全运营的部位；重要的战备工程
三级	人员临时活动的场所；一般战备工程
四级	对渗漏水无严格要求的工程

不同防水等级的地下工程设防要求，应根据使用功能、结构形式、环境条件、施工方法及材料性能等因素合理确定。

7.2.1　防水方案

地下工程修建在含水地层中，不但受到地下水的有害作用，而且还受到地面水的影响。如果没有可靠的防水措施，地下水就会侵入结构物，影响结构物的使用寿命。因此，在修建地下工程时，应根据工程的水文情况、地质条件、施工方法、结构构造形式、防水标准、使用要求和技术经济指标综合考虑，并遵循“防、排、截、堵，刚柔结合、因地制宜、综合治理”和“多道设防、复合用材”的基本原则确定防水方案。

常用的防水方案如下：

(1)防水混凝土自防水结构，即依靠防水混凝土自身的抗渗性和密实性来进行防水。结构本身既是承重围护结构，又是防水层。该方案具有施工简便、工期较短、改善劳动条件、节省工程造价等优点，是解决地下防水的有效途径，因而被广泛采用。

(2)附加防水层，即在结构物的外侧增加防水层，以达到防水的目的。常用的防水层有水泥砂浆、卷材、沥青胶结料和金属防水层，可根据不同的工程对象、防水要求及施工条件选用。

(3)防排结合。即除按要求做防水外，还利用盲沟、渗排水层等措施来排除附近的水源以达到防水的目的。其适用于形状复杂、受高温影响、地下水为上层滞水且防水要求较高的地下建筑。

处于侵蚀性介质中的工程，应采用耐侵蚀的防水混凝土、防水砂浆、卷材或涂料等材料；处于冻土层中的工程，当采用混凝土结构时，其混凝土抗冻融循环的能力不得少于 100 次；结构刚度较差或受振动作用的工程，应采用卷材或涂料等柔性防水材料；具备自流排水条件的工程，应设置自流排水系统(如盲沟排水、渗排水等)；无自流排水条件的工程，可根据需要设置机械排水系统。

防水等级为一级时，除坚持混凝土结构自防水外，还应设置全外包柔性防水层；防水等级为二级时，除坚持混凝土结构自防水外，还宜设置外包柔性防水层；防水等级为三级时，除坚持结构自防水外，还可设置一道外包柔性防水层；防水等级为四级时，在强调做好结构自防水的同时，还可根据需要局部设置柔性附加防水层，以加强结构整体的防水能力。

7.2.2 防水混凝土自防水结构施工

防水混凝土自防水结构以调整混凝土配合比或掺入外加剂等方法，来提高混凝土本身的密实性和抗渗性，使其兼具承重、围护和抗渗的能力，还可满足一定的耐冻融及耐侵蚀的要求。

防水混凝土可分为普通防水混凝土、外加剂防水混凝土和补偿收缩防水混凝土三类。普通防水混凝土是以调整和控制配合比的方法，来达到提高密实性和抗渗性要求的混凝土；外加剂防水混凝土是指掺入适量的外加剂(减水剂、氯化铁、引气剂、三乙醇胺等)，改善混凝土的内部组织结构，以增加密实性和抗渗性的混凝土；补偿收缩防水混凝土是指采用膨胀水泥或加入微膨胀剂而配制的混凝土。

防水混凝土的抗渗等级不得小于P6(0.6 MPa)，环境温度不得高于80 ℃；如处于侵蚀性介质中，防水混凝土的耐侵蚀系数不应小于0.8(防水混凝土采用耐侵蚀材料配制时不受此限制)；结构底板的厚度不应小于250 mm；垫层的厚度不应小于100 mm(在软弱土层中不应小于150 mm)；垫层混凝土强度等级不应小于C15；迎水面钢筋保护层的厚度不应小于50 mm；结构裂缝的宽度不得大于0.2 mm，并不得贯通。

1. 材料要求

防水混凝土应采用强度等级不低于32.5的普通硅酸盐水泥或硅酸盐水泥配制，水泥用量不得小于300 kg/m^3，掺有活性掺合料时，不得小于280 kg/m^3；砂宜用中砂，砂率宜为35%～40%，灰砂比宜为1∶1.5～1∶2.5，石子粒径宜为5～40 mm，水胶比不得大于0.50，普通防水混凝土的坍落度不宜大于50 mm；搅拌用水应采用不含有害物质的洁净水；需要掺入外加剂、掺合料的，其掺量应经试验确定。

2. 防水混凝土施工

防水混凝土结构工程质量的优劣，除取决于合理的设计、材料的性质及配合成分外，还取决于施工质量的好坏。因此，对施工中的各主要环节，如混凝土搅拌、运输、浇筑、振捣、养护等，均应严格遵循施工及验收规范和操作规程的各项规定进行。

防水混凝土所用模板，除满足一般要求外，应特别注意模板拼缝严密，支撑牢固。在浇筑防水混凝土前，应将模板内部清理干净。一般不宜用螺栓或钢丝贯穿混凝土墙来固定模板，以防由引水作用引起墙面渗漏水。在特殊情况(如墙面较高)下须用对拉螺栓贯穿混凝土墙来固定模板时，应采取可靠的止水措施，如图7-12所示。

钢筋不得用钢丝或钢钉固定在模板上，必须采用相同配合比的细石混凝土块或砂浆块做垫块，并确保钢筋保护层的厚度符合规定，不得有负偏差。结构内设置的钢筋确需用钢丝绑扎时，均不得接触模板。

防水混凝土的配合比应通过试验确定，施工配合比的抗渗等级应比设计要求提高一个等级。防水混凝土应采用机械搅拌，搅拌时间不应少于2 min；掺有外加剂时，应根据外加剂的技术要求确定搅拌时间。普通防水混凝土的坍落度不宜大于50 mm(结构厚度≥250 mm，宜为10～30 mm；结构厚度<250 mm或钢筋稠密，宜为30～50 mm)，泵送时混凝土入泵坍落度宜为100～140 mm。拌好的混凝土应及时运至现场，并于初凝前浇筑完毕，运距较远或气温较高时，宜掺缓凝减水

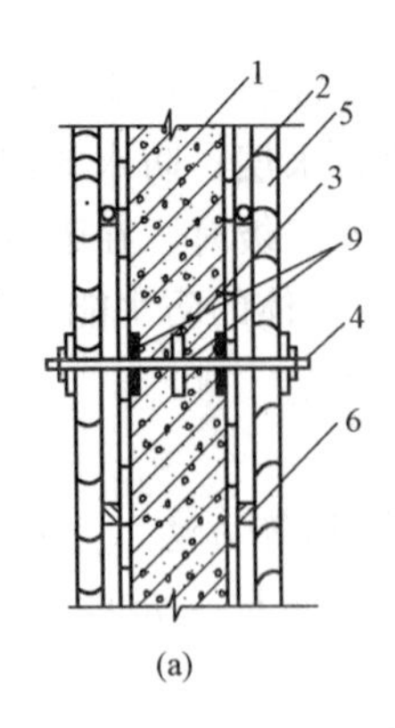

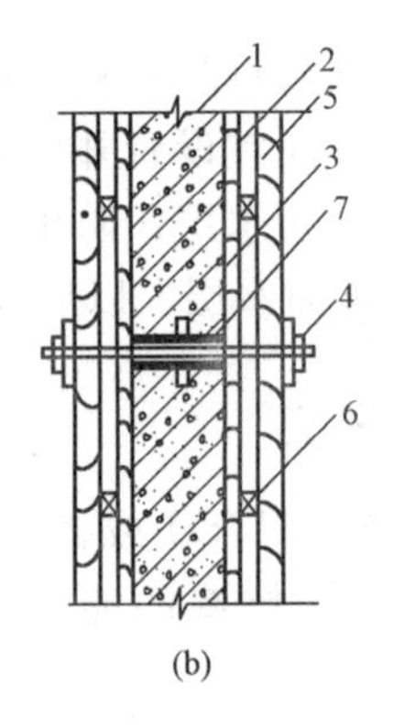

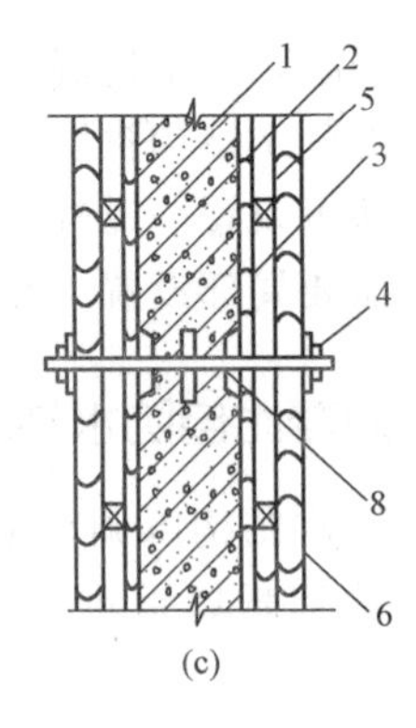

图 7-12　螺栓穿墙止水措施

(a)螺栓加焊止水环；(b)套管加焊止水环；(c)螺栓加焊止水环加堵头

1—防水建筑；2—模板；3—止水环；4—螺栓；5—水平加劲肋；6—垂直加劲肋；

7—预埋套管(拆模后将螺栓拔出，套管内用膨胀水泥砂浆封堵)；8—墙头(拆模后将螺栓沿平凹坑底割去，再用膨胀水泥砂浆封堵)；9—止推片

剂。防水混凝土拌合物如在运输后分层离析，必须进行二次拌和；当坍落度不能满足施工要求时，应加入水泥浆(与原混凝土内水泥浆成分相同)或二次掺减水剂进行搅拌，严禁直接加水。混凝土浇筑时应分层、连续浇筑，其自由倾落高度不得大于 2 m，否则，应采用串筒、溜槽或溜管等工具进行浇筑，以防石子堆积，影响质量。混凝土应用机械振捣密实，振捣时间为 10～30 s，以混凝土开始泛浆和不冒气泡为止，避免漏振、欠振和过振。

防水混凝土应连续浇筑，宜不留或少留施工缝。顶板、底板不宜留施工缝，顶板、拱不宜留纵向施工缝。墙体水平施工缝不宜留在剪力和弯矩最大处或底板与侧墙的交接处，应留在底板表面以上不小于 300 mm 的墙体上。墙体有预留孔洞时，施工缝距离孔洞边缘不应小于 300 mm。必须留设垂直施工缝时，应避开地下水和裂隙水较多的地段，并宜与变形缝结合。

施工缝浇筑混凝土前，应将其表面浮浆和杂物清除干净，先铺净浆，再铺 30～50 mm 厚的 1∶1 水泥砂浆或涂刷混凝土界面处理剂，并及时浇灌混凝土。垂直施工缝可不铺水泥砂浆，选用的遇水膨胀止水条应牢固地安装在缝表面或预留槽内，且该止水条应具有缓胀性能，其 7 d 后的膨胀率不应大于最终膨胀率的 60%，如采用中埋式止水带，应确保位置准确、固定可靠。

防水混凝土终凝后(一般浇后 4～6 h)，即应开始浇水养护，养护时间应在 14 d 以上。冬期施工混凝土入模温度不应低于 5 ℃，宜采用综合蓄热法、蓄热法、暖棚法等养护方法，并应保持混凝土表面湿润，防止混凝土早期脱水。采用掺化学外加剂方法施工时，能降低水溶液的冰点，使混凝土在低温下硬化，但要适当延长混凝土搅拌时间，振捣要密实，还要采取保温、保湿措施。防水混凝土不宜采用蒸汽养护和电热养护。地下构筑物应及时回填并分层夯实，以免由于干缩和温差产生裂缝。防水混凝土结构须在混凝土强度达到设计强度 40%以上时方可在其上面继续施工，达到设计强度 70%以上时方可拆模。拆模时，混凝土表面温度与环境温度之差不得超过 15 ℃，以防混凝土表面出现裂缝。

3. 细部构造防水施工

防水混凝土结构的变形缝、后浇带、预埋件、穿墙管道等部位，均为防水薄弱环节，应采取加强措施，精心施工。

(1)变形缝。用于伸缩的变形缝宜不设或少设，可根据不同的工程结构类别及工程地质情况采用诱导缝、加强带、后浇带等替代措施。用于沉降的变形缝宽度宜为 20～30 mm，用于伸缩

的变形缝宽度宜小于此值。变形缝处混凝土结构的厚度不应小于300 mm，变形缝的防水措施可根据工程开挖方法、防水等级确定。

诱导缝的作用在于沿结构纵向长度设置若干接缝，接缝处纵向钢筋的含量为纵向钢筋总量的30%。当结构因温差或混凝土干缩等原因发生内力变化时，诱导缝会先行开裂，从而控制混凝土结构出现裂缝的位置。

诱导缝间距一般控制在20～30 m，可根据施工季节、温度的不同予以调整，诱导缝的防水构造按变形缝处理。

变形缝两侧应平整、清洁、无渗水，并涂刷与嵌缝材料相容的基层处理剂。嵌缝应先设置与嵌缝材料隔离的背衬材料，并嵌填密实，与两侧黏结牢固。在缝上粘贴卷材或涂刷涂料前，应在缝上设置隔离层后才能进行施工。

变形缝的止水材料通常有橡胶止水带、氯丁橡胶止水带和金属止水带等。选择止水带的基本要求是适应变形能力强、防水性能好、耐久性高、与混凝土黏结牢固。

止水带的构造形式有埋入式、可卸式、粘贴式等，目前，采用较多的是埋入式。根据防水设计的要求，有时在同一变形缝处，可采用数层、数种止水带的构造形式。埋入式(橡胶止水带)变形缝构造如图7-13所示，可卸式(橡胶止水带)变形缝构造如图7-14所示，粘贴式(氯丁橡胶止水带)变形缝构造如图7-15所示。

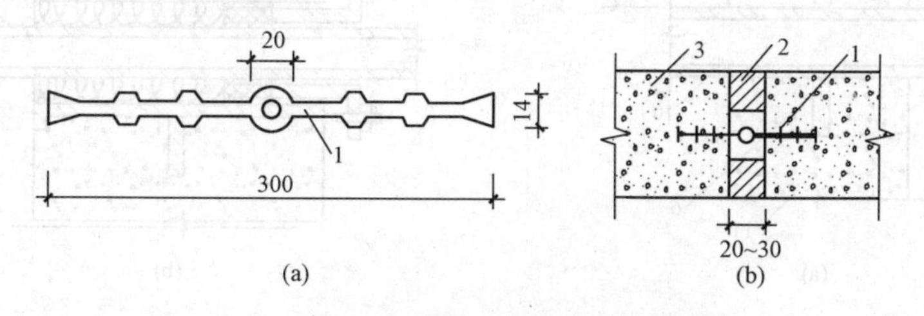

图7-13　埋入式(橡胶止水带)变形缝构造

(a)橡胶止水带；(b)变形缝构造

1—止水带；2—沥青麻丝；3—构筑物

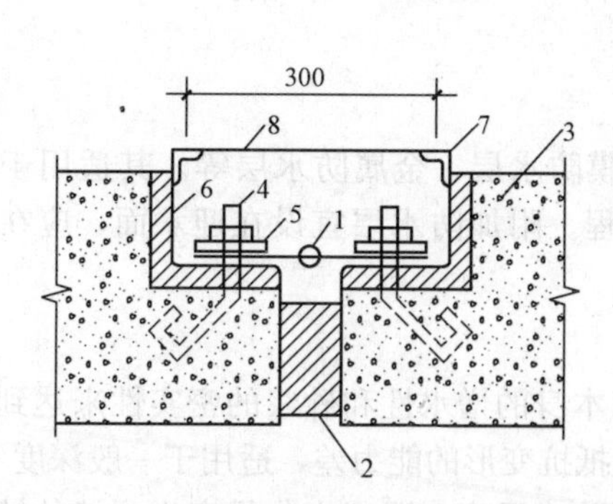

图7-14　可卸式(橡胶止水带)变形缝构造

1—橡胶止水带；2—沥青麻丝；3—构筑物；4—螺栓；5—铜压条；6—角钢；7—支撑角钢；8—钢盖板

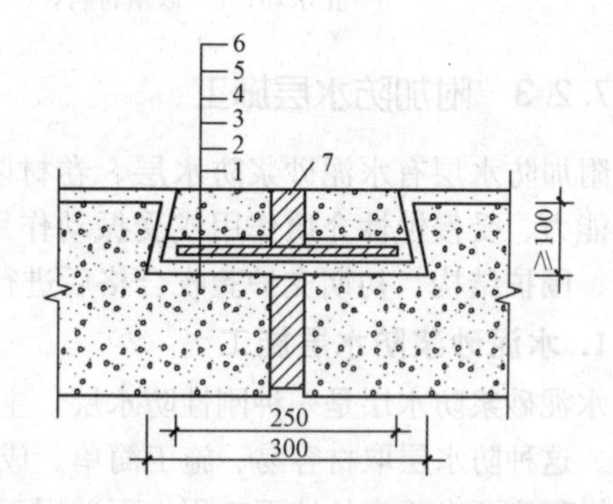

图7-15　粘贴式(氯丁橡胶止水带)变形缝构造

1—构筑物；2—刚性防水层；3—胶粘剂；4—氯丁胶板；5—素灰层；6—细石混凝土覆盖层；7—沥青麻丝

(2)后浇带。后浇带(也称后浇缝)是对不允许留设变形缝的混凝土结构工程(如大型设备基础等)采用的一种刚性接缝。混凝土后浇带留设的位置、形式及宽度应符合设计要求。其断面形式可留成平直缝或阶梯缝，但结构钢筋一般不能断开；如必须断开，则主筋搭接长度应大于45倍主筋直径，并应按设计要求加设附加钢筋。留缝时，应采取支模或固定钢板网等措施，保证留缝位置准确、断口边缘混凝土密实，留缝后要注意保护，防止边缘毁坏或缝内进入垃圾杂物。

后浇带处的混凝土浇筑，应在其两侧混凝土浇筑完毕后，在设计规定的间隔时间进行(一般不少于 6 个星期，高层建筑应在结构顶板浇筑混凝土 14 d 后)。浇筑前应将接缝处混凝土表面凿毛并清洗干净、保持湿润并刷水泥净浆，然后用符合设计要求的混凝土进行浇筑，并振捣密实，混凝土养护时间不应少于 28 d。

(3)预埋件、穿墙管道。在预埋件的端部应加焊止水钢板，在穿墙管道外加套管并加焊止水环进行防水处理。预埋件、穿墙管道均应预先固定，周围混凝土应仔细浇捣密实，保证质量。预埋件防水做法如图 7-16 所示，穿墙管道防水做法如图 7-17 所示。

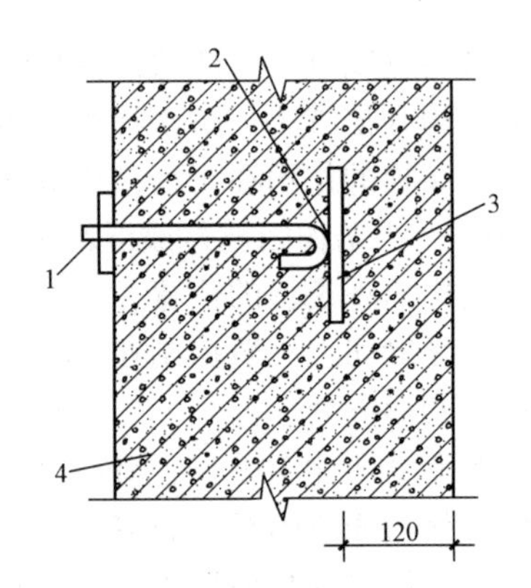

图 7-16　预埋件防水做法

1—预埋螺栓；2—焊缝；
3—止水钢板；4—防水混凝土结构

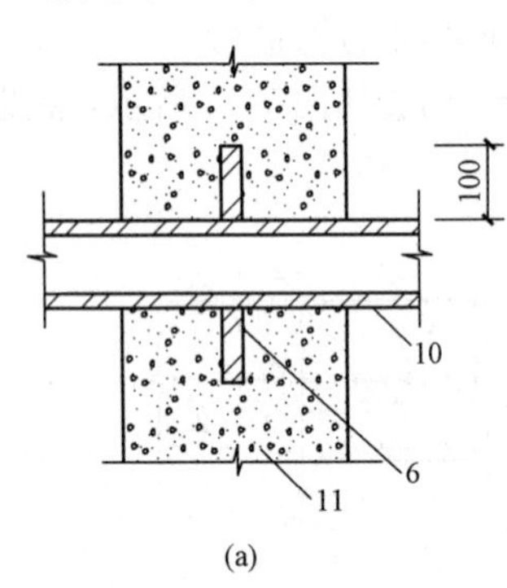

(a)

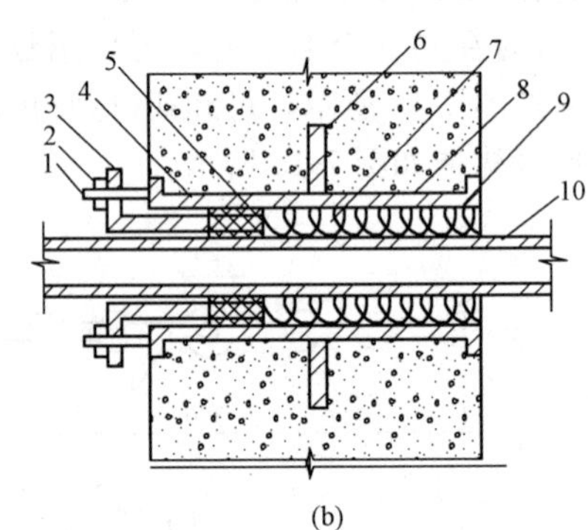

(b)

图 7-17　穿墙管道防水做法

(a)固定式穿墙管；(b)套管式穿墙管

1—双头螺栓；2—螺母；3—压紧法兰；4—橡胶圈；5—挡圈；
6—止水环；7—嵌填材料；8—套管；9—翼环；10—主管；11—围护结构

7.2.3　附加防水层施工

附加防水层有水泥砂浆防水层、卷材防水层、涂膜防水层、金属防水层等。其适用于增强防水能力、受侵蚀性介质作用或受振动作用的地下工程。附加防水层宜设在迎水面，应在基础垫层、围护结构、初期支护验收合格后进行施工。

1. 水泥砂浆防水层施工

水泥砂浆防水层是一种刚性防水层，主要依靠砂浆本身的憎水性和砂浆的密实性来达到防水目的。这种防水层取材容易、施工简单、成本较低，但抵抗变形的能力差，适用于一般深度不大、对干燥程度要求不高的地下工程，不适用于因振动、沉陷或温度、湿度变化易产生裂缝的结构和有腐蚀性介质的高温工程。水泥砂浆防水层有刚性多层抹面防水和掺外加剂防水层两种。

水泥砂浆防水层构造做法如图 7-18 所示。

2. 卷材防水层施工

卷材防水层是一种柔性防水层，是用防水卷材和其他配套的胶结材料黏结而成的一种多层防水层。卷材防水层的主要优点是防水性能较好，具有一定的柔韧性和延伸性，能适应结构的振动和微小变形，不至于产生破坏而导致渗漏，对酸、碱、盐溶液具有良好的耐腐蚀性，但卷材防水层耐久差、吸水率大、机械强度低、施工工序多，发生渗漏时难以修补。

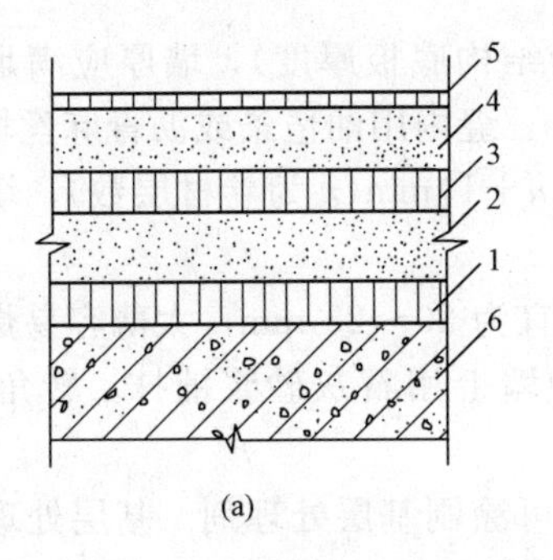

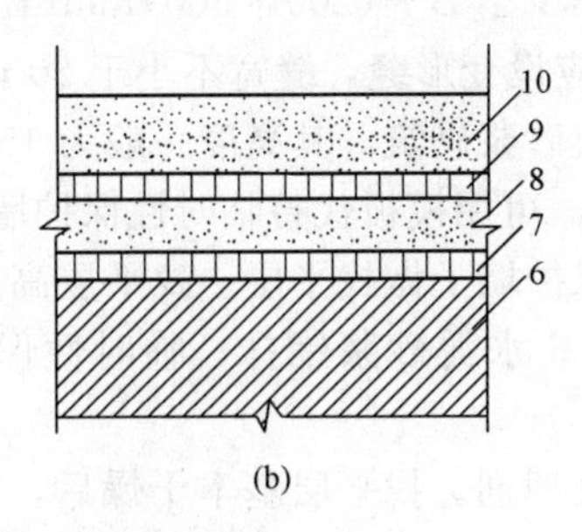

图 7-18　水泥砂浆防水层构造做法

(a)刚性多层抹面防水层；(b)氯化铁防水砂浆防水层

1、3—素灰层；2、4—水泥砂浆层；5、7、9—水泥浆；

6—结构基层；8—防水砂浆垫层；10—防水砂浆面层

卷材防水层适合铺贴在整体的混凝土结构基层，以及整体的水泥砂浆、沥青找平层上；尤其在经常保持不小于 0.01 MPa 的侧压力作用下，卷材防水层与围护结构共同作用，抗渗能力较强，防水能力较好。

(1)基层与材料要求。铺贴卷材的基层表面必须牢固、平整、清洁干净，用 2 m 长的直尺检查，基面与直尺间的最大空隙不应超过 5 mm，每米不得多于一处，且空隙处只允许有平缓变化。地下防水使用的卷材要求强度高、延伸率大，具有良好的韧性和不透水性，膨胀率小且具有抗菌性，可选用沥青防水卷材、高聚物防水卷材和合成高分子防水卷材。

(2)卷材铺贴方法。将卷材防水层铺贴在地下围护结构的外侧(迎水面)称为外防水。这种铺贴方法可以借助土压力将卷材防水层压紧，并与结构一起抵抗有压地下水的渗透和侵蚀作用，因而防水效果良好，采用比较广泛。外防水的卷材防水层铺贴方法，按其与地下围护结构施工的先后顺序分为外防外贴法(简称“外贴法”)与外防内贴法(简称“内贴法”)两种。

1)外贴法。在地下围护结构做好后，把卷材防水层直接铺贴在墙面上，然后砌筑保护墙的施工方法称为外贴法(图 7-19)，具体施工程序如下：

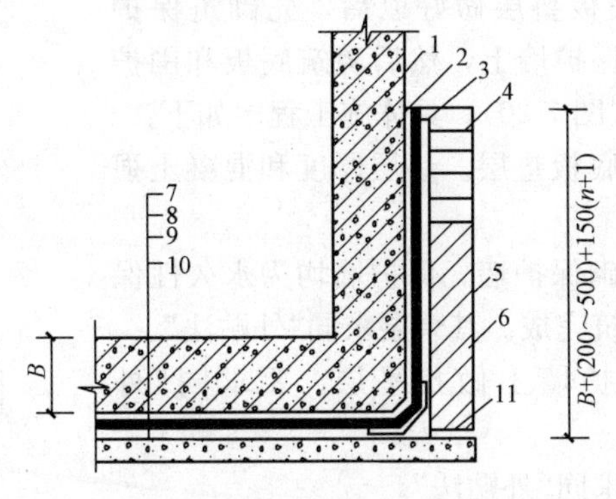

图 7-19　外贴法

1—围护结构；2—永久性木条；3—临时性木条；4—临时保护墙；5—永久保护墙；

6—卷材附加层；7—保护层；8—卷材防水层；9—找平层；10—混凝土垫层；11—油毡

①浇筑防水混凝土结构底板混凝土垫层。垫层厚度和混凝土强度等级应满足设计要求。

②在底板混凝土垫层上砌保护墙。保护墙的主要作用是保护卷材，避免回填土对卷材防水层产生影响。保护墙的材料可选用砖、轻质板材等。施工时，先在垫层上要砌筑保护墙的位置干铺一层油毡条，然后砌筑保护墙。保护墙分上、下两部分，下部为永久性保护墙，用水泥砂

浆砌筑，其高度不少于 $B+(200\sim500)$ mm（B 为结构底板厚度），墙厚应满足设计要求，每隔5～6 m及转角处应设变形缝，缝宽不小于20 mm，缝内用油毡条或沥青麻丝填塞，上部为临时性保护墙，用石灰砂浆砌筑，其高度一般为 $150(n+1)$ mm（n 为卷材层数），墙厚同永久性保护墙（有可靠措施时，可用模板代替临时性保护墙）。

③在垫层和保护墙上做找平层。找平层高度宜为20～25 mm，太薄容易爆皮。垫层和永久性保护墙上用1∶3水泥砂浆铺抹；临时性保护墙上用石灰砂浆铺抹，转角处应做成圆弧或钝角。

④涂刷基层处理剂。找平层基本干燥后，即可涂刷基层处理剂。基层处理剂应与卷材和胶黏剂的材性相容，其选择和涂刷方法与屋面施工相同；临时性保护墙可以不刷基层处理剂。

⑤铺贴卷材防水层（永久性保护墙以下部分）。首先在转角处铺贴卷材附加层，然后按先底面、后立面的顺序铺贴卷材，并用胶结材料粘贴密实；临时性保护墙上应分层做临时固定。

⑥做防水层的保护层。为防止绑扎钢筋、支模和浇筑混凝土时损坏防水层，防水层做好以后应做保护层，底板垫层上可用30～50 mm的1∶3水泥砂浆或细石混凝土做保护层；立面上可用10～20 mm厚的1∶3水泥砂浆或用点贴法粘贴聚乙烯泡沫塑料片做保护层（按内贴法立面保护层做法施工，效果更好）。

⑦防水混凝土结构底板和墙身施工。混凝土施工时，保护墙可作为墙体外侧的部分模板，但应支撑牢固。

⑧拆除临时性保护墙，清理卷材。混凝土防水结构拆模经检查验收后，应拆除临时性保护墙，并清理甩槎接头的卷材及表面的浮灰、污物和泡沫塑料。如有损坏，应进行修补。

⑨在结构墙身上铺贴1∶3水泥砂浆找平层，厚度为20～25 mm，待垫层基本干燥后，按要求涂刷相应的基层处理剂。

⑩铺贴墙身卷材防水层（永久性保护墙以上部分）。墙身卷材应与永久性保护墙上先铺的卷材分层错槎搭接，上层卷材盖过下层卷材的长度不应小于150 mm（合成高分子卷材为100 mm）。

⑪卷材防水铺贴完毕后，应立即进行渗漏检验，合格后继续砌筑永久性保护墙至设计高度，保护墙与卷材防水层之间的缝隙应用1∶3水泥砂浆嵌填密实。

2）内贴法。在混凝土底板垫层做好以后，先砌筑保护墙，并将卷材防水层铺贴在保护墙上，然后浇筑底板和围护结构的施工方法称为内贴法（图7-20）。具体施工程序如下：

①浇筑防水混凝土结构底板垫层。垫层厚度和混凝土强度等级应满足设计要求。

②在底板混凝土垫层上砌保护墙。保护墙均为永久性保护墙，应按设计要求一次砌筑完成。其余要求同“外贴法”。

③在垫层和永久性保护墙上做找平层，要求同“外贴法”。

④涂刷基层处理剂，要求同“外贴法”。

⑤铺贴卷材防水层。一次性将垫层及保护墙全部铺完，其余要求同“外贴法”。

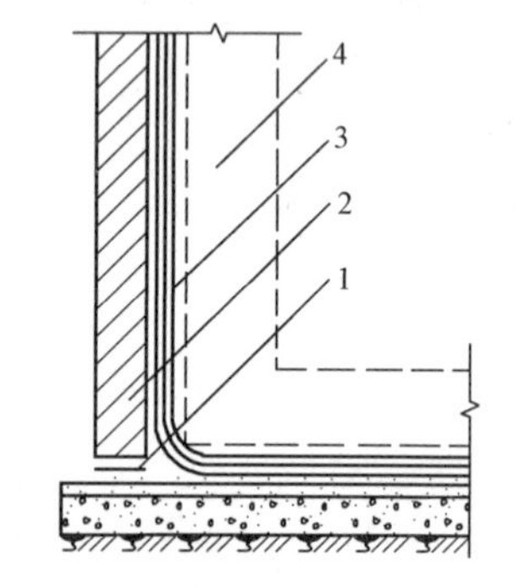

图7-20　内贴法

1—平铺油毡层；2—保护墙；3—卷材防水层；4—待施工的围护结构

⑥做防水层的保护层。由于内贴法立面保护墙较高，其立面保护层的做法一般是：直接在卷材防水层的内侧粘贴5～6 mm厚的聚乙烯泡沫塑料片材（用氯丁橡胶作胶黏剂），或用40 mm厚的聚苯乙烯泡沫塑料板代替聚乙烯泡沫塑料；对沥青防水卷材，也可在涂刷防水层的最后一层胶结材料时，随即粘上麻丝或金属网，使防水层表面粗糙，冷却后随即铺抹一层10～20 mm厚的1∶3水泥砂浆保护层。其余要求同“外贴法”。

⑦防水混凝土结构底板和墙身施工，要求同“外贴法”。

(3)卷材铺贴要求。高聚物改性沥青防水卷材和合成高分子防水卷材的层数宜为一层，两幅卷材的粘贴搭接长度宜为 100 mm。沥青防水卷材层数应根据工程情况确定，两幅卷材的搭接长度，长边不应小于 100 mm，短边不应小于 150 mm，上、下两层和相邻两幅卷材接缝应错开 1/3 幅宽，上、下层卷材不得相互垂直铺贴。

高聚物改性沥青防水卷材和合成高分子防水卷材用胶黏剂涂刷均匀；沥青防水卷材的层间胶黏剂的涂刷厚度宜为 1.5～2.5 mm。在立面与平面的转角处，卷材的接缝应留在平面上，距立面不应小于 600 mm；卷材在转角处和特殊部位，应加贴 1～2 层相同的卷材或抗拉强度较高的卷材。粘贴卷材应展平、压实，卷材与基层和各层卷材间必须黏结紧密(图 7-21)。搭接缝必须封严，沥青防水卷材应在最外层的表面上均匀涂刷一层热玛琋脂，厚度为 1～1.5 mm。

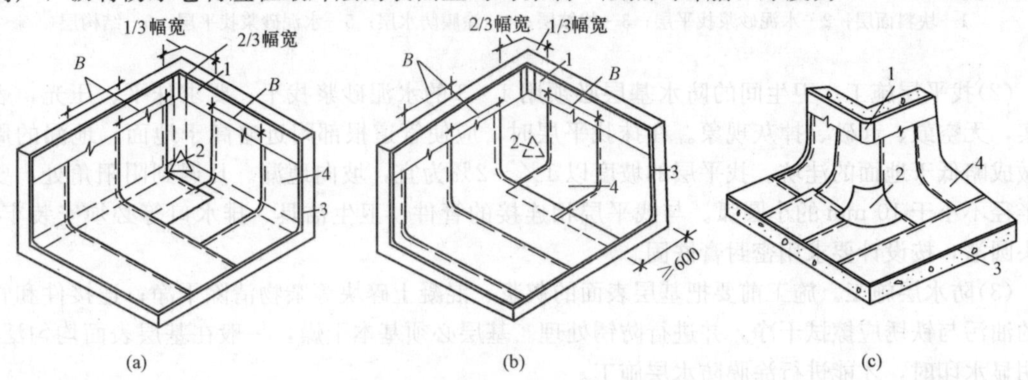

图 7-21　转角处的卷材铺贴法

(a)阴角的第一层卷材铺贴法；(b)阴角的第二层卷材铺贴法；(c)阳角的第一层卷材铺贴法

1—转折处卷材附加层；2—角部附加层；3—找平层；4—卷材

7.3　厨卫间防水施工

厨卫间一般有较多穿过楼地面或墙体的管道，平面形状较复杂且面积较小，而房间又长期处于潮湿或受水状态，如果采用各种防水卷材进行防水施工，会因防水卷材的剪口和接缝较多，很难黏结牢固、封闭严密，难以形成一个有弹性的整体防水层，比较容易发生渗水、漏水的质量事故。大量的实践证明，厨卫间采用柔性涂膜防水层和刚性防水砂浆防水层或二者复合的防水层，会取得理想的防水效果。因防水涂膜涂布于复杂的细部构造部位能形成没有接缝的、完整的涂膜防水层，特别是合成高分子防水涂膜和高聚物改性沥青防水涂膜的延伸性较好，更能适应基层变形的需要。防水砂浆则以补偿收缩水泥砂浆的防水效果较为理想。厨卫间防水等级一般与建筑屋面工程的防水等级相同，依据其耐久年限来进行防水层的设防处理。

厨卫间涂膜防水宜用合成高分子防水涂料和高聚物改性沥青防水涂料做防水层。

1. 涂膜防水构造

厨卫间涂膜防水构造如图 7-22 所示。

2. 涂膜防水施工

(1)结构层施工。厨卫间地面结构层宜采用整体现浇钢筋混凝土板，周边混凝土泛水高度一般高出楼地面 150 mm，厚度按设计要求确定。

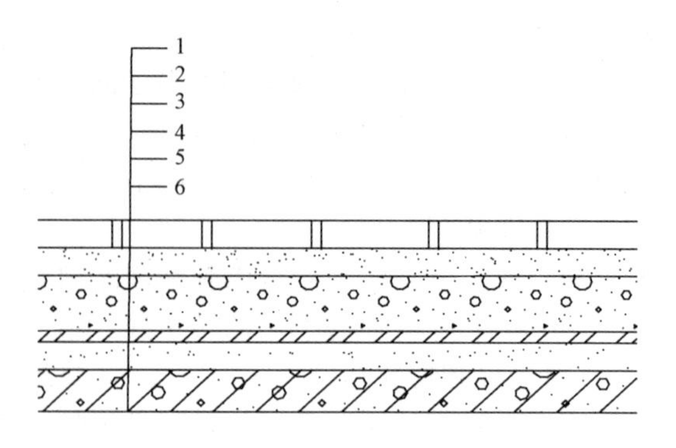

图 7-22　厨卫间涂膜防水构造

1—块料面层；2—水泥砂浆找平层；3—找坡层；4—涂膜防水层；5—水泥砂浆找平层；6—结构层

(2)找平层施工。卫生间的防水基层必须用 1∶3 的水泥砂浆找平，要求抹平、压光，表面坚实，无空鼓、起砂、掉灰现象。在抹找平层时，应使管道根部附近略高于地面，地漏的周围应做成略低于地面的洼坑。找平层的坡度以 1%～2%为宜，坡向地漏。凡遇到阴阳角处，要抹成半径不小于 10 mm 的小圆弧。与找平层相连接的管件、卫生洁具、排水口等必须安装牢固、收头圆滑，按设计要求用密封膏嵌固。

(3)防水层施工。施工前要把基层表面的灰浆、混凝土碎块等杂物清除干净；连接件和管壁上的油污与铁锈应擦拭干净，并进行防锈处理。基层必须基本干燥，一般在基层表面均匀泛白、无明显水印时，才能进行涂膜防水层施工。

合成高分子防水涂料、高聚物改性沥青防水涂料基层处理剂和涂料的涂布方法与屋面涂膜防水的相应部分基本相同，不同之处在于施工场地相对狭窄，一般应采用短把滚刷或油漆刷进行涂布，在阴阳角、管道根部等细部构造部位，按每平方米的涂布量涂刷一道附加防水层，且宜铺贴胎体增强材料，以提高其防水性能和适应基层变形的能力。待涂膜完全固化后，细部构造处的涂膜总厚度应比平面厚 1/3～1/4。

采用胎体增强材料的附加防水层一般按"一布二涂"施工，具体铺贴方法为：待基层处理剂基本固化后，按每平方米的涂布量在细部构造处涂布一层涂料，并将事先按形状大小要求裁剪好的胎体增强材料平坦地粘贴在已涂刷的涂层上，不得有气泡和褶皱；待涂层固化后，再在胎体增强材料表面涂布一层涂料，固化后即可按屋面涂膜防水的要求涂布涂膜防水层(一布四涂或二布六涂)。

涂膜防水层的收头处应与基层黏结牢固，并用密封材料严密封闭，或用涂料多遍涂刷密封。

(4)找坡层施工。找坡层坡度应满足设计要求，坡向准确，排水通畅。当找坡层厚度≤300 mm 时，可采用水泥混合砂浆(水泥∶石灰∶砂＝1∶1.5∶8)找坡；当找坡层厚度＞300 mm 时，宜用 1∶6 水泥炉渣找坡，炉渣粒径宜为 5～20 mm，且应严格过筛。

(5)块材面层施工。在水泥砂浆找平层上，按设计要求铺设瓷砖、马赛克或其他装饰块材面层。

3. 特殊部位构造及防水做法

(1)穿楼板管道防水构造。穿过楼面板、墙体的管道和套管的孔洞，应预留出 10 mm 左右的空隙，待管件安装定位后，在空隙内嵌填补偿收缩嵌缝砂浆，且必须插捣密实，防止出现空隙，收头应圆滑。如填塞的孔洞较大，应改用补偿收缩细石混凝土，楼面板孔洞应吊底模浇灌，防止漏浆，严禁用碎砖、水泥块填塞。所有管道、地漏或排水口等穿过楼面板、墙体的部位，必须位置正确，安装牢固，如图 7-23 所示。

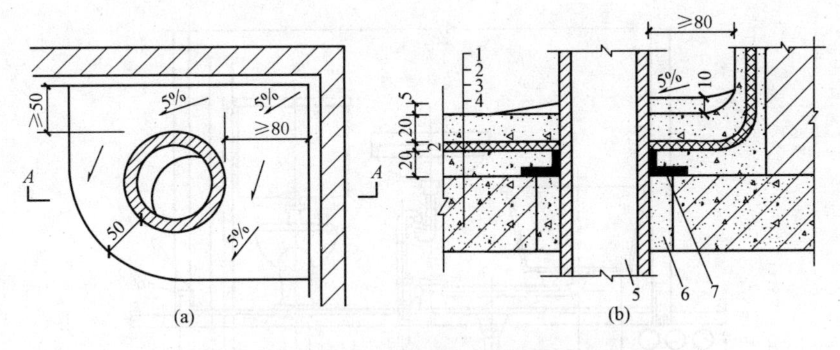

图 7-23　厕浴间、厨房间排水管道构造示意

(a)平面；(b)A—A 剖面

1—水泥砂浆保护层；2—涂膜防水层；3—水泥砂浆找平层；4—楼板；

5—穿楼板管道；6—补偿收缩嵌缝砂浆；7—L 形膨胀橡胶止水条

(2)穿楼板管道防水做法。沿管根紧贴管壁缠一圈膨胀橡胶止水条，搭接头应黏结牢固，防止脱落。涂膜防水层与 L 形膨胀橡胶止水条(手工挤压成型)应互相连接，不宜有断点。防水层在管根处应上拐(高度不应超过水泥砂浆保护层)并包严管道，且应铺贴胎体增强材料，立面涂膜收头处用密封材料封严，如图 7-24 所示。

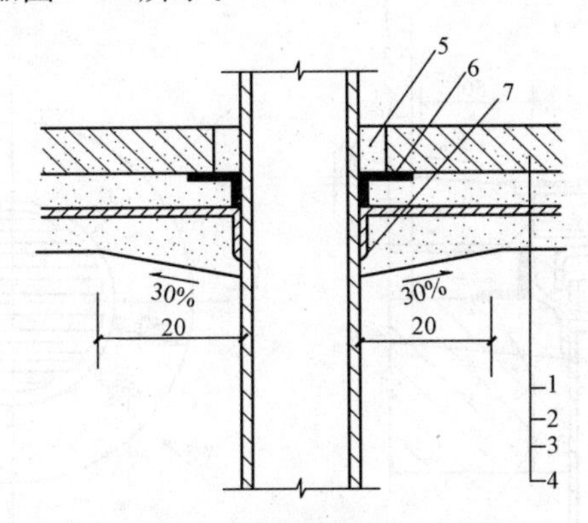

图 7-24　穿楼板管道防水做法

1—钢筋混凝土楼板；2—20 厚 1∶3 水泥砂浆找平层；3—涂膜防水层(沿管根上拐包严)；

4—水泥砂浆找平层；5—密封材料；6—膨胀橡胶止水条；7—补偿伸缩嵌缝砂浆

(3)厕浴间节点涂膜防水构造。涂膜防水层应刷至高出地面 100 mm 处的混凝土防水台处。如轻质隔墙板无防水功能，则浴缸一侧的涂膜防水层应比浴缸高 100 mm 以上，如图 7-25 所示。

(4)地漏口(水落口)防水做法。主管与地漏口的交接处应用密封材料封闭严密，然后用补偿收缩细石混凝土(或水泥砂浆)嵌填密实；水泥砂浆找平层做好后，在地漏口杯的外壁缠绕一圈膨胀橡胶止水条(手工挤压成 L 形)，涂膜防水层应与 L 形膨胀橡胶止水条相连接；涂膜防水层的保护层在地漏周围应抹成 5%的顺水坡度，如图 7-26 所示。

(5)蹲便器与下水管防水做法。蹲便器与下水管相连接的部位最易发生渗漏，应用与两者(陶瓷和金属)都有良好黏结性的密封材料封闭严密。下水管穿过钢筋混凝土现浇板的处理方法及膨胀橡胶止水条的粘贴方法与“穿楼板管道防水做法”相同。

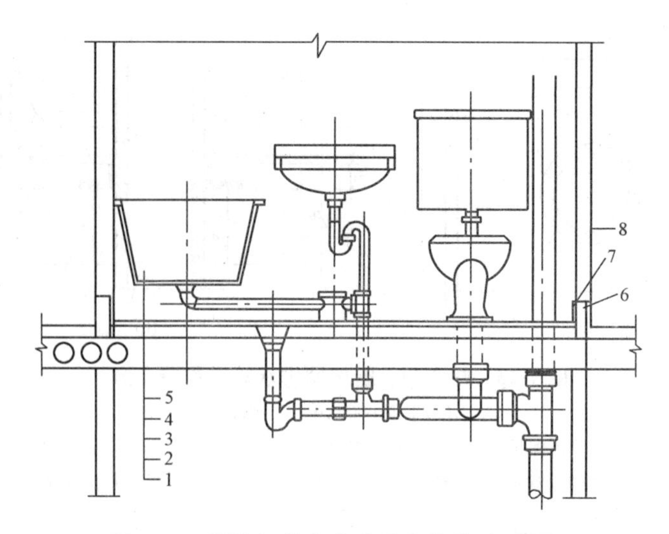

图 7-25　厕浴间节点涂膜防水构造(剖面图)

1—结构层；2—垫层；3—找平层；4—防水层；5—面层；
6—混凝土防水台(高出地面 100 mm)；7—防水层(与混凝土防水台同高)；8—轻质隔墙板

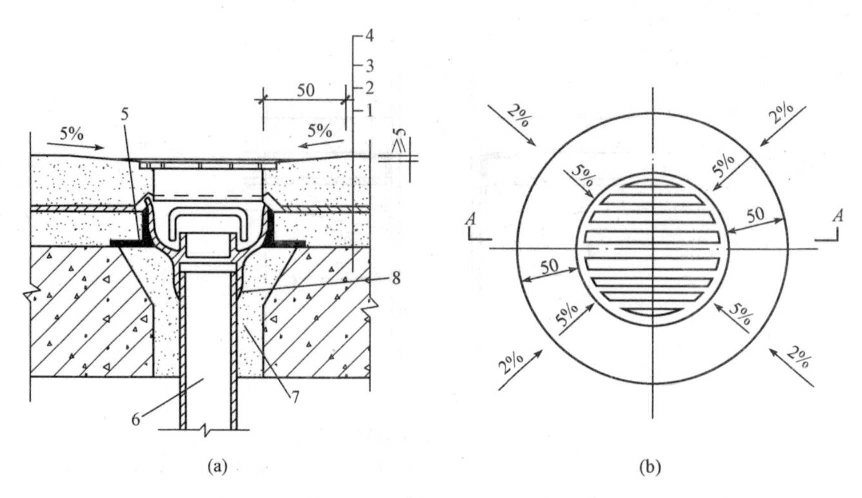

图 7-26　地漏口防水做法

(a)A—A 剖面；(b)平面

1—钢筋混凝土楼板；2—水泥砂浆找平层；3—涂膜防水层；4—水泥砂浆保护层；
5—膨胀橡胶止水条；6—主管；7—补偿收缩混凝土；8—密封材料

7.4　外墙饰面防水施工

外墙渗漏水不但会影响建筑物的使用寿命和安全，而且会直接影响室内装饰效果，造成涂料起皮、壁纸变色、室内物质发霉等。

外墙饰面防水根据建筑物的类别、使用功能、外墙的高度、外墙墙体材料以及外墙饰面材料划分为三级，见表 7-9。

表 7-9 外墙饰面防水等级与设防要求

项 目	防水等级		
	Ⅰ	Ⅱ	Ⅲ
外墙类别	特别主要的建筑或外墙面高度超过 60 m，或墙体为空心砖、轻质砖、多孔材料、饰面砖、条砖、大理石等饰面，或对防水有较高要求的饰面材料	主要的建筑或外墙面高度为20～60 m，或外墙体为实心砖或陶瓷粒砖等饰面材料	一般建筑物或外墙面高度为20 m 以下，或墙体为钢筋混凝土或水泥砂浆类饰面
设防要求	防水砂浆厚 20 mm 或聚合物水泥砂浆厚 7 mm	防水砂浆厚 15 mm 或聚合物水泥砂浆厚 5 mm	防水砂浆厚 10 mm 或聚合物水泥砂浆厚 3 mm

建筑物外墙防水工程的施工，一般分为外墙拼接缝密封防水施工和外墙面喷刷防水涂料防水施工两类。

7.4.1 建筑物外墙拼接缝密封防水施工

建筑物外墙拼接缝密封防水是指对建筑外墙的各种拼接缝进行的密封防水处理，包括框架外墙板板缝，装配式墙板板缝，金属幕墙、PC 幕墙、玻璃周边接缝，金属制隔扇、压顶木、混凝土隔墙接缝等。目前常用的施工方法为合成高分子密封材料密封防水施工。

1. 施工所需材料

(1)合成高分子密封材料。在接缝处进行密封防水，应选用非下垂型的合成高分子密封材料。

(2)聚乙烯泡沫塑料背衬材料(棒材式管材)。背衬材料是指在接缝底部与密封材料中间设置的可变形的、与密封材料不黏结或黏结力弱的材料，又称衬垫材料。设置背衬材料的目的是控制密封材料的嵌填深度，防止密封材料与接缝底部黏结，避免出现三面受力状态。聚乙烯泡沫塑料棒材(或管材)是一种理想的背衬材料，与任何材料都不黏结。该材料是以高压聚乙烯树脂为主要原料，加入适量的发泡剂以及其他填助剂，经化学发泡和物理发泡连续挤出成型的轻质闭孔型泡沫塑料棒材(或管材)。其密度小而富有弹性，并具有保温、隔热、隔声、不吸水、耐老化、耐化学腐蚀等特点。

(3)基层处理剂。基层处理剂用于板缝缝壁基层的初级密封防水处理，并增强所选用的合成高分子密封材料与缝壁基层之间的黏结力，更好地发挥密封材料在墙板板缝处的密封防水和抗渗能力。基层处理剂一般应选用与所用密封材料性质基本相同的密封性稀浆状材料，或将密封材料溶解于相应的有机溶剂中稀释制成，其固体的含量为 25%～35%。

(4)防污胶带。防污胶带用于防止缝槽两侧的墙面在密封施工时被密封材料的颜色弄脏，以保持墙面的整洁，使被密封的缝槽在整体上具有“横平竖直”的观赏效果。防污胶带可粘贴在缝槽内的密封材料表面，防止在对墙面进行装饰喷涂时，弄脏或损坏密封材料。常用的防污胶带有玻璃胶带、压敏胶带、牛皮纸等。如用挤出枪(嵌缝枪)进行密封施工，也可不用防污胶带。

(5)隔离条。有的被密封的缝槽，其基底较浅(如金属缝槽)，为防止密封材料与基底相黏结，此时已不能采用体积较大的聚乙烯泡沫塑料棒材，只能采用隔离条。隔离条为扁薄形材料，如有机硅薄膜、单面光牛皮纸等。隔离条的另一个作用是粘贴在某些与密封材料相黏结的背衬材料表面，起隔离作用。

(6)二甲苯或其他有机溶剂。二甲苯或其他有机溶剂主要用于施工机具的清洗。

2. 施工操作步骤

(1)缝槽基层的要求与清理。进行嵌缝处理的墙板板缝宽度一般以 15～30 mm 为宜。为使板面接缝线形美观，水平缝和垂直缝应做到横平竖直，缝槽两侧混凝土基层应坚实、平整、干燥。施工前，缝槽两侧的尘土、浮灰、碎渣及基底的污垢杂物用小平铲铲除，再用扫帚(或小油漆刷)和高压吹风机彻底清除干净，露出坚硬、无尘埃的侧壁基面。

(2)填塞聚乙烯泡沫塑料棒材。根据墙板板缝的宽度，选择直径比缝槽宽度大 4～6 mm 的聚乙烯泡沫塑料棒材作为背衬材料，填塞于缝槽中，使槽壁挤紧棒材，并调整缝槽的嵌填深度为宽度的 0.5～0.7。如嵌塞在缝槽内的背衬材料不是聚乙烯泡沫塑料棒材，而是其他柔性材料，则应在其表面粘贴隔离条。粘贴时，隔离条不得过宽或过窄(过宽，占去了密封材料与缝槽两壁的黏结面积；过窄，则隔离不能完全起作用)。采用这一方法，也可预先将隔离条粘贴于占背衬材料大于 1/2 的外表面，填塞时将贴有隔离条的一面朝外，这样就可避免出现尺寸问题。

(3)粘贴防污胶带。为避免基层处理剂和密封材料弄脏缝槽两侧基面，应在两侧基面粘贴宽度为 15～25 mm 的防污护面胶粘带。防污胶带不得贴入缝槽内，也不得远离缝槽，宜离缝槽立面 1～2 mm。

(4)清理缝槽。经过上述步骤施工处理，缝槽内可能会落入尘土杂物。为提高合成高分子密封材料与缝槽的黏结力，在正式密封施工前，还应用高压吹风机将残留在缝槽两壁和背衬材料表面的尘土杂物再次吹净，否则会严重影响缝槽的密封性能。

(5)涂布基层处理剂。用油漆刷蘸取基层处理剂，均匀地涂刷在已清理干净的缝槽两壁基面上，不得漏涂。

(6)嵌填合成高分子密封材料。嵌填密封材料的最佳时机是基层处理剂刚好表干之时。不同种类的基层处理剂的表干时间是不尽相同的，一般从涂刷完至表干时间约为 0.5 h，若时间间隔太久，将会严重影响密封材料的密封性能，应重新涂刷基层处理剂。

密封材料的嵌填，一般应采用嵌缝枪(挤出枪)，少量修补时可用腻子刀。施工前，根据缝槽宽度选用合适的挤出嘴，或将锥体塑料嘴按缝槽宽度斜切开。如密封材料为筒装的单组分材料，则将其装入嵌缝枪中即可进行嵌缝施工；如密封材料为双组分材料，则应按配方规定的比例混合搅拌均匀(膏体色泽一致)后，再吸入专用的嵌缝枪的枪筒内进行嵌填施工。

嵌填的方法是：将挤出嘴伸入缝槽基底(背衬材料表面，但不要压碰背衬材料)，并按挤出嘴的斜度进行倾斜，用手慢慢扳动嵌缝枪的把手，以缓慢、均匀的速度边挤边移动，使密封材料从背衬材料表面由底向面地逐渐填满整个缝槽。膏体和膏体间、膏体和缝壁间应充实饱满，不得留有空鼓、气泡。

嵌填的接槎方法是：排尽挤出嘴内空气(方法是挤出一点密封材料)，再将挤出嘴按倾斜度插入缝槽内已嵌填的密封膏体内，挤出嘴应直抵背衬材料表面，再按上述嵌填方法进行嵌填。

嵌填的顺序一般应先嵌填垂直于地面的纵向缝槽，后嵌填平行于地面的横向缝槽。纵向缝槽应从墙根处由下向上进行嵌填。当从纵向缝槽缓慢地向上移动至纵横向交叉处的“十”字形缝槽时，应向两侧横向缝槽各移动嵌填 150 mm，并留成斜槎，以便于接槎施工。

(7)修整缝槽表面膏体。密封材料嵌填完毕后，还没有完全固化时，对于反应型或溶剂型密封材料，应立即用蘸过二甲苯或其他有机溶剂的刮刀或小平铲把超过墙板平面多余的密封材料刮平，并对较薄的部位进行添加、补平；对于水溶性密封材料，应蘸水软化后刮平、补平。

刮平时，刮刀应有一定的倾斜度，并应沿一个方向进行，不要来回刮抹，否则容易形成裂缝，要使刀的背面轻轻地在密封材料表面滑动，形成光滑的膏面。

(8)揭去防污胶带。密封膏体修刮平整后，要及时揭去防污胶带。揭去后，如墙体表面沾有少量密封材料或残留防污胶带、胶黏剂的痕迹，应视密封材料和胶黏剂的性质用相应的有机溶剂或水进行仔细擦除。擦抹时，要防止溶剂损坏或溶开密封材料与墙板的黏结缝。

(9)自然固化。缝槽内的密封材料应静置自然养护 2～3 d，待密封材料表面干燥固化、与墙体黏结牢固、用手指碰之有硬感并不留指印时，才能清扫墙面，以防提早清扫尘埃污染膏体表面或损坏膏体。对于容易遭到损坏的接缝，在还没有固化的养护阶段，应贴纸胶带加以保护。

7.4.2 建筑物外墙面喷刷防水涂料防水施工

建筑物外墙面喷刷防水涂料防水是指在已完工的外墙面上喷涂保护性防水涂料，以增加外墙防水能力的方法(也可将防水剂按一定比例加入砂浆中形成防水砂浆，施工后也能达到有效防水目的)。

防水涂料的防水机制有三种：第一种是堵塞建材毛细孔；第二种是与建材表面的羟基脱水交联，形成憎水层；第三种是在建材表面形成防水涂膜。

外墙防水涂料(剂)的常用种类有 M1500 防水剂、有机硅防水剂(又称有机硅憎水剂)、水性环氧防水剂等。

7.5 质量要求及常见质量问题防治

7.5.1 防水工程的质量要求

防水工程是建设工程的一个重要组成部分，涉及建筑工程的地基与基础、主体、建筑装饰装修、屋面、给水排水及采暖系统等多个分部工程，因此，防水工程的质量必须得到充分保证。

不同部位的防水层做完后，均应做渗漏试验，屋面、地下室、厨卫间可采取蓄水试验的方法，蓄水高度应能覆盖整个防水层(一般为 100 mm 左右)，蓄水时间不得小于 24 h；外墙可采用淋水、泼水的试验方法。如有渗漏，必须进行返工修复，并经渗漏试验合格后方可进行下道工序。各工序质量必须符合现行设计及施工质量验收规范的要求。

7.5.2 常见质量问题及防治方法

屋面防水、地下防水、厨卫间防水和外墙饰面防水施工中的常见质量问题及防治方法见表 7-10～表7-15。

表 7-10 卷材防水屋面的常见质量问题及防治方法

质量问题	产生原因	防治方法
开裂(沿预制板支座、变形缝、挑檐处出现规则或不规则裂缝)	(1)屋面板板端或桁架变形，找平层开裂； (2)基层温度收缩变形； (3)吊车振动和建筑物不均匀沉陷； (4)卷材质量低劣，老化脆裂； (5)沥青胶韧性差、发脆，熬制温度过高，引起老化	预防方法：在预制板接缝处铺一层卷材做缓冲层；做好砂浆找平层；留分格缝；严格控制原材料和铺设质量，改善沥青胶配合比；采取措施控制沥青胶耐热度，提高韧性，防止老化；严格操作程序，采取洒油法粘贴。 治理方法：在开裂处补贴卷材

续表

质量问题	产生原因	防治方法
流淌(沥青胶软化，使卷材移动而形成皱褶或被拉空，沥青胶在下部堆积或流淌)	(1)沥青胶的耐热度过低，天热软化； (2)沥青胶涂刷过厚，产生蠕动； (3)未做绿豆砂保护层，或绿豆砂保护层脱落、辐射温度过高，引起软化； (4)屋面坡度过陡时，采用平行屋脊铺贴卷材	预防方法：根据实际最高辐射温度、厂房内热源、屋面坡度合理选择沥青胶的型号，控制熬制质量和涂刷厚度(小于 2 mm)，做好绿豆砂保护层，降低辐射温度；屋面坡度过陡时，采用垂直屋脊铺贴卷材。 治理方法：可局部切割，重铺卷材
鼓泡(防水层出现大量大小不等的鼓泡、气泡，局部卷材与基层或下层卷材脱空)	(1)屋面基层潮湿或未干时就刷冷底子油或铺卷材；基层存有水分或卷材受潮，在受到太阳照射后，水分蒸发，体积膨胀，造成鼓泡； (2)基层不平整，粘贴不实，空气没有排尽； (3)卷材铺贴扭歪、皱褶不平，或刮压不紧，致使雨水、潮气侵入； (4)室内有蒸汽，而屋面未做隔汽层	预防方法：严格控制基层含水率在 6%以内；避免雨天、雾天施工；防止卷材受潮；加强操作程序和控制，保证基层平整，涂油均匀，封边严密，各层卷材粘贴平顺严实，把卷材内的空气赶尽；潮湿基层上铺设卷材采取排汽屋面做法。 治理方法：将鼓泡处卷材割开，采取打补丁的办法，重新加贴小块卷材覆盖
老化、龟裂(沥青胶出现变质、裂缝等情况)	(1)沥青胶的标号选用过低； (2)沥青胶配制时，熬制温度过高，时间过长，沥青炭化； (3)沥青胶涂刷过厚； (4)未做绿豆砂保护层或绿豆砂撒铺不匀； (5)沥青胶使用年限已到	预防方法：根据屋面坡度、最高温度合理选择沥青胶的型号；逐个检验软化点；严格控制沥青胶的熬制和使用温度，熬制时间不要过长；做好绿豆砂保护层，减轻辐射影响；减缓老化，做好定期维护检修工作。 治理方法：清除脱落的绿豆砂，表面加做保护层；翻修
变形缝漏水(变形缝处出现脱开、拉裂、泛水、渗水等情况)	(1)屋面变形缝，如伸缩缝、沉降缝等没有按规定附加干铺卷材，或薄钢板凸棱安反，薄钢板向中间泛水，造成变形缝漏水； (2)变形缝缝隙塞灰不严；薄钢板没有泛水； (3)薄钢板未顺水流方向搭接或未安装牢固，被风掀起； (4)变形缝在屋檐部位未断开，变形缝变形时，将卷材拉裂、漏水	预防方法：变形缝严格按设计要求和规范施工，薄钢板安装注意顺水流方向搭接，做好泛水并钉装牢固；缝隙填塞严密；变形缝在屋檐部分应断开，卷材在断开处应有弯曲以适应变形伸缩需要。 治理方法：变形缝薄钢板高低不平，可将薄钢板掀开，将基层修理平整，再铺好卷材，安好薄钢板顶罩(或泛水)；卷材脱开拉裂按“开裂”治理方法处理

表 7-11　刚性防水屋面的常见质量问题及防治方法

质量问题	产生原因	防治方法
开裂(砂浆、混凝土防水层出现各种形状不一的微细裂缝，造成屋面渗漏)	(1)防水层较薄，受基层沉降、温差等变形、变化等影响而开裂； (2)温度分格缝未按规定设置或设置不当； (3)砂浆、混凝土配合比设计，水泥用量或水胶比过大；施工抹压或振捣不密实，养护不周、早期脱水	预防方法：在混凝土防水层下设置纸筋灰、麻刀灰或卷材隔离层，以减少温度收缩变形对防水层的影响；防水层进行分格，分格缝设在装配式结构的板端、现浇混凝土整体结构的支座处、屋面转折处，间距控制不大于 6 m；严格控制水泥用量和水胶比，加强抹压与捣实工作；混凝土养护不可少于 14 d，以减少收缩、提高抗拉强度。 治理方法：将裂缝处凿槽，清理干净，刷冷底子油，再嵌补防水油膏，上面再铺条状防水卷材一层盖缝

续表

质量问题	产生原因	防治方法
渗漏（山墙、女儿墙、檐口、天沟等处出现渗漏水现象）	(1)山墙、女儿墙、檐口、天沟等节点处理不当，造成与屋面板变形不一致； (2)屋面分格缝未与板端缝对齐，在载荷作用下板端上翘，使防水层开裂； (3)分格缝嵌油膏时，未将缝中杂物清理干净，冷底子油漏涂，使油膏黏结不实而渗漏； (4)嵌缝材料的黏结性、柔韧性和抗老性差，失去嵌缝作用； (5)层面板缝浇灌不密实，整体性、抗渗性差； (6)混凝土本身质量差，出现蜂窝、麻面、渗水； (7)屋面未按设计要求找坡或找坡不正确，造成局部积水而引起渗漏	预防方法：认真做好山墙、女儿墙等与屋面板接缝处的细部处理，除填灌砂浆或混凝土，并在上部加做油膏嵌缝防水外，再按常规做法做卷材泛水；分格缝应和板缝隙对齐，板缝应设吊模用细石混凝土填灌密实；嵌缝时将基层清理干净，干燥后刷冷底子油，采用优质油膏填塞密实；选用优质嵌缝材料；烟囱、雨水管穿过防水层处，用砂浆填实、压光，严格按设计进行防水处理；屋面按设计挂线、找坡，避免积水。 治理方法：开裂渗漏同“开裂”治理方法；分格缝中的油膏如嵌填不实或已变质，应剔除干净，按操作规程重新嵌填油膏
起壳、起砂（砂浆、混凝土防水层与基层脱离，造成脱壳，或表面出现一层松动的水泥砂浆）	(1)基层未清理干净，施工前未洒水湿润，与防水层黏结不良； (2)防水层施工质量差，未很好地压光和养护； (3)防水层表面发生炭化现象； (4)所用水泥的体积、安定性不合格	预防方法：认真清理基层(无隔离层防水层)，施工前洒水湿润，以保证良好黏结；防水层施工切实做好摊铺、压抹(或碾压)、收光、抹平和养护等工序；为防止表面炭化，在表面加铺防水涂料一层；在使用水泥前，一定要做安定性试验。 治理方法：对轻微起壳、起砂，可扫净表面，湿润后加抹 10 mm 厚掺少量 108 胶的 1 : 2 水泥砂浆并压光

表 7-12 防水混凝土的常见质量问题及防治方法

质量问题	产生原因	防治方法
蜂窝、麻面、孔洞渗漏水	(1)模板接缝较大，混凝土浇筑中漏浆严重； (2)混凝土振捣时不充分或漏振； (3)混凝土配合比不准确； (4)混凝土搅拌不均匀	预防方法：施工时，模板应清理干净，并按规定浇水湿润或刷隔离剂；混凝土配料应称量准确，搅拌均匀，浇筑时严格按规定分层浇筑，振捣并密实，钢筋密集处可采用细石混凝土，并辅以人工振捣，严防漏振。 治理方法：根据蜂窝、麻面、孔洞的具体情况及渗漏水大小，采用水泥砂浆抹面法、水泥砂浆捻实法、混凝土浇捣法或水泥压浆法处理
裂缝渗漏水	(1)温度与湿度变化产生裂缝； (2)施工与使用载荷作用产生裂缝； (3)混凝土养护不好，表面失水干裂； (4)不均匀沉降引起裂缝； (5)施工操作不当引起开裂	预防方法：由于混凝土结构产生裂缝的原因比较复杂，应根据产生裂缝的主要原因采取有针对性的预防措施。 治理方法：根据裂缝渗漏水量的大小采取促凝胶浆或氰凝灌浆堵漏，或用水泥压浆法处理

续表

质量问题	产生原因	防治方法
施工缝渗漏水(施工缝处置不当而产生渗漏水)	(1)施工缝留设位置不当; (2)原浇混凝土表面没处理好或留有杂物; (3)未做结合层; (4)新旧混凝土结合处的混凝土浇捣不密实	预防方法：防水混凝土的施工缝应尽量不留或少留；底板应连浇筑不留施工缝；施工缝处理时应严格操作程序；施工缝处应采取适当的止水措施。 治理方法：根据渗漏情况和水压大小采取促凝胶浆或氰凝灌浆堵漏
预埋件、穿墙管道部位渗漏水(沿预埋件或穿堵管道周边阴湿或不同程度渗漏)	(1)周围混凝土振捣不密实; (2)生锈未予处理，与混凝土黏结不牢; (3)接头不牢; (4)受振松动，与混凝土间产生缝隙	预防方法：预埋件、穿墙管道必须固定牢固，周围混凝土振捣密实；对生锈的预埋件、穿墙管道应作除锈处理。 治理方法：先将预埋件、穿墙管道周边剔成环形沟槽，再按裂缝直接堵塞法处理

表 7-13　附加卷材防水层的常见质量问题及防治方法

质量问题	产生原因	防治方法
空鼓(铺贴后的卷材出现空鼓声或明显空鼓凸出)	(1)基层潮湿引起黏结不良; (2)操作程序不当; (3)基层清理不当	预防方法：铺贴卷材时，基层应保持干燥；严格基层处理和操作程序。 治理方法：切开空鼓部位，清理干净后重新分层粘贴
卷材搭接不良(接槎处被污染或被撕破，层次不清或搭接宽度不够)	(1)施工操作程序不当; (2)拆除临时保护墙不仔细; (3)缺乏保护措施	预防方法：严格操作程序；必要时增设附加保护油毡，拆除临时保护墙清理卷材时，可辅以喷灯烘烤。 治理方法：拆除相应部位永久性保护墙，重新按要求搭接铺设
转角部位后期渗漏(主体结构施工后，转角部位渗漏)	(1)转角处基层处理不规范; (2)转角处未按要求增设附加层; (3)转角处铺贴不严实; (4)浇混凝土时此处卷材遭破坏	预防方法：严格操作程序；转角处做成圆弧或钝角；按要求增设附加层，并铺贴密实。 治理方法：将该处卷材撕开灌入沥青胶，用喷灯烘烤后逐层补好
管道处铺贴不严(卷材与管道黏结不严，出现张口、翘边)	(1)对管道表面未进行认真清理、除锈; (2)穿管处周边呈死角，使卷材不易铺贴严密	预防方法：施工时，管道表面应清理干净，有锈时应仔细除锈；也可在穿管处增设带法兰的套管。 治理方法：将该处卷材撕开清理干净重新补贴

表 7-14　厨卫间防水的常见质量问题及防治方法

质量问题	产生原因	防治方法
地漏周边渗漏(地漏处下层顶板阴湿或渗漏)	(1)地漏周围混凝土浇捣不实; (2)地漏上口四周未嵌防水油膏或嵌灌不严	预防方法：施工时，排水管应洁净，四周用混凝土仔细捣实，上口四周仔细嵌填防水油膏，并保证排水坡度，不得积水。 治理方法：剔开地漏周围材料，清理后重新施工

续表

质量问题	产生原因	防治方法
穿楼板管道周边渗漏（管道四周阴湿或渗漏）	(1)施工处理不当，导致管口周边堵塞不严； (2)由于振动及砂浆、混凝土的收缩，出现裂缝； (3)管口连接件老化； (4)四周嵌缝材料不严实	预防方法：施工时应严格操作程序，四周用嵌缝砂浆或混凝土仔细捣实，上口四周嵌缝油膏应密实。 治理方法：剔开管件周围材料，彻底清理后重新施工；老化的连接件应予以更换
大便器部位渗漏水（大便器部位阴湿或渗漏）	(1)大便器与冲水管连接的胶皮碗松动、破损； (2)排水管甩口高度不够； (3)坐式大便器安装时未使用腻子； (4)地面防水处理不好，沿排水管四周渗漏	预防方法：卫生洁具规格、型号应符合相关要求，胶皮碗尺寸应匹配，连接处宜用铜丝严密捆扎两道；排污管高度应适宜；缝隙应用密封材料封严。 治理方法：剔开大便器渗漏部位，清理干净后重新施工；更换损坏的胶皮碗
板面及墙面渗漏（板面或墙面局部阴湿，墙间粉刷起壳，剥落甚至明显漏水）	(1)施工操作不当，造成内部微孔渗漏； (2)板式隔墙裂缝； (3)防水层施工不当或被损坏	预防方法：严格操作程序；现浇板四周加设高度不小于 100 mm 的挡水带，与板整浇。 治理方法：拆除渗漏处饰材，涂刷防水涂料；如有开裂应先对裂缝进行修补、增强处理

表 7-15　外墙防水的常见质量问题及防治方法

质量问题	产生原因	防治方法
女儿墙部位渗漏（雨水从女儿墙的裂纹渗入室内）	(1)构造简单(无构造柱或压顶)使墙体变形开裂； (2)泛水构造处理粗糙； (3)施工质量差，造成渗水渠道	预防方法：严格细部构造设计；严格操作程序；重视砌筑质量(特别是预制板搁置部位)。 治理方法：将漏水处清洗干净，用防水砂浆分层抹压密实，必要时增加外墙防水涂料
抹灰墙面渗漏（抹灰墙面出现阴湿或渗漏）	(1)基层清理不当，造成抹灰层空鼓开裂； (2)灰浆配合比控制不严； (3)施工时未分层抹压，留下毛细管通路	预防方法：严格操作程序，确保配合比准确，仔细清理基层，分层纵、横抹压，打乱毛细孔通路，也可在砂浆中加入 3%～5%的防水剂。 治理方法：将渗漏部位清理干净，滚涂两遍防水水泥浆，并喷涂有机硅憎水剂
涂料墙面渗漏（涂料墙面出现阴湿或渗漏）	(1)、(2)、(3)同上； (4)防水涂料老化、开裂、剥落	防治方法同上，但需注意处理完的墙面应与墙面保持相同色泽
面砖墙面渗漏（面砖墙面出现阴湿或渗漏）	(1)基层清理不当； (2)灰浆配合比控制不严； (3)面砖结合层出现空腔，引起装饰面层空鼓； (4)面砖纵、横接缝开裂	预防方法：严格操作程序，仔细清理基层，保证面砖粘贴牢固，勾缝密实。 治理方法：将渗漏部位拆除，将饰材清理干净后重新施工，接缝处可涂刷防水涂料以增强防水效果

思考与练习题

1. 卷材防水屋面的构造层次有哪些？各层次有何作用？
2. 常用防水卷材有哪些种类？各有何特点？
3. 卷材的铺贴方向如何确定？
4. 简述涂膜防水层屋面的涂布方法。
5. 刚性防水屋面隔离层如何施工？
6. 刚性防水屋面分格缝的设置与处理有何要求？
7. 地下防水方案有哪几种？如何确定防水方案？
8. 防水混凝土施工缝的留设有何要求？
9. 附加刚性防水层有何施工要求？
10. 简述地下卷材防水层外贴法施工程序。
11. 卫生间防水有哪些特点？
12. 外墙涂料防水的防水机制有哪几种？
13. 简述屋面防水不同部位产生渗漏的主要原因。

第8章　结构安装工程

结构安装工程即用起重、运输设备将预先在工厂或施工现场制作的结构构件安装到设计位置，以构成完整的建筑构造物的施工过程。

装配式结构的建筑物具有设计标准化、构件定型化、产品工业化、安装机械化等优点，是建筑业进行现代化施工的有效途径。它可以减少施工噪声和污染，改善劳动条件，加快施工进度，提高劳动生产率。结构安装工程的施工特点如下：

(1)受预制构件的类型和质量影响大。

(2)正确选用起重机具是完成吊装任务的主导因素。

(3)构件所处的应力状态变化多。

(4)高空作业多，容易发生事故。

8.1　索具设备及起重机械

8.1.1　索具设备

1. 卷扬机

(1)电动卷扬机的类型及固定方法。电动卷扬机主要由减速机、电动机、电磁抱闸、卷筒等部件组成。在建筑施工中，常用的电动卷扬机有快速(JJK型)和慢速(JJM型)两种。快速(JJK型)卷扬机主要用于垂直运输和打桩作业；慢速(JJM型)卷扬机主要用于结构吊装、钢筋冷拉和预应力钢筋张拉作业。常用的电动卷扬机的牵引能力一般为1～10 t(10～100 kN)。

卷扬机在使用时必须可靠锚固，以防在工作时产生滑移或倾覆。根据牵引力的大小，卷扬机的固定方法有四种，如图8-1所示。

(2)卷扬机的安装与使用。

1)卷扬机的安装位置一般应选择在地势稍高、地基坚实之处，以防积水，并保持卷扬机的稳定。卷扬机与构件起吊点之间的距离应大于其起吊高度，以便机械操作人员观察起吊情况。

2)卷扬机卷筒中心应与前面第一个导向滑车中心线垂直，两者之间的距离 L 应大于卷筒宽度的20倍(即 $L>20b$)。当绳索绕到卷筒两边时，倾斜角 α 不得超过15°，以免钢丝绳与导向滑车的滑轮槽边缘产生较大的摩擦而磨损钢丝绳(图8-2)。

3)卷扬机必须加以固定，防止在使用过程中滑动或倾覆。常用的方法是用锚桩阻滑或重物压稳，如图8-3所示。需在卷扬机座盘上加压的质量 Q，根据不同情况按以下方法计算：

①承受水平拉力时[图8-3(a)]，在拉力 S 的作用下，为防止卷扬机绕前趾 A 点倾覆，必须满足 $Q>(Sa-Wb)/c$，取安全系数 $K=1.5$，则

$$Q=1.5(Sa-Wb)/c \tag{8-1}$$

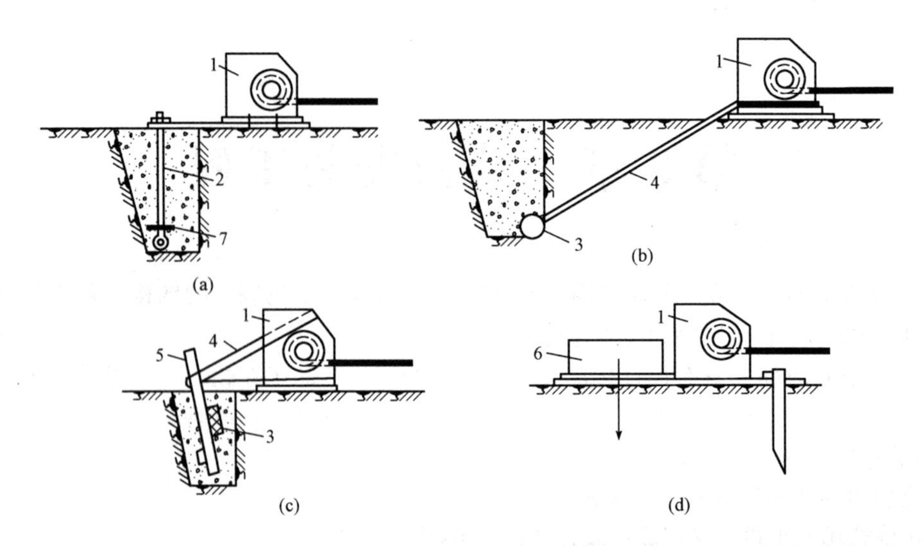

图 8-1 卷扬机的固定方法

(a)螺栓固定法；(b)横木固定法；(c)立桩固定法；(d)压重固定法

1—卷扬机；2—地脚螺栓；3—横木；4—拉索；5—木桩；6—压重；7—压板

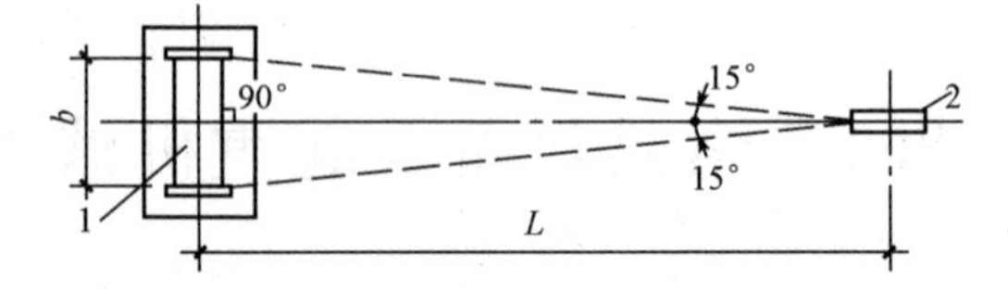

图 8-2 钢丝绳与导向滑轮的位置

1—卷扬机；2—导向滑车

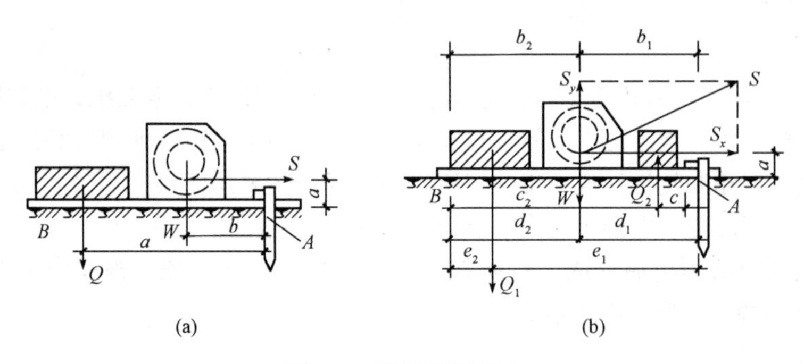

图 8-3 卷扬机的固定

(a)承受水平拉力时；(b)承受倾斜拉力时

式中 Q——需加压的质量(kg)；

S——钢丝绳拉力(kN)；

W——卷扬机自重(kg)；

a，b，c——相应各重量(力)对 A 点的力臂(m)。

②承受倾斜拉力时[图 8-3(b)]，倾斜拉力产生上拔力 S_y，除按下式进行绕 A 点的倾覆验算外，还应验算底盘绕 B 点倾覆的可能，必要时，要在机前加压重物 Q_2：

$$Q_1=1.5(S_x \cdot a+S_y \cdot b_1-W \cdot d_1)/e_1 \tag{8-2}$$

在机前需加重物 Q_2 时，先确定 Q_1 值，再代入下式进行绕 B 点的倾覆计算：

$$Q_2=1.5(S_y \cdot b_2-S_x \cdot a-W \cdot d_2-Q_1 \cdot e_2)/c_2 \tag{8-3}$$

若计算出的 Q_2 为正值，则需在机前压重。

2. 滑轮组

滑轮组是由一定数量的定滑轮和动滑轮及绕过它们的绳索(钢丝绳)组成的简单起重工具。它既能省力，又能改变力的方向。

(1)滑轮组的类型。滑轮组根据引出绳引出的方向不同，可分为以下几种：

1)引出绳自动滑轮引出，用力方向与重物的移动方向一致，如图 8-4(a)所示。

2)引出绳自定滑轮引出，用力方向与重物的移动方向相反，如图 8-4(b)所示。

3)双联滑轮组，多用于门数较多的滑轮，有两根引出绳。它的优点是速度快、滑轮受力比较均匀、不易发生自锁现象，如图 8-4(c)所示。用滑轮组起吊重物时，引出绳一般是从定滑轮引出。此时，滑轮组钢丝绳固定端的位置视滑轮组的滑轮总数而定：总数为单数时，固定在动滑轮上；总数为偶数时，固定在定滑轮上。滑轮组的名称由组成滑轮组的定滑轮数和动滑轮数来表示，由四个定滑轮和四个动滑轮组成的滑轮组称为“四四”滑轮组；由五个定滑轮和四个动滑轮组成的滑轮组称为“五四”滑轮组，依此类推。

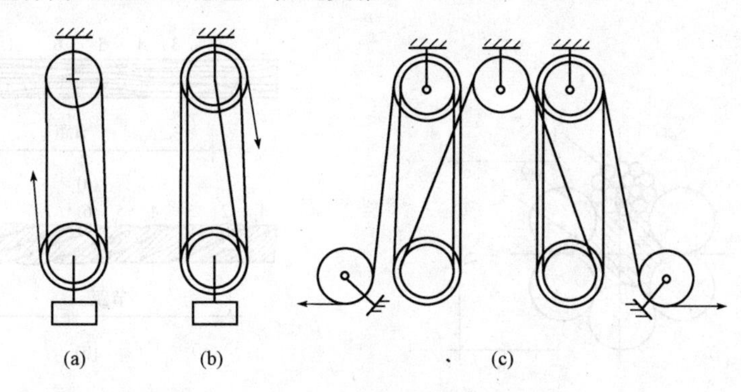

图 8-4 滑轮组的类型

(2)滑轮组的计算。利用滑轮组起重，可根据穿绕动滑轮的绳子根数确定其省力情况，绳子根数越多越省力。如穿绕动滑轮的绳子有四根，即重物 Q 由四根绳子负担，每根绳的拉力等于 $Q/4$，即引出绳的拉力等于重物的 1/4。因此，当不考虑滑轮的摩阻力时，如有 n 根绳穿绕动滑轮，则所需拉力 S 可用下式计算：

$$S=Q/n \tag{8-4}$$

式中 Q——起吊物的重力；

n——穿绕动滑轮的绳数，称为工作线数，如引出绳自定滑轮引出，则 n 为滑轮组的滑轮总数。

施工现场常将穿绕动滑轮绳子的根数称“走几”，如图 8-5 所示的滑轮组是“走 4”滑轮组。

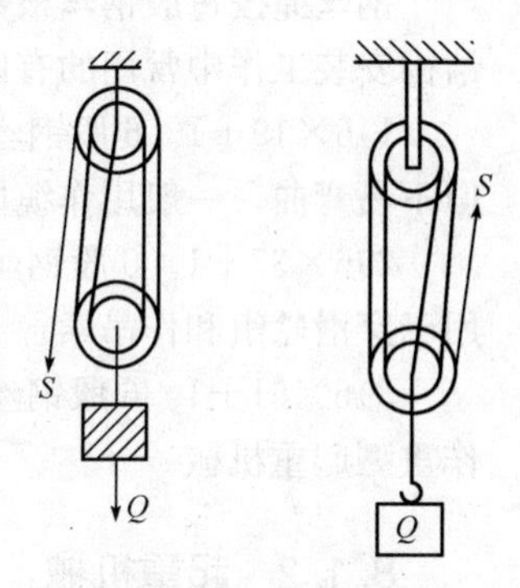

图 8-5 走 4 滑轮组

实际上滑轮组有摩擦阻力，必须要考虑摩擦阻力对滑轮组的影响，实际的拉力较计算的理论值 S 要稍大些才能将重物拉起。考虑摩擦阻力以后的实用公式计算如下：

$$S=K\times Q$$

式中 S——跑头拉力(kN)；

K——滑轮组的省力系数(小于 1)，按下式计算：

$$K=\frac{f^n(n-1)}{f^n-1} \tag{8-5}$$

式中 f——单个滑轮的摩擦系数。青铜轴套滑轮 $f=1.04$，滚珠滑轮 $f=1.02$，无轴套滑轮 $f=$

1.06，起重机用滑轮一般为青铜轴套滑轮。

上述滑轮组省力系数的计算，其跑头是从定滑轮绕出的(结构安装常用)，若跑头从动滑轮绕出(钢筋冷拉常用)，此时工作线数比滑轮数多1，其滑轮组省力系数按下式计算：

$$K=\frac{f^{n-1}(n-1)}{f^{n}-1} \tag{8-6}$$

3. 钢丝绳

钢丝绳是吊装工作中的常用绳索，具有强度高、韧性好、耐磨性好等优点，同时，钢丝绳磨损后外表产生毛刺，容易发现，便于预防事故。

(1)钢丝绳的构造。在结构吊装中常用的钢丝绳由6股钢丝和1股绳芯(一般为麻芯)捻成。每股又由多根直径为0.4～4.0 mm，强度为1 400、1 550、1 700、1 850、2 000(MPa)的高强度钢丝捻成，如图8-6所示。

(2)钢丝绳的种类。钢丝绳的种类很多，按钢丝和钢丝绳股的搓捻方向分为反捻绳和顺捻绳两种(图8-7)。

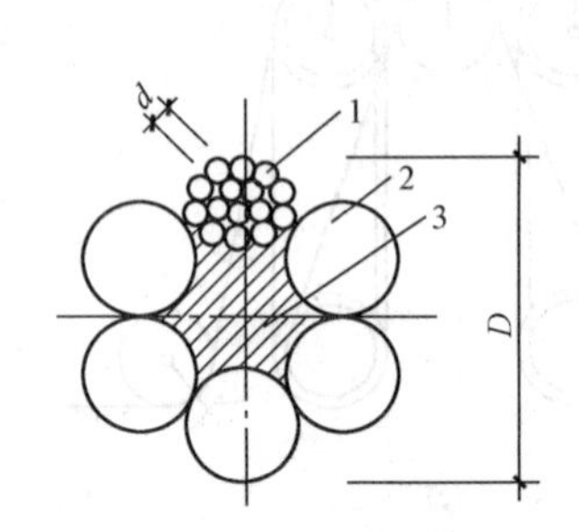

图8-6　普通钢丝绳的截面

1—钢丝；2—由钢丝绕成的绳股；3—绳芯

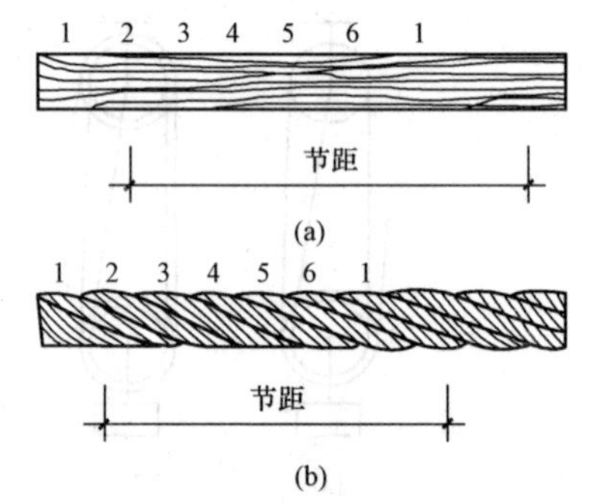

图8-7　钢丝绳的捻法

(a)反捻绳；(b)顺捻绳

1)反捻绳每股钢丝的搓捻方向与钢丝股的搓捻方向相反。这种钢丝绳较硬，强度较高，不易松散，吊重时不会扭结旋转，多用于吊装工作中。

2)顺捻绳每股钢丝的搓捻方向与钢丝股的搓捻方向相同。这种钢丝绳柔性好，表面较平整，不易磨损，但容易松散和扭结卷曲，吊重物时，易使重物旋转，一般多用于拖拉或牵引装置。

钢丝绳按每股钢丝根数分为6股7丝、7股7丝、6股19丝、6股37丝和6股61丝等几种。结构安装工作中常用的有以下几种：

1)6×19+1。6股钢丝，每股由19根钢丝组成再加1根绳芯。此种钢丝绳较粗，硬而耐磨，但不易弯曲，一般用作缆风绳。

2)6×37+1。6股钢丝，每股由37根钢丝组成再加1根绳芯。此种钢丝绳比较柔软，一般用于穿滑轮组和作吊索。

3)6×61+1。6股钢丝，每股由61根钢丝组成再加1根绳芯。此种钢丝绳质地软，一般用作重型起重机械。

8.1.2　起重机械

1. 桅杆式起重机

在建筑工程中，常用的桅杆式起重机有独脚拔杆、“人”字拔杆、悬臂拔杆和牵缆式桅杆起重机等(图8-8)。这类起重机适于在比较狭窄的工地上使用，受地形限制小。桅杆式起重机具有制作简单、装拆方便、起重量大的特点，特别是大型构件吊装缺少大型起重机械时，这类起重设备更显优势。但这类起重机需设较多的缆风绳，移动较困难，灵活性也较差，因此，一般多用于缺乏其他起重机械或安装工程量比较集中，而构件又较重的工程。桅杆式起重机一般情况下用电源作动力，无电源时，也可用人工绞盘作为替代动力。

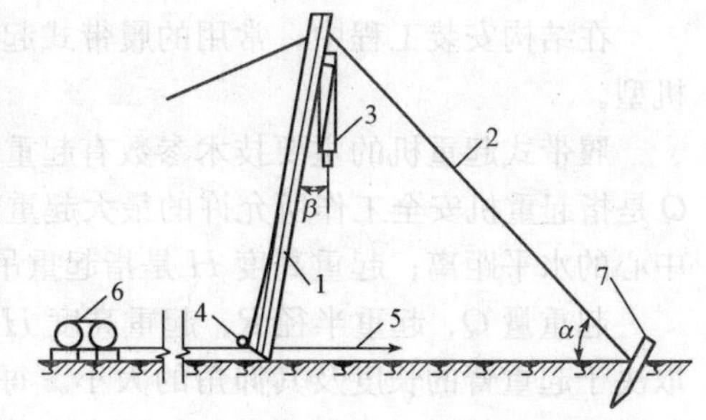

图 8-8　拔杆构造示意

1—拔杆；2—缆风绳；3—滑车组；4—导向滑轮；5—拉绳；6—卷扬机；7—锚碇

(1)独脚拔杆。独脚拔杆按制作的材料分为木独脚拔杆、钢管独脚拔杆和格构式独脚拔杆。木独脚拔杆的起重高度一般为 8～15 m，起重量在 10 t(100 kN)以内；钢管独脚拔杆的起重高度在 30 m 以内，起重量可达 30 t(300 kN)；格构式独脚拔杆的起重高度可达 70～80 m，起重量可达 100 t(1 000 kN)。

(2)“人”字拔杆。“人”字拔杆一般由两根圆木或两根钢管用钢丝绳绑扎或铁件铰接而成，两杆夹角一般为 20°～30°，底部设有拉杆或拉绳以平衡水平推力，拔杆下端两脚的距离为高度的 1/3～1/2。

(3)悬臂拔杆。悬臂拔杆是在独脚拔杆的中部或 2/3 高度处装一根起重臂而成，其特点是起重高度和起重半径都较大，起重臂左右摆动的角度也较大，但起重量较小，多用于轻型构件的吊装。

(4)牵缆式桅杆起重机。牵缆式桅杆起重机是在独脚拔杆下端装一根起重臂而成。这种起重机的起重臂可以起伏，机身可回转 360°，可以在起重机半径范围内把构件吊到任何位置。用角钢组成的格构式截面杆件的牵缆式起重机，其桅杆高度可达 80 m，起重量可达 60 t 左右。牵缆式桅杆起重机要设较多的缆风绳，比较适用于构件多且集中的工程。

2. 自行式起重机

自行式起重机分为履带式起重机、汽车式起重机和轮胎式起重机。

(1)履带式起重机。履带式起重机是一种具有履带行走装置的全回转起重机。它利用两条面积较大的履带着地行走，由行走装置、回转机构、机身及起重臂等部分组成，如图 8-9 所示。

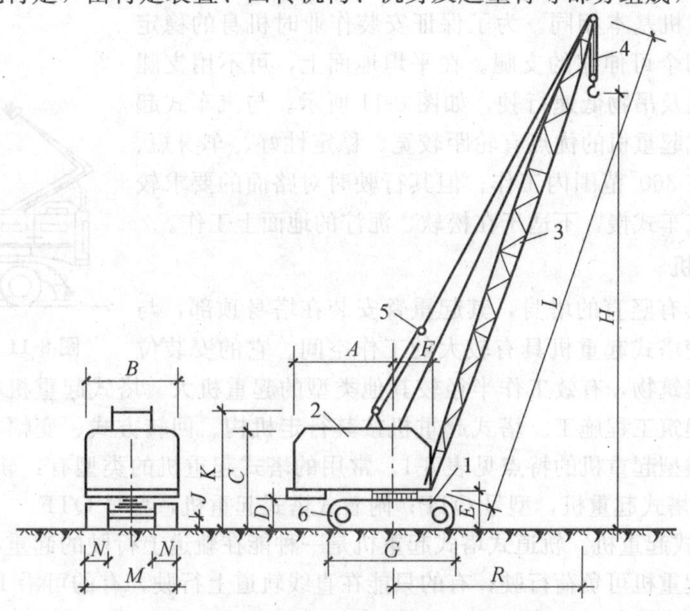

图 8-9　履带式起重机

1—底盘；2—机棚；3—起重臂；4—起重滑轮组；5—变幅滑轮组；6—履带

A，*B*，*C*…—外形尺寸符号；*L*—起重臂长度；*H*—起重高度；*R*—起重半径

在结构安装工程中，常用的履带式起重机有 W1-50 型、W1-100 型、W1-200 型及一些进口机型。

履带式起重机的主要技术参数有起重量 Q、起重半径 R 和起重高度 H 三个。其中，起重量 Q 是指起重机安全工作所允许的最大起重重物的质量；起重半径 R 是指起重机回转轴线至吊钩中心的水平距离；起重高度 H 是指起重吊钩中心至停机地面的垂直距离。

起重量 Q、起重半径 R、起重高度 H 这三个参数之间存在相互制约的关系，其数值的变化取决于起重臂的长度及其仰角的大小。每一种型号的起重机都有几种臂长，当臂长一定时，随起重臂仰角的增大、起重量和起重高度的增大，起重半径减小；当起重臂仰角一定时，随起重臂长的增加、起重半径及起重高度的增加，起重量减小。

(2)汽车式起重机。汽车式起重机是把起重机构安装在普通载重汽车或专用汽车底盘上的一种自行式起重机(图 8-10)。起重臂的构造形式有桁架臂和伸缩臂两种。其行驶的驾驶室与起重操作室是分开的。汽车式起重机的优点是行驶速度快、转移迅速、对路面破坏性小，因此，其特别适用于流动性大、经常变换地点的作业。其缺点是安装作业时稳定性差。为增加稳定性，汽车式起重机一般设有可伸缩的支腿，起重时支腿落地。另外，这种起重机不能负荷行驶，由于机身长，行驶时的转弯半径也较大。

图 8-10　QY16 型汽车式起重机

(3)轮胎式起重机。轮胎式起重机是把起重机构安装在由加重型轮胎和轮轴组成的特制底盘上的一种全回转式起重机，其上部构造与履带式起重机基本相同。为了保证安装作业时机身的稳定性，起重机设有四个可伸缩的支腿。在平坦地面上，可不用支腿进行小起重量吊装及吊物低速行驶，如图 8-11 所示。与汽车式起重机相比，轮胎式起重机的优点有轮距较宽、稳定性好、车身短、转弯半径小，可在 360°范围内工作；但其行驶时对路面的要求较高，行驶速度较汽车式慢，不适于在松软、泥泞的地面上工作。

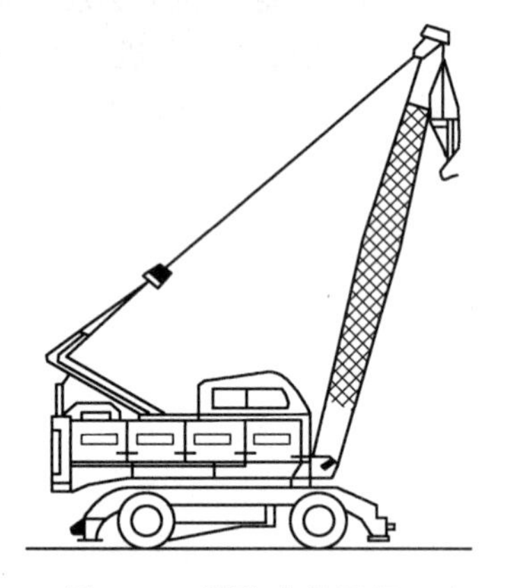

图 8-11　轮胎式起重机

3. 塔式起重机

塔式起重机具有竖直的塔身，其起重臂安装在塔身顶部，与塔身组成Γ形，使塔式起重机具有较大的工作空间。它的安装位置能靠近施工的建筑物，有效工作半径较其他类型的起重机大。塔式起重机种类繁多，广泛应用于多层及高层建筑工程施工。塔式起重机按其行走机构、回转方式、变幅方式、起重能力分为多种类型，各类型起重机的特点见表 8-1。常用的塔式起重机的类型有：轨道式塔式起重机，型号 QT；爬升式塔式起重机，型号 QTP；附着式塔式起重机，型号 QTF。

(1)轨道式塔式起重机。轨道式塔式起重机是一种能在轨道上行驶的起重机，又称自行式塔式起重机。这种起重机可负荷行驶，有的只能在直线轨道上行驶，有的可沿 L 形或 U 形轨道行驶。常用的轨道式塔式起重机有 QT1-2 型塔式起重机、QT1-6 型塔式起重机和 QT-60/80 型塔式起重机等。

表 8-1 塔式起重机的分类和特点

分类方法	类　型	特　点
按行走机构分类	行走式塔式起重机	能靠近工作地点、转移方便、机动性强，常用的有轨道行走式、轮胎行走式、履带行走式三种
	自升式塔式起重机	没有行走机构，安装在靠近修建物的基础上，可随施工建筑物的升高而升高
按起重臂变幅方式分类	起重臂变幅塔式起重机	起重臂与塔身铰接，变幅时调整起重臂的仰角，变幅机构有电动和手动两种
	起重小车变幅塔式起重机	起重臂是不变(或可变)的横梁，下弦装有起重小车，变幅简单，操作方便，并能负载变幅
按回转方式分类	塔顶回转式起重机	结构简单、安装方便，但起重机重心高，塔身下部要加配重，操作室位置低，不利于高层建筑施工
	塔身回转式起重机	塔身与起重臂同时旋转，回转机构在塔身下部，便于维修操作室位置较高，便于施工观察，但回转机构较复杂
按起重能力分类	轻型塔式起重机	起重能力为 5～30 kN
	中型塔式起重机	起重能力为 30～50 kN
	重型塔式起重机	起重能力为 150～400 kN

1)QT1-2 型塔式起重机。QT1-2 型塔式起重机是一种塔身回转式轻型塔式起重机，主要由塔身、起重臂和底盘组成(图 8-12)。这种起重机塔身可以折叠，能整体运输。其起重力矩为 160 kN·m，起重量为 1～2 t(10～20 kN)，轨距为 2.8 m，适用于 5 层以下民用建筑结构安装和预制构件厂装卸作业。

2)QT1-6 型塔式起重机。QT1-6 型塔式起重机是一种中型塔顶旋转式塔式起重机，由底座、塔身、起重臂、塔顶及平衡重等组成(图 8-13)。塔顶可利用齿式回转机构围绕塔身 360°回转。起重机底座有两种，一种有 4 个行走轮，只能直线行驶；另一种有 8 个行走轮，能转弯行驶，其内轨半径不小于 5 m。QT1-6 型塔式起重机的最大起重力矩为 400 kN·m，起重量为 2～6 t(20～60 kN)，适用于一般工业与民用建筑的安装和材料仓库的装卸作业。

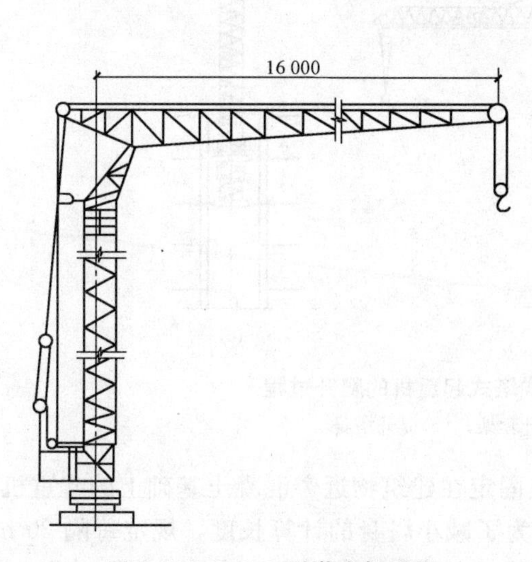

图 8-12　QT1-2 型塔式起重机

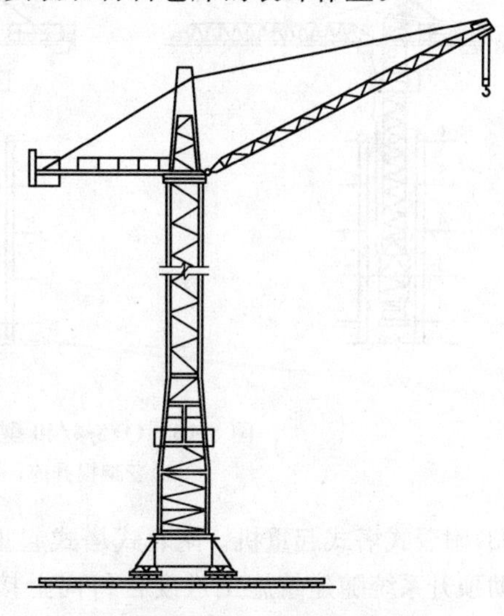

图 8-13　QT1-6 型塔式起重机

3)QT-60/80 型塔式起重机。QT-60/80 型塔式起重机同样是一种中型塔顶旋转式塔式起重机，其起重量及起重高度比 QT1-6 型塔式起重机大，起重力矩为 600～800 kN·m，最大起重量为 10 t(100 kN)。这种起重机适用于多层装配式工业与民用建筑结构安装，尤其适合装配式大板房屋的施工。

轨道式塔式起重机在使用中应注意以下几点：

1)塔式起重机的轨道位置。其边线与建筑物应有适当距离，以防行走时行走台与建筑物相碰而发生事故，并避免起重机轮压传至基础，使基础产生沉陷。钢轨两端必须设置车挡。

2)起重机工作时必须严格按照额定起重量起吊，不得超载，也不准吊运人员、斜拉重物、拔除地下埋设物。

3)司机必须在得到指挥信号后，方能进行操作，操作前司机必须按电铃、发信号。吊物上升时，吊钩距起重臂端不得小于 1 m。工作休息和下班时，不得将重物悬挂在空中。

4)运转完毕，起重机应开到轨道中部位置停放，并用夹轨钳夹紧，吊钩上升到距起重臂端 2～3 m 处，起重臂转至平行于轨道的方向。

5)所有控制器工作完毕后，必须扳到停止点(零位)，切断电源总开关。

6)六级风以上及雷雨天禁止作业。起重机失火时，绝对禁止用水救火，应该用四氯化碳灭火器或其他不导电的东西扑灭。

(2)爬升式塔式起重机。高层装配式结构施工，若采用一般轨道式塔式起重机，其起重高度已不能满足构件的吊装要求，需采用自升式塔式起重机。爬升式塔式起重机即自升式塔式起重机的一种。它安装在高层装配式结构的框架梁上，每吊装 1～2 层楼的构件后，向上爬升一次。这类起重机主要用于高层(10 层以上)框架结构安装。其特点是机身体积小、质量轻、安装简单，适用于现场狭窄的高层建筑结构安装。爬升式塔式起重机由底座、套架、塔身、塔顶、行车式起重臂、平衡臂等部分组成。起重机型号有 QT5-4/40 型、QT3-4 型及用原有 2～6 t(20～60 kN)塔式起重机改装的爬升式塔式起重机。QT5-4/40 型爬升式塔式起重机(图 8-14)的底座及套架上均设有可伸出和收回的活动支腿，在吊装构件及爬升过程中，应将支腿支承在框架梁上。每层楼的框架梁上均需埋设地脚螺栓，用以固定活动支腿。

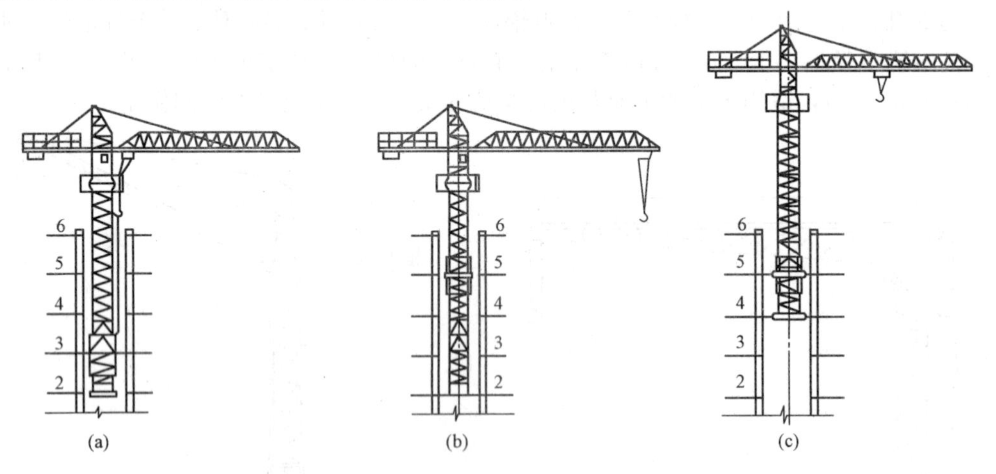

图 8-14　QT5-4/40 型爬升式塔式起重机的爬升过程

(a)套架提升前；(b)提升套架；(c)提升塔身

(3)附着式塔式起重机。附着式塔式起重机是固定在建筑物近旁混凝土基础上的起重机械，可借助顶升系统随建筑施工进度自行向上接高。为了减小塔身的计算长度，规定每隔 20 m 左右，须将塔身与建筑物用锚固装置连接起来。这种塔式起重机宜用于高层建筑施工。附着式塔式起重机的型号有 QT4-10 型、QT1-4 型、ZT-1200 型、ZT-100 型等，QT4-10 型(图 8-15)，每顶升一次升高 2.5 m，常用的起重臂长为 30 m，此时最大起重力矩为1 600 kN·m，起重量为 5～10 t，起重半径为 3～30 m，起重高度为 160 m。QT4-10 型附着式塔式起重机的液压顶升系统主要包括顶升套架、长行程液压千斤顶、支承座、顶升横梁及定位销等。液压千斤顶的缸体装在塔式起重机上部结构的底端承座上，活塞杆通过顶升横梁(扁担梁)支承在塔身顶部。其顶升过程分为以下五个步骤，如图 8-16 所示：

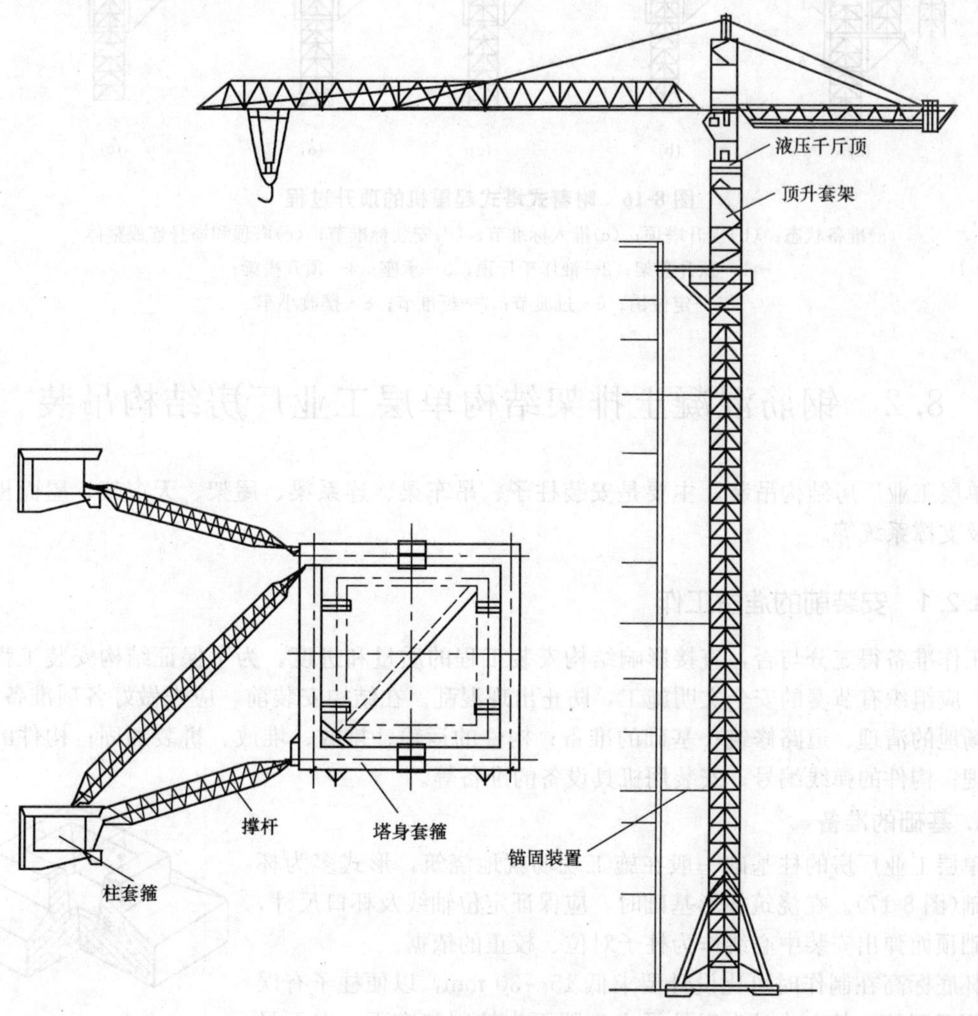

图 8-15　QT4-10 型附着式塔式起重机

1)将标准节吊到摆渡小车上，并将过渡节与塔身标准节相连的螺栓松开，准备顶升[图 8-16(a)]。

2)开动液压千斤顶，将塔工起重机上部结构(包括顶升套架)向上顶升到超过一个标准节的高度，用定位销将套架固定。此时，塔式起重机上部结构的重量就通过定位销传递到塔身[图 8-16(b)]。

3)液压千斤顶回缩，形成引进空间，此时，将装有标准节的摆渡小车开到引进空间内[图 8-16(c)]。

4)利用液压千斤顶稍微提起标准节，退出摆渡小车，然后将标准节平稳地落在下面的塔身上，并用螺栓加以连接[图 8-16(d)]。

5)拔出定位销，下降过渡节，使之与已接高的塔身连成整体[图 8-16(e)]。如一次要接高若干节塔身标准节，可重复以上步骤。

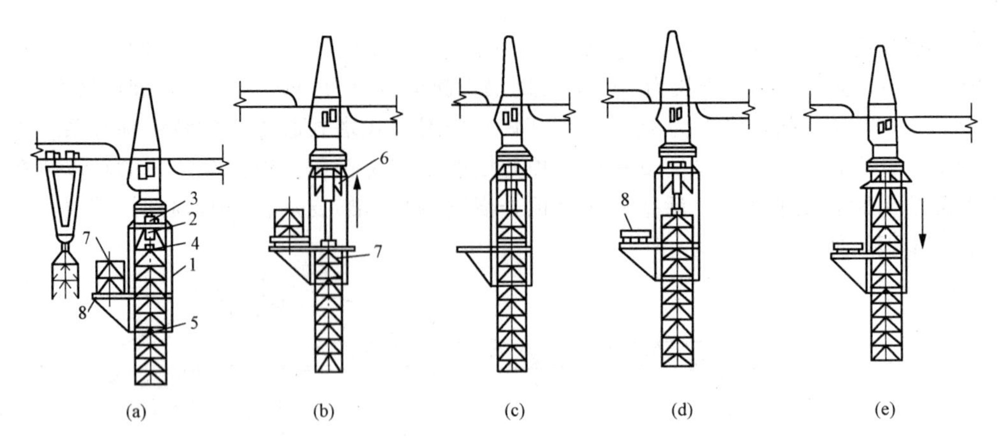

图 8-16　附着式塔式起重机的顶升过程

(a)准备状态；(b)顶升塔顶；(c)推入标准节；(d)安装标准节；(e)塔顶和塔身连成整体

1—顶升套架；2—液压千斤顶；3—承座；4—顶升横梁；

5—定位销；6—过渡节；7—标准节；8—摆渡小车

8.2　钢筋混凝土排架结构单层工业厂房结构吊装

单层工业厂房结构吊装，主要是安装柱子、吊车梁、连系梁、屋架、天窗架、屋面板、地基梁及支撑系统等。

8.2.1　安装前的准备工作

工作准备得充分与否，直接影响结构安装工程的质量和进度。为了保证结构安装工程顺利进行，应组织有节奏的安全文明施工，防止出现混乱。在结构安装前，应先做好各项准备工作，包括场地的清理、道路修筑；基础的准备；构件的运输、排放、堆放、拼装加固；构件的检查与清理；构件的弹线编号；安装用机具设备的准备等。

1. 基础的准备

单层工业厂房的柱基础一般在施工现场就地浇筑，形式多为杯形基础(图 8-17)。在浇筑杯形基础时，应保证定位轴线及杯口尺寸，在基础顶面弹出安装中心线作为柱子对位、校正的依据。

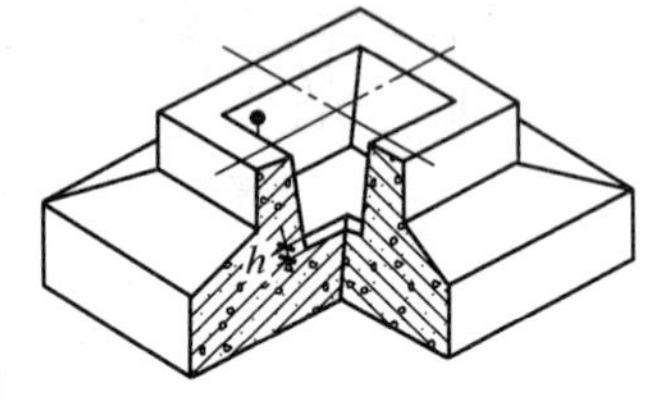

图 8-17　杯形基础

杯底标高在制作时可比设计要求低 15～30 mm，以便柱子有误差时便于调整。其方法是先以柱子主牛腿面为控制基准面，向下量测到柱脚底边，得到柱脚底边四个角的实际长度后，根据误差情况计算出杯底标高调整值，再在杯口内侧弹一圈经推算出为整数值的水平线来控制杯底实际找平面，然后用适当强度的水泥砂浆或细石混凝土在杯底四角打疤，最后用水泥砂浆或细石混凝土找平至所需标高。杯形基础做好后，应遮盖杯口，以防杂物落入。在基础回填时，靠近基础的填土应低于杯口，以免泥土和地面水进入杯口。

2. 构件的运输

装配式钢筋混凝土构件，可以在预制厂制作，也可以在施工现场制作。一些质量不大而数量很多的定型构件，如屋面板、连系梁、轻型吊车梁等，一般在预制厂制作。

在运输条件许可时，柱、屋架等构件也可在预制厂制作。在预制厂制作的构件，安装前需运至施工现场。

(1)运输方法。构件由预制厂运到施工工地的方法很多，如汽车、火车、船舶运输等，需根据当地的具体情况进行技术、经济比较后确定。汽车运输比较灵活、方便，可直接将构件运到施工现场，故预制构件多采用汽车运输。

大型屋面板及6 m以内的吊车梁、连系梁均可用载重汽车运输。运输时，注意按规定位置用木垫将构件垫好，并适当固定。柱可用载重汽车运输，较长的柱应用拖车运输。柱运输时应侧放，因侧放刚度较大，但应注意防止倾倒。屋架一般尺度较大，侧向刚度差，如必须在预制厂制作，只能用拖车或特制的钢托架来运输，而且必须采取可靠的防倾倒措施。

(2)运输时应注意的问题。运输构件时既要注意提高效率，又要注意保证构件在运输过程中不倾倒、不损坏、不变形，并且要为安装作业创造有利条件。构件在运输中应注意以下问题：

1)钢筋混凝土构件在运输时，混凝土强度不应低于设计规定。

2)构件的支承位置要符合设计的受力情况，防止因支承位置不当而产生过大的应力，引起构件开裂和破坏。装卸车时的吊点要符合设计的规定。长而重的构件应根据安装方法及运输方向确定装车方向，以免构件在现场调头困难。

3)运输道路应平整、坚实，并有足够的宽度和转弯半径，使车辆及构件能顺利通过。

4)构件的运输顺序及卸车位置应按施工组织设计的规定进行，以免造成现场混乱或二次搬运，影响安装工作。

3. 构件的排放和堆放

预制构件运到施工现场后，大型构件如柱、屋架等，应按施工技术方案中的构件排放布置图进行排放；小型构件如屋面板、连系梁等，可在规定的适当位置堆放。

构件的排放或堆放场地应平整、坚实，并采取有效的排水措施。构件应按设计的受力情况搁置在垫木或支架上。重叠的构件之间要垫上垫木，上层垫木和下层垫木应在同一垂线上。立放的构件，如薄腹梁、屋架等，应将两边撑牢。各堆之间应留有不小于200 mm的间距。叠放构件堆垛的高度应视构件混凝土强度、地面承载力、垫木的强度和堆垛的稳定性而定，一般梁可叠堆2～3层，屋面板可叠堆6～8层。构件的吊环要向上，标志要向外。

4. 构件的检查与清理

为了保证工程质量并使安装工作能顺利进行，在构件安装之前，应对全部构件进行质量检查。检查的主要内容如下：

(1)构件的型号与数量是否与设计相符。

(2)构件的混凝土强度是否满足安装要求。钢筋混凝土结构构件安装时的混凝土强度应不低于设计对安装时所要求的强度，一般要求为设计强度的100%；在安装预应力构件时，孔道灌浆的灰浆强度如设计无规定，一般不应低于15 MPa。

(3)构件的外形尺寸、预埋件的位置和尺寸等是否符合设计要求。

1)柱：应检查总长度，柱脚到牛腿面的长度，柱角底面的平整度，截面尺寸，连接吊车梁、连系梁、屋架等构件的预埋件的位置与尺寸等。

2)屋架：应检查总长度，屋架侧向弯曲，连接屋面板、天窗架、支撑等构件用的预埋件的位置等。

3)吊车梁：应检查总长度、高度、侧向弯曲、预埋件的位置。

4)检查构件有无缺陷、损伤、变形裂缝等。

构件的检查应做好检查记录，对有问题的构件，应找有关人员进行研究处理。严禁使用不合格构件。预埋件上如沾有砂浆等污物，均应予以清除，以免影响构件拼装及焊接。

表8-2所示为装配式钢筋混凝土构件尺寸的允许偏差。

表 8-2　装配式钢筋混凝土构件尺寸的允许偏差

项次	项　　目				允许偏差/mm
1	截面尺寸	长度	板、梁、柱、桁架	<12 m	±5
				≥12 m 且<18 m	±10
				≥18 m	±20
		宽度、高(厚)度	墙板		±4
			板、梁、柱截面尺寸		±5
			墙板的高度、厚度		±3
2	侧向弯曲	板、梁、柱			L/750 且≤20
		墙桁架			L/1 000 且≤20
3	预埋件	预埋件锚板中心线位置			5
		预埋螺栓中心线位置			2
		预埋螺栓外露长度			+10，−5
4	预留孔	中心线位置			5
5	预留洞	中心线位置			10
6	保护层厚度	板			+5、−3
		梁、柱、块体、薄腹梁、桁架			+10、−5
7	对角线差	板			10
8	表面平整度	板、梁、柱、墙板内表面			5
9	挠度变形	梁、板、桁架设计起拱			±10
注：受力钢筋保护层厚度的偏差，仅在必要时进行检查。L 为构件长度(mm)。					

5. 构件的弹线编号

构件在安装前要在构件表面弹出安装中心线，作为构件对位、校正的依据。对形状复杂的构件，要标出其重心及绑扎点的位置。

(1)柱。应在柱身的三个面上弹出安装中心线。对矩形截面柱，可按几何中线弹安装中心线；对“工”字形截面柱，为便于观测及避免视差，则应靠柱边翼缘上弹安装中心线。柱身所弹安装中心线的位置应与基础面上所弹柱的安装中心线位置相适应。另外，在柱顶要弹出屋架的安装中心线，在牛腿面上要弹出吊车梁的安装中心线。

(2)屋架。在屋架上弦顶面应弹出几何中心线，并从跨度中央向两端分别弹出天窗架、屋面板或檩条的安装中心线。在屋架的两个端头应弹出纵、横安装中心线。

(3)梁。在梁的两端及顶面应弹出几何中心线，作为梁的安装中心线。

在弹线的同时，应根据设计图纸将构件编号写在明显部位。对不易辨别上下、左右的构件，还应在构件上加以注明，以免安装时弄错。

8.2.2　构件的安装工艺

装配式钢筋混凝土单层工业厂房结构构件的安装工序主要包括绑扎、吊升、对位、临时固定、校正和最后固定。装配式钢筋混凝土构件的安装允许偏差见表 8-3。

表 8-3　装配式钢筋混凝土构件的安装允许偏差

项次	项目			允许偏差/mm
1	杯形基础	中心线对轴线位移		10
		杯底安装标高		0、−10
2	柱	中心线对定位轴线的位置		5
		上下柱接口中心线位置		3
		垂直度	柱高≤5 m	5
			柱高＞5 m，＜10 m	10
			柱高≥10 m	1/1 000 柱高，且≤20
		牛腿上表面和柱顶标高	柱高≤5 m	0、−5
			柱高＞5 m	0、−8
3	梁或吊车梁	中心线对位轴线的位置		5
		梁上表面的标高		0、−5
4	屋架	下弦中心线对位轴线的位置		5
		垂直度	桁架、拱形屋架	1/250 屋架高
			薄腹梁	5
5	天窗架	构件中心线对位轴线的位置		5
		垂直度		1/300 天窗架高
6	托架梁	底座中心线对位轴线的位置		5
		垂直度		10
7	板	相邻两板下表面平整度	抹灰	5
			不抹灰	3

1. 柱的安装

装配式钢筋混凝土柱的截面形状有矩形、“工”字形、管形、双肢形等，其安装工艺基本相同。

(1)柱的绑扎。柱的绑扎方法与柱的形状、几何尺寸、质量、配筋、安装方法以及所采用的吊具有关。柱的绑扎应牢固可靠、易绑易拆。绑扎柱常用的工具为吊索(又称“千斤绳”)和卡环(又称“卸甲”)。卡环的插销有带螺纹的(即普通卡环)和不带螺纹的(即活络卡环)两种。此外，还有各种专用的吊具，如销子、横吊梁等。所用吊具应具有足够的强度和刚度，以保证施工安全。绑扎点应高于柱的重心，这样构件吊起后才不致摇晃、倾翻。吊索与构件之间还应垫上麻袋、木板等，以免吊索与构件之间相互摩擦，造成损伤。

柱常用的绑扎方法如下：

1)斜吊绑扎法。当柱平放起吊的抗弯强度满足要求时，可以采用斜吊绑扎法(图 8-18)。使用此方法绑扎的柱吊起后呈倾斜状态。由于吊索歪在柱的一边，吊钩可低于柱顶，这对保障起重高度有利。由于卡环的插销不带螺栓，当柱临时固定后，放松吊钩，拉动拉绳可将卡环的插销拔出，吊索便会自动解开落下。使用活络卡环时应注意吊索必须紧压在卡环的插销上，在柱临时固定前，不得放松吊钩；也可使用普通卡环来绑扎柱，但由于卡环插销上带有螺纹，当柱临时固定后，工人必须到柱上部绑扎处去拆除卡环和吊索，比较麻烦。

除采用吊索、吊环外，也可采用柱销绑扎，采用柱销的优点是免除了用吊索来捆扎构件，既节约了钢丝绳，又降低了工人的劳动强度。采用这种方法时，只要将柱销插入构件吊点的预留孔中，在构件的另一边用一个垫圈和一个插销把柱销栓紧，起重机便可起吊。当柱临时固定后，放松吊钩，先用拉绳将插销拉出，再在另一边用拉绳将柱销拉出，十分方便。

2)直吊绑扎法。当柱平放起吊的抗弯强度不足时，可采用直吊绑扎法(图 8-19)。采用这种绑扎方法时，需将柱由平放转为侧立然后起吊，柱吊起后呈直立状态，吊钩必须超过柱顶。为了便于绑扎，应先将柱由平放转为侧立(翻身就位)，如图 8-20 所示。

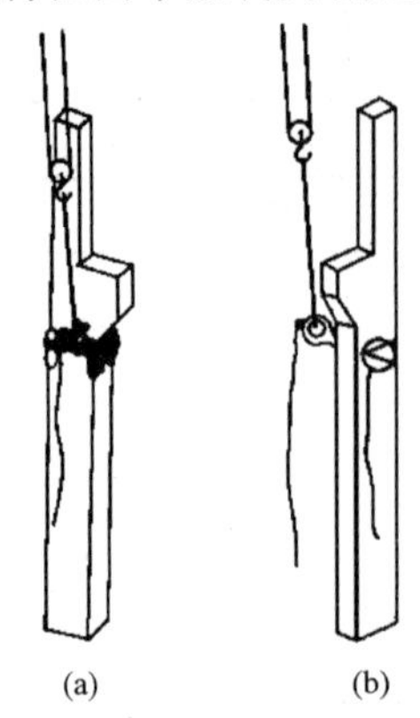

图 8-18　柱斜吊绑扎法

(a)用吊索及活络卡环绑扎；(b)用柱销绑扎

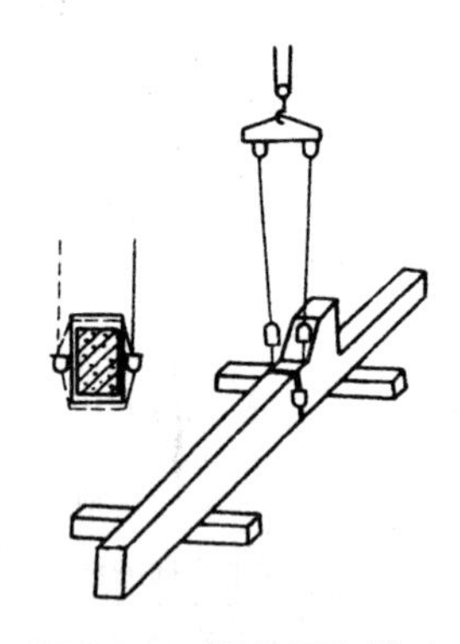

图 8-19　柱直吊绑扎法

3)两点绑扎法。当柱较长时，一点绑扎起吊可能抗弯强度不足，则可用两点绑扎法(图 8-21)。在确定柱绑扎点的位置时，应使下绑扎点至柱重心的距离小于上绑扎点至柱重心的距离，这样当柱吊起后可自行转为直立状态。

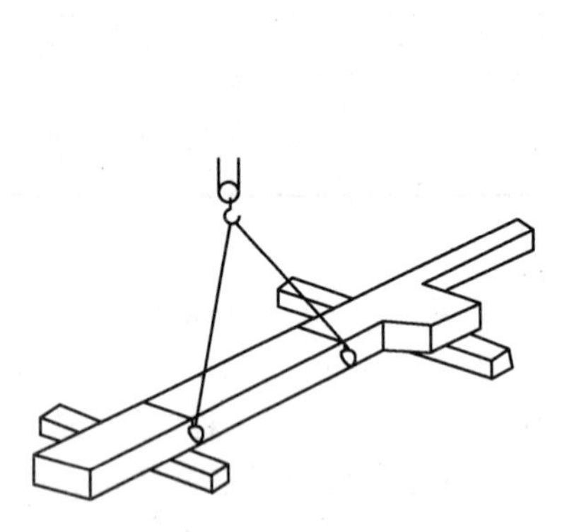

图 8-20　柱翻身就位

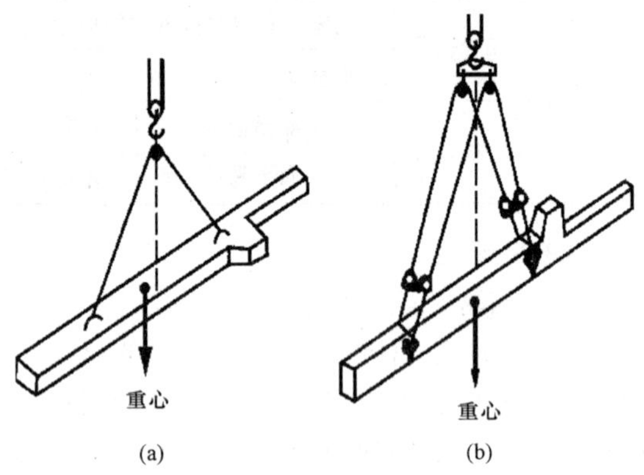

图 8-21　柱两点绑扎法

(a)斜吊；(b)直吊

(2)柱的吊升。根据吊升过程中的运动特点，柱的吊升基本上可分为旋转法和滑行法两种。

1)旋转法。采用旋转法安装柱时(图 8-22)，柱脚宜靠近基础，柱的绑扎点、柱脚底边中心点与柱基中心点三者位于起重机的同一工作幅度的圆弧上(称“三点共弧”)。起吊时，起重机边升吊钩边回转，直到将柱转为直立状态，而柱脚的位置不变。当柱由水平转为直立后，起重机将柱吊离地面约 300 mm，旋转至基础上方，将柱脚插入杯口。

用旋转法吊升时，柱在吊升过程中所受振动较小，生产率较高，但对起重机的机动性要求较高。采用自行式起重机安装柱时，宜采用此法。

2)滑行法。采用滑行法吊升柱时(图 8-23)，柱的绑扎点宜靠近基础。起吊时，起重臂不动，仅吊钩上升，柱顶也随之上升，而柱脚则沿地面滑向基础，直至柱身转为直立状态，然后将柱吊离地面，将柱脚插入杯口。

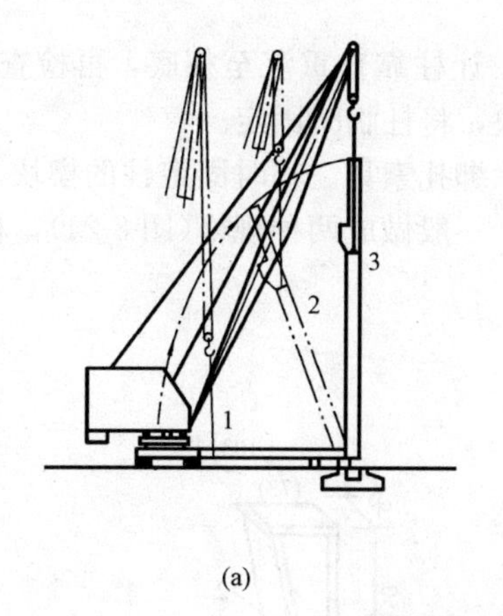

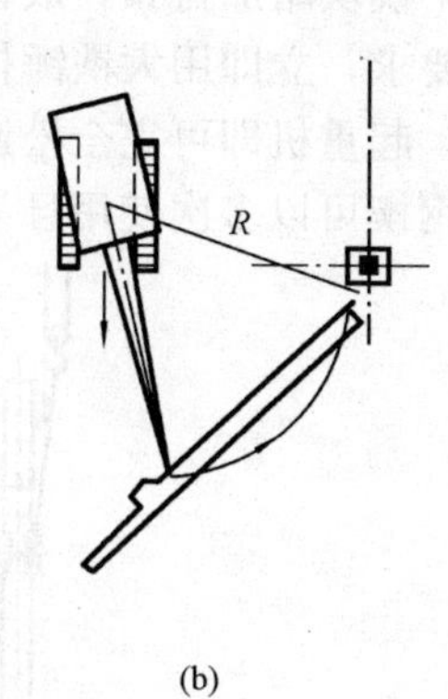

图 8-22 柱旋转吊升法

(a)旋转过程；(b)平面示意图

1—柱平卧式；2—起吊途中；3—直立

R—起重半径

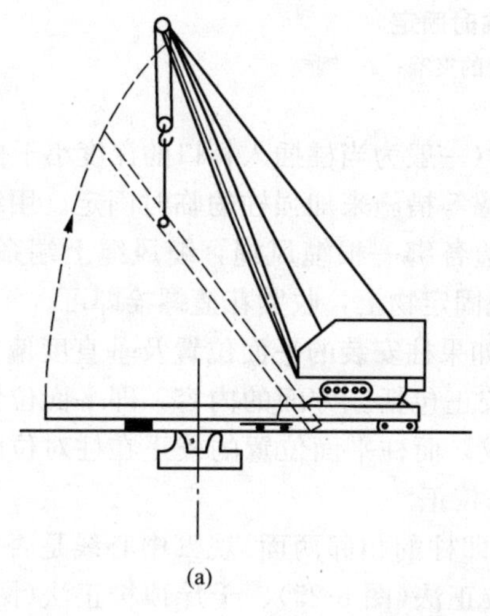

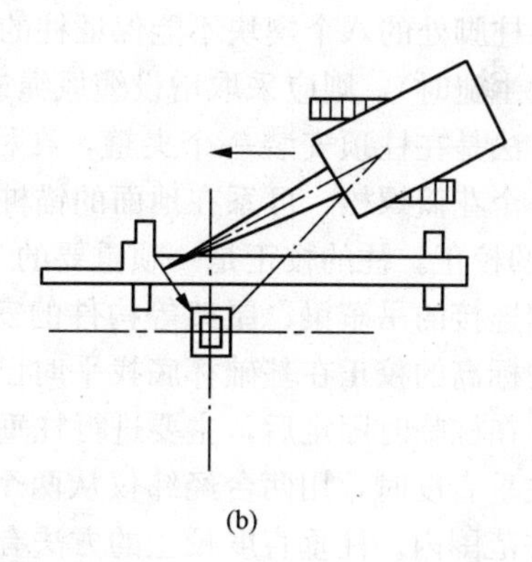

图 8-23 柱滑行吊升法

(a)滑行过程；(b)平面示意图

用滑行法吊升柱时，柱在滑行中受到振动，对构件不利，宜在柱脚处采取加滑板等措施，以减少柱脚与地面的摩擦；但滑行法对起重机械的机动性要求较低，因此，当采用独脚桅杆、“人”字桅杆安装柱时，常采用此法。另外，对一些长而重的柱，为便于布置及吊升，也常采用此法。

旋转法和滑行法是柱吊升的两种基本方法，应按这两种方法的要求来布置和起吊构件，但施工现场的情况是很复杂的，也应根据实际情况来布置构件和灵活使用吊升方法。如用旋转法吊升柱，由于各种条件的限制，不可能将柱的绑扎点、柱脚底边中心点与柱基中心点三者布置在起重机同一工作幅度的圆弧上时，则可灵活处理，按绑扎点、柱脚底边中心点或基础中心点两点共弧的要求来布置构件。

(3)柱的对位与临时固定。柱脚插入杯口后，并不是立即降至杯底，而是停在距离杯底 30～50 mm 处进行对位。对位的方法是用八个楔块从柱的四边放入杯口，并用撬棍撬动柱脚，使柱的安装中心线对准杯口上的安装中心线并使柱基本垂直。

对位后，将八个楔块略加打紧，放松吊钩，让柱靠自重沉至杯底，再检查安装中心线对准的情况，若已符合要求，立即用大铁锤打紧楔块，将柱临时固定。

柱临时固定后，起重机即可完全松钩，拆除绑扎索具。临时固定柱的楔块，可用硬木制作，也可用钢板焊成。钢楔可以多次使用且易拔出，一般做成两种规格(图 8-24)，相互配合使用。

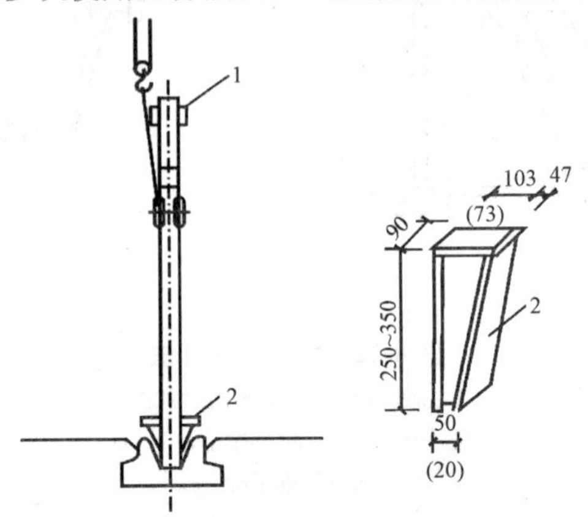

图 8-24　柱临时固定

1—安装缆绳或挂操作台的夹箍；2—钢楔

当仅靠柱脚处的八个楔块不能保证柱的稳定时(一般为当柱插入杯口的深度小于柱长的 1/20 或柱有较大牛腿时)，则应采取增设缆风绳或加斜撑等措施来加强柱的临时固定。用缆风绳临时固定柱的方法是在柱顶安装一个夹箍，在柱的四边各绑一根缆风绳，缆风绳上端系于夹箍上，下端带有一个花篮螺栓，可系在地面的锚桩和其他固定物上，收紧花篮螺栓即可。

(4)柱的校正。柱的校正是一项重要的工作。如果柱安装的平面位置及垂直度偏差大，就会影响与柱相连接的吊车梁、屋架等构件的安装。校正包括三方面的内容，即平面位置、标高及垂直度。柱标高的校正在基础杯底找平时已经完成，而柱平面位置的校正在柱对位时也基本完成。因此，在柱临时固定后，主要进行柱垂直度的校正。

校正柱垂直度时，用两台经纬仪从两个方向(即柱的相邻两面)观察中心线是否垂直，其偏差应在允许范围内。柱垂直度校正的方法有撑杆校正法(图 8-25)、千斤顶校正法(图 8-26)和钢钎校正法等。

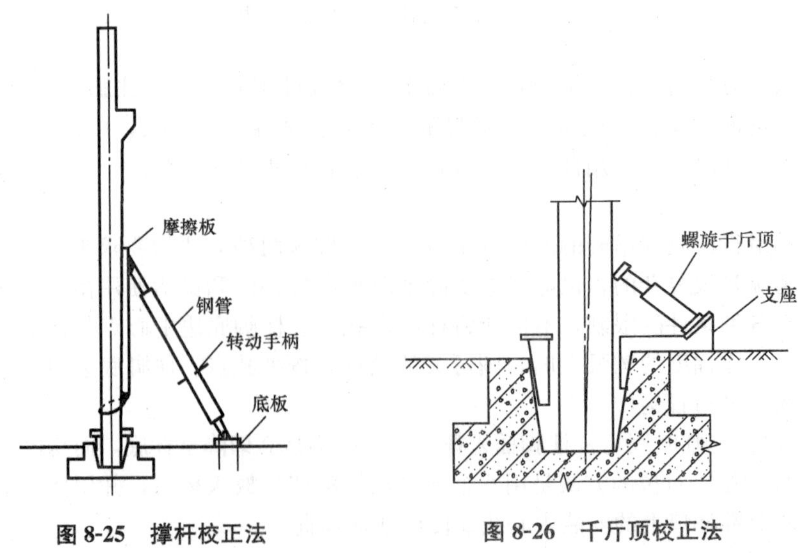

图 8-25　撑杆校正法　　**图 8-26　千斤顶校正法**

1)撑杆校正法。撑杆校正器由 Φ75 钢管(长约为 6 m，两端装有方向相反的螺母)配以螺杆(撑杆)组成。

转动钢管时，撑杆可以伸长或缩短。撑杆下端铰接在一块底板上，底板与地面接触的一面带有曲折、凸出的钢板条，并有孔洞，可以打下钢钎，以增大与地面的摩阻力。撑杆上端铰接一块头部摩擦板，摩擦板与混凝土柱身接触的一面有齿槽，以增大与柱身的摩擦力。摩擦板上带有一个铁环，可以用一根钢丝绳和一个卡环将摩擦板固定在柱身的一定位置上。

使用时，按照垂直偏差观测结果，首先将两支钢管撑杆校正器安装在柱倾斜的两边，转动钢管使撑杆伸长，将柱顶正。先校正偏差大的一边，再校正偏差小的一边。如此反复进行，直至柱完全垂直为止。在校正过程中，要不断打紧或稍放松杯口楔块以配合撑杆校正器的工作。

钢管撑杆校正器适用于质量在 10 t 以内较细长柱的校正。若柱过大，校正器的规格也要相应增大，搬运不便。

2)千斤顶校正法。千斤顶校正法使用的千斤顶为普通螺旋千斤顶。校正时，将千斤顶放在杯口的一个支座上。千斤顶头部顶在混凝土柱身的一个预留的或后凿的凹槽上。千斤顶轴线与水平面夹角不宜过大，若过大，会将柱身混凝土顶碎。为克服这一缺点，可在柱身预埋 Φ20～Φ25、长 150 mm 的短钢筋，伸出柱面 30～50 mm 作为千斤顶头部的支座，也可用钢链围在柱端上作支座，这样角度可以大些。校正时转动摇柄，千斤顶颈部伸长，便可将柱校正。

螺旋千斤顶适用于校正质量在 20 t 以内的柱。校正时应注意应先大后小，逐次进行，校正垂直度后应复查平面位置。另外，由于阳光照射，柱两面温度不同也会使柱子弯曲，导致柱顶产生水平位移。水平位移的大小与柱两边的温差值、柱的长度及厚度等因素有关，一般为 3～10 mm，细长的柱可达 30 mm 以上。因此，在进行较细长柱的校正时，应考虑阳光温差对竖向偏差的影响。为减少温差对柱垂直度校正的影响，可以在阴天、早晨、黄昏等阳光影响较小时进行校正工作；也可根据经验，采取预留偏差的办法来解决；当柱的长度小于 10 m 时，一般不考虑温差的影响。

(5)柱的最后固定。柱校正后，应立即进行最后固定，方法是在柱脚与杯口的空隙中浇筑细石混凝土。所用混凝土强度等级可比原构件的混凝土强度等级提高一级。混凝土的浇筑应分两次进行，浇筑混凝土至楔块下端；当第一次浇筑的混凝土强度达到设计值的 25% 时，即可拔去楔块，将杯口灌满。

2. 吊车梁的安装

(1)绑扎、吊升、对位与临时固定。吊车梁吊升时，应使其保持水平，其绑扎点应对称设在梁的两端，吊钩对准梁的重心(图 8-27)。在梁的两端应绑扎溜绳以控制梁的转动。

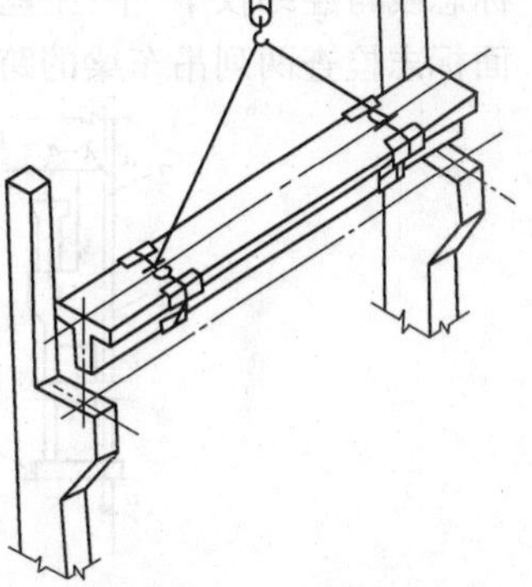

图 8-27　吊车梁的安装

吊车梁对位时，应缓慢降钩，使吊车梁端与牛腿面的横向安装中心线对准。在对位过程中不宜用撬棍顺纵轴线方向撬动吊车梁，因柱顺纵轴线方向的刚度较差，撬动后会使柱顶产生偏移。如横向安装中心线未对准，应将吊车梁吊起，再重新对位。

吊车梁本身的稳定性能较好，对位后，一般无须采取临时固定措施，起重机即可松钩移走。当梁高与底宽之比大于 4 时，可用 8 号钢丝将梁捆在柱上，以防倾倒。

(2)吊车梁的校正和最后固定。吊车梁的校正主要是平面位置和垂直度的校正。如有标高误差，可在安装吊车轨道时，在吊车梁面上抹一层强度足够的水泥砂浆。吊车梁的平面位置和垂直度的校正，宜在一个伸缩缝区段内或整个建筑物的结构构件(屋架、屋面板等)全部安装完毕后进行。吊车梁平面位置的校正，主要是检查各吊车梁轴线是否符合设计要求，并在一直线上，以及两列吊车梁的纵轴线之间的跨距 L_k 是否符合设计规定。

检查吊车梁安装纵轴线是否存在偏差的方法很多，以下介绍两种：

1)通线法。根据柱的定位轴线，在车间两端地面定出吊车梁定位轴线的位置，打下木桩，并设置经纬仪(图 8-28)。用经纬仪先将车间两端的四根吊车梁的位置校正准确，并用钢尺检查两列吊车梁之间的跨距 L_k 是否符合要求，然后在四根已校正的吊车梁端设置金属支架，并将钢丝固定在支架上形成通线。检查时，沿通线用垂球检查各吊车梁的定位纵轴线与通线是否在同一垂线上，如发现二者有不一致之处，则根据通线来逐根拨正吊车梁。拨动吊车梁可用撬棍、手动葫芦或其他工具。若吊车梁顶面宽度可以安放经纬仪，也可以将经纬仪架设到已校正好的吊车梁上，用经纬仪逐根校正吊车梁。

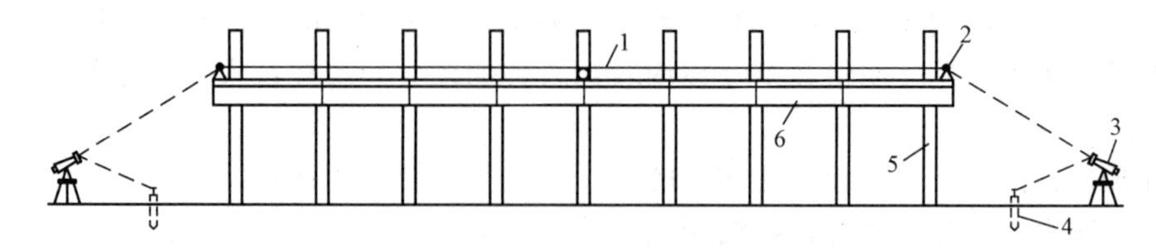

图 8-28　用通线法校正吊车梁

1—钢丝；2—支架；3—经纬仪；4—轴线控制桩；5—柱；6—吊车梁

2)平移轴线法。平移轴线法有两种做法：一种是利用经纬仪，逐根将柱纵轴线引测到吊车梁顶面处的柱身上，然后按计算好的尺寸，用尺子或刻有标志的木方来校正吊车梁(图 8-29)；另一种是将柱纵轴线向建筑物内侧(牛腿一侧)移动，移动距离一般超过吊车梁安装中心线 500 mm，然后在建筑物两端地面上做两根控制桩，用于架设经纬仪并形成一条与柱纵轴线平行的控制线。校正时，吊车梁顶面上的操作人员将刻有 500 mm 标志线的木方的一端对准吊车梁端头的安装轴线，地面下的人员用经纬仪控制，指挥上面的人员撬动吊车梁。当随吊车梁移动的木方上的标志线与经纬仪中“十”字丝竖线重合时，表示校正达到要求。逐根校正吊车梁后，还要利用地面标志检查两列吊车梁的跨距 L_k 是否符合要求。

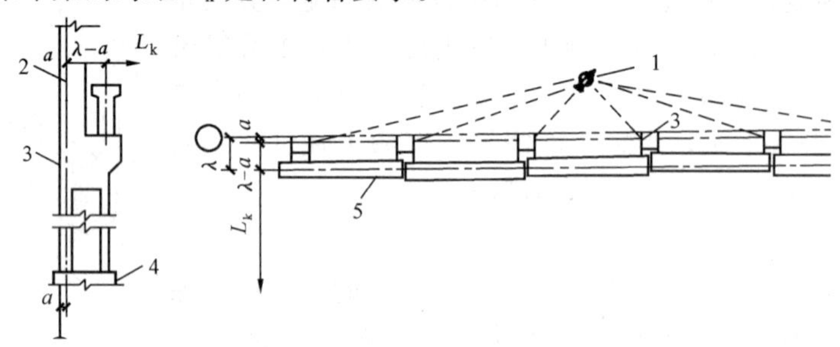

图 8-29　平移轴线法校正吊车梁

1—经纬仪；2—纵轴线标志；3—柱；4—柱基础；5—吊车梁

在校正吊车梁平面位置的同时，可用线坠检查吊车梁的垂直度。如有偏差，可在吊车梁两端的支座面上加斜垫铁纠正，但垫铁不得超过三块。

重型吊车梁由于校正时撬动困难，也可在安装时借助起重机，采取边安装、边校正的办法。

吊车梁校正后，应立即用电焊作最后固定，并在吊车梁与柱、吊车梁接头的空隙处支模，浇筑细石混凝土。

3. 屋架的安装

钢筋混凝土屋架有三角形屋架、梯形屋架、拱形屋架、多腹杆折线形屋架、组合屋架等。中小型单层工业厂房屋架的跨度为 12～24 m，质量为 3～10 t。钢筋混凝土屋架如在施工现场浇筑，在安装屋架前应将屋架扶直、排放。

(1)屋架的绑扎。屋架的绑扎点应选在上弦节点处，左右对称，并高于屋架重心，使屋架吊升后基本保持水平，不晃动、不倾倒。在屋架两端应加溜绳，以控制屋架转动。屋架吊点的数目及位置与屋架的形式和跨度有关，一般由设计确定。绑扎时，吊索与水平面的夹角不宜小于45°，以免屋架承受过大的横向压力。为了减少屋架的起吊高度及所受的横向压力，必要时可采用横吊梁。横吊梁应经过设计计算，以确保施工安全。

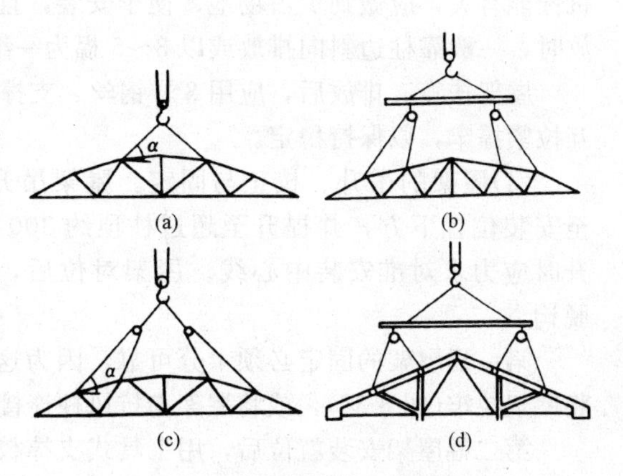

图 8-30 屋架绑扎方法

(a)跨度≤18 m时；(b)跨度>18 m时；(c)跨度>30 m时；(d)三角形组合屋架

当屋架跨度≤18 m时，绑扎两点即可[图 8-30(a)]；当跨度>18 m时，需绑扎四点[图 8-30(b)]；当跨度>30 m时，应采用横吊梁以减小绑扎高度[图 8-30(c)]；对刚性较差的屋架，下弦不能承受压力，故绑扎时也应采用横吊梁[图 8-30(d)]。

(2)屋架的扶直。钢筋混凝土屋架的侧向刚度较差，扶直时由于自重影响，改变了杆件的受力性质，特别是上弦杆极易扭曲，造成屋架损伤。因此，在屋架扶直时必须采取一定措施，严格遵守操作要求，保证安全施工，并应注意以下几点：

1)扶直屋架时，起重机的吊钩对准屋架中心，吊索应左右对称，吊索与水平面的夹角不小于45°(图 8-31)。为使各吊索受力均匀，吊索可用滑轮串通。这样，屋架在扶直过程中才不致因受扭而造成损伤。在接近扶直时，吊钩应对准下弦中点，防止屋架摆动。

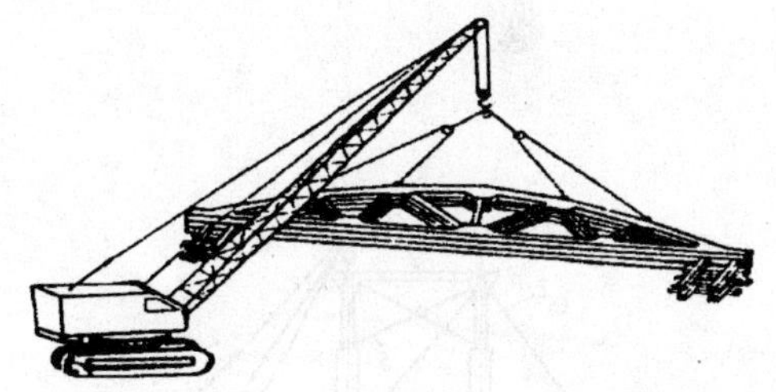

图 8-31 屋架的正向扶直

2)当数榀屋架叠层制作时，为防止屋架在扶直过程中突然下滑造成损伤，应在层架两端搭设枕木垛。枕木垛的高度应与被扶直屋架的底面齐平。

3)叠层制作的屋架之间若黏结严重，则应用凿、撬棍、手拉葫芦等消除黏结后再行扶直。

4)如扶直屋架时采用的绑扎点或绑扎方法与设计规定的不同，应按实际采用的绑扎方法验算屋架扶直应力。若强度不足，在浇筑屋架时应补加一定数量的钢筋或采取其他补强措施。

扶直屋架按起重机与屋架相对位置不同，分为正向扶直与反向扶直。

1)正向扶直：起重机立于屋架下弦一侧，扶直时，首先以吊钩对准屋架中心，收紧吊钩；然后略略提升起重臂使屋架脱模；接着起重机升吊钩并升起重臂，使屋架以下弦为轴缓缓转为直立状态。

2)反向扶直：起重机立于屋架上弦一侧，扶直时，首先以吊钩对准屋架中心，收紧吊钩；接着升钩并降低起重臂，使屋架以下弦为轴缓缓转为直立状态。

正向扶直与反向扶直的最大不同点为：在扶直过程中，正向扶直为升起重臂，反向扶直为降起重臂，而升臂比降臂易于操作且较安全，故应尽可能采用正向扶直。

(3)屋架的排放。屋架扶直后，应立即进行排放。屋架排放的位置与屋架的安装方法、起重机性能有关，应做到少占场地、便于安装，且应考虑到屋架的安装顺序、两端朝向等问题。排放时，一般靠柱边斜向排放或以 3～5 榀为一组平行于柱边排放。

屋架扶直、排放后，应用 8 号钢丝、支撑等与安装的柱或与已排放并已支撑牢固的屋架相互拉紧撑牢，以保持稳定。

(4)屋架的吊升、校正与固定。屋架吊升时，先将屋架垂直吊离地面约 300 mm，旋转至安装位置下方，并提升至超过柱顶约 300 mm，然后将屋架缓缓降至柱顶，进行对位。吊升时应力求对准安装中心线。屋架对位后，应立即校正、固定，固定稳妥后，起重机才可脱钩。

第一榀屋架的固定必须十分可靠，因为这时它只是单片结构，通常还要用四根缆绳从两边将屋架拉牢(图 8-32)，或将屋架与抗风柱连接固定。

第二榀屋架安装就位后，用工具式支撑校正器将其撑牢在第一榀屋架上，以后各榀屋架也都是用工具式支撑校正器撑牢在前一榀屋架上(图 8-33)。在第二榀及以后各榀屋架的安装中，都应在支撑撑牢、校正完成并开始固定屋架时，起重机方可脱钩。

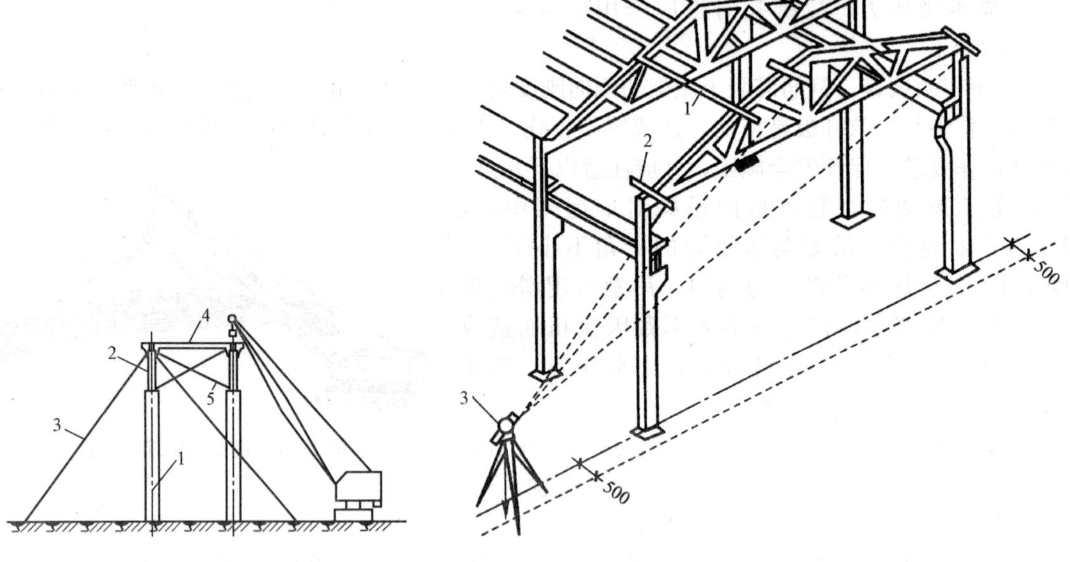

图 8-32　屋架临时加固

1—柱子；2—屋架；3—缆风绳；
4—工具式支撑；5—屋架垂直支撑

图 8-33　用仪器校正屋架

1—工具式支撑；2—卡尺；3—经纬仪

每榀屋架至少要用两个工具式支撑(图 8-34)。在屋架经校正、最后固定并安装了若干块大型屋架板后，才可将支撑取下。

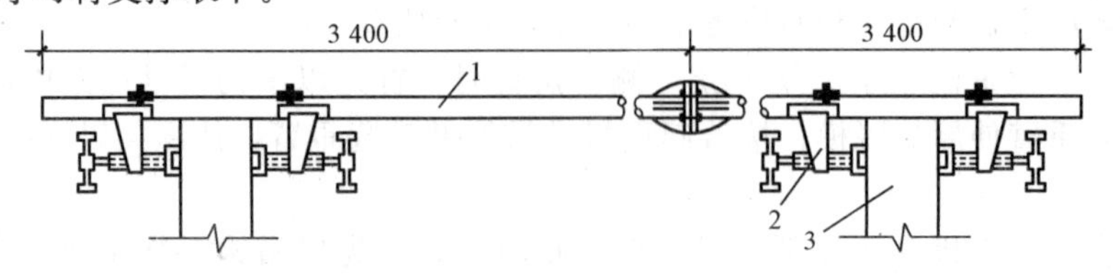

图 8-34　工具式支撑校正器

1—钢管；2—撑脚；3—屋架上弦

屋架的校正主要是校正垂直度。可用垂球或经纬仪检查屋架垂直度，并用工具式支撑来纠正偏差。用经纬仪检查屋架竖向偏差的办法是在屋架上安装三个卡尺，一个安装在上弦中点附近，另外两个分别安装在屋架的两端。自屋架几何中线向外量出一定距离(一般为 500 mm)，在卡尺上做标志；然后在距屋架定位轴线上同样距离(500 mm)处设经纬仪，观察三个卡尺上的标志是否在同一垂直平面上。屋架校至垂直后，立即按设计要求的固定方式作最后固定。采用焊接时，先焊接屋架两端成对角线的两侧边，防止因同侧施焊造成屋架向一侧偏斜。

屋架安装完成后，应将屋架间的支撑系统安装完，以保证两屋架间有较好的空间刚度，并安装天沟板、屋面板等，使屋盖系统迅速形成空间刚度单元，确保安装阶段结构体系的安全。

4. 屋面板的安装

屋面板上一般预埋有吊环，用四根带钩的吊索钩住吊环即可安装(图 8-35)。吊索应等长，且应保持屋面板水平。为充分发挥起重机的起重能力，提高生产率，也可采用叠吊的办法(图 8-36)。屋面板的安装，应自两边檐口左右对称地铺向屋脊，避免屋架承受半边载荷。屋面板对位后，立即电焊固定，每块屋面板可焊三点。

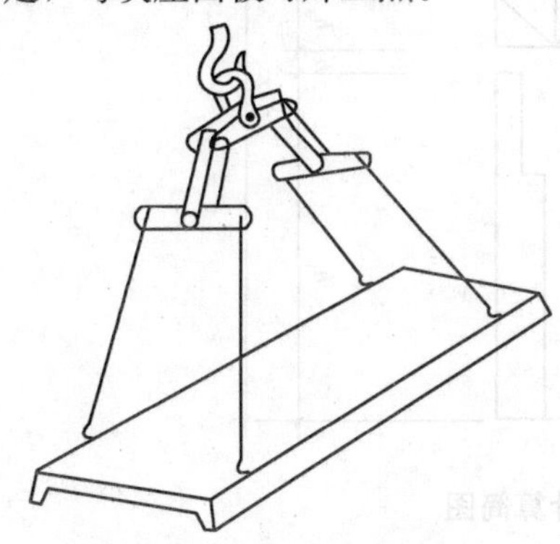

图 8-35 屋面板的安装

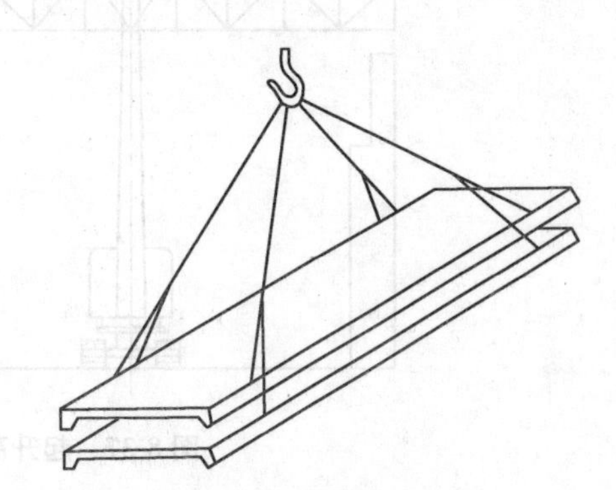

图 8-36 屋面板叠吊

8.2.3 结构安装方案

单层工业厂房结构的一般特点是平面尺寸大、承重结构的跨度与柱距大、构件类型少、质量大、厂房内有各种设备基础(特别是重型厂房)等。因此，在拟订结构安装方案时，应着重解决起重机的选择，结构安装方法，起重机开行路线，构件的平面布置与运输、堆放等问题。

1. 起重机的选择

起重机的选择是安装工程的重要问题，它关系到结构安装方法、起重机开行路线与停机位置、构件的平面布置等许多问题。

(1)起重机类型的选择。结构安装用的起重机类型主要根据厂房的跨度、构件的质量、安装高度以及施工现场条件和当地现有起重设备等确定。

(2)起重机型号及起重臂长度、工作幅度的选择。起重机的类型确定后，还要进一步选择起重机的型号及起重臂的长度。所选起重机的三个工作参数(起重量、起升高度、工作幅度)应满足结构安装要求。

1)起重量。起重机的起重量必须大于所安装构件的质量与索具质量之和，即

$$Q \geqslant Q_1 + Q_2 \tag{8-7}$$

式中 Q——起重机的起重量(t)；

Q_1——构件的质量(t)；

Q_2——索具的质量(t)。

2)起升高度。起重机的起升高度必须满足所吊装构件的安装高度要求(图 8-37)，即

$$H \geqslant h_1 + h_2 + h_3 + h_4 \tag{8-8}$$

式中 H——起重机的起升高度，从停机面算起至吊钩支撑表面(m)；

h_1——安装支座表面高度，从停机表面算起(m)；

h_2——安装间隙，视具体情况而定，但不小于 0.3(m)；

h_3——绑扎点至构件底面的距离(m)；

h_4——索具高度，从绑扎点算起至吊钩(m)。

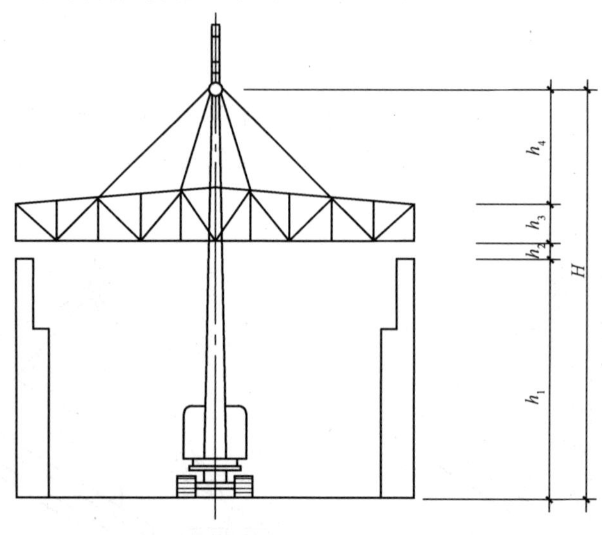

图 8-37 起升高度计算简图

3)工作幅度。在一般情况下，当起重机可以不受限制地开往构件安装位置附近去安装构件时，这对幅度没有额外要求，可通过计算出的起重量 Q 的起升高度 H，查阅起重机工作性能表或曲线来选择起重机型号及起重臂长度，并可查得在一定起重量 Q 及起升高度 H 下的工作幅度 R，作为确定起重机开行路线及停机位置时的参考。

在某些情况下，当起重机不能直接开到构件安装位置附近支安装构件时，这对其工作幅度就提出了一定要求。这时便要根据起重量 Q、起重高度 H 及工作幅度 R 三个参数，查阅起重机工作性能表或曲线来选择起重机的型号及起重臂长度。

同一型号的起重机可能具有几种不同长度的起重臂，应选择一种能满足三个安装工作参数要求且最短的起重臂，但有时由于各种构件安装工作参数相差过大，也可选择几种不同长度的起重臂，如吊装柱可选用较短的起重臂，安装屋面结构则选用较长的起重臂。

当起重机的起重臂需跨过已安装好的构件上空去安装构件时(如跨过屋架安装屋面板)，还要考虑起重臂是否会碰到已安装好的构件。此时，起重机起重臂的最小长度可用数解法或作图法求出。

①用数解法求所需最小起重臂长度的方法如下(图 8-38)：

$$L \geqslant l_1 + l_2 = \frac{h}{\sin\alpha} + \frac{f+g}{\cos\alpha} \tag{8-9}$$

式中 L——起重臂的长度(m)；

h——起重臂底铰至安装构件的支座面(在本例中即屋架上弦顶面)的高度(m)：

$$h = h_1 - E$$

h_1——停机面至安装构件面的支座面的高度(m)；

E——起重臂底铰至停机面的距离，可根据起重机械外形尺寸表查得(m)；

f——吊钩需跨过已安装结构的距离(m)；

g——起重臂轴线与已安装屋架的水平距离，至少取1(m)；

α——起重臂的倾角[(°)]。

为了使求得的起重臂长度L最小，可对式(8-9)进行一次微分，并令$\frac{dL}{d\alpha}=0$，即

$$\frac{dL}{d\alpha}=\frac{-h\cos\alpha}{\sin^2\alpha}+\frac{(f+g)\sin\alpha}{\cos^2\alpha}=0$$

解上式得

$$\alpha=\arctan\sqrt[3]{\frac{h}{f+g}} \tag{8-10}$$

将已求得的α代入式(8-9)，即可求得所需最小起重臂长度。根据计算结果，选用起重臂长度应稍大于最小计算长度。以实际采用的L及α代入下式，计算工作幅度R：

$$R=H+L\cos\alpha \tag{8-11}$$

按计算出的R及已选定的起重臂长度L，查起重机工作性能表或曲线，复核起重量Q及起升高度H，如能满足构件的安装要求，即可根据R确定起重机安装屋面板的停机位置。

②用作图法求最小起重臂长度的步骤如下(图8-39)：

a. 按一定比例绘出欲安装厂房一个节间的纵剖面图，并画出起重机安装屋面板时，吊钩需伸到处的垂线$V-V$。

b. 按地面实际情况确定停机面，画一水平线。

c. 根据初步选用的起重机型号，查起重机外形尺寸表，可得起重臂底铰至停机面的距离E，于是可画出水平线$H—H$。

d. 自屋架顶面向起重机方向水平量出一距离($g\geqslant 1$ m)，可得P点。

e. 过P点画若干条斜直线，被$V—V$及$H—H$两线所截，得线段S_1G_1、S_2G_2、S_3G_3等。这些线段即起重机吊屋面板时起重臂的轴线长度。取其中最短的一根，即所求的最小起重臂长度。

f. 量出相应线段的夹角α，即所求起重臂的倾角。

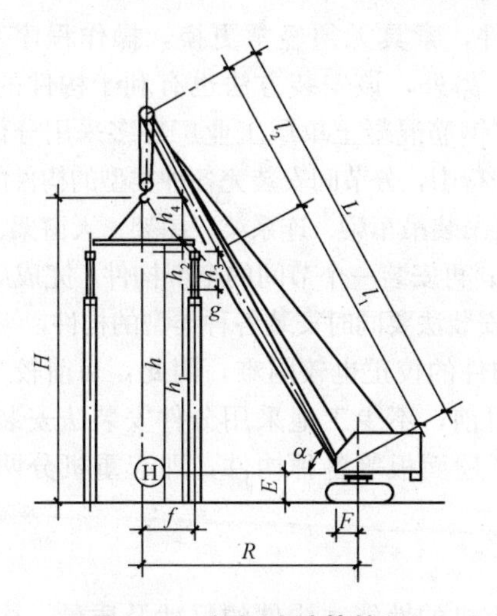

图 8-38　数解法计算简图

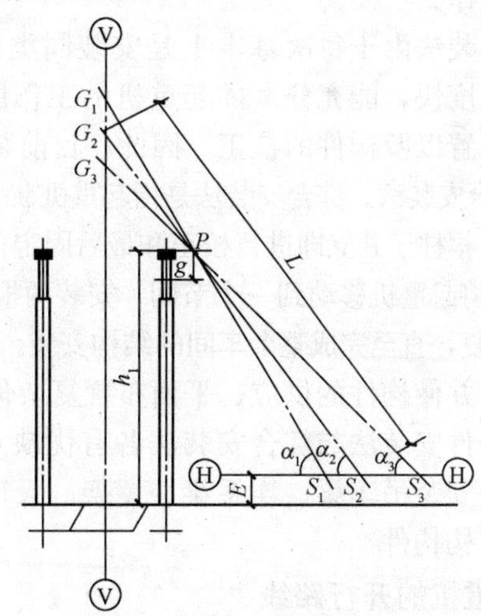

图 8-39　作图法计算简图

一般按上述方法先确定起重机位于跨中时，安装跨中屋面板所需起重臂的长度及起重臂的倾角，然后复核能否满足安装最边缘一块屋面板的要求。若不能满足安装要求，则需改选较长的起重臂，改变起重臂的倾角，或将起重机开到跨边去安装屋面板。

2. 结构安装方法

单层工业厂房的结构安装方法有分件安装法与综合安装法两种。

(1)分件安装法。分件安装法是指起重机在车间内每开行一次仅安装一种或两种构件的方法，通常分四次开行安装完全部构件。

第一次开行，安装全部柱子，并对柱进行校正和最后固定；

第二次开行，扶直与排放屋架；

第三次开行，安装吊车梁、连系梁和柱间支撑等；

第四次开行，分节间安装屋架、天窗架、屋面板及屋面支撑等。

图 8-40 所示为分件安装时的构件安装顺序。

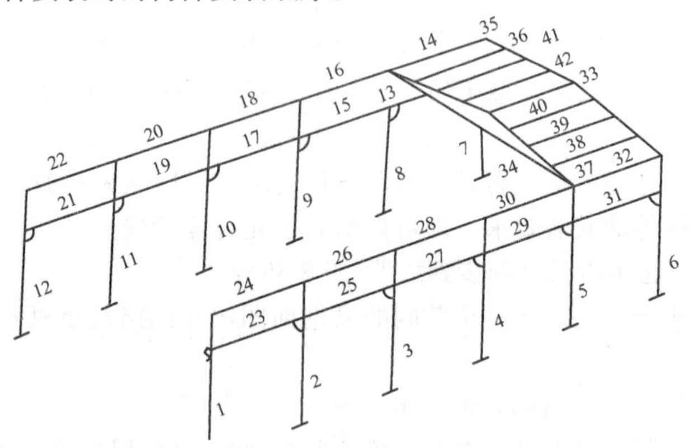

图 8-40　分件安装时的构件安装顺序

注：图中数字表示构件安装顺序及名称，其中，1～12 为柱；13～32 单数为吊车梁，双数为连系梁；33、34 为屋架；35～42 为屋面板。

另外，在安装屋架前还要进行屋架的扶直、排放，屋面板的运输、堆放以及必要时的起重臂接长等工作。

分件安装法由于每次基本上是安装同类型构件，索具无须经常更换，操作程序基本相同，所以安装速度快，能充分发挥起重机的工作能力。另外，该安装方法也有利于构件的供应、现场的平面布置以及构件的校正。因此，目前装配式钢筋混凝土单层工业厂房多采用分件安装法。

(2)综合安装法。综合安装法是指起重机在一次开行中，分节间安装完各种类型的构件的方法。首先安装 4～6 根柱子并立即进行校正和最后固定；接着吊装吊车梁、连系梁、屋架、天窗架、屋面板等构件；然后将起重机移动到一个节间，安装两根柱子；再安装一个节间的全部构件，完成后移动起重机。如此反复，直至完成整个车间的结构安装。综合安装法要同时安装各种类型的构件，影响起重机的生产率，并使构件的供应、平面布置复杂化，构件的校正也较困难，因此，目前较少采用。

由于分件安装法与综合安装法各有优缺点，目前，不少工地采用分件安装法安装柱，而用综合安装法安装吊车梁、连系梁、屋架、天窗架、屋面板等各种构件，即起重机分两次开行安装完全部结构构件。

3. 起重机的开行路线

起重机的开行路线与起重机的停机位置，起重机的性能，构件的尺寸及质量，构件的平面布置，构件的供应方式、安装方法等许多因素有关。

当安装屋架、屋面板等屋面构件时，起重机大多沿跨中开行；当安装柱时，则视车间跨度大小、柱的尺寸、自重及起重机性能，可沿跨中开行或跨边开行(图 8-41)。

当建筑物具有多跨并列，且有纵、横跨时，可先安装各纵向跨，然后安装横向跨，以保证在

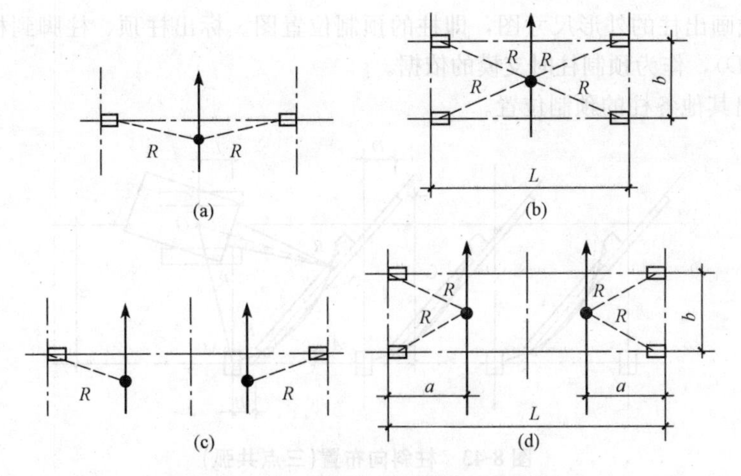

图 8-41　安装柱的开行路线及停机位

安装各纵向跨时，起重机械、运输车辆畅通。当各纵向跨有高低跨时，则应先安装主跨，然后逐步向两边安装(图 8-42)。

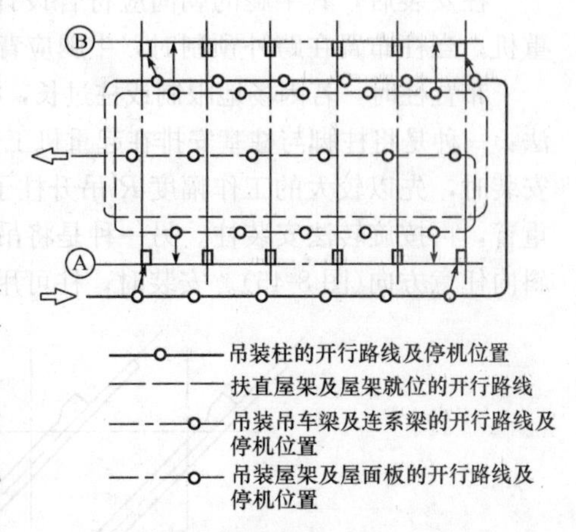

图 8-42　开行路线及停机位示意

4. 构件的平面布置与运输、堆放

单层工业厂房的平面布置是安装工程中一个很重要的工作。构件布置得合理，可以免除构件在场地内的二次搬运，充分发挥起重机械的效率。构件布置得不合理，将会给以后的安装工作带来许多不必要的麻烦。

构件的平面布置与安装方法、起重机械性能、构件制作方法有关，故应在确定安装方法、选定起重机械之后，根据施工现场的实际情况，安排好构件的布置。

(1)预制阶段的构件平面布置。目前，在现场预制的构件主要是柱和屋架，吊车梁有时也在现场制作，其他构件均在构件厂或场外制作，运至工地安装。

1)柱的布置。由于柱较重，搬动不易，故预制时即按以后安装阶段的排放要求进行布置。采用的布置方式有斜向布置和纵向布置两种。

①柱的斜向布置。当柱以旋转法吊升时，应严格按三点共弧斜向布置，作图步骤如下(图 8-43)：

a. 确定起重机开行路线到柱基中线的距离 a。起重机开行路线到柱基中线的距离 a 与基坑大小、起重机的性能、构件的尺寸和质量有关。a 的最大值不要超过起重机安装该柱时的最大工作幅度 R。a 也不能过小，以免起重机太靠近基坑而失稳。另外，应注意检查起重机回转时，其尾部是否与周围构件或建筑物相碰。综合考虑这些条件后，可定出 a，并在图上画出起重机的开行路线。

b. 确定起重机的停机位置 O。确定停机位置的方法是以所安装柱的柱基 M 为圆心，以所选安装该柱的工作幅度 R 为半径，画弧交起重机开行路线于 O，O 点即起重机的停机位置。标定 O 点与横轴线的距离为 L。

c. 确定柱在地面上的预制位置。按旋转法安装柱的平面布置要求是：吊点、柱脚与柱基三者都在以起重机停机位置为圆心，以工作幅度 R 为半径的圆弧上，柱脚靠近基础。据此，可以停机点 O 为圆心，以安装该柱的工作幅度 R 为半径画弧，两弧相交于 S，S 为柱吊点的位置。

以 KS 为中心线画出柱的外形尺寸图，即柱的预制位置图。标出柱顶、柱脚到柱纵横轴线的距离(A、B、C、D)，作为预制柱时支模的依据。

依此可定出其他各柱的预制位置。

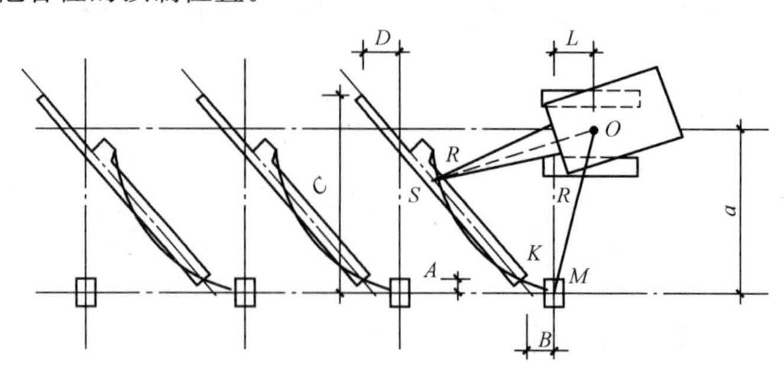

图 8-43 柱斜向布置(三点共弧)

柱安装后，其牛腿的朝向应符合设计要求。因此，当柱布置在跨内预制时，牛腿应朝向起重机；当柱布置在跨外预制时，牛腿应背向起重机。

布置柱时，若因场地限制或柱过长，很难做到三点共弧，则可安排二点共弧，具体有两种做法：一种是将柱脚与柱基安排在起重机工作幅度的圆弧上，而将吊点放在工作幅度之外(图 8-44)。安装时，先以较大的工作幅度 R' 吊升柱子，并升起起重臂；当工作幅度由 R' 变为 R 后，停升起重臂，再按旋转法安装柱。另一种是将吊点与柱基安排在工作幅度 R 的同一圆弧上，而柱脚可斜向任意方向(图 8-45)。安装时，柱可用滑行法吊升。

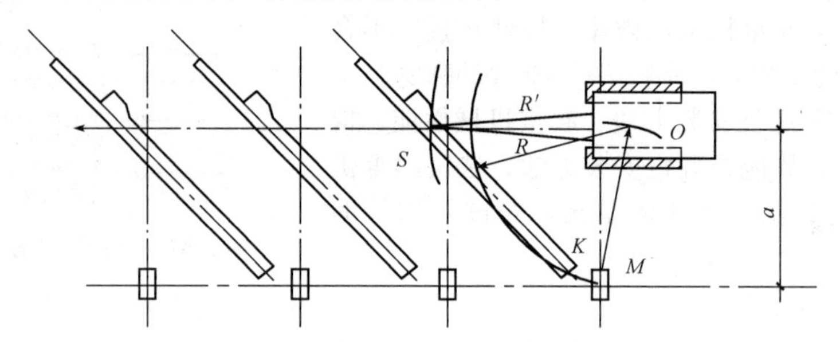

图 8-44 柱斜向布置，二点共弧(柱脚与杯口中心点)

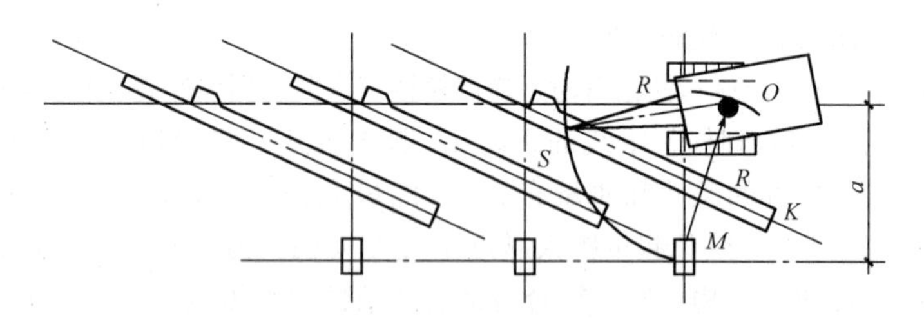

图 8-45 柱斜向布置，二点共弧(吊点与杯口中心点)

②柱的纵向布置。当柱采用滑行法安装时，可以纵向布置。当柱长小于 12 m 时，为节约模板与场地，两柱可以叠浇，排成一行；当柱大于 12 m 时，则需排成两行叠浇。起重机宜停在两柱基中间，每停机一次可安装两根柱。柱的吊点应考虑安排在以工作幅度 R 为半径的圆弧上(图 8-46)。

浇筑柱时，应采取隔离措施，防止两柱黏结。上层柱由于不能绑扎，预制时要加吊环。

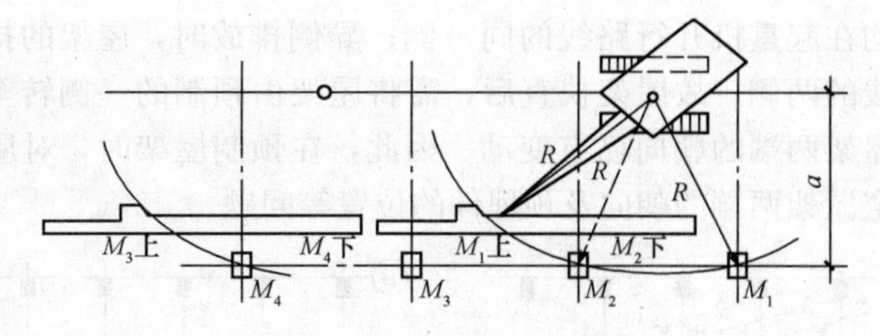

图 8-46　柱的纵向布置

2)屋架的布置。屋架一般安排在跨内平卧叠浇预制，每叠 3～4 榀。布置的方式有三种，即斜向布置、正反斜向布置及正反纵向布置(图 8-47)，应优先考虑斜向布置方式，其便于屋架的扶直排放，只有在场地受限制时，才考虑采用其他两种形式。

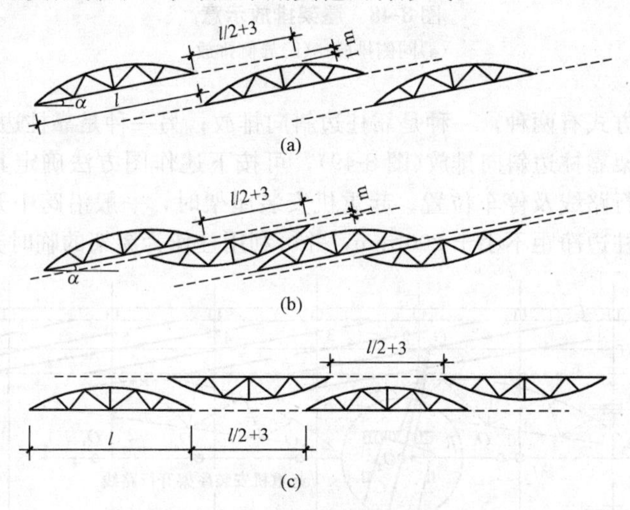

图 8-47　现场预制屋架的布置方式

(a)斜向布置；(b)正反斜向布置；(c)正反纵向布置

若为预应力混凝土屋架，在屋架一端或两端应留出抽管及穿筋所必需的长度。若用钢管法做预留孔，一端抽管需留出的长度为屋架全长加抽管时所需工作场地(一般为 3 m)；两端抽管时，需留出 1/2 屋架全长另加 3 m。若用胶管法做预留孔，则屋架两端的预留长度可以减少。

屋架之间的间隙可取 1 m 左右，以便支模及浇筑混凝土。屋架之间搭接的长度视场地大小及需要而定。

在布置屋架预制位置时，还需考虑到屋架的扶直、排放要求及先后次序，先扶直、排放者放在上层，屋架两头的朝向要符合屋架安装的要求。屋架上预埋铁件的位置也要特别注意，不要遗漏搞错，以免影响结构安装工作。

3)吊梁的布置。当吊车梁安排在现场预制时，可靠近柱基顺纵向轴线或略做倾斜布置，也可插在柱子的空当中预制。若具备运输条件，也可在场外集中预制。

(2)安装阶段构件的排放布置及运输堆放。由于柱的预制阶段已按安装阶段的排放要求进行布置，当预制柱的混凝土强度达到安装强度要求后，即可先行安装，以便空出场地来布置其他构件，故安装阶段的构件排放布置，一般是指在柱已安装完毕后，进行其他构件的排放，例如屋架的扶直排放，吊车梁、连系梁和屋面板的运输、排放等。

1)屋架的扶直、排放。屋架扶直后应立即进行排放，按排放的位置不同，分为同侧排放和异侧排放两种，如图 8-48 所示(图中虚线表示屋架排放时的位置)。同侧排放时，屋架的排放位置与屋架的预制位置均在起重机开行路线的同一侧；异侧排放时，屋架的排放位置与预制位置分别在起重机开行路线的两侧，故屋架扶直后，需将屋架由预制的一侧转至起重机开行路线的另一侧排放。此时，屋架两端的朝向已有变动。因此，在预制屋架时，对屋架的排放位置应事先加以考虑，以便确定屋架两端的朝向及预埋件的位置等问题。

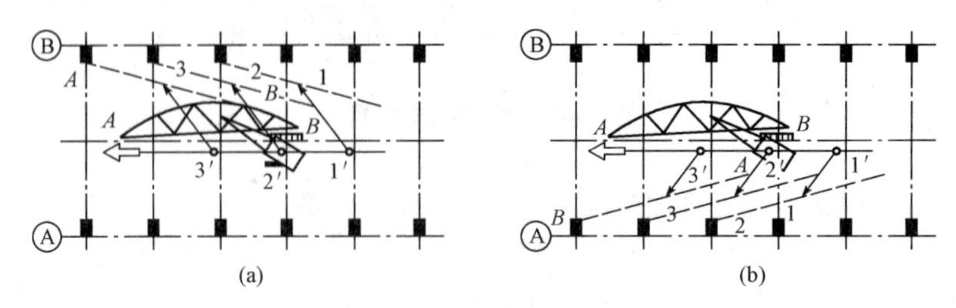

图 8-48　屋架排放示意

(a)同侧排放；(b)异侧排放

常用的屋架排放方式有两种，一种是靠柱边斜向排放；另一种是靠柱边成组纵向排放。

①斜向排放。屋架靠柱边斜向排放(图 8-49)，可按下述作图方法确定其排放位置：确定起重机安装屋架时的开行路线及停车位置。起重机安装屋架时，一般沿跨中开行，屋架一般靠柱边排放，但屋架离开柱边净距不小于 200 mm，并可利用柱作为屋架的临时支撑。

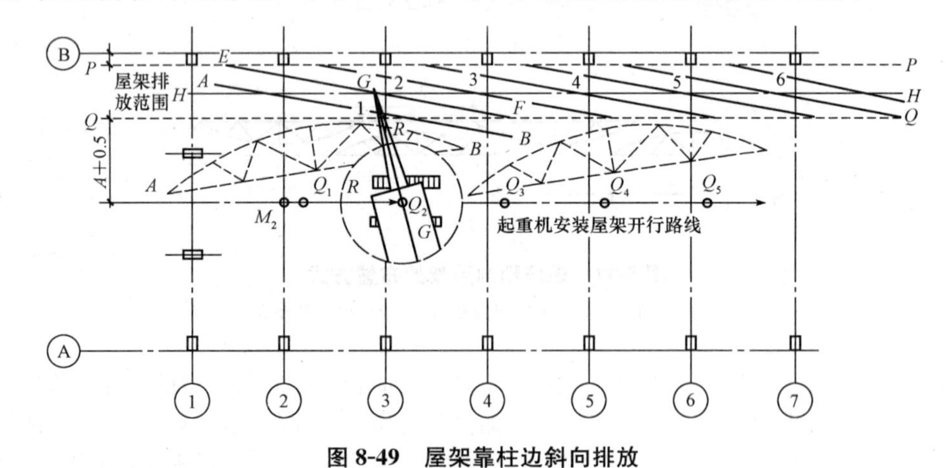

图 8-49　屋架靠柱边斜向排放

②成组纵向排放。屋架的成组纵向排放，一般以 4～5 榀为一组靠柱边顺轴线纵向排放。屋架与柱之间、屋架与屋架之间的净距不小于 200 mm，相互之间用钢丝及支撑拉紧撑牢。每组屋架之间应留有 3 m 以上的间距作为横向通道。避免在已吊装好的屋架下面绑扎吊装屋架。屋架吊升时，注意不要与已吊装的屋架相碰。布置屋架时，每组屋架的排放中心线，可大致安排在该组屋架倒数第二榀吊装轴线后约 2 m 处(图 8-50)。

2)吊车梁、连系梁、屋面板的运输、堆放与排放。单层工业厂房除柱和屋架一般在施工现场制作外，其他构件，如吊车梁、连系梁、屋面板等，均在预制厂或附近的露天预制厂制作，然后运至工地吊装。构件运至现场后，应按施工组织设计所规定的位置，按编号及构件吊装顺序进行排放或集中堆放。

吊车梁、连系梁的排放位置，一般在其吊装位置的柱列附近，跨内、跨外均可；有时也可不用排放，而是从运输车辆上直接吊至牛腿上。

屋面板的排放位置，可布置在跨内或跨外。根据起重机吊装屋面板时所需的工作幅度，当

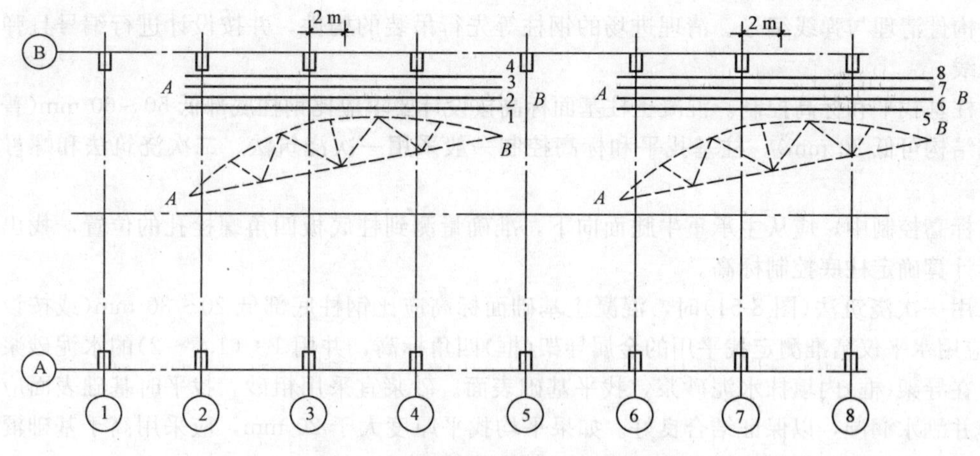

图 8-50　屋架靠柱边成组纵向排放

屋面板在跨内排放时，应向后退 3～4 个节间开始排放；若在跨外排放，应向后退 1～2 个节间开始排放。

若吊车梁、屋面板等构件在吊装时已集中堆放在吊装现场附近，也可不用排放，而采用随吊随运的办法。

以上介绍的单层工业厂房构件布置的一般原则与方法，构件的预制位置或排放位置是按作图法定出来的。掌握了这些原则与方法后，在实际工作中可将构件按比例用硬纸片剪成小模型，然后在同样比例的平面图上进行布置和调整，经研究确定后，绘出预制构件平面布置图。

8.3　钢结构单层工业厂房的制作安装

8.3.1　施工准备工作

钢结构安装工程施工前，应做好充分的施工准备工作，主要内容包括技术准备、机具设备准备、现场作业条件准备、材料准备等。

1. 技术准备

技术准备工作应根据工程规模和结构类型及特点进行，编制好结构安装施工组织设计(施工方案)、施工作业指导书、技术交底等施工技术文件，并完成现场作业技术准备。

(1)施工组织设计编制。主要内容包括：工程概况及特点、施工总体部署、施工准备工作计划、安装方法及主要技术措施、施工现场平面布置图、劳动力计划、机具设备计划、材料和构件供应计划、质量保证措施和安全措施、环境保护措施、施工进度计划等。

编制中应结合工程特点和难点，有针对性地提出相应的施工方法和技术措施，特别是对结构复杂或有特殊要求的部位及构件。

(2)现场作业技术准备。

1)柱基及检查。柱基中的地脚螺栓宜采用后埋式方法施工，以确保位置的准确，如采用钻孔植入或预留孔埋入等方法。

柱基检查主要是复核轴线和标高，弹好安装中心线，检查地脚螺栓轴线位置、预留尺寸、表观质量等，若有质量问题，应按设计要求或相关规定处理。

2)构件清理与弹线编号。清理进场的钢柱等先行吊装的构件，并按设计进行编号且弹好安装就位线。

3)柱基找平和标高控制。混凝土柱基面标高按设计要求应比钢柱底部低 50～60 mm(普通或轻型钢结构可低 20 mm)。柱基找平和标高控制一般采用一次浇筑法、二次浇筑法和螺母调整法等。

在标高控制中，应从主承重牛腿面向下，准确量测到柱底板四角螺栓孔的位置，找出制作误差，计算确定柱底控制标高。

采用一次浇筑法(图 8-51)时，混凝土基础面标高应比钢柱底部低 20～30 mm(或按设计要求)。应用水平仪精准测定找平用的金属导架(框)四角标高，并用 1∶(1.5～2)的水泥砂浆将其固定，在导架(框)内填抹水泥砂浆，找平基础表面。砂浆宜采用粗砂。找平时基础表面应先清理干净并洒水润湿，以保证结合良好。如果平均找平厚度大于 20 mm，应采用高于基础混凝土一个强度等级的细石混凝土找平。

采用二次浇筑法(图 8-52)时，对基础表面进行清理后，应在表面安放钢垫板(不少于四组)。钢垫板应安放在地脚螺栓边、柱脚或加劲板下，其表面应按柱底标高精确找平。钢垫板加工应规则，表面应平整，每一组钢垫板叠加不得多于 5 块。采用楔形钢垫板时，垫板之间的叠合长度不得少于 2/3。为保证安装标高的准确，可在基础中间部位安放专门加工的标高控制块。标高控制块一般为两组，且表面应用水平仪校正精准。

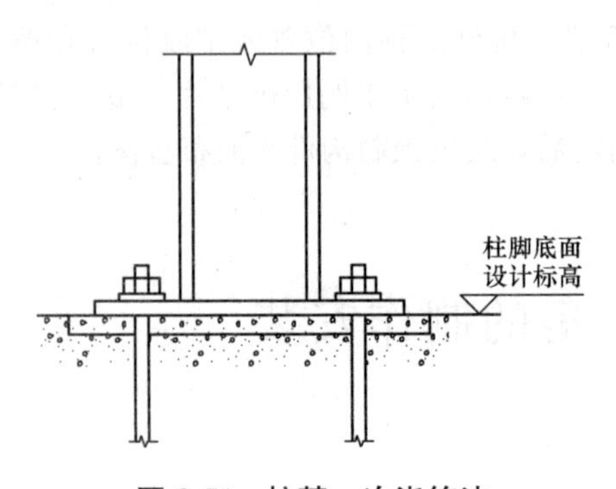

图 8-51 柱基一次浇筑法

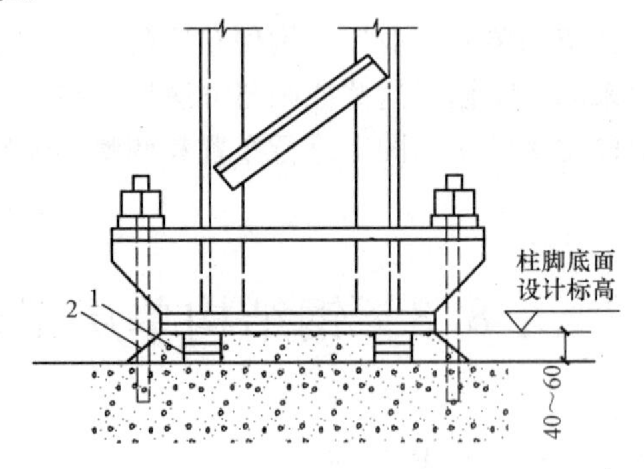

图 8-52 柱基二次浇筑法

1—钢垫板及标高控制块；2—后浇细石混凝土

若采用坐浆钢垫板来控制柱的安装标高，则应在安装前用非收缩砂浆固定垫板并校准，妥善保护。

若采用螺母调整法安装柱，应在预埋螺栓上戴上螺母，再用水平仪精准控制螺母上表面，将其调整为柱底标高，并以此作为支撑柱的支点和标高控制点，同时，可利用螺母调整柱子的垂直度。

当采用钢垫板和调整螺母作支撑时，钢垫板及调整螺母的平面面积应根据基础混凝土的抗压强度、柱脚底板下次灌浆前柱底承受的载荷和地脚螺栓的紧固拉力计算确定。垫板与基础面、柱底面的接触应平整、紧密。

2. 机具设备准备

针对单层钢结构工程面积大、跨度大等安装施工的特点及道路场地条件，安装机械宜选用履带式起重机、汽车吊装。另外，还需一些其他施工用机具，如电焊机、卷扬机、千斤顶、手动葫芦、吊滑车、电动扳手、扭矩扳手、气焊设备、屋架校正调节器、各种索具等。

3. 现场作业条件准备

现场作业条件是指安装前应完成基础验收工作，并按平面布置图要求完成场地清理、道路修筑、障碍物排除或处理等工作。

4. 材料准备

材料准备包括钢构件准备、普通螺栓及高强度螺栓准备、焊接材料准备、辅助安装材料准备等。

(1)钢构件准备。钢构件堆放场地应按平面布置图设计的要求进行准备，以满足钢构件进场堆放、检查验收、组装及配套供应等的需要。钢构件堆放除方便安装外，还应保证安全和构件不变形。钢结构件安装前应进行检查，包括型号、标记、变形情况、制作误差及缺陷等，发现问题应依程序处理。

(2)高强度螺栓准备。高强度螺栓应严格按设计图纸要求的规格数量进行采购及检查验收，供货方必须提供合法的质量证明材料，如出厂合格证、扭矩系数、紧固轴力等检验报告。使用前必须按相关规定进行紧固轴力或扭矩系数复验，同时，也应对钢构件摩擦面的抗滑移系数进行复验(或由生产加工单位提供复验报告)。

(3)焊接材料准备。在结构安装施工之前，应对焊接材料的品种、规格、性能等进行检查，各项指标应符合国家标准和设计要求。焊接材料应有质量合格证明文件、检验报告及中文标志等。对重要的结构件安装所采用的焊接材料，应进行抽样复验。

(4)辅助安装材料准备。为保证施工正常进行，安装前应按施工组织设计或施工方案的要求，准备好拼装、加固用的杉杆、木板、木枋以及脚手架、枕木等。

8.3.2 施工工艺

1. 安装方法及工艺流程

单层钢结构工程构件安装一般宜采用分件安装法(图 8-53)，对屋盖系统，则按节间采用综合安装的方法。分件安装法工效高且安全，特别适用于履带式起重机。对于有特殊要求的工程，也可以采用综合安装法。

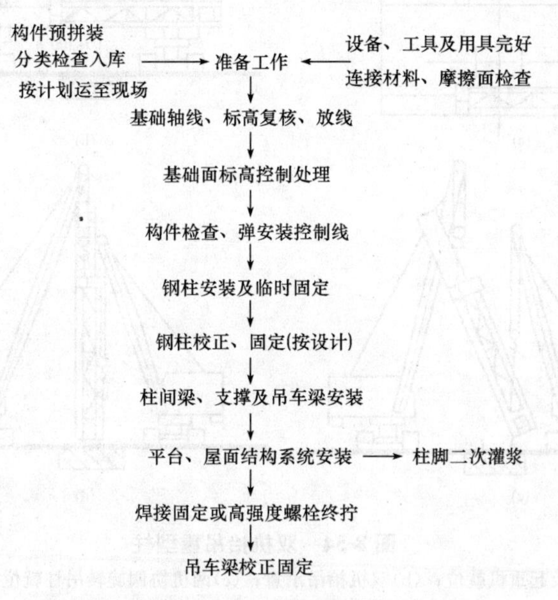

图 8-53 单层钢结构工程分件安装法工艺流程

2. 主要结构件安装工艺

(1)钢柱安装。一般钢柱的刚性较好，可采用便于校正的一点直吊的方法绑扎。可根据场地条件，构件的长度、质量等实际情况，分别采用旋转法、滑行法及双机抬吊法、递送法等方法吊升。为方便钢柱安装中的标高控制与垂直度校正，柱基标高控制宜采用螺母调整法。

1)基础校核检查。安装开始时，应复核并校正标高控制螺母或承重钢垫板和标高控制块的标高，检查其是否松动、移位；检查轴线或安装对位线是否清晰，发现问题及时处理。检查工作完成后，将地脚螺栓套上保护套。

2)钢柱绑扎。为方便钢柱对位，可采用一点直吊绑扎法，其绑扎点应在柱牛腿下部或构件节点等易绑扎处。绑扎点应采取保护措施以防止磨损吊索及构件，吊钩上应挂钢板式铁扁担，防止吊索缠绕摩擦。

3)钢柱吊升。依据场地条件及构件布置情况，可采用旋转法、滑行法、递送法、双机抬吊法等吊升方法。当采用滑行法吊升时，应在柱脚安放托板或滚筒，以减少钢柱与地面的摩擦，保护柱脚不受损；当采用双机抬吊法时，应计算绑扎点位置与吊机负荷的关系，吊机的负荷不应超过设计能力的 80%，且最好采用同类型的吊机。

4)钢柱对位。钢柱吊升垂直后应高于地脚螺栓上口 20～30 cm，然后柱基两侧的操作人员扶住柱脚，指挥吊机将柱底板对准地脚螺栓缓慢下落。当柱刚刚接触到调整螺母或支撑钢垫板(标高控制块)时，应停止下降，在吊机带负荷的条件下，用人力和撬棍调整柱轴线与基础上的安装轴线，使之对齐(误差应控制在 5 mm 以内)，然后戴上地脚螺栓螺母并扭紧，将柱临时固定。当采用楔形钢垫板作支撑块时，应检查、调整垫板，使其与柱底板平整、紧密地接触(图 8-54)。

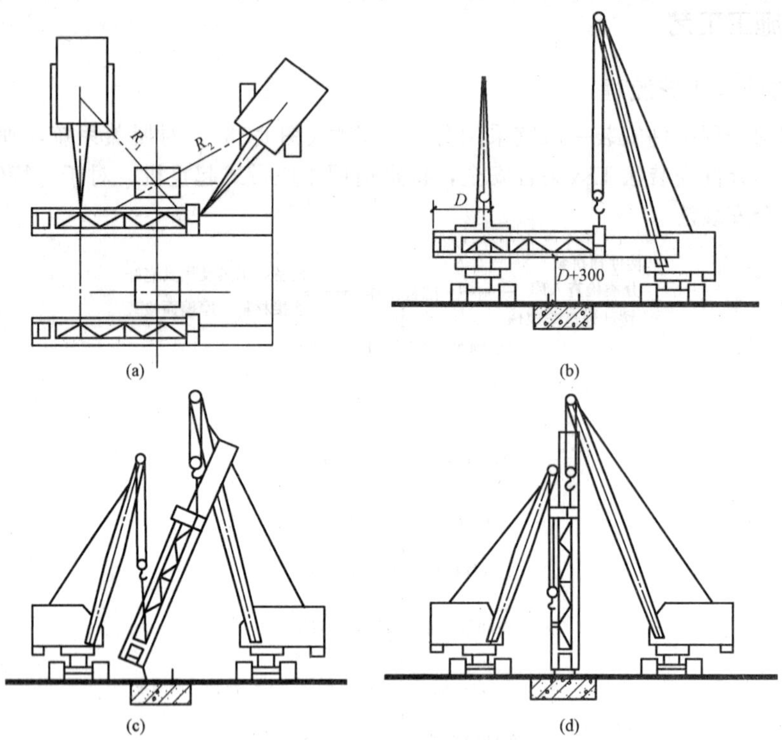

图 8-54 双机抬吊重型柱

(a)柱平面布置及起重机就位；(b)双机抬吊示意；(c)两机协调旋转吊柱就位；(d)将柱安放就位

5)钢柱校正。钢柱安装就位后，应及时对柱的平面位置和垂直度进行校正。标高的控制与校正应在基础准备中和柱吊升就位前完成。校正时，首先校正柱的平面位置，宜采用千斤顶辅助加链条套的方法。当采用螺母调整法校正柱的垂直度时，应在确定好调整方向后，松开柱底板上相应位置上的螺母，然后调整柱脚底板下的螺母来校正柱的竖向偏移(图 8-55)。

在夏季，柱的校正应考虑温度的影响，尽量选择早晚温度适宜时进行。重型钢柱校正如图 8-56 所示。

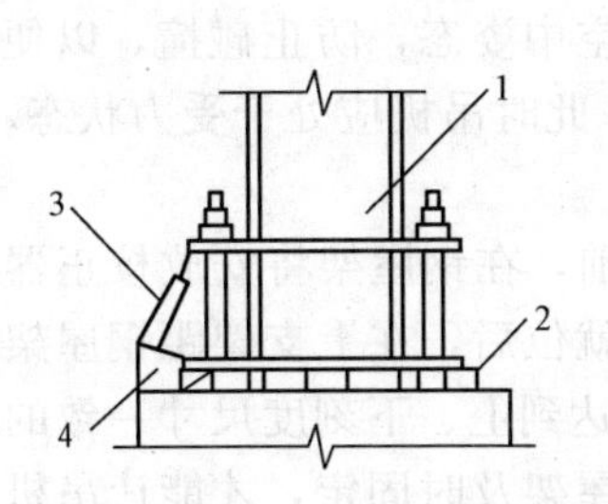

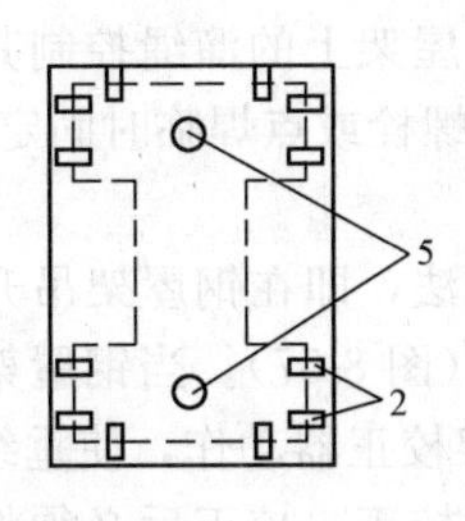

图 8-55　钢柱校正示意

1—钢柱；2—承重块；3—千斤顶；
4—钢托座；5—标高控制块

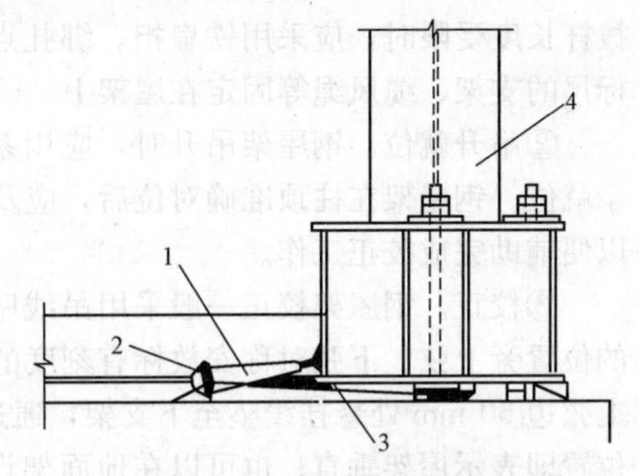

图 8-56　重型钢柱校正示意

1—螺旋千斤顶；2—链条；
3—千斤顶托座；4—钢柱

6)钢柱固定。钢柱校正完成后，应拧紧螺母并沿柱脚底板周边塞上钢垫板并揳紧，钢垫板与柱底板用电焊焊牢，防止发生位移和变形。

7)二次灌浆固定。柱子校正完成后，应及时进行上部构件的安装施工。当该柱与上部构件形成空间刚度单元后，及时进行二次灌浆。灌浆材料及要求按设计和相关规范规定执行。

(2)钢吊车梁安装。

1)准备工作。安装前应核对构件编号，弹好安装对位线，检查吊耳等。

2)绑扎。吊车梁采用两点绑扎，绑扎点应在梁两端不影响解吊索且不影响安装的位置。可采用吊索直接捆绑的方法绑扎，但绑扎点应采取保护措施，防止吊索及构件磨损。有吊耳侧应利用吊耳，也可用自制卡具挂于梁两端翼缘进行安装。卡具应固定，防止滑移。

3)吊升就位。吊车梁吊升时，应在构件上系溜绳，用来控制吊升过程中吊车梁的空中姿态，以方便对位及避免碰撞。当将梁升到牛腿面上时，操作人员应利用吊机带负荷的条件，将吊车梁准确对位并塞垫梁下口使其平稳后，放松吊钩，解开索具。吊车梁应与柱临时固定。

4)吊车梁校正。吊车梁校正应在屋盖系统(或节间屋盖系统)安装完成，结构的空间刚度形成后再进行，宜采用通线法(也称“拉钢丝法”)，也可用平移轴线法(也称“仪器法”)，主要校正吊车梁垂直度，标高，纵、横轴线位置，并保证两排吊车梁平行。

校正做法及要求：用通线法校正时，应用校准的钢尺在厂房两端沿地面量测，校核跨度尺寸(以基础轴线为依据)，确定吊车梁轴线位置，并标注在柱脚或基础顶面，然后用经纬仪将其投射到牛腿上，或将该点平移投射到平吊车梁顶面的柱身上，作为厂房两端跨四根吊车梁的校正依据。四根吊车梁的校正完成后，在吊车梁上安装支架并拉一条长钢丝作为其他梁的校正依据，通过吊线坠的方法逐根进行校正；如果吊车梁宽度可以架设全站仪或经纬仪，则用仪器代替钢丝进行校正。在地面量测、校核跨度尺寸时，应用弹簧秤和张拉钢尺。标高和垂直度校正可采用在吊车梁下口塞填垫铁的方法进行。注意应将垫铁塞实，并按设计进行固定。校正完后，应复查跨度尺寸以及其是否平行。

(3)屋盖系统安装。

1)准备工作。安装施工应严格按施工组织设计或施工方案进行，对特殊的构件或施工方法应进行现场试吊。钢屋架安装应验算屋架的侧向刚度，如不足，则应进行加固(按设计说明及要求)。加固宜采用木枋或杉杆。安装屋盖前应认真核对构件的数量、规格、型号，弹好安装对位线。

2)钢屋架安装。

①绑扎。钢屋架绑扎点应设在上弦节点处，并满足设计或标准图的规定。当钢屋架跨度大、拔杆长度受限时，应采用铁扁担。绑扎点应用柔性材料缠绕保护，在吊升前应将校正用的刻有标尺的支架、缆风绳等固定在屋架上。

②吊升就位。钢屋架吊升时，应用系在钢屋架上的溜绳控制其空中姿态，防止碰撞，以便于就位。钢屋架在柱顶准确对位后，应及时用螺栓或点焊临时固定，此时吊机应处于受力状态，以便辅助完成校正工作。

③校正。钢屋架校正一般采用吊线坠的方法，即在钢屋架吊升前，在钢屋架将安放校正器的位置旁上弦、下弦对称安放标有刻度的支架(图 8-57)。当钢屋架就位后，在上支架距钢屋架上弦边 50 mm 处悬挂线坠至下支架，通过屋架校正器动作，使垂线达到上、下刻度尺寸一致的位置即表示屋架垂直；也可以在地面架设仪器校正。校正后必须将屋架及时固定，才能让吊机脱钩。第一榀屋架校正应借助屋架上弦两侧用于稳定屋架的缆风绳和吊机来进行。第一榀屋架安装完后，应马上进行第二榀屋架的安装，并在当日使该节间形成空间刚度单元。当跨度大于 24 m 时，稳定屋架用的缆风绳宜在屋架上弦左右对称的位置各设置两根。

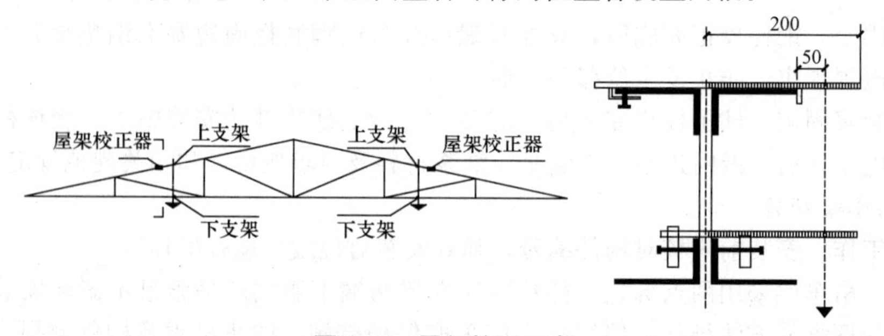

图 8-57 屋架校正示意

3)平面钢桁架安装。平面钢桁架安装同钢屋架安装，有条件时宜采用组合安装，即将两榀桁架及其天窗架、檩条、支撑等在地面组装成整体，一次安装就位。组合安装有利于提高效率，保证安装时结构的整体稳定性。桁架临时固定时，每个节点应穿入的螺栓和冲钉数量必须经过计算，并应符合下列规定：

①不得少于安装孔总数的 1/3；

②至少应穿两个临时固定螺栓；

③冲钉穿入数量不宜多于临时螺栓的 30%；

④扩钻后的螺栓孔不得使用冲钉。

4)钢托架安装。钢托架安装时，应注意安装中产生的累计误差对结构的影响，宜采用由建筑物中部向两边安装的顺序。

5)安装观测。在屋盖系统安装中，应用仪器跟踪观测钢柱的变形情况，发现问题及时处理。

(4)门式刚架安装。由于屋面及墙体材料的改革，门式刚架的跨度越来越大。门式构件具有截面小、自重轻、侧向刚度差等主要特点。

门式刚架的安装仍本着先吊竖向构件、后吊平面构件的原则施工。柱的安装方法同前述钢柱安装方法。对结构自重轻、跨度小的刚架结构，可采用一次浇筑法完成柱基表面处理，安装时，钢柱直接安放在基础平面上。此法要求钢柱底板应有较高的平整度。对其他刚架柱，则宜采用螺母调整法或二次浇筑法。

刚架斜梁尽可能采用地面拼装、一次整体吊升、与两侧柱连接的安装方法。绑扎起吊应借助铁扁担，并注意保护好绑扎点，防止梁侧滚及磨伤吊索和构件。大跨度梁也可以采用双机抬吊的方式。刚架梁安装完成后，应及时形成空间刚度单元，以保证结构的整体稳定性。

门式刚架的安装顺序为：刚架柱→柱校正→柱间梁、支撑等→刚架梁及屋盖构件→吊车梁校正。

(5)高强度螺栓的安装与使用。

1)安装要求。选用的高强度螺栓的形式、规格应符合设计要求，连接副(即高强度螺栓及其配套的螺母和垫圈)的扭矩系数试验或预拉力复验应合格。选用螺栓长度应考虑构件的被连接厚度、螺母厚度、垫圈厚度，紧固后要露出三扣螺纹的余长。

高强度螺栓在运输、保管和使用过程中，要防止锈蚀、沾污和碰伤螺纹等可能导致扭矩系数变化的情况。高强度螺栓连接副应在同一包装箱中并配套使用。施工有剩余时，必须按批号分别存放，不得混放混用。

高强度螺栓连接面摩擦系数试验结果应符合设计要求，构件连接面与试件连接面表面状态相符。构件连接面表面应没有油漆、油污、氧化薄钢板(黑皮)、毛刺和飞边，没有目视明显凹凸不平和翘曲。组装前，应用细钢丝刷清除浮锈和尘土。

2)安装方法。组装高强度螺栓接头时，应采用冲钉和临时螺栓连接。临时螺栓的数量应为接头上螺栓总数的1/3，并不少于两个，冲钉数量不宜超过临时螺栓数量的30%。安装冲钉时不得因强行击打使螺孔变形，造成飞边。严禁使用高强度螺栓代替临时螺栓，以防损伤螺纹造成扭矩系数增大。对错位的螺栓孔，应采用铰刀或粗锉刀处理规整，处理时，应先紧固临时螺栓至板叠间无间隙，以防切屑落入；严禁用火焰切割、修整螺栓孔。

结构应在临时螺栓连接状态下进行安装精度校正。结构安装精度调整达到标准规定后便可安装高强度螺栓。首先安装接头中未装临时螺栓和冲钉的螺孔，螺栓应能自由垂直穿入螺孔(螺栓不得受剪)，所有螺栓的穿入方向应该一致。高强度螺栓使用普通扳手充分拧紧后，再逐个用高强度螺栓，换下冲钉和普通螺栓。

整个安装高强度螺栓的操作过程，应保持连接面和螺栓连接副处于干燥状态，不得在雨中作业。连接副的表面如果涂有过多的润滑剂或防锈剂，应使用干净而结实的布，轻轻揩拭掉多余的涂脂，防止其安装后流到连接面中。切忌用清洗剂清洗，以免造成扭矩系数变化。

为使每个螺栓的预拉力均匀，高强度螺栓的紧固至少需分两次进行，第一次为初拧，第二次为终拧。对大型构件的高强度螺栓接头，必要时，在螺栓初拧后还要用初拧的工艺对螺栓逐个复拧，然后才进行终拧。

初拧扭矩值宜为终拧扭矩值的50%，复拧的扭矩一般等于初拧扭矩。终拧扭矩值应符合设计要求，并按下式计算：

$$T_c = K \cdot P_c \cdot d \tag{8-12}$$

$$P_c = P + \Delta P \tag{8-13}$$

式中 T_c——终拧扭矩值(N·mm)；

P_c——终拧拉力(N)；

P——设计预拉力(N)；

ΔP——预拉力损失值，一般为设计预拉力的5%～10%；

K——扭矩系数(按复验结果或由设计方确定)；

d——螺栓公称直径(mm)。

高强度螺栓的紧固顺序，要能使螺栓群中的所有螺栓都均匀受力。同一连接面上的螺栓，应由接缝中部向两端顺序进行紧固。两个连接构件的紧固顺序为：先主要构件，后次要构件。“工”字形构件的紧固顺序是：上翼缘→下翼缘→腹板。同一节柱上各梁柱节点的紧固顺序为：先紧固柱子上部的梁柱节点，再紧固柱子下部的梁柱节点，最后紧固柱子中部的梁柱节点。

当天安装的螺栓，应在当天终拧完毕。在高空进行高强度螺栓的紧固，要遵守高空作业的安全注意事项。拧掉的扭剪型高强度螺栓尾部应随时放入工具袋内，严禁随便抛落。

8.3.3 钢结构安装质量标准

钢结构安装质量应符合表 8-4、表 8-5 所列标准。

表 8-4 支承面、地脚螺栓(锚栓)位置的允许偏差 mm

项目		允许偏差
支承面	标高	±3.0
	水平度	l/1 000
地脚螺栓(锚栓)	螺栓中心偏移	5.0
	螺栓露出长度	+30.0 0
	螺纹长度	+30.0 0
预留孔中心偏移		10.0

表 8-5 坐浆垫板的允许偏差 mm

项目	允许偏差	项目	允许偏差
顶面标高	0 −3.0	水平度	l/1 000
		位置	20.0

8.4 结构安装工程的质量要求及安全措施

8.4.1 一般规定

(1)当混凝土的强度超过设计强度的 75%以上，且预应力构件孔道灌浆的强度在 15 MPa 以上时，才能进行安装。

(2)安装构件前，应在构件上弹出中心线或安装准线，用仪器校核结构及预制件的标高和平面位置。

(3)构件安装就位后，应先进行临时固定，使构件保持稳定。

(4)在安装装配式框架结构时，只有当接头和接缝的混凝土强度大于 10 MPa 时，才能安装上一层结构的构件。

(5)在安装构件时，应力求准确，应将其偏差控制在允许范围内。

8.4.2 操作中的安全要求

1. 保证人身安全的要求

(1)患心脏病或高血压的人，不宜进行高空作业，以免发生人身安全事故。

(2)不准酒后作业。

(3)进入施工现场的人员，必须戴好安全帽和手套；高空作业时还要系好安全带；所带的工具要用绳子扎牢或放入工具包内。

(4)在高空进行电焊焊接时，要系安全带，戴防护面罩；在潮湿地点作业时，要穿绝缘胶鞋。

(5)进行结构安装时，要统一用哨声、红绿旗、手势等指挥；有条件的工地，可用对讲机、移动电话进行指挥。

2. 使用机械的安全要求

(1)使用的钢丝绳应符合要求。

(2)起重机负重开行时，应缓慢行驶，且构件离地不得超过 500 mm。严禁碰触高压电线，起重机的起重臂、钢丝绳起吊的构件应与架空高压线保持一定的距离。

(3)若发现吊钩与卡环出现变形裂纹，不得继续使用。

(4)起吊构件时，吊钩的升降要平稳，避免紧急制动和冲动。

(5)对于新购置或改装、修复的起重机，在使用前必须进行动载荷、静载荷的试运行。试运行时，所吊重物为最大起重量的 125%，且距离地面 1 m，悬空 10 min。

(6)停机后，要关闭上锁，以防他人启动而造成事故。为防止吊钩摆动伤人，应在停机前使空钩上升一定高度。

3. 确保安全的设施

(1)安装现场禁止非工作人员入内。

(2)高空作业时，尽可能搭设临时的操作平台并设爬梯，供操作人员上下。

思考与练习题

1. 起重机械的种类有哪些？简述其优缺点及适用范围。
2. 试述履带式起重机的起重高度、起重半径与起重量之间的关系。
3. 在哪种情况下需对履带式起重机进行稳定性验算？如何验算？
4. 柱吊装前应进行哪些准备工作？
5. 试述柱按三点共弧进行斜向布置的方法。
6. 试说明用旋转法和滑行法吊装柱的特点及适用范围。
7. 如何进行柱的临时固定和最后固定？
8. 如何校正吊车梁的安装位置？
9. 屋架的排放有哪些方法？要注意哪些问题？
10. 构件的平面布置应遵循哪些原则？
11. 分件安装法和综合安装法各有什么特点？
12. 预制阶段柱的布置方式有哪几种？各有什么特点？
13. 屋架在预制阶段布置的方式有哪几种？
14. 屋架在安装阶段的扶直有哪几种方法？如何确定屋架就位范围和就位位置？
15. 高强度螺栓安装前的准备工作与技术要求是什么？
16. 试述高强度螺栓的安装方法。
17. 试述装配式框架节点构造及施工要点。

第 9 章　装饰工程

建筑装饰能使建筑物美观，塑造其艺术形象，改善清洁卫生条件，可以隔声、隔热、防潮，还可以减少外界有害物质对建筑物的侵蚀，延长维护结构的使用寿命。建筑装饰的效果通过质感、线型和色彩三个方面来体现。

建筑工程的装饰，按装饰部位分，可分为外装饰，内装饰，吊顶、楼地面和门窗装饰等；按使用的材料和施工方法分，可分为抹灰工程、饰面工程、涂料工程、裱糊工程等。

建筑装饰工程的施工具有如下特点：

(1)装饰项目繁多，需要的工种多，要求各道工序搭接严密，施工工期长。

(2)大多是手工操作，人工工作量大，机械化程度低。

(3)装饰的标准和要求越来越高，所占工程造价的相对密度越来越大。

9.1　抹灰工程

9.1.1　抹灰工程概述

用水泥、石灰、石膏、砂(或石粒等)及其砂浆，涂抹在建筑物的墙、顶、地面、柱等表面上，直接做成饰面层的装饰工程，称为“抹灰工程”。抹灰工程是最初始和最直接的装饰工程，是建筑装饰重要的组成部分。其主要作用如下：

(1)能够满足使用功能的要求。通过抹灰，能够满足保温、隔热、防潮、隔声等方面的要求。

(2)能够满足装饰美观的要求。抹灰后，建筑物表面平整光洁，有一定的装饰效果。

(3)保护作用。抹灰层能够使建筑物或构筑物的结构部分不受周围环境的一些不利因素如雨、雪、霜、潮湿等的侵蚀，从而提高使用寿命。

抹灰工程按使用的材料及其装饰效果分为以下几类。

1. 一般抹灰

一般抹灰所使用的材料有水泥砂浆、石灰砂浆、水泥混合砂浆、聚合物水泥砂浆、膨胀珍珠岩水泥砂浆、麻刀灰、纸筋灰和石膏灰等。

一般抹灰的表面质量应符合下列规定：普通抹灰表面应光滑、洁净，接槎平整，分格线清晰；高级抹灰表面应光滑、洁净、颜色均匀、无抹纹，分格缝和灰线清晰、美观。

2. 装饰抹灰

装饰抹灰通过操作工艺及材料等方面的改进，使抹灰更富有装饰效果，主要包括水刷石、干粘石、假面砖、水磨石、斩假石、拉毛与拉条灰，以及机械喷涂、弹涂、滚涂、彩色抹灰等。

3. 特种砂浆抹灰

特种砂浆抹灰是指采用保温砂浆、耐酸砂浆、防水砂浆等材料进行的具有特殊要求的抹灰。为确保抹灰黏结牢固，抹面平整，减少收缩裂缝，抹灰工程应分层进行。

(1)底层：与基层起黏结作用，还起初步找平作用，厚度为 5～7 mm。基层应横平竖直，厚度不宜过大。

(2)中层：主要起找平和传递载荷的作用，厚度为 5～12 mm。施工时，要求大面积平整、垂直、表面粗糙，以增加其与面层的黏结能力。

(3)面层：主要起装饰作用，厚度为 2～5 mm。室内粉刷，还要起反光作用，增加室内亮度。当前，一般的墙面装饰工程中，常常做仿瓷、乳胶漆等面层，因此取消了抹灰面层。

9.1.2 一般抹灰施工

1. 一般抹灰施工条件

一般抹灰施工，必须在结构工程或基层质量检验合格并进行工序交接后进行。抹灰前应对下列项目进行检查：

(1)主体结构和水电、暖气、煤气设备的预埋件，以及消防梯、雨水管管箍、泄水管、阳台栏杆、电线绝缘的托架等安装是否齐全和牢固，各种预埋铁件、木砖的位置标高是否正确。

(2)门窗框及其他木制品是否安装齐全并校正后固定，是否预留抹灰层厚度，门窗口高度是否符合室内水平线标高。

(3)水、电管线及配电箱是否安装完毕，有无漏项；水暖管道是否做过压力试验，地漏位置标高是否正确。

(4)对已安装好的门窗框采取适当的保护措施。

2. 一般抹灰施工工序

(1)基层处理。抹灰施工的基层主要有砖砌体、混凝土基体、轻质隔墙材料基体等。在抹灰前应对不同的基层进行适当的处理，以保证抹灰层与基层黏结牢固。

1)应清除基层表面的灰尘、污垢、油渍、碱膜等。

2)凡室内管道穿越的墙洞和楼板洞、凿剔墙后安装的管道周边，应用 1∶3 水泥砂浆嵌填密实。

3)墙面上的脚手眼应填补好。

4)浇水湿润。

5)表面凹凸明显的部位，应事先剔平或用 1∶3 水泥砂浆补平。对平整、光滑混凝土表面，有以下三种方法处理：凿毛或划毛处理；喷 1∶1 水泥细砂浆进行毛化；刷界面处理剂。

6)门窗周边的缝隙应用水泥砂浆分层嵌塞密实。

7)不同材料基体的交接处应采取加强措施，如铺钉金属网，金属网与各基体的搭接宽度不应小于 100 mm。

(2)弹准线。将房间用角尺规方，小房间可用一面墙作基线，大房间或有柱网时，应在地面上弹出“十”字线。在距墙阴角 100 mm 处用线坠吊直，弹出竖线后，再按规方的线及抹灰层厚度向里反弹出墙角准线，并在准线上、下两端钉上钢钉，挂上白线，作为抹灰饼、标筋的标准。

(3)抹灰饼、标筋(标筋、灰筋)。抹灰饼是指在墙面的一定位置上抹上砂浆团，以控制抹灰层的平整度、垂直度和厚度。具体做法是：从阴角处开始，在距顶棚约 200 mm 处先做两个灰饼(上灰饼)，然后对应在踢脚线上方 200～250 mm 处做两个下灰饼，再在中间按1 200～1 500 mm 间距做中间灰饼。灰饼大小一般以 40～50 mm 为宜。灰饼的厚度为抹灰层厚度减去面层灰厚度。

标筋(也称冲筋)是在上、下灰饼之间抹上砂浆带，同样起控制抹灰层平整度和垂直度的作用(图 9-1)。

(4)抹底层灰。标筋达到一定强度后(刮尺操作不致损坏或七八成干时)即可抹底层灰。抹底

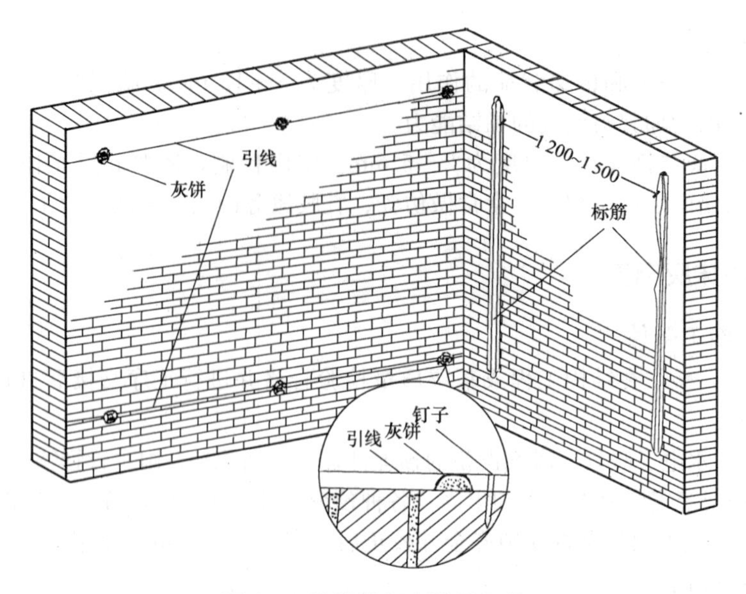

图 9-1　挂线做标志块及标筋

层灰可用托灰板盛砂浆，用力将砂浆推抹到墙面上，一般应从上而下进行。在两标筋之间抹满后，即用刮尺从下而上进行刮灰，使底灰层刮平刮实并与标筋面相平。在操作中用木抹子配合去高补低，最后用铁抹子压平。

(5)抹中层灰。底层灰七八成干(用手指按压有指印但不软)时即可抹中层灰。操作时一般按自上而下、从左向右的顺序进行。先在底层灰上洒水，待其收水后在标筋之间装满砂浆，用刮尺刮平，并用木抹子来回搓抹，去高补低。搓平后用 2 m 靠尺检查，超过质量标准允许偏差时，应修整至合格。

(6)抹面层灰。在中层灰七八成干后即可抹面层灰。先在中层灰上洒水，然后将面层砂浆分遍均匀抹涂上去。抹面层灰一般也应按自上而下、从左向右的顺序。抹满后用铁抹子分遍压实、压光。铁抹子各遍的运行方向应相互垂直，最后一遍宜为垂直方向。由于目前墙面大都进行二次装修，因此，面层灰可省去不做。

(7)阴阳角抹灰。阴阳角抹灰时，应注意用阴阳角方尺检查阴阳角的直角度，并检查垂直度，然后确定其抹灰厚度。操作时，用木制阴角器和阳角器分别进行阴阳角处抹灰，先抹底层灰，使其基本达到直角，再抹中层灰，使阴阳角方正。阴阳角找方应与墙面抹灰同时进行。

(8)顶棚抹灰。顶棚抹灰可不做灰饼和标筋，只需在四周墙上弹出抹灰层的标高线(一般从 500 mm 线向上控制)。顶棚抹灰的顺序宜从房间向门口进行。

抹底层灰前，应清扫干净楼板底的浮灰、砂浆残渣，清洗掉油污以及模板隔离剂并浇水湿润。为使抹灰层和基层黏结牢固，可刷水泥胶浆一道。抹中层灰时，抹压方向应与底层灰抹压方向垂直，抹灰应平整。

调研发现，混凝土顶棚基体抹灰，由于各种因素的影响，抹灰层脱落的质量事故时有发生，严重危及人身安全。若要求施工单位不得在混凝土顶棚基体表面抹灰而仅用腻子找平，应能取得良好的效果。

3. 质量问题与预防措施

(1)墙面空鼓、裂缝。

1)主要原因。

①基层处理不好，清扫不净，浇水不均、不足。

②不同材料交接处未设加强网或加强网搭接宽度过小。

③原材料质量不符合要求，砂浆配合比不当。

④墙面脚手眼填塞不当。

⑤一层抹灰过厚，各层之间间隔时间太短。

⑥养护不到位(尤其在暑期施工时)。

2)预防措施。

①基层应按规定处理好，浇水湿润应充分、均匀。

②按要求设置并固定好加强网。

③严格控制原材料质量，严格按配合比配制、搅拌砂浆。

④认真填塞墙面脚手眼。

⑤严格分层操作并控制好各层厚度，各层之间的时间间隔应足够。

⑥加强对抹灰层的养护工作。

(2)窗台、阳台、雨篷等处抹灰的水平与垂直方向不一致。

1)主要原因。

①结构施工时，现浇混凝土或构件安装的偏差过大，抹灰时不易纠正。

②抹灰前上下、左右未拉水平和垂直通线，施工误差较大。

2)预防措施。

①在结构施工阶段，应尽量保证结构或构件的形状、位置正确，减少偏差。

②安装窗框时，应找出各自的中心线，拉好水平通线，保证安装位置的正确。

③抹灰前，应在窗台、阳台、雨篷、柱垛等处拉水平和垂直方向的通线找平、找正，每步架均要起灰饼。

9.2 楼地面工程

9.2.1 楼地面的组成及其分类

1. 楼地面的组成

楼地面是房屋建筑底层地坪和楼层地坪的总称，由面层、垫层和基层等部分组成。

2. 楼地面的分类

(1)按面层材料，可分为水泥砂浆地面、混凝土地面、水磨石地面、马赛克地面、木地面、砖地面和塑料地面等。

(2)按面层结构，可分为整体地面(如水泥砂浆、混凝土、现浇水磨石等)、块料地面(如预制水磨石块、大理石板材等)和涂布地面。

9.2.2 基层施工

基层施工的要点如下：

(1)抄平弹线，统一标高。检测各个房间的地坪标高，并将统一水平标高线弹在各间四壁上离地面 500 mm 处。

(2)楼面的基层是楼板，应做好楼板板缝灌浆、堵塞和板面清理工作。

(3)地面的基层多为土，地面下的填土应用素土分层夯实，土块粒径不得大于 50 mm，每层虚铺厚度为：用机械压实时不应大于 300 mm，用人工夯实时不应大于 200 mm。每层夯实后的干密度应符合设计要求。

用碎石、卵石或碎砖等作地基表面处理时，其直径应为 40～60 mm，并应将其铺成一层，利用机械压进适当湿润的土中，其深度不应小于 400 mm；在不能使用机械压实的部位，可采用夯打压实。

地面下的基土，经夯实后的表面应平整，用 2 m 靠尺检查，要求其土表面凹凸不大于 10 mm，标高应符合设计要求，水平偏差不大于 20 mm。

9.2.3 垫层施工

垫层是指水泥混凝土、水泥碎砖混凝土、水泥炉渣混凝土和水泥石灰炉渣混凝土等各种低强度等级混凝土。其施工要点如下：

(1)清理基层，检查弹线。

(2)基层应洒水湿润。

(3)浇筑大面积混凝土垫层时，纵、横应每 6～10 m 设中间水平桩，以控制厚度。

(4)大面积浇筑宜采用分仓浇筑的方法，要根据变形缝的位置、不同材料面层的连接部位或设备基础位置情况进行分仓，分仓距离一般为 3～4 m。

9.2.4 面层施工

1. 水泥砂浆地面

水泥砂浆地面面层的厚度为 15～20 mm。一般用 32.5 级普通水泥与中砂或粗砂配制，配合比为 1∶(2～2.5)(体积比)，砂浆应是干硬性的，以手捏成团稍出水为宜。

操作前，先测定出地坪面层标高位置线，将垫层清扫干净并洒水湿润，刷素水泥浆一道；紧跟着铺上水泥砂浆，用刮尺赶平，并用木抹子压实。在砂浆初凝后终凝前，用铁抹子反复压光三遍，不允许撒干灰浆收水抹压。砂浆终凝(一般为 12 h)后铺盖草袋、锯末等浇水养护。水泥砂浆面层养护是保证面层质量的关键，应给予足够的重视。当施工大面积水泥砂浆面层时，应按要求留设分仓缝。

2. 细石混凝土地面

细石混凝土地面可以克服水泥砂浆地面干缩较大的缺点，强度高、干缩值小，但其厚度较大，一般为 30～40 mm。混凝土的强度等级不低于 C20，浇筑时的坍落度不应大于 30 mm，水泥采用不低于 32.5 级普通硅酸盐水泥或硅酸盐水泥，砂用中砂或粗砂，碎石或卵石的粒径应不大于 15 mm 且不大于面层厚度的 2/3。

铺设混凝土时，预先在地坪四周弹出水平线，以控制面层的厚度，并用木板隔成宽小于 3 m 的条形区段，先刷水胶比为 0.4～0.5 的水泥浆，随刷随铺混凝土，用刮尺找平，用表面振动器振捣密实或采用滚筒交叉来回滚压 3～5 遍，至表面泛浆为止，然后进行抹平和压光。混凝土面层应在初凝前完成抹平工作，在终凝前完成压光工作。

混凝土面层三遍压光成活及养护同水泥砂浆面层。

3. 水磨石地面施工

水磨石面层构造如图 9-2 所示。现浇水磨石地面面层应在完成顶棚和墙面抹灰后进行，其工艺流程为：基层清理→浇水冲洗湿润→设置标筋→做水泥砂浆找平层→养护→镶嵌玻璃条(或金属条)→铺抹水泥石子浆面层→养护、试磨→第一遍磨平浆面并养护→第二遍磨平浆面并养护→第三遍磨平浆面并养护→酸洗、打蜡。

水磨石面层所用的石粒，应用坚硬耐磨的岩石(如白云石、大理石等)，石粒应洁净、无杂物，其粒径除特殊要求外，一般为4～12 mm。白色或浅色的水磨石面层，应采用白水泥；深色的水磨石面层，宜采用强度不低于32.5级的硅酸盐水泥、普通硅酸盐水泥或矿渣硅酸盐水泥。水泥中掺入的颜料宜用耐光、耐碱的矿物颜料，掺入量不宜大于水泥量的12%。磨石面层宜在找平层水泥砂浆抗压强度达到1.2 MPa(一般养护后2～3 d)后铺设。

现浇水磨石楼地面施工

铺设水磨石面层前，应在找平层上按设计要求的图案设置分格条(可用铜条、铝条或玻璃条)。嵌条应平直，交接处要平整、方正，镶嵌牢固，接头严密，如图9-3所示。嵌条后，应浇水养护，待素水泥浆硬化后，在找平层表面刷一遍水泥浆作结合层，再铺水泥砂浆。水泥砂浆的虚铺厚度应比分格条高出1～2 mm，铺平整并用辊筒滚压密实。待表面出浆后，再用铁抹子抹平，次日开始养护。

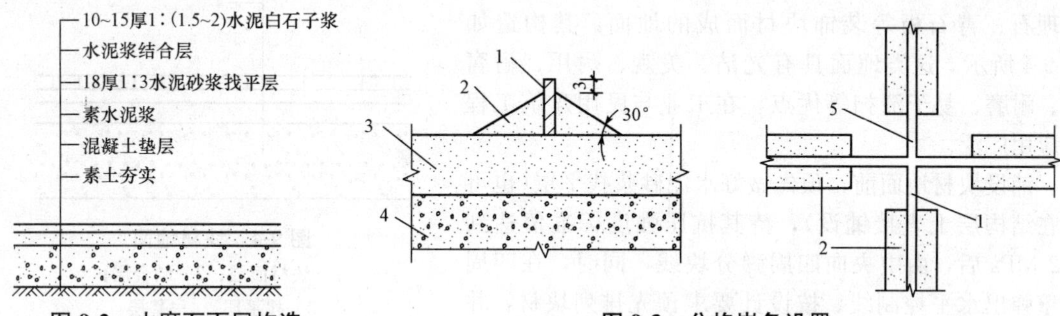

图 9-2　水磨石面层构造

图 9-3　分格嵌条设置

1—分格条；2—素水泥浆；3—水泥砂浆找平层；

4—混凝土垫层；5—40～50 mm内不抹水泥浆

在同一面层上采用几种颜色图案时，先做深色、后做浅色，先做大面、后做镶边。待前一种色浆凝固后，方可做后一种，以免混色。

水磨石开磨前应先试磨，至表面石粒不松动时方可开磨。水磨石开磨时间见表9-1。

表 9-1　水磨石开磨时间

平均温度/℃	开磨时间/d	
	机磨	人工磨
20～30	2～3	1～2
10～20	3～4	1～2
5～10	5～6	2～3

水磨石打磨要求及说明见表9-2。水磨石面层全部完成后要进行打蜡工作，上蜡后铺锯末进行养护。

表 9-2　水磨石打磨要求及说明

遍数	选用磨石	要求及说明
1	60～80号	(1)磨匀磨平，使全部分格条外露； (2)磨后要将泥浆冲洗干净，稍干后即涂擦一道同色水泥浆填补砂眼，个别掉落的石粒要补好； (3)不同颜色的磨面，应先涂深色浆，后涂浅色浆； (4)涂擦色浆后养护4～7 d

续表

遍数	选用磨石	要求及说明
2	120～180 号金刚石	磨至石粒显露，表面平整，其他同第一遍(2)、(3)、(4)条
3	180～240 号油石	(1)磨至表面平整光滑，无砂眼细孔； (2)用水冲洗后涂草酸溶液(热水∶草酸＝1∶0.35，质量比，溶后冷却后用)一遍； (3)研磨至出白浆，表面光滑为止，用水冲洗净、晾干

4. 块材地面施工

块材地面是在混凝土基层上用水泥砂浆或水泥浆铺设陶瓷马赛克、水泥花砖、预制水磨石、花岗石、大理石、青石板等装饰块材而成的地面，其构造如图 9-4 所示。这类地面具有光洁、美观、耐用、耐腐蚀、耐磨、易于清扫等优点，在工业与民用建筑工程中应用广泛。

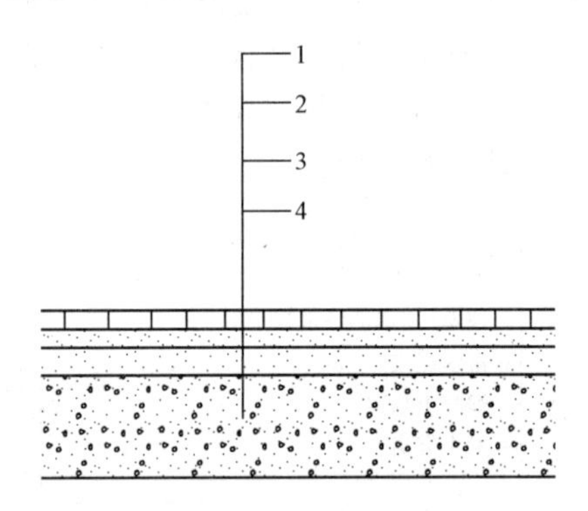

图 9-4 块材地面

1—块材面层；2—结合层；3—找平层；4—基层

铺设块材地面前，预先做好水泥砂浆找平层(也可以在结构层上直接铺设)，待其抗压强度标准值达到 1.2 MPa 后，由中央向四周弹分块线，同时，在四周墙壁弹出水平控制线。按设计要求预先排列块材，并在块材背后编号，以便安装时对号入座。铺设时需按两个方向拉水平线，先铺中间块材，后向房间两侧退铺，以控制板面平整度。对于较大的房间，还应做灰饼和标筋。铺设块材地面前，基层上要扫水泥浆，确定铺设位置，随扫水泥浆随铺坐底砂浆，应采用 1∶3 干硬性或半干硬性砂浆坐底，块材底面刮水泥净浆与坐底砂浆粘贴。

9.2.5 楼地面工程的质量要求

(1)在铺设地面与楼面时，应检查各层厚度与设计厚度的偏差，个别地方的偏差不得大于该层厚度的 10%，以防整个面层厚度增厚或减薄。

(2)楼地面面层不应有裂纹、脱皮、麻面和起砂等现象；踢脚板与墙面应紧密结合。

(3)面层中块料行列(接缝)在 5 m 长度内直线度的偏差不应大于表 9-3 的规定。

表 9-3 各类面层块料行列(接缝)在 5 m 长度内直线度的允许偏差 mm

序号	面层名称	允许偏差
1	缸砖、陶瓷马赛克、水磨石板、水泥花砖、塑料板和硬质纤维面层	3
2	大理石板面层	2
3	其他块料面层	2

(4)块料面层相邻两块料间的高低偏差，不应大于表 9-4 的规定。

(5)楼地面各层的表面平整度，应用 2 m 长的直尺检查；如为斜面，则应用水平尺和放样尺检查。各层表面平整度的偏差不应超过表 9-5 的规定。

(6)各层表面对水平面或设计坡度的偏差，不应大于房间相对尺寸的 0.2%，且不应大于 30 mm。

表 9-4　各种块料面层相邻两块料的高低允许偏差　　mm

序号	块料面层名称	允许偏差
1	条石面层	1
2	烧结普通砖、缸砖和混凝土板面层	1.5
3	普通模式板面层	1
4	陶瓷马赛克、水泥花砖、高级水磨石板、塑料板和硬质纤维面层	0.5
5	大理石、木板、拼花木板面层和地漆布面层	—

表 9-5　地面与楼面各层表面平整度的允许偏差　　mm

<table>
<tr><th>项次</th><th>地面与楼面各层</th><th colspan="2">材料种类</th><th>用2 m直尺检查时的允许偏差</th></tr>
<tr><td>1</td><td>基土</td><td colspan="2">土</td><td>15</td></tr>
<tr><td rowspan="5">2</td><td rowspan="5">垫层</td><td colspan="2">砂、砂石、碎(卵)石、碎砖</td><td>15</td></tr>
<tr><td colspan="2">灰土、三合土、炉渣、混凝土</td><td>10</td></tr>
<tr><td rowspan="2">毛地板</td><td>为地漆布和拼花木板面层</td><td>3</td></tr>
<tr><td>为其他种类的面层</td><td>5</td></tr>
<tr><td colspan="2">木搁栅</td><td>3</td></tr>
<tr><td rowspan="13">3</td><td rowspan="13">面层</td><td colspan="2">用沥青玛𤧛脂做结合层，铺设地漆布、拼花木板、板块和硬质纤维面层</td><td>3</td></tr>
<tr><td colspan="2">用水泥砂浆做结合层，铺设板块面层及铺设防水层</td><td>5</td></tr>
<tr><td colspan="2">用胶粘剂做结合层，铺设拼花木板、塑料板和硬质纤维面层</td><td>2</td></tr>
<tr><td colspan="2">碎石、卵石</td><td>12</td></tr>
<tr><td colspan="2">块石、条石</td><td>10</td></tr>
<tr><td colspan="2">铺在砂上的烧结普通砖、灌石油沥青碎石</td><td>8</td></tr>
<tr><td colspan="2">铺在水泥砂浆结合层上的烧结普通砖</td><td>6</td></tr>
<tr><td colspan="2">混凝土、水泥砂浆、钢屑水泥和菱苦土等整体面层</td><td>4</td></tr>
<tr><td colspan="2">混凝土、缸砖</td><td>4</td></tr>
<tr><td colspan="2">整体的及预制的普通水磨石、碎拼大理石水泥花砖和木板面层</td><td>3</td></tr>
<tr><td colspan="2">整体及预制的高级水磨石面层</td><td>2</td></tr>
<tr><td colspan="2">陶瓷马赛克、拼花木板、塑料板、硬质纤维板和地漆布</td><td>2</td></tr>
<tr><td colspan="2">大理石</td><td>1</td></tr>
<tr><td colspan="5">注：直接在地面与楼面上安装机械设备和有特殊要求的面层，表面平整度的允许偏差应符合设计要求。</td></tr>
</table>

9.2.6　楼地面工程的质量问题及防治措施

1. 水泥砂浆地面空鼓

防治措施：确保基层表面坚实；清除浮土，冲洗干净，晾干，扫水泥素浆随即铺抹砂浆；砂浆刮平、搓平时先压实。

2. 水磨石地面分格条不顺直、显露不全、边缘缺石子

防治措施：底层弹标高线，做灰饼，铺抹砂浆时严格控制平整度；弹线嵌条后拉线检查，调整平直度；粘贴分格条的水泥浆“埋七留三”，十字交叉处应留 20 mm 不沾水泥浆，使石子能铺入嵌条边。

3. 块材地面空鼓、缝隙不顺直

防治措施：将基层表面清除干净，每铺贴一块，应拍实至素水泥浆挤出；坚持按水平标高线，拉纵向、横向通线随时检查，发现错缝，立即纠正。

9.3 饰面工程

饰面通过将天然石材饰面板、人造石材饰面板或各种饰面砖镶贴在各种基层上而成。常见的饰面材料见表 9-6。无论采用哪种饰面材料，除品种、规格、图案等要符合设计要求外，还要表面平整，不得有隐伤、风化；几何尺寸准确，边缘整齐，棱角分明；面层洁净，颜色一致。

表 9-6 常见的饰面材料

天然石材饰面板	大理石、汉白玉、花岗石、青石板
人造石材饰面板	预制水磨石、人造美术石、露石混凝土板、正打印花板、压花混凝土板、模塑混凝土板
陶瓷砖	陶瓷板、外墙面砖、陶瓷马赛克、缸砖

9.3.1 饰面工程施工

1. 施工准备工作

饰面材料铺贴安装前，必须完成下列工作：

(1)主体结构已进行中间验收。

(2)找平层拉线贴灰饼和冲筋已做完，大面积底糙完成，基层经自检、互检、交接检，墙面平直度、垂直度合格。

(3)凸出基体表面的钢筋头、钢筋混凝土垫头、梁头已剔平，脚手眼已封堵完毕。

(4)水暖管道经检查无漏敷，试压完成(应绝对合格)，墙洞封闭，电管埋设完成，壁上灯具支架做完，预埋件无遗漏。

(5)门窗框及其他木制、钢制、铝合金埋件按正确位置预埋完毕，标高符合设计。配电嵌柜等嵌入件已嵌入指定位置，周边用水泥砂浆嵌固完毕，扶手、栏杆已装好。

2. 墙面饰面的施工

(1)大理石、花岗石镶贴墙面。这是饰面工程中最常用的施工方法。其操作工艺包括选材、板材开孔、基层弹线、骨架安装、板材安装固定共五道工序。其连接件是根据墙面或骨架与板块销孔的距离，用不锈钢加工成型。为便于安装板块时调节位置，在 L 形连接件上留有槽形孔眼，待板块调整到正确位置时，随即拧紧螺栓，进行固定，并用环氧树脂将销钉固定，使之形成刚性节点。

(2)室内镶贴面砖。首先进行基层处理，将基层清扫干净，若为光滑的混凝土基层，应先将其凿毛，或用掺界面剂胶的水泥细砂浆做墙面拉毛，也可刷界面剂并浇水湿润基层。然后用 1∶3 水泥砂浆打底，应分层、分遍抹砂浆，刮平、抹实，用木抹子搓毛。

待底层灰六七成干时，按图纸要求、釉面砖规格，结合实际条件进行排砖、弹线。根据大样图及墙面尺寸进行横、竖向排砖，以保证面砖缝隙均匀，符合设计图纸要求。大面墙、柱子和垛子要排整砖，在同一墙面上的横、竖排列，均不得有小于1/4砖的非整砖。用废瓷砖贴标准点，用做灰饼的混合砂浆贴在墙面上，用以控制贴釉面砖的表面平整度。

镶贴面砖前，挑选颜色、规格一致的砖，将面砖清扫干净，放入净水中浸泡2 h以上，取出，待表面晾干或擦干净后方可使用。粘贴应自下而上进行，抹8 mm厚1∶0.1∶2.5水泥石灰膏砂浆结合层，边抹边自上而下粘贴面砖，要求砂浆饱满，并随时用靠尺检查平整度，保证缝隙宽度一致。贴完经检查后，用棉丝擦干净，用勾缝胶、白水泥或拍干白水泥擦缝，清理墙面。另外，也可用瓷砖胶或胶粉来粘贴釉面砖。

(3)室外镶贴面砖。首先将基层清扫干净，若为光滑的混凝土基层，要先将其凿毛，或用可掺界面剂胶的水泥细砂浆做墙面拉毛，也可刷界面剂并浇水湿润基层。

用经纬仪或大线坠将建筑物吊垂直，再根据面砖规格尺寸分层设点、做灰饼，间距为1.6 m；然后分层分遍抹底层砂浆，随即用木杠刮平、木抹子搓毛，终凝后洒水养护。

待中层灰六七成干时，即可按图纸要求进行分段分格弹线，同时也可进行面层贴标准点的工作，以控制面层出墙尺寸及垂直度、平整度。

根据大样图及墙面尺寸进行横竖向排砖。大墙面、通天柱子和垛子要排整砖。在同一墙面上的横、竖排列，均不得有一行以上的非整砖。非整砖行应排在次要部位。如遇有凸出的卡件，应用整砖套割吻合，不得用非整砖随意拼凑镶贴。

镶贴面砖前，挑选颜色、规格一致的砖，将其清扫干净，放入净水中浸泡2 h以上，取出，待表面晾干或擦干净后方可使用。

粘贴应自上而下进行。高层建筑采取措施后，可分段进行。在每一分段内的面砖，均为自下而上镶贴。在面砖背面宜采用1∶0.2∶2＝水泥∶白灰膏∶砂的混合砂浆镶贴，砂浆厚度为6～12 mm，贴上后用灰铲柄轻轻敲打，再用开刀调整竖缝，并用小杠通过标准点调整平面和垂直度。

贴完后用1∶1水泥砂浆或勾缝胶勾缝，先勾水平缝，再勾竖缝，勾好后要凹进面砖外表面2～3 mm。

(4)墙面镶贴陶瓷马赛克。首先进行基层处理，吊垂直、找规矩、做灰饼的做法同前。

抹底子灰分两遍操作，头遍抹1∶2.5或1∶3水泥砂浆，并掺20%(质量比)的界面剂胶，薄薄抹一层，用抹子压实。第二次用相同配合比的砂浆按冲筋抹平，用木抹子搓出麻面。底子灰抹完后，隔天浇水养护。

镶贴陶瓷马赛克前应放出施工大样，根据具体高度弹出若干条水平控制线。在弹水平线时，应计算陶瓷马赛克的块数，使两线之间保持整砖数。同一墙面不得有一排以上的非整砖，并应将非整砖镶贴在较隐蔽的部位。

镶贴应自上而下进行。高层建筑采取措施后，可分段进行。在每一分段内的陶瓷马赛克，均为自下而上镶贴。贴陶瓷马赛克时，底灰要浇水湿润，并在弹好水平线的下口上支一根垫尺，一般以三人为一组进行操作：一人浇水湿润墙面，先刷上一道素水泥浆，再抹2～3 mm厚的混合灰黏结层，其配合比为纸筋灰∶石灰膏∶水泥＝1∶1∶2，用靠尺板刮平，再用抹子抹平；另一人将陶瓷马赛克铺在木托板上，缝内灌上1∶1水泥细砂子灰，用软毛刷子刷净麻面，再抹上薄薄一层灰浆，然后一张一张递给第三人；第三人将四边灰刮掉，两手执陶瓷马赛克上面，在已支好的垫尺上由下往上贴，缝子对齐，注意按弹好的横竖线贴。

贴完陶瓷马赛克的墙面，要一手拿拍板，靠在贴好的墙面上，一手拿锤子对拍板满敲一遍，然后将陶瓷马赛克上的纸用刷子刷上水，20～30 min后便可揭纸。揭开纸后，调整缝子的大小、平直度。

粘贴后 48 h，先用抹子把擦缝水泥浆摊放在需擦缝的陶瓷马赛克上，然后用刮板将水泥浆往缝子里刮满、刮实、刮严，最后用麻丝和擦布将表面擦净。

9.3.2 饰面工程的质量要求

在验收饰面工程的质量时，应检查其材料的品种、规格、颜色、图案以及铺贴的方法是否达到要求；颜色是否均匀一致；线条是否清晰、整齐。饰面板或饰面砖不得有翘曲、空鼓、掉角、裂缝等缺陷；饰面表面应平整，几何尺寸准确，边缘整齐，不得有棱角损坏，更不得出现隐伤或风化；不得有变色，或颜色深浅不一，或出现污点，留有砂浆流痕，光泽受损等；对于有地漏的卫生间、浴室，不得倒泛水；安装板材、块材的铁制锚固件、连接件，应镀锌或进行防锈处理；所有饰面的板材或块材，要横平竖直，严防错动位置；对于镶贴墙裙、门窗贴脸，其凸出墙面的厚度要一致；镶贴时，从门口开始，中间不得出现半砖；所有饰面板材、块材与底层要结合牢固，无空鼓。饰面工程各项目的允许偏差及检验方法见表 9-7。

表 9-7　饰面工程各项目允许偏差及检验方法　　mm

项次	项目	允许偏差							检验方法
		石材			人造石				
		光面	剁斧石	蘑菇石	瓷板	木材	塑料	金属	
1	表面平整度	2	3	—	1.5	1	3	3	用 2 m 靠尺和楔形塞尺检查
2	立面垂直度	2	3	3	2	1.5	2	2	用 2 m 垂直检测尺检查
3	阴阳角方正	2	4	4	2	1.5	3	3	用直角检测尺检查
4	接缝直线度	2	4	4	2	1	1	1	5 m 拉线检查，不足 5 m 的，拉钢直尺检查
5	墙裙勒脚上口直线度	2	3	3	2	3	2	2	
6	接缝高低差	0.5	3	—	0.5	0.5	1	1	用钢直尺和楔形塞尺检查
7	接缝宽度	1	2	2	1	1	1	1	用钢直尺检查

9.3.3 饰面工程的质量问题及防治措施

1. 空鼓、脱落

防治措施：黏结砂浆与基层砂浆的强度等级要基本接近；用于饰面块材黏结砂浆的坍落度不能太小，要有足够的水分让其凝固；黏结砂浆不能太薄也不能太厚，勾缝要严实。

2. 接缝不平直

防治措施：铺贴前，一定要弹好线，并使用水平尺、杠尺进行检查。

3. 表面不干净

防治措施：避免日晒雨淋；如有污染，则用草酸或稀盐酸溶液刷洗，然后用清水冲洗，擦干上蜡。

对于块材，在进行饰面装饰施工前，一定要按设计图纸要求的规格、品种、颜色、图案、数量先行试摆。如发现有差错，必须立即纠正；如有规格不一、厚薄不匀、凹凸不平的，应及时予以调整。

9.4 涂料工程

9.4.1 涂料的组成及分类

涂料主要由胶黏剂、颜料、溶剂和辅助材料等组成。涂料的品种繁多，按装饰部位的不同，可分为内墙涂料、顶棚涂料、外墙涂料；按成膜物质的不同，可分为油性涂料(也称油漆)、有机高分子涂料、无机高分子涂料、有机无机复合涂料；按涂料分散介质的不同，可分为溶剂型涂料、水性涂料、乳液型涂料；按成膜质感的不同，可分为薄质涂料(一般用涂刷法施工)、厚涂料(一般用喷涂、滚涂、抹涂法施工)和复层建筑涂料(一般用分层喷塑施工，包括封底涂料、主层涂料、罩面涂料)。

9.4.2 涂料工程的施工工艺

涂料工程施工的基本工序包括基层处理、打底子、刮腻子、磨光、涂刷涂料等。根据质量要求的不同，涂料工程等级分为普通和高级两种。为达到要求的质量等级，刮腻子、磨光、涂刷涂料等工序应按工程施工及验收规范的规定重复多遍，见表 9-8～表 9-10。

表 9-8 混凝土及抹灰外墙表面薄涂料工程的主要工序

项次	工序名称	乳液型薄涂料	溶剂型薄涂料	无机薄涂料
1	修补	+	+	+
2	清扫	+	+	+
3	填补缝隙、局部刮腻子	+	+	+
4	磨平	+	+	+
5	第一遍涂料	+	+	+
6	第二遍涂料	+	+	+

表 9-9 混凝土及抹灰内墙、顶棚表面薄涂料工程的主要工序

项次	工序名称	水性薄涂料		乳液型薄涂料		溶剂型薄涂料		无机薄涂料	
		普通	高级	普通	高级	普通	高级	普通	高级
1	清扫	+	+	+	+	+	+	+	+
2	填补缝隙、局部刮腻子	+	+	+	+	+	+	+	+
3	磨平	+	+	+	+	+	+	+	+
4	第一遍满刮腻子	+	+	+	+	+	+	+	+
5	磨平	+	+	+	+	+	+	+	+
6	第二遍满刮腻子		+		+		+		+
7	磨平		+		+		+		+
8	干性油打底					+	+		
9	第一遍涂料	+	+	+	+	+	+	+	+
10	复补腻子	+	+		+		+		+
11	磨平(光)	+	+		+		+		+

续表

项次	工序名称	水性薄涂料		乳液型薄涂料		溶剂型薄涂料		无机薄涂料	
		普通	高级	普通	高级	普通	高级	普通	高级
12	第二遍涂料	+	+	+	+	+	+	+	+
13	磨平(光)				+		+		
14	第三遍涂料				+		+		
15	磨平(光)						+		
16	第四遍涂料						+		

表 9-10　混凝土及抹灰外墙表面复层涂料工程的主要工序

项次	工序名称	合成树脂乳液复层涂料	硅溶胶类复层涂料	水泥系复层涂料	反应固化型复层涂料
1	修补	+	+	+	+
2	清扫	+	+	+	+
3	填补缝隙、局部刮腻子	+	+	+	+
4	磨平	+	+	+	+
5	施涂封底涂料	+	+	+	+
6	施涂主层涂料	+	+	+	+
7	滚压	+	+	+	+
8	第一遍罩面涂料	+	+	+	+
9	第二遍罩面涂料	+	+	+	+

9.4.3 涂料工程的施工方法

(1)喷涂。喷涂是利用压力或压缩空气将涂料涂布于墙面的机械化施工方法，其特点为涂膜外观质量好、工效高，适用于大面积施工，并可通过调整涂料黏度、喷嘴大小及排气量而获得不同质感的装饰效果。

(2)刷涂。刷涂可使用排笔，由于涂料干燥过快，应勤蘸短刷，初干后不可反复刷涂。刷涂方向、长短应一致，要求接头严密，不流坠、不显接槎且颜色均匀一致。刷涂次数一般不少于两遍，应在前一道涂料表干后再刷涂下一道。两道涂料的间隔时间一般为 2～4 h。

(3)滚涂。滚涂利用长毛绒辊、泡沫塑料辊、橡胶辊等辊子蘸上少量涂料，在待涂物件表面施加轻微压力上下垂直来回滚动。常用的辊子直径为 40～50 mm，长为 180～240 mm。边角等不易滚到处，可用阴阳角辊子或刷子补刷。

(4)弹涂。弹涂时先在基层上刷涂 1～2 道底涂料，待其干燥后进行弹涂。弹涂时，弹涂器的喷出口应垂直正对墙面，距离保持在 300～500 mm，按一定速度自上而下、由左至右弹涂。

9.5 吊顶工程

吊顶是现代室内装饰的重要组成部分，直接影响到整个建筑空间的装饰风格与效果，同时，还起着吸收和反射音响、照明、通风、防火等作用。吊顶主要由吊筋(吊杆、吊头等)、龙骨和饰面板三部分组成。

9.5.1 吊顶的施工

1. 吊筋

对于现浇钢筋混凝土楼板，一般采用膨胀螺栓、射钉固定金属件作为吊筋。

2. 龙骨

吊顶龙骨分为木龙骨、轻钢龙骨和铝合金龙骨。木龙骨由大龙骨、小龙骨、横撑龙骨和吊木等组成，如图 9-5 所示。大龙骨用 60 mm×80 mm 的方木，沿房间短向布置。用事先预埋的钢筋圆钩穿上 8 号镀锌钢丝，将龙骨拧紧；也可用 ф6 或 ф8 螺栓与预埋钢筋焊牢，穿透大龙骨，上紧螺母。大龙骨间距以 1 m 为宜。吊顶的起拱一般为房间短向跨度的 1/200。安装小龙骨时，按照墙上弹的水平控制线，先钉四周的小龙骨，然后按设计要求分档、画线，钉小龙骨，最后钉横撑龙骨。小龙骨、横撑龙骨一般用 40 mm×60 mm 或 50 mm×50 mm 的方木，底面相平，间距与罩面板相对应，安装前须有一面刨平。大龙骨、小龙骨连接处的小吊木要逐根错开，不要钉在同一侧，小龙骨接头也要错开，接头处钉左右双面木夹板。

图 9-5　木龙骨吊顶

1—大龙骨；2—小龙骨；3—横撑龙骨；4—吊筋；5—罩面板；6—木砖；7—砖墙；8—吊木

对于轻钢龙骨和铝合金龙骨，其断面形状有 U 形、T 形等。每根龙骨长 2～3 m，现场用拼接件拼装，接头应相应错开。其安装过程如下(图 9-6)：

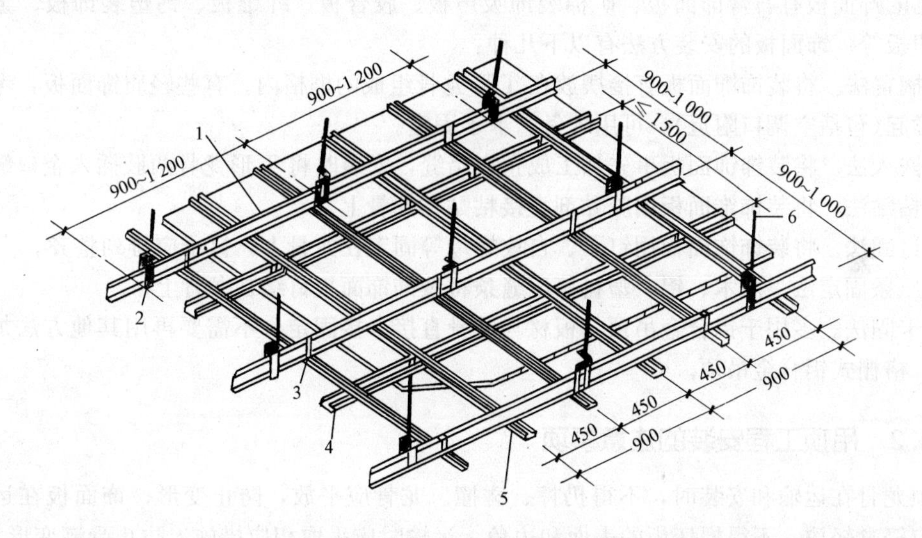

图 9-6　U 形龙骨吊顶

1—主龙骨；2—主龙骨吊挂件；3—次龙骨吊挂件；4—横撑龙骨；5—次龙骨；6—吊杆板材

(1)弹线。根据楼层标高水平线，用尺竖向量至顶棚设计标高，沿墙四周弹出顶棚标高水平线(水平允许偏差为±5 mm)，并沿顶棚高水平线在墙上画好龙骨分档位置线。

(2)安装大龙骨吊杆。按照在墙上弹出的标高线和龙骨位置线，找出吊点中心，将吊杆焊接固定在预埋件上。未设预埋件时，可按吊点中心用射钉

悬吊式顶棚施工

固定吊杆或钢丝。计算好吊杆的长度，确定吊杆下端的标高。与吊挂件连接一端的套丝长度应留有余地，并配好螺母。

(3)安装大龙骨。将组装好吊挂件的大龙骨，先按分档线位置使吊挂件穿入相应的吊杆螺栓上，拧紧螺母；然后连接大龙骨，装连接件，并以房间为单元，拉线调整标高，使其平直。中间起拱高度应不小于房间短向跨度的1/200。靠四周墙边的龙骨用射钉钉固在墙上，射钉间距为1 m。

(4)安装小龙骨。按已弹好的小龙骨分档线卡放小龙骨吊挂件，然后按设计规定的小龙骨间距，将小龙骨通过吊挂件垂直吊挂在大龙骨上，吊挂件U形腿用钳子弯入大龙骨内。小龙骨的间距应按饰面板的密缝或离缝要求进行不同的安装。

(5)安装横撑龙骨。横撑龙骨应用小龙骨截取。安装时，将截取的小龙骨的端头插入支托，扣在小龙骨上，并用钳子将挂搭弯入小龙骨内。组装好的小龙骨和横撑龙骨的底面要平齐。横撑龙骨间距应根据所用饰面板的规格、尺寸确定。

(6)检查骨架安装质量。上述工序完成后，应对整个骨架的安装质量进行严格检查。在顶棚检修孔周围、高低跌级处、吊灯吊扇处根据设计载荷规定进行加载检查；对连接件及各种龙骨的位置进行检查，如发现有翘曲、位置不正等，应立即加以纠正。

3. 饰面板

饰面板的尺寸是一定的，因此，应按室内的长和宽的净尺寸来安排。每个房间都有中心线，饰面板必须对称于中心线铺设。安装小龙骨和横撑时，也应从中心向四个方向推进，切不可由一边向另一边分格。当吊顶上设有开孔的灯具和通风排气孔时，更应考虑如何组成对称的图案排列。

常见的饰面板有石膏饰面板、矿棉装饰吸声板、胶合板、纤维板、钙塑装饰板、金属饰面板、铝塑板等。饰面板的安装方法有以下几种：

(1)搁置法。将装饰饰面板直接摆放在T形龙骨组成的框格内。有些轻质饰面板，考虑刮风时会被掀起(包括空调口附近)，可用木条、卡子固定。

(2)嵌入法。将装饰饰面板事先加工成企口暗缝，安装时将T形龙骨两肢插入企口缝内。

(3)粘贴法。将装饰饰面板用胶黏剂直接粘贴在龙骨上。

(4)钉固法。将装饰饰面板用钉子、自攻螺母等固定在龙骨上，钉子应排列整齐。

(5)压条固定法。用木、铝、塑料等压缝条将装饰饰面板钉结在龙骨上。

(6)卡固法。多用于铝合金吊顶，板材与龙骨直接卡接固定，不需要再用其他方法加固，如百叶式、格栅式铝合金吊顶。

9.5.2 吊顶工程安装的注意事项

吊顶龙骨在运输和安装时，不得扔摔、碰撞。龙骨应平放，防止变形；饰面板在运输和安装时，应轻拿轻放，不得损坏板的表面和边角。运输时应采取相应措施，防止受潮变形。

吊顶龙骨宜放在地面平整的室内，并应采取措施，防止龙骨变形、生锈；饰面板应按品种、规格分类存放于地面平整、干燥、通风处，并根据不同饰面板的性质，分别采取措施，防止受潮变形。

饰面板安装前，吊顶内的通风、水电管道及上人吊顶内的人行或安装通道应安装完毕；消防管道安装并试压完毕；吊顶内的灯槽、斜撑、剪刀撑等，应根据工程情况适当布置。轻型灯具应吊在大龙骨或附加龙骨上，重型灯具或电扇不得与吊顶龙骨连接，应另设吊钩；饰面板应按规格、颜色等预先进行分类选配。

9.5.3 质量要求

吊顶工程所用的材料品种、规格、颜色以及基层构造、固定方法等应符合设计要求。饰面板与龙骨应连接紧密，表面应平整，不得有污染、折裂、缺棱、掉角、锤伤等缺陷，接缝应均匀一致。粘贴的饰面不得有脱层，胶合板不得有刨透之处。搁置的饰面板不得有漏、透、翘角现象。

9.6 幕墙安装工程

9.6.1 幕墙的组成与分类

幕墙主要由龙骨和墙体材料组成。墙体材料中最为常见的是玻璃板材，采用这种板材的幕墙称为玻璃幕墙。

玻璃幕墙是用玻璃板片作为墙体材料，与金属构件组成的悬挂在建筑物主体结构外面的非承重连续外围护墙体。玻璃幕墙按构造分为全隐框玻璃幕墙、半隐框玻璃幕墙、明框玻璃幕墙、挂架式玻璃幕墙、无骨架玻璃幕墙。

玻璃幕墙的玻璃种类很多，中空镀膜玻璃在玻璃幕墙中应用广泛，它由两片(或两片以上)玻璃和间隔框组成，并带有密闭的干燥空气夹层组合件。中空镀膜玻璃幕墙结构轻盈、美观，具有良好的隔热、隔声和防结露性能。为减少玻璃幕墙带来的眩光和辐射热，宜采用低辐射率镀膜玻璃，其具有高透光率的特点，可用于任何地域的有高通透性外观要求的建筑，使建筑物通透，突出自然采光，是目前先进的绿色环保玻璃。

玻璃幕墙的骨架除要有足够的强度、刚度外，还要有较高的耐久性，经常采用表面镀氧化膜的铝合金、经过表面热渗镀膜的钢材(除不锈钢外)做骨架，采用高强金属或不锈钢精加工制成连接件和连系杆。

9.6.2 常用的玻璃幕墙

常用幕墙分类

常用的玻璃幕墙有以下三种。

1. 单元式(工厂组装式)玻璃幕墙

目前常用的是外露铝合金框架幕墙，其将铝合金框架、玻璃、垫块、保温材料、减振和防水材料以及装饰面料等事先在工厂组合成带有附加铁件的幕墙板，用专用运输车运往施工现场，直接与建筑物主体结构连接，如图 9-7 所示。

2. 元件式(现场组装式)玻璃幕墙

元件式玻璃幕墙施工时，需将零散材料运至施工现场，按幕墙板的规格、尺寸及组装顺序先预埋好 T 形槽；再装好牛腿铁件；然后立铝合金框架，安横撑、装垫块、镶玻璃、装胶条(或灌注密封缝料)；最后涂防水胶、扣外盖板，即完成了幕墙的安装工作。

元件式玻璃幕墙通过竖向骨架(竖筋)与楼板或梁连接，其分块规格可以不受层高和柱网的限制。竖筋的间距常根据幕墙的宽度设置。为了增加横向刚度和便于安装，常在水平方向设置横筋。这种幕墙是目前国内采用较多的一种幕墙形式，如图 9-8 所示。

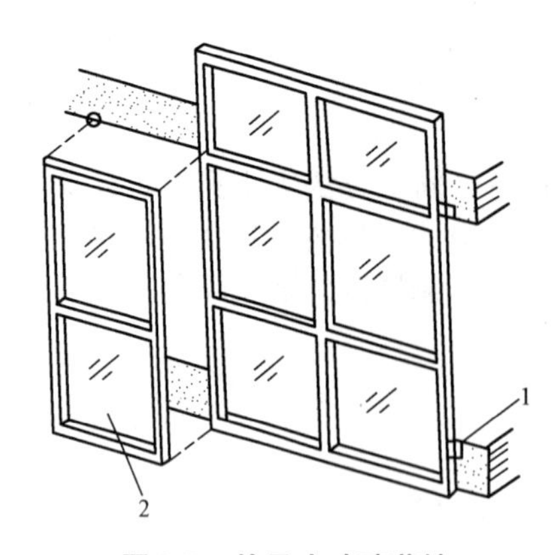

图 9-7　单元式玻璃幕墙

1—楼板；2—玻璃幕墙板

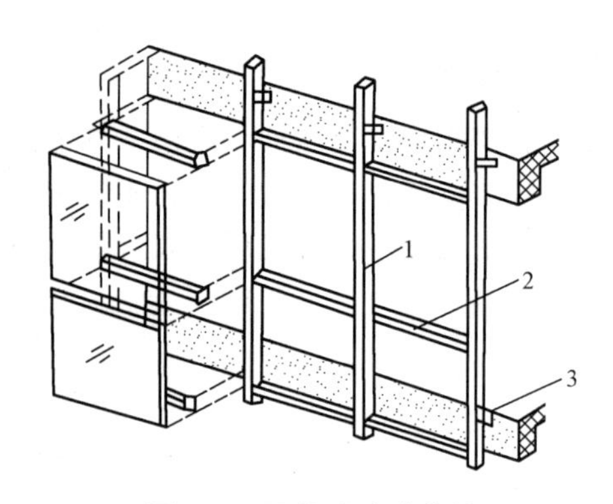

图 9-8　元件式玻璃幕墙

1—竖筋；2—横筋；3—楼板

元件式玻璃幕墙的安装工艺流程如下：

(1)测量放线。在工作层上，首先用经纬仪依次向上定出轴线，根据各层轴线定出楼板预埋件的中心线，并用经纬仪逐层垂直校核，再定各层连接件的外边线，以便与主龙骨连接。当主体结构为钢结构时，由于弹性钢结构有一定挠度，故以在低风时测量定位为宜，且要多次测量，并与原结构轴线复核，调整误差。

(2)装配铝合金主、次龙骨。这项工作可在室内进行，主要是装配好竖向主龙骨和紧固件之间的连接件、横向次龙骨的连接件，安装镀锌钢板、主龙骨之间接头的内、外套管以及防水胶等，装配好横向次龙骨与主龙骨连接的配件及密封橡胶垫等。所有连接件、紧固件表面均应镀锌处理或用不锈钢。

(3)竖向主龙骨安装。主龙骨一般每两层一根，通过紧固件与每层楼板连接。主龙骨两端与楼板连接的紧固件为承重紧固件；主龙骨中间与楼板连接的紧固件为非承重紧固件。紧固件与楼层预埋槽形铁件用螺栓连接，可做前后、左右调整。主龙骨每安装完一根，即用水平仪调平、固定。主龙骨全部安装完毕，并复验其间距、垂直度后，即可安装横向次龙骨。

主龙骨采用套筒法连接，即用方钢管作为内套筒竖向接长，如图 9-9 所示。考虑到钢材的伸缩，接头应留有一定的空隙，接口宜采用 15°接口。

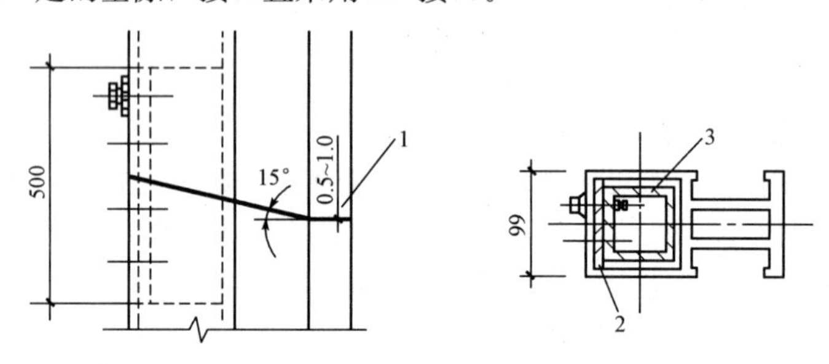

图 9-9　主龙骨接头

1—密封膏；2—固定钢板；3—80 mm×80 mm×4 mm 方钢管

(4)横向次龙骨安装。横向次龙骨与竖向主龙骨的连接采用螺栓连接。如果次龙骨两端套有防水橡胶垫，则套上胶垫后的长度较次龙骨长度稍有增加(约 4 mm)，安装时可用木撑将主龙骨撑开，装入次龙骨，再拿掉支撑，则可将次龙骨胶垫压缩，这样有较好的防水效果。

(5)安装楼层间封闭镀锌钢板(贴保温矿棉层)。将橡胶密封垫套在镀锌钢板四周，插入窗台或顶棚次龙骨铝件槽中，在镀锌钢板上焊钢钉，将矿棉保温层粘在钢板上，并用钢钉、压片固定保温层。

(6)安装玻璃。玻璃安装一般可人工在吊篮中进行，用手动或电动吸盘器配合安装。安装时，先在下框塞垫定位块，嵌入内胶条，然后安装玻璃，嵌入外胶条。嵌塞胶条的方法是先间隔分点嵌塞，然后分边嵌塞，如图 9-10 所示。也可采用有机硅密封胶进行封缝处理，如图 9-11 所示。

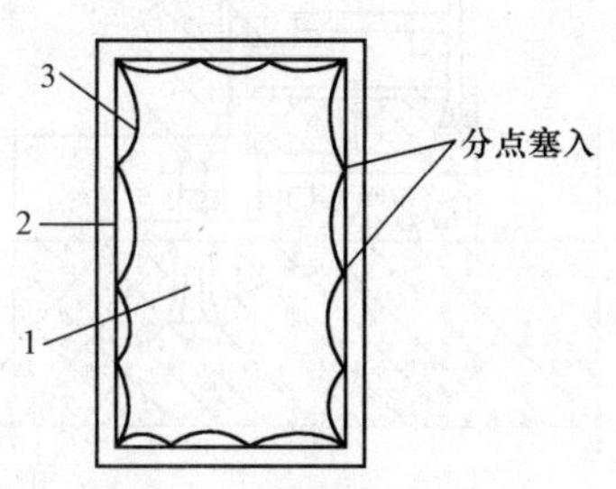

图 9-10　嵌塞胶条方法示意

1—玻璃；2—铝框架；3—胶条

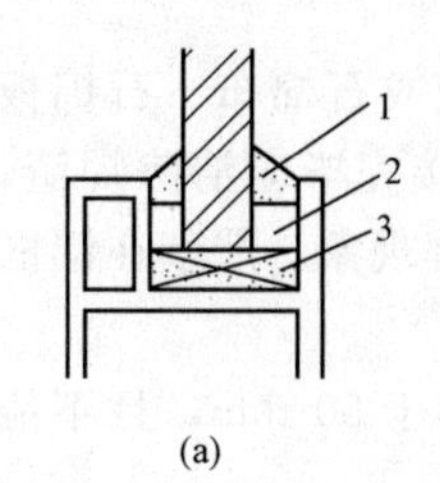

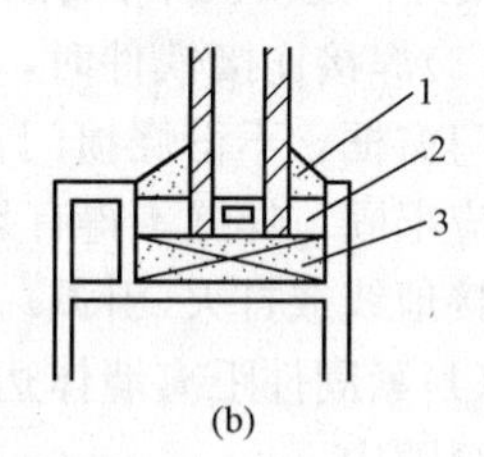

图 9-11　密封胶封缝

(a)单层玻璃；(b)双层中空玻璃

1—密封胶；2—填充材料为泡沫橡胶；3—定位垫块

3. 结构玻璃幕墙

结构玻璃幕墙又称为玻璃墙，一般用于建筑物首层或一、二层，这种幕墙是将厚玻璃上端悬挂，下端固定在建筑物首层，玻璃与玻璃之间的竖拼缝采用硅胶黏结，不用金属框架，使外观显得十分流畅、清晰。这种幕墙往往单块面积都比较大，高度达几米或十几米。由于玻璃竖向长、块大、体重，一般应采用机械化施工方法。施工时，在叉车上安装电动真空吸盘将玻璃就位，操作人员站在玻璃上端两侧脚手架上，用夹紧装置将玻璃上端安装、固定；也可采用汽车吊将吸盘吊起，然后用电动真空吸盘将玻璃吸住，进行起吊、安装、就位。

9.7　门窗工程

门窗工程的施工可分为两类：一类是由工厂预先加工拼装成形，在现场安装；另一类是在现场根据设计要求加工、制作，即时安装。门和窗一般都是由框、扇、五金以及一些附件组成。门窗按使用材料的不同分为很多种，其中最为常见的是铝合金门窗和塑钢门窗。

9.7.1　铝合金门窗

常见门窗分类

安装铝合金门窗前应检查成品及构配件各部位情况，如发现变形，应予以校正和修理；同时，还要检查洞口标高线和几何形状、预埋件位置、间距是否符合规定，埋设是否牢固，不符合要求的，应按规定纠正后才能进行安装。

安装铝合金门窗时一般先安装门窗框，后安装门窗扇，采用后塞口法。门窗框安装要求位置准确、横平竖直、高低一致、进出一致、牢固严密。安装时，将门窗框安放到洞口的正确位置，先用木模临时固定后，拉通线进行调整，使上、下、左、右的门窗分别在同一竖直线、水平线上，并使框边四周间隙与框表面距墙体外表面尺寸一致；再仔细校正其正、侧面垂直度、水平度及位置，合格后，箍紧木模，再次校正，按设计规定的连接方式进行固定(如焊接、钢钉固定、膨胀螺栓固定、木螺钉固定)。

门窗与墙体连接固定时，应符合下列规定：

(1)门窗装入洞口应横平竖直，外框与洞口应弹性连接牢固，不得将门窗外框直接埋入墙体。铝合金门窗安装节点及缝隙处理如图 9-12 所示。

(2)连接件应对称地排列在门窗框两侧，相邻铁件宜内外错开，连接铁件不得露出装饰层。

(3)焊接连接铁件时，应用橡胶或石棉布、石棉板遮盖门窗框，不得烧损门窗框，焊接完毕应清除焊渣；焊接应牢固，焊缝不得有裂纹和漏焊现象，严禁在铝框上栓接地线或打火(引弧)。

(4)紧固件距离墙体边缘应不小于 50 mm，且不能装在缝隙中。

(5)门窗框与墙体连接用的预埋连接件、紧固件的规格应符合设计图纸的规定。

(6)横向及竖向组合时，应采取套插搭接(图 9-13)，搭接长度宜为 10 mm，并用密封膏密封。

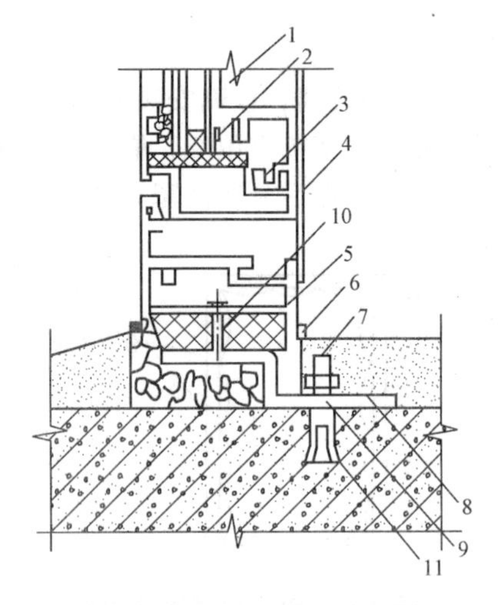

图 9-12　铝合金门窗安装节点及缝隙处理

1—玻璃；2—橡胶条；3—压条；4—内扇；5—外框；6—密封膏；7—砂浆；8—地脚；9—软填料；10—塑料垫；11—膨胀螺栓

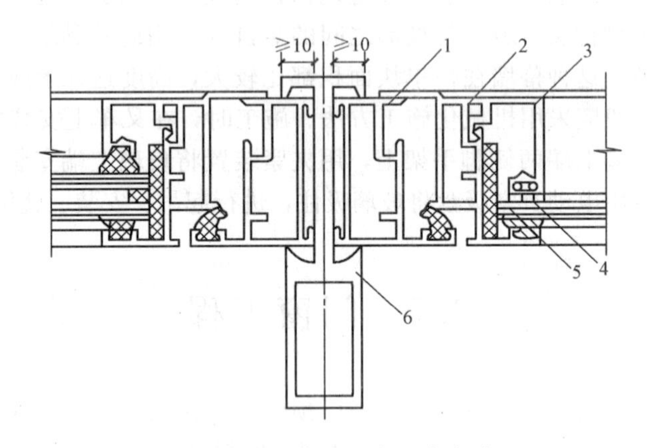

图 9-13　铝合金门窗组合方法

1—外框；2—内扇；3—压条；4—橡胶条；5—玻璃；6—组合杆件

(7)安装密封条时应留有伸缩余量，一般比门窗的装配边长 20～30 mm，在转角处应斜面断开，并用胶黏剂粘贴牢固，以免产生收缩缝。

(8)若门窗为明螺钉连接，应用与门窗颜色相同的密封材料将其掩埋、密封。

(9)安装后的门窗必须有可靠的刚性，必要时可增设加固件，并应进行防腐处理。

铝合金门窗的安装固定经检查合格后，取下木模，及时按设计要求处理门窗框与四周墙体的缝隙。若设计未规定填塞材料，应用矿棉条或玻璃棉毡分层填塞缝隙，外表留 5～8 mm 深槽口，用于填嵌密封材料；应在安装窗台板后将四周缝同时嵌填，嵌填时应防止门窗框碰撞变形。

门窗扇的安装要位置准确、平直，缝隙均匀，严密、牢固，启闭灵活，启闭力合格，五金零配件安装位置准确，能起到各自的作用。推拉式门窗扇应先装室内侧门窗扇，后装室外侧的门窗扇；固定扇应装在室外侧，并固定牢固，确保使用安全；平开式门窗扇应装于门窗框内，要求门窗扇关闭后四周压合严密，搭接量一致，相邻两门窗扇在同一平面内。

9.7.2 塑钢门窗

塑钢门窗以聚氯乙烯树脂、改性聚氯乙烯或其他树脂为主要原料，添加适量助剂和改性剂，由经挤压机挤成各种截面的空腹门窗异形材组装而成。一般在成形的塑料门窗型材的空腔内嵌装轻钢或铝合金型材进行加强，从而增加塑钢门窗的刚度，提高塑料门窗的牢固性和抗风能力。

塑钢门窗及其附件应符合国家标准，并按设计选用。塑钢门窗不得有开焊、断裂等现象，如有损坏，应予以修复或更换。塑钢门窗进场后应存放在有靠架的室内并与热源隔开，以免受热变形。

在安装塑钢门窗前，应先装好五金配件及固定件。与墙体连接的固定件应用自攻螺钉等紧固于门窗框上。将安装完工并检验合格的塑钢门窗框放入洞口内，调整至横平竖直，用木模将塑料框料四角塞牢并临时固定，但不宜塞得过紧以免外框变形，然后用尼龙胀管螺栓将固定件与墙体连接牢固。塑钢门窗安装节点如图 9-14 所示。

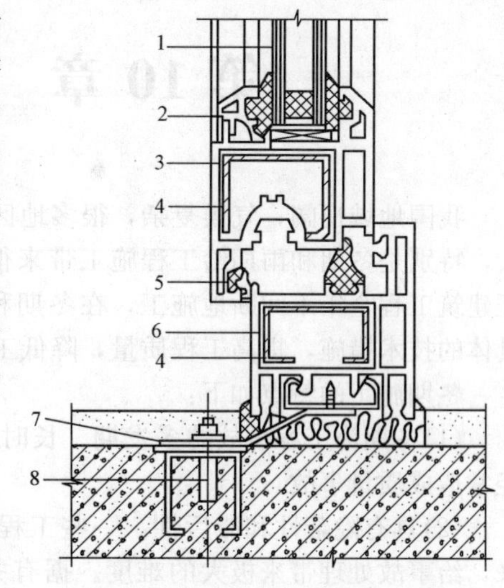

图 9-14　塑钢门窗安装节点

1—玻璃；2—玻璃压条；3—内扇；4—内钢衬；5—密封条；6—外框；7—地脚；8—膨胀螺栓

塑钢门窗框与洞口墙体的缝隙，宜用软质保温材料填充饱满，如泡沫塑料、泡沫聚氨酯条等。

思考与练习题

1. 简述抹灰工程的作用。
2. 简述一般抹灰施工工艺。
3. 简述水磨石施工工艺。
4. 简述铝合金门窗的安装过程。
5. 简述饰面砖镶贴施工工艺。
6. 简述水泥砂浆地面施工工艺。
7. 简述混凝土地面施工工艺。
8. 简述水磨石地面施工工艺。
9. 简述涂料工程常见的施工方法。
10. 简述吊顶施工工艺。

第 10 章　冬期与雨期施工

我国地域辽阔，气候复杂，很多地区受内陆和海上高低压及季风交替的影响，气候变化较大，特别是冬期和雨期给工程施工带来很大的困难，常规的施工方法已不能满足要求。为了保证建筑工程全年不间断地施工，在冬期和雨期应从具体条件出发，选择合理的施工方法，制订具体的技术措施，提高工程质量，降低工程费用。

冬期施工的特点如下：

(1)冬期为工程事故的多发期。长时间的持续低温，较大的温差、强风、降雪和反复冻融，经常造成质量事故。

(2)具有隐蔽性和滞后性。一些工程质量事故当时不易觉察，到春天解冻后才开始暴露出来，给事故处理带来极大的难度。据有关资料统计分析，有 2/3 的工程质量事故发生在冬期，尤其是混凝土工程。它不仅给工程带来损失，而且影响工程的使用寿命，因此，必须及早做好准备。

(3)冬期施工技术要求高，能源消耗多，施工费用增加。为了保证冬期施工的质量，冬期施工必须遵守保证工程质量，节约材料、能源，降低工程费用，保证施工工期，做好安全生产等原则。

雨期施工的特点如下：

(1)具有突发性。要求提前做好雨期施工的准备工作和防范措施。

(2)带有突击性。因为雨水对建筑结构和地基基础的冲刷或浸泡有严重的破坏性，必须迅速、及时地予以防护，以免发生工程质量事故。

(3)雨期往往较长，因而影响工期，所以要充分估计并做好合理安排。雨期施工时，要根据雨期施工的特点编制施工组织设计，将不宜在雨期施工的分项工程避开，对于必须在雨期施工的分项工程，做好充分的准备工作和防范措施；合理安排工期，做到晴天抓室外工作，雨天做好室内工作，尽量减少雨天室外作业的时间和工作量；做好材料的防雨、防潮和施工现场的排水等准备工作。

10.1　土方工程的冬期施工

10.1.1　地基土的保温防冻

土在冬期由于受冻而变得坚硬，挖掘困难。土方工程一般应尽量安排在入冬前施工。必须在冬期施工时，应采取防冻措施，以利于土方工程施工。防冻的常用方法有地面翻松耙平防冻法、覆盖防冻法、隔热材料防冻法等，如图 10-1 所示。

1. 地面翻松耙平防冻法

入冬前，将指定施工的地段，沿地面耕起 250～300 mm 并耙平，其宽度不应小于土冻深度的两倍与基底宽之和。在耕松的土中，有许多充满空气的孔隙，可以降低土层的导热性，有效防止或减缓下部土层的冻结。地面翻松耙平防冻法适用于－10 ℃以上且冻结时间短、地下水水

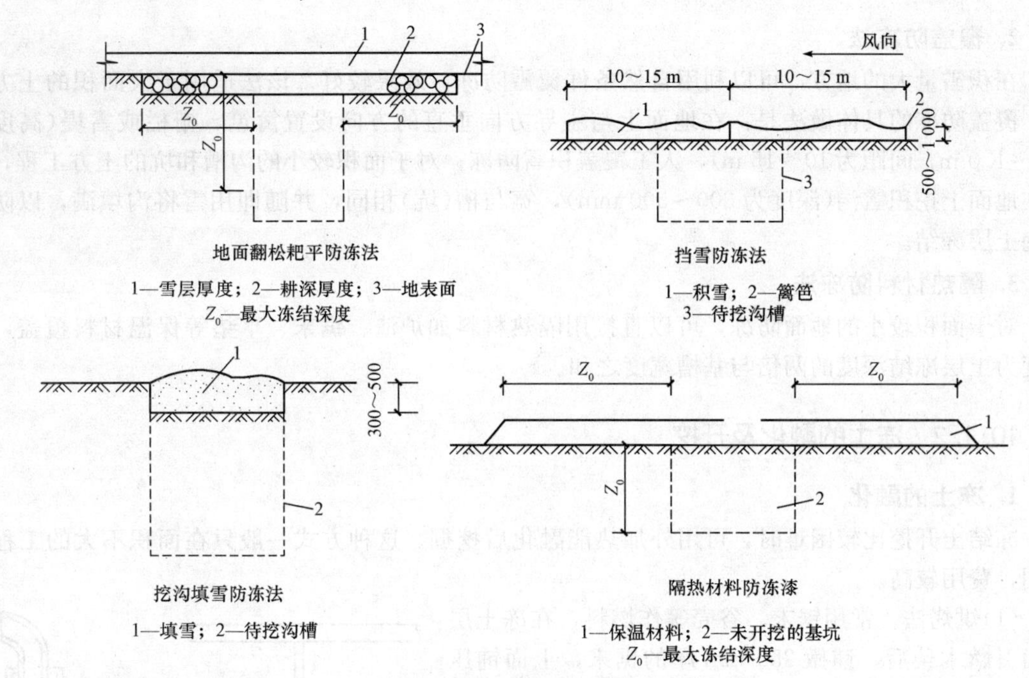

地面翻松耙平防冻法

1—雪层厚度；2—耕深厚度；3—地表面

Z_0—最大冻结深度

挡雪防冻法

1—积雪；2—篱笆

3—待挖沟槽

挖沟填雪防冻法

1—填雪；2—待挖沟槽

隔热材料防冻漆

1—保温材料；2—未开挖的基坑

Z_0—最大冻结深度

图 10-1 土防冻的方法

位较低、地势平坦的地区。t 天后的冻结深度 H 可按下式计算：

$$H=\alpha(4P-P^2) \tag{10-1}$$

$$P=\sum tT/1\ 000 \tag{10-2}$$

式中 H——翻松耙平或黏土覆盖后的冻结深度(cm)；

α——土的防冻计算系数，按表 10-1 选用；

P——冻结指数；

t——土体冻结时间(d)；

T——土体冻结期间的室外平均气温(℃)，以正号代入。

表 10-1 土的防冻计算系数 α

地面保温的方法	P										
	0.1	0.2	0.3	0.4	0.5	0.6	0.7	0.8	0.9	1.0	1.5	2.0
翻松 250 mm 并耙平	15	16	17	18	20	22	24	26	28	30	30	30
覆盖松土不少于 500 mm	35	36	37	39	41	44	47	51	55	59	60	60

【例 10-1】 某地为黏土，自 11 月 7 日开始冻结，于冻结前耕松地面 250 mm 并耙平，11 月的平均温度为−2.1 ℃，12 月的平均温度为−8 ℃，试计算该地在 1 月 1 日的冻结深度。

【解】 11 月冻结了 30−6＝24(d)，12 月冻结了 31 d。

11 月　　$tT=24\times2.1=51$

12 月　　$tT=31\times8=248$

$$\sum tT=51+248=299$$

$$P=299/1\ 000=0.3$$

从表 10-1 查得 $\alpha=17$，代入公式得该地在 1 月 1 日的冻结深度为

$$H=17\times(4\times0.3-0.3^2)=15(\text{cm})$$

2. 覆盖防冻法

在积雪量大的地方，可以利用自然条件覆雪防冻，效果较好。该法适用于大面积的土方工程。覆盖防冻的具体做法是：在地面上与主导方向垂直的方向设置篱笆、栅栏或雪堤(高度为0.5～1.0 m，间距为10～15 m)，人工覆盖积雪防冻；对于面积较小的沟槽和坑的土方工程，可以在地面上挖积雪沟(深度为300～500 mm)，宽与槽(坑)相同，并随即用雪将沟填满，以防止未挖土层冻结。

3. 隔热材料防冻法

对于面积较小的地面防冻，可以直接用隔热材料如炉渣、锯末、草垫等保温材料覆盖，其宽度为土层冻结深度的两倍与基槽宽度之和。

10.1.2 冻土的融化及开挖

1. 冻土的融化

冻结土开挖比较困难时，可用外加热能融化后挖掘。这种方式一般只在面积不大的工程上采用，费用较高。

(1)烘烤法。常用锯末、谷壳等作燃料，在冻土层表面引燃木柴后，铺撒250 mm厚的锯末，上面铺压30～40 mm厚的土层，使锯末阴燃，其热量经一昼夜可融化土层300 mm。如此分段分层施工，直至挖到未冻土为止。

(2)循环针法。循环针法分为蒸汽循环针法和热水循环针法两种，如图10-2所示。

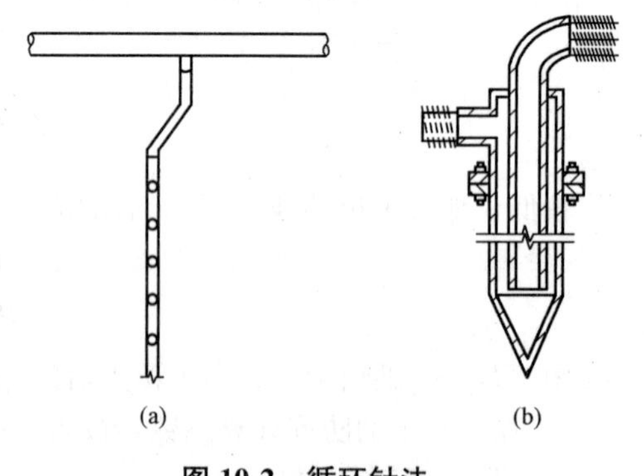

图10-2 循环针法

(a)蒸汽循环针法；(b)热水循环针法

1)蒸汽循环针法，即在管壁上用机械钻孔(孔径50～100 mm，孔深视土冻结深度而定，间距不大于1 m)，再将蒸汽管循环针埋入孔中，通入低压蒸汽融化冻土。其优点是融化速度快，一般两小时能融化直径500 mm范围的冻土；其缺点是热能消耗大，土融化后过湿。

2)热水循环针法是将Φ60～Φ150双层循环水管呈梅花形布置埋入冻土中，通过40 ℃～50 ℃的热水循环来融化冻土，其适用于大面积融化冻土。

融化冻土应按开挖顺序分段进行，每段大小应与每天挖土的工程量相适应，挖土应昼夜连续进行，以免因间歇使地基重新冻结。开挖基槽(坑)施工中，应防止基槽(坑)基础下的基土遭受冻结，要在基土高程以上预留适当厚度松土层或覆盖一定厚度的保温材料。冬期开挖土方时，邻近建筑物地基或地下设施应采取防融措施，以免冻结破坏。

2. 冻土的破碎与挖掘

在不具备保温防冻条件或土已冻结时，比较经济的土方施工方法是破碎冻土，然后挖掘。破碎冻土的方法一般有爆破法、机械法和人工法三种。

(1)爆破法。爆破法施工适用于冻土层较厚、开挖面积较大的土方工程，将炸药放入直立爆破孔或水平爆破孔中进行爆破，冻土破碎后用挖土机挖出，或借爆破的力量向四外崩出，形成需要的沟槽。爆破孔断面的形状为圆形，直径为50～70 mm。直立爆破孔与地面夹角呈60°～90°，深度为冻层厚度的0.6～0.85。爆破孔间距一般等于最小抵抗线长度的1.2倍，排距等于最小抵抗线长度的1.5倍。爆破孔可用电钻、风钻或人工打钎成形。炸药可使用黑色炸药、硝铵炸药或TNT炸药。冬期严禁使用甘油类炸药，因其在－10 ℃时就会冻结，并有自爆的危险。

雷管可使用电雷管或火雷管。

1)爆破孔注意事项。爆破孔在装药前，应将钻孔剩余的冻土屑清除。孔内落入水时，应用干砂、破布或其他吸水材料把水吸出。已经清理好的爆破孔在爆破前应用木塞塞上，木塞的上部须高出地平线 10～20 cm。

2)装炸药常识。装炸药时，开始先装入容量的一半，然后装入雷管，最后填入余下的炸药，用木棍轻加压实，再放入 10～15 cm 的干砂或细干土层，从爆破孔的上部塞入融解的土。装入带筒的炸药包时，可以用绳放入，不能用缓燃导火线或电气雷管线。填孔时，须特别注意不要使导火线或电线受到破坏。

3)爆破的安全注意事项。爆破施工要距离建筑物 50 m 以外，距离高压电线 200 m 以外。爆破工作应在专业人员的指挥下，由受过爆破和安全知识教育的人员担任，爆破之前应有技术安全措施，经主管部门批准，在现场应设立警告标志、信号、警戒哨和指挥站等。放炮后 20 min，才可以前往检查。遇有瞎炮，严禁掏挖或在原炮眼内重装炸药，应该在距离原炮眼 60 cm 以外的地方另行打眼放炮。

(2)机械法。当冻土层厚度在 0.25 m 以内时，可用中等动力的普通挖土机挖掘，其在冬期的工作效能与暑期相差不大。当冻土层厚度不超过 0.4 m 时，可用大马力的掘土机开掘土体，并无须预先准备。用拖拉机牵引的专用松土机，能够松碎不超过 0.3 m 的冻土层。对于厚度为 0.6～1 m 的冻土，通常是用吊锤打桩机往地里打楔或用楔形锤打桩机进行机械松碎，为了易于移动，通常用最轻的打桩机。对于厚度为 1～1.5 m 的冻土，可以用重锤冲击碎冻土。锤可以由铸铁制成楔形或球形，重为 2～3 t；也可以使用强夯重锤。起吊设备可以用吊车、简易的两步搭或三步搭支架配以卷扬机。有风镐设备的单位，可用风镐将冻土打碎，然后用人工或机械运输，其施工较简单，工人不需要过多训练。

(3)人工法。人工法施工常用的工具有镐、铁楔子。使用铁楔子挖冻土比其他手工工具效果更好，效率较高。施工时一人掌铁楔，一人或两人掌大锤，一个小组常用几个铁楔子，当一个铁楔子打下去而冻土尚未脱离时，再把第二个铁楔子在旁边的裂缝上加进去，直至冻土剥离为止。要注意去掉楔头打出的飞刺，以免其飞出伤人。掌铁楔的人与掌大锤的人不能脸对着脸，必须互成 90°。此方法耗费劳动量较大，是一种比较落后的方法，但在场地狭窄、不适宜用大型机械的地方仍可使用，比使用镐挖掘要省力得多。

破碎后的冻土可用机械或人工方法挖掘。与常温施工不同的是，由于外界气温在 0 ℃以下，未冻的土很快冻结，因此，必须周密计划，组织强有力的施工力量，必要时应留出预备力量，以便进行连续施工；对各种管道、机械设备和炸药、油料等必须采取保温措施，防止因冻结遭受破坏或变质；对运输的道路须采取防滑措施，如撒上炉渣或砂子等，以保持正常运输和安全；土方开挖完毕，或告一段落，必须暂停一段时间。若间隔在一天以内，可以在未冻土上覆盖一层草垫等简单的保温材料，以防已挖完的基土冻结；若间歇时间稍长，则应在地基上留一层土暂不挖除，或覆以其他保温材料，待砌基础或埋设管道之前再将基坑(槽)或管沟底部清除干净。在没有保温防冻条件或土已冻结时，可以采用破碎法首先将冻土破碎，然后再进行挖掘。

10.1.3 冬期回填土的施工

由于土冻结后即成为坚硬的土块，在回填过程中不夯实或压实，土解冻后就会造成大量沉降，因此，施工及验收规范中对用冻土作回填土有一定规定：室内的基坑(槽)或管沟不得用含有冻土块的土回填；室外的基坑(槽)或管沟可用含有冻土块的土回填，但冻土块的体积不得超过填土体积的 15%；管沟至管顶 0.5 m 范围内不得用含有冻土块的土回填等。因此，冬期施工的回填土工程可以采取以下措施：回填土预先保温；对挖出的不冻土采取防冻措施，留作回填用土；土方调配应保持挖方和填方的平衡，使挖出的土立即回填并夯实；适当减少冬期回填土量，在保证基底土不遭受冻结的条件下，尽量少填土；要确保冬期施工回填土的质量，如清除回填处的冻雪等，对重大项目可用砂土回填、工业废料等回填。

10.2 砌体工程的冬期施工

根据《建筑工程冬期施工规程》(JGJ/T 104—2011)的规定，经当地多年气温资料统计，当室外日平均气温连续5 d稳定低于5 ℃时，砌体工程应采取冬期施工措施。冬期施工期限以外，当日最低气温低于0 ℃时，也应采取冬期施工措施。当室外日平均气温连续5 d高于5 ℃时，解除冬期施工。气温可根据当地气象预报或历年气象资料估计。

10.2.1 砌体工程冬期施工的一般规定

冬期施工所用材料应符合下列规定：砖、砌块在砌筑前，应清除表面污物、冰雪等，不得使用遭水浸和受冻后表面结冰、污染的砖或砌块；砌筑砂浆宜采用普通硅酸盐水泥配制，不得使用无水泥拌制的砂浆；现场拌制砂浆所用砂中不得含有直径大于10 mm的冻结块或冰块；石灰膏、电石渣膏等材料应有保温措施，遭冻结时应经融化后方可使用；砂浆拌合水温不宜超过80 ℃，砂加热温度不宜超过40 ℃，且水泥不得与80 ℃以上的热水直接接触；砂浆稠度宜较常温适当增大，且不得二次加水调整砂浆和易性。

砌筑间歇期间，宜及时在砌体表面进行保护性覆盖，砌体面层不得留有砂浆。继续砌筑前，应将砌体表面清理干净。砌体工程宜选用外加剂法施工，对绝缘、装饰等有特殊要求的工程，应采用其他方法。施工日记中应记录大气温度、暖棚内温度、砌筑时砂浆温度、外加剂掺量等有关资料。对于砂浆试块的留置，除应按常温情况下的规定留置外，还应增设一组与砌体同条件养护的试块，用于检验转入常温28 d的强度。如有特殊需要，可另外增加相应龄期的同条件试块。

10.2.2 砌体工程的冬期施工方法

1. 外加剂法

采用外加剂法配制砂浆时，可采用氯盐或亚硝酸盐等外加剂。氯盐应以氯化钠为主，当气温低于−15 ℃时，可与氯化钙复合使用。氯盐掺量可按表10-2选用。

表10-2 氯盐外加剂掺量

氯盐及砌体材料种类			日最低气温/℃			
			≥−10	−11～−15	−16～−20	−21～−25
单掺氯化钠/%		砖、砌块	3	5	7	—
		石材	4	7	10	—
复掺/%	氯化钠	砖、砌块	—	—	5	7
	氯化钙		—	—	2	3
注：氯盐以无水盐计，掺量为占拌合水量百分比。						

砌筑施工时，砂浆温度不应低于5 ℃。当设计无要求，且最低气温≤−15 ℃时，砌体砂浆强度等级应较常温施工提高一级。氯盐砂浆中复掺引气型外加剂时，应在氯盐砂浆搅拌的后期掺入。采用氯盐砂浆时，应对砌体中配置的钢筋及钢预埋件进行防腐处理。砌体采用氯盐砂浆施工，每日砌筑高度不宜超过1.2 m，墙体留置的洞口，距离交接墙处不应<500 mm。以下情况不得采

用掺氯盐的砂浆砌筑砌体：对装饰工程有特殊要求的建筑物；使用环境湿度大于80%的建筑物；配筋、钢埋件无可靠防腐处理措施的砌体；接近高压电线的建筑物(如变电所、发电站等)；经常处于地下水水位变化范围内，以及地下未设防水层的结构。

2. 冻结法

冻结法是指采用不掺化学外加剂的普通水泥砂浆或水泥混合砂浆进行砌筑的一种冬期施工方法。冻结法的原理是砂浆内不掺任何化学抗冻剂，允许砂浆在铺砌完毕后就受冻。受冻的砂浆可获得较大的冻结强度，而且冻结的强度随气温的降低而增高。但当气温升高而砌体解冻时，砂浆强度仍然等于冻结前的强度。当气温转入正温后，水泥水化作用又重新进行，砂浆强度可继续增长。此法适用于对保温、绝缘、装饰等有特殊要求的工程和受力配筋砌体，以及不受地震区条件限制的其他工程。冻结法施工的砂浆，经冻结、融化和硬化三个阶段后，砂浆强度，砂浆与砖石砌体间的黏结力都有不同程度的降低。砌体在融化阶段，由于砂浆强度接近零，这将会增加砌体的变形和沉降。

10.3 混凝土结构工程的冬期施工

10.3.1 混凝土冬期施工的原理

1. 混凝土的早期冻害机制

混凝土的早期冻害是指新浇筑和在硬化过程中的初龄期混凝土，受寒冷气温的影响而遭到冻结，给混凝土的各项指标造成不同程度的影响和损害。温度、水和混凝土内部结构的孔隙是混凝土受冻害的重要条件。混凝土能够凝结硬化并具有一定强度，是水泥水化反应的结果。水和温度是水泥水化反应能够正常进行的必要条件。当温度降至5 ℃时，水化反应速度缓慢，降至0 ℃时，水化反应基本停止，降至0 ℃以下时，水化作用停止，混凝土内部的游离水开始结冰，游离水结冰后体积增大约10%，在混凝土内部产生冰胀应力，使强度尚低的混凝土内部产生微裂缝和孔隙，同时损害混凝土和钢筋的黏结力，导致结构强度降低。

2. 温度对混凝土性能的影响

混凝土的强度只有在正温养护条件下，才能持续不断地增长，并且随着温度的增高，混凝土强度的增长速度加快。在混凝土冬期施工中，早期受冻后，其结构及物理力学性能将受到严重的损害。

(1)混凝土内部的结构破坏。硬化过程中的初龄期混凝土遭冻及新浇筑混凝土立即遭冻后，内部产生一系列的微裂纹甚至微裂缝，这些微裂纹、裂缝破坏了混凝土内部自身的整体性。试验和工程实践证明，混凝土解冻以后，即使再养护28 d，这些微裂纹也不能全部得到修补。

(2)混凝土抗压、抗拉强度的降低。混凝土在负温下遭到冻结，当温度回升到正温时，水泥的水化作用可继续进行，但冻结对混凝土的抗压、抗拉强度影响较大。冻结时温度越低，强度损失越大；水胶比越大，强度损失越大；受冻时强度越低，强度损失越大。特别是浇筑后立即受冻，抗压强度损失可达50%以上，即使后期正温养护3个月，也恢复不到设计的强度水平；抗拉强度损失可达40%。

(3)钢筋混凝土黏结强度的降低。试验结果证明，混凝土早期受冻对混凝土与钢筋的黏结强度影响较大，对强度低的混凝土影响更严重。

3. 混凝土允许受冻的临界强度

冬期浇筑的混凝土，其受冻临界强度应符合下列规定：

(1)采用蓄热法、暖棚法、加热法等施工的普通混凝土，采用硅酸盐水泥、普通硅酸盐水泥配制时，其受冻临界强度不应小于设计混凝土强度的30%；采用矿渣硅酸盐水泥、粉煤灰硅酸盐水泥、火山灰质硅酸盐水泥、复合硅酸盐水泥时，不应小于设计混凝土强度的40%。

(2)当室外最低气温不低于－15 ℃时，采用综合蓄热法、负温养护法施工的混凝土受冻临界强度不应小于4 MPa；当室外最低气温不低于－30 ℃时，采用负温养护法施工的混凝土受冻临界强度不应小于5 MPa。

(3)对强度等级等于或高于C50的混凝土，受冻临界强度不宜小于设计混凝土强度等级值的30%。

(4)对有抗渗要求的混凝土，受冻临界强度不宜小于设计混凝土强度的50%。

(5)对有抗冻、耐久性要求的混凝土，受冻临界强度不宜小于设计混凝土强度的70%。

(6)当采用暖棚法施工的混凝土中掺入早强剂时，可按综合蓄热法受冻临界强度取值。

(7)当施工需要提高混凝土强度等级时，应按提高后的强度等级确定受冻临界强度。

10.3.2　混凝土冬期施工的工艺要求

一般情况下，混凝土冬期施工要求正温浇筑、正温养护，对原材料的加热及混凝土的搅拌、运输、浇筑和养护应进行热工计算，并据此进行施工。

1. 冬期施工对材料的要求

(1)水泥。冬期施工时，混凝土的配制宜选用硅酸盐水泥或普通硅酸盐水泥，并应符合下列规定：当采用蒸汽养护时，宜选用矿渣硅酸盐水泥；混凝土最小水泥用量不宜低于280 kg/m³，水胶比不应大于0.55；大体积混凝土的最小水泥用量可根据实际情况决定；强度等级不大于C15的混凝土，其水胶比和最小水泥用量可不受以上限制。

(2)集料。拌制混凝土所用集料应清洁，不得含有冰、雪、冻块及其他易冻裂物质。掺加含有钾、钠离子的防冻剂的混凝土，不得采用活性集料或在集料中混有此类物质的材料，以免发生碱-集料反应，导致混凝土的体积膨胀，破坏混凝土结构。

(3)水。水的比热大，是砂石集料的5倍，因此，冬期施工拌制混凝土应优先采用加热水的方法。当加热水达不到要求时，才考虑加热砂和石子。砂石加热时，可采用蒸汽直接通入集料中。拌合水及集料加热最高温度应符合表10-3的规定。

表10-3　拌合水及集料加热最高温度

水泥强度等级	拌合水/℃	集料/℃
小于42.5	80	60
42.5、42.5R及以上	60	40

当水和集料的温度仍不能满足热工计算要求时，可提高水温到100 ℃，但水泥不得与80 ℃以上的水直接接触，以免产生“假凝”现象。水泥假凝是指水泥遇到温度较高的热水时，颗粒表面很快形成薄而硬的壳，阻止了水泥水化作用的继续进行，使水泥水化不充分，新拌混凝土拌合物的和易性下降，从而导致混凝土强度下降。拌合水中不得含有导致延缓水泥正常凝结、硬化的杂质以及能引起钢筋锈蚀和混凝土腐蚀的离子。凡一般饮用的自来水和天然的洁净水，都可以用来拌制混凝土。

(4)钢筋。钢筋的焊接和冷拉的施工气温不宜低于－20 ℃，预应力钢筋张拉温度不宜低于－15 ℃，钢筋焊接应在室内进行，必须在室外进行时，应有防雨雪和挡风措施。焊接后冷却的接头应避免与冰雪接触。

(5)外加剂。在混凝土中掺入适量的外加剂，可以保证混凝土在低温条件下早强和在负温下硬化，防止早期受冻，提高混凝土的耐久性。冬期施工混凝土选用外加剂应符合现行《混凝土外加剂应用技术规范》(GB 50119—2013)的相关规定。非加热养护法混凝土施工，所选用的外加剂应含有引气组分或掺入引气剂，含气量宜控制在3.0%～5.0%。一般多使用无氯盐的防冻剂、引气剂或引气减水剂，但不应使用对钢筋有腐蚀和降低混凝土抗渗性的外加剂。

(6)掺合料。在混凝土中掺入一定量的粉煤灰，能改善混凝土性能、提高工程质量、节约水泥、降低成本。在混凝土中掺入一定量的氟石粉，能有效地改善混凝土的和易性，提高混凝土的抗渗性，调节水泥水化作用，提高混凝土初始温度。氟石粉的适宜掺量一般为水泥用量的10%～15%，最好通过试验确定。

(7)保温材料。混凝土工程冬期施工使用的保温材料，应根据工程类型、结构特点、施工条件、气温情况等选用。保温材料优先选用导热系数小、密闭性好、坚固耐用、防风防潮、价格低廉、质量轻、能多次使用的地方性材料，如草帘、草袋、炉渣、锯末等。保温材料必须保持干燥，因为受潮后其保温性能成倍降低。随着工业新技术的发展，冬期施工中也越来越广泛地使用轻质、高效能的保温材料，如珍珠岩、石棉以及聚氨酯泡沫塑料等。

2. 混凝土的搅拌、运输、浇筑

冬期施工时，外界气温低，由于空气和容器热传导，混凝土在搅拌、运输、浇筑过程中应加强保温，防止热量损失过大。

(1)混凝土的搅拌。混凝土的搅拌应在搭设的暖棚内进行，应优先采用大容量的搅拌机，以减少混凝土的热量损失。搅拌前，用热水或蒸汽冲洗加热搅拌筒，在搅拌过程中，为使新拌混凝土混合物均匀，水泥水化作用完全、充分，根据《建筑工程冬期施工规程》(JGJ/T 104—2011)，混凝土搅拌的最短时间应符合表10-4所示的规定；严格控制搅拌用水量；为了避免水与过热的拌合水发生“假凝”现象，材料的投料顺序一般为：先投入集料和加热的水，搅拌一定时间后，待水温降到40 ℃左右时；再投入水泥，继续搅拌到规定的时间，混凝土拌合物的温度应控制在35 ℃以下。

表10-4　混凝土搅拌的最短时间

混凝土坍落度/mm	搅拌机容积/L	混凝土搅拌最短时间/s
≤80	<250	90
	250～500	135
	>500	180
>80	<250	90
	250～500	90
	>500	135

注：采用自落式搅拌机时，应较以上搅拌时间延长30～60 s，采用预拌混凝土时，应较常温下预拌混凝土搅拌时间延长15～30 s。

(2)混凝土的运输。运输时应保证混凝土不离析、不丧失塑性，尽量减少混凝土在运输过程中的热量损失，缩短运输路线，减少装卸和转运次数，使用大容积的运输工具，并经常清理，保持干净，尽量缩短装卸时间。混凝土运输与输送机具应进行保温或具有加热装置。在浇筑泵送混凝土前应对泵管进行保温，并应采用与施工混凝土同配比的砂浆进行预热。

(3)混凝土的浇筑。浇筑混凝土前，要对各项保温措施进行一次全面检查，清除模板和钢筋上的冰雪及杂物，尽量加快混凝土的浇筑速度，以防热量散失过多。混凝土拌合物的出机温度不宜低于10 ℃，入模温度不得低于5 ℃，开始养护的温度不得低于2 ℃。制订浇筑方案时，应考虑集中浇筑，避免分散浇筑，在浇筑过程中工作面尽量缩小，减少散热面，采用机械振捣的时间比常温时间有所延长，尽可能提高混凝土的密实度；保温材料随浇随盖，保证有足够的厚度，搭接之处应当特别严密，防止出现孔洞或空隙后使空气进入，造成质量事故。

开始浇筑混凝土时，要做好测温工作。从原材料加热直至拆除保温材料为止，要经常对混凝土出机温度、运输过程的温度、入模温度以及保温过程的温度进行测量，每天至少测量四次，并做好记录。在施工过程中，要经常与气象部门联系，掌握每天的气温情况，如有气温下降，必须采取加强保温措施。

整体式结构混凝土浇筑，且采用加热养护时，浇筑的程序和施工缝位置的留设应防止较大的温度应力产生。装配式结构受力接头混凝土的施工，浇筑前应将结合部位的表面加热至正温，浇筑后养护到设计要求的强度，构造要求接头混凝土可浇筑掺有不使钢筋锈蚀的外加剂混凝土。冬期不得在强冻胀性地基土上浇筑混凝土；在弱冻胀性地基土上浇筑混凝土时，基土不得受冻；在非冻胀性地基土上浇筑混凝土时，混凝土受冻临界强度应符合《建筑工程冬期施工规程》(JGJ/T 104—2011)的规定。

10.3.3 混凝土冬期施工方法的选择

混凝土冬期施工方法的选择，应根据当地历年气象资料和气象预报、建筑结构特点、原材料和能源情况以及进度要求、施工现场条件等情况，综合分析、比较后再行决定。混凝土冬期施工常用的方法有蓄热法、外加剂法、外部加热法和综合蓄热法等。

1. 施工方法的分类与选择

根据热源条件和使用的材料，混凝土冬期施工的养护方法有以下两类：

(1)混凝土养护期不加热方法。若外界环境气温不是很低，厚大的结构工程施工时，可提高混凝土的初始浇筑温度，同时在模板的外面用保温材料加强对混凝土的保温，不需要在养护期间对混凝土额外加热，就可使水泥的水化热较早、较快地释放。在短时间内，或混凝土内温度降低到 0 ℃以前，混凝土已可达到临界强度，如蓄热法、综合蓄热法、掺外加剂法等。

(2)混凝土养护期加热方法。天气严寒、气温较低时，对于不太厚大的结构构件，需要利用外部热源对新浇筑的混凝土进行加热养护。加热的方式可采用直接对混凝土加热，也可加热混凝土周围的空气，使混凝土处于正温养护条件，如蒸汽加热法、电热法、暖棚法等。

对于工期不紧和无特殊限制的工程，应本着节约能源和降低冬期施工费用的原则优先选用养护期间不加热的施工方法或综合养护法。一个好的施工方案，首先应在避免混凝土早期受冻前提下，用最低的施工费用、最短的工期，获得优良的施工质量。

2. 混凝土工程冬期施工的养护

冬期施工时，混凝土养护工艺有如下几种方法：

(1)暖棚法。暖棚法即浇筑和养护混凝土时，在建筑物或构件周围搭起暖棚并设置热源，以维持棚内的正温环境，使混凝土在正温下硬化。

本法适用于地下结构工程和混凝土构件比较集中的工程。其优点是施工操作与常温无异，方便可靠；其缺点是暖棚搭设需消耗较多材料和劳动力，需要大量热源，费用较高。

(2)蓄热法。蓄热法是利用混凝土组成材料的预加热量和水泥的水化热量，增设保温材料将浇筑后的混凝土严密覆盖，使混凝土缓慢冷却，并在冷却过程中逐渐硬化。当混凝土温度降至 0 ℃时，可达到抗冻临界强度或预期强度要求。当结构面积系数较小或气温不太低时，宜优先采用蓄热法养护工艺。该方法具有经济、简便、节能等优点，但也有强度增长缓慢的缺点。当室外温度不低于−15 ℃时，地面以下工程或结构表面系数小于 5 m^{-1}的结构，以及冻结期不太长的地区，都可以优先采用蓄热法施工。

(3)电热法。电热法分为电热毯加热法、工频涡流加热法和电极法。

1)电热毯加热法适用于以钢模板浇筑的构件。其电热毯为加热元件。在钢模板的区格内卡入电热毯后，再覆盖石棉板或其他保温材料，外侧用环保胶粘贴水泥纸袋两层挡风。对大模板现浇墙体加热时，对散热较多的部位，即墙体顶部、底部和墙体连接部位，应双面密布电热毯，中间部位可以较疏或两面交错铺设。在浇筑混凝土前，应先通电将模板预热，在浇筑过程中应留出测温孔，浇筑后应定期测定温度并做好记录，养护过程中根据混凝土的温度变化可断续送电。

2)工频涡流加热法是在钢模板的外侧布设钢管，钢管与板面贴紧并焊牢，管内穿以导线。当导线中有电流通过时，在管壁上产生热效应，通过钢模板将热量传导给混凝土，使混凝土升温。为了减少热能损失、降低能耗，在模板外面应用毛毯、矿棉板或聚氨酯泡沫等材料保温。该方法适用于钢模板浇筑的混凝土墙体、梁、柱和接头。其优点是温度比较均匀，控制方便；其缺点是需制作专用模板，增加了模板费用。

3)电极法是在混凝土结构的内部或表面设置电极，通以低压电流。混凝土的电阻作用使电能变为热能，利用其所产生的热量对混凝土进行加热。电极法养护工艺的耗钢量和耗电量较大，但养护效果好，易于控制。采用电极法养护工艺时，当混凝土浇筑完毕、电极布置妥当后，应首先将混凝土的外露表面覆盖，通电后，要随时注意观察混凝土表面的温度和湿度，如出现干燥现象，应切断电源，用温水润湿混凝土表面后，再继续通电养护。施工时，混凝土的升温速度和降温速度均应符合规范的规定，对薄壁结构或易于散热冷却的部位，应加强保温措施。

(4)蒸汽加热法。蒸汽加热法养护工艺有两种：一种是让蒸汽与混凝土直接接触，利用蒸汽的温热作用来养护混凝土；另一种是将蒸汽作为热载体，通过某种形式的散热器，将热量传导给混凝土，使其升温。前者有蒸汽室法、蒸汽套法和内部通气法等养护手段，后者有毛管法和热模法等养护手段。蒸汽养护法的主要优点是蒸汽含热量高，湿度大，成本较低；其缺点是温度、湿度难以保持均匀稳定，热能利用率低，现场管道多，容易发生冷凝和冰冻。养护混凝土的蒸汽需用量与采用的养护方法、被养护混凝土构件的形状和体积，以及养护的环境气温等有关。蒸汽养护法的适用性比较广泛，如蒸汽室法适用于加热地槽中的混凝土结构及地面上的小型预制构件；蒸汽套法适用于现浇柱、梁及肋形楼板等整体结构的加热；内部通气法适用于柱、梁等现浇构件的加热；热模法适用于空腔式模板或排管式模板等特制钢模板的混凝土工程，其主要是对混凝土进行间接加热。

3. 掺外加剂的混凝土冬期施工方法

在混凝土制备过程中，掺入适量的单一或复合型的外加剂(如防冻剂、早强剂、减水剂、阻锈剂)，使混凝土短期内在正温或负温下养护，硬化达到满足混凝土受冻临界强度或设计要求强度。外加剂的作用是使混凝土产生早强、减水防冻的效果，在负温下加速凝结硬化。掺外加剂法可使混凝土冬期施工工艺简化，节约能源，降低冬期施工费用，是冬期施工方法中较有发展前途的施工方法。

(1)掺氯盐混凝土。用氯盐(氯化钠、氯化钾)溶液配制的混凝土，具有加速混凝土凝结硬化，提高早期强度，增加混凝土抗冻能力的性能，有利于在负温下硬化，但氯盐对混凝土有腐蚀作用，对钢筋有锈蚀作用。为了确保钢筋混凝土结构中的钢筋不被氯盐锈蚀，钢筋混凝土掺用氯盐类防冻剂时，氯盐掺量不得大于水泥质量的1.0%。掺用氯盐的混凝土应振捣密实，且不宜采用蒸汽养护。在下列情况下，不得在钢筋混凝土结构中掺用氯盐：排出大量蒸汽的车间、浴池、游泳馆、洗衣房等经常处于空气相对湿度大于80%的房间以及有顶盖的钢筋混凝土蓄水池等在高湿度空气环境中使用的结构；处于水位升降部位的结构，露天结构或经常受雨、水淋的结构；有镀锌钢材或铝铁相接触部位的结构，有外露钢筋、预埋件而无防护措施的结构；与含有酸、碱或硫酸盐等侵蚀介质相接触的结构；在使用过程中经常处于环境温度为 60 ℃以上的结构；使用冷拉钢筋或冷拔低碳钢丝的结构；薄壁结构，中级和重级工作制吊车梁、屋架、落锤或锻锤基础结构；电解车间和直接靠近直流电源的结构；直接靠近高压电源(发电站、变电所)的结构；预应力混凝土结构。

掺氯盐混凝土施工的注意事项包括：应选用强度等级大于 42.5 的普通硅酸盐水泥，水泥用量不得少于 300 kg/m³，水胶比不应大于 0.6；氯盐应配制成一定浓度的水溶液，严格计量加入。搅拌要均匀，搅拌时间应比普通混凝土搅拌时间增加 50%；混凝土必须在搅拌出机后 40 min 浇筑完毕，以防凝结，混凝土振捣要密实；掺氯盐混凝土不宜采用蒸汽养护；由于氯盐对钢筋有锈蚀作用，应用时加入水泥质量 2%的亚硝酸钠阻锈剂，钢筋保护层厚度不小于 30 mm。

(2)负温混凝土。负温混凝土是指采用复合型外加剂配制的混凝土。在施工过程中，按实际情况选择对原材料加热、保温或蓄热养护等措施，可以起到减水及阻止钢筋锈蚀等作用，使混凝土在负温条件下短期养护达到允许受冻临界强度。

混凝土负温养护法适用于不易加热保温，且对强度增长要求不高的一般混凝土结构工程。负温养护法施工的混凝土，应以浇筑后 5 d 内的预计日最低气温来选用防冻剂，起始养护温度不应低于 5 ℃。混凝土浇筑后，裸露表面应采取保湿措施，同时应根据需要采取必要的保温覆盖措施。负温养护法施工应按规定加强测温，混凝土内部温度降到防冻剂规定温度之前，混凝土的抗压强度应符合《建筑工程冬期施工规程》(JGJ/T 104—2011)的相关规定。

选择负温抗冻剂方案的具体要求：外加剂对钢筋无锈蚀作用；外加剂对混凝土锈蚀无影响；外加剂对混凝土早期强度高，后期强度无损失。目前，外加剂与水泥的有些作用机制还不十分清楚，外加剂的质量标准尚无统一规定，其必须经过试验且符合要求后方可使用。下面介绍硫铝酸盐水泥混凝土负温施工方法。

硫铝酸盐水泥混凝土可在温度不低于−25 ℃的环境下施工，适用于工业与民用建筑工程的钢筋混凝土梁、柱、板、墙的现浇结构；多层装配式结构的接头以及小截面和薄壁结构混凝土工程；抢修、抢建工程及有硫酸盐腐蚀环境的混凝土工程。使用条件经常处于温度高于 80 ℃的结构部位或有耐火要求的结构工程不宜采用硫铝酸盐水泥混凝土施工。硫铝酸盐水泥混凝土冬期施工可选用 $NaNO_2$ 防冻剂或 $NaNO_2$ 与 Li_2CO_3 复合防冻剂，其掺量可按表 10-5 选用。拼装接头或小截面构件、薄壁结构施工时，应适当提高拌合物的温度，并应加强保温措施。

表 10-5　硫铝酸盐水泥用防冻剂掺量

环境最低气温/℃		≥−5	−5～−15	−15～−25
单掺 $NaNO_2$/%		0.50～1.00	1.00～3.00	3.00～4.00
复掺 $NaNO_2$ 与 Li_2CO_3/%	$NaNO_2$	0.00～1.00	1.00～2.00	2.00～4.00
	Li_2CO_3	0.00～0.02	0.02～0.05	0.05～0.10
注：防冻剂掺量按水泥质量百分比计。				

硫铝酸盐水泥与硅酸盐类水泥混合使用时，硅酸盐类水泥的掺用比例应小于 10%。硫铝酸盐水泥混凝土可采用热水搅拌，水温不宜超过 50 ℃，拌合物温度宜为 5 ℃～15 ℃，坍落度应比普通混凝土增加 10～20 mm，水泥不得直接加热或直接与 30 ℃以上的热水接触。采用机械搅拌和运输车运输、卸料时，应将搅拌筒及运输车内的混凝土排空，并应根据混凝土的凝结时间及时清洗搅拌机和运输车。混凝土应随拌随用，并应在拌制结束 30 min 内浇筑完毕，不得二次加水拌和使用。混凝土入模温度不得低于 2 ℃。

浇筑混凝土后，应立即在其表面覆盖一层塑料薄膜，以防止失水，并应根据气温情况及时覆盖保温材料。混凝土养护不宜采用电热法或蒸汽法，当混凝土结构体积较小时，可采用暖棚法养护，但养护温度不宜高于 30 ℃。当混凝土结构体积较大时，可采用蓄热法养护。模板和保温层的拆除应符合规范的规定。

10.3.4 混凝土冬期施工的质量控制及检查

混凝土冬期施工的质量检查除应符合现行国家标准《混凝土结构工程施工质量验收规范》(GB 50204—2015)以及其他有关标准外，还应符合下列规定：应检查外加剂质量及掺量，外加剂进入施工现场后应进行抽样检验，合格后方准使用；应根据施工方案确定的参数检查水、集料、外加剂溶液和混凝土出机、浇筑、起始养护时的温度；应检查混凝土从入模到拆除保温层或保温模板期间的温度；采用预拌混凝土时，原材料、搅拌、运输过程中的温度检查及混凝土质量检查应由预拌混凝土生产企业进行，并应将记录资料提供给施工单位。施工期间的测温项目与频次应符合表 10-6 所示的规定。

表 10-6 施工期间的测温项目与频次

序号	测温项目	频次
1	室外气温	测量最高、最低气温
2	环境温度	每昼夜不少于四次
3	搅拌机棚温度	每一工作班不少于四次
4	水、水泥、矿物掺合料、砂、石及外加剂溶液温度	每一工作班不少于四次
5	混凝土出机、浇筑、入模温度	每一工作班不少于四次

混凝土养护期间的温度测量应符合下列规定：采用蓄热法或综合蓄热法时，在达到受冻临界强度前，应每隔 4～6 h 测量一次；采用负温养护法时，在达到受冻临界强度之前，应每隔 2 h 测量一次；采用加热法时，在升温和降温阶段应每隔 1 h 测量一次，在恒温阶段应每隔 2 h 测量一次；混凝土在达到受冻临界强度后，可停止测温；大体积混凝土养护期间的温度测量还应符合《大体积混凝土施工规范》(GB 50496—2009)的相关规定。

养护温度的测量方法如下：应对测温孔编号，并应绘制测温孔布置图，应在现场设置明显标识；测温时，应对测温元件采取措施使其与外界气温隔离，测温元件测量位置应处于结构表面下 20 mm 处，留置在测温孔内的时间不应少于 3 min；采用非加热法养护时，应将测温孔设置在易于散热的部位，采用加热法养护时，应将测温孔分别设置在离热源不同的位置。

对混凝土质量进行检查时，应检查混凝土表面是否受冻、粘连、收缩裂缝，边角是否脱落，施工缝处有无受冻痕迹；同条件养护试块的养护条件是否与结构实体一致；采用电加热养护时，应检查供电变压器二次电压和二次电流强度，每一工作班不应少于两次。

混凝土模板和保温层在混凝土达到要求强度并冷却到 5 ℃后方可拆除。拆模时混凝土表面与环境的温差大于 20 ℃时，混凝土表面应及时覆盖，使其缓慢冷却。混凝土抗压强度试件的留置除应按现行国家标准进行外，还应增设不少于两组的同条件养护试件。

10.4 装饰工程的冬期施工

装饰工程应尽量在冬期来临之前完成，或推迟到第二年春天进行。如必须在冬期施工，应按冬期施工的有关规定组织施工。

10.4.1 一般抹灰的冬期施工

一般抹灰冬期常用施工方法有两种，即热作法和冷作法。

1. 热作法

热作法施工是利用房屋的永久热源或临时热源来提高和保持操作环境的温度，使装饰工程在正常的温度条件下进行。热作法一般用于室内抹灰。室内抹灰应在屋面已做好的情况下进行。抹灰前应将门、窗封闭，对抹灰砌体提前进行加热，使墙面温度保持在 5 ℃以上，以便湿润墙面不致结冰，使砂浆与墙面黏结牢固。冻结砌体应提前进行人工解冻，待解冻、下沉完毕，砌体强度达到设计强度的 20%后方可抹灰。抹灰砂浆应在正温的室内或暖棚内制作，用热水搅拌，抹灰时砂浆的上墙温度不低于 10 ℃。抹灰结束后，至少 7 d 内保持 5 ℃的室温进行养护。在此期间，应随时检查抹灰层的湿度，当干燥过快时，应洒水湿润，以防产生裂纹、脱落，影响与基层的黏结。

2. 冷作法

冷作法施工是低温条件下在砂浆中掺入一定量的防冻剂(氯化钠、氯化钙、亚硝酸钠等)，在不采取采暖保温措施的情况下进行抹灰作业。冷作法施工适用于对房屋装饰要求不高、小面积的外饰面工程。冷作法抹灰前应对抹灰墙面进行清扫，墙面应保持干净，不得有浮土和冰霜，表面不洒水湿润；抗冻剂宜优先选用单掺氯化钠的方法，其次可用同时掺氯化钠和氯化钙的复盐或掺亚硝酸钠，其掺入量与室外气温有关。

防冻剂应由专人配制和使用，配制时可先配制 20%浓度的标准溶液，然后根据气温配制成使用溶液。掺氯盐的抹灰严禁用于高压电源的部位，在做涂料墙面的抹灰砂浆时，不得掺入氯盐防冻剂。氯盐砂浆应在正温下拌制使用，拌制时，先将水泥和砂干拌均匀，然后加入氯盐水溶液搅拌，水泥可用硅酸盐水泥或矿渣硅酸盐水泥，严禁使用高铝水泥。砂浆应随拌随用，不允许停放。

10.4.2 其他装饰工程的冬期施工

冬期进行刷浆、油漆、裱糊等饰面工程时，应采用热作法施工，尽量利用永久性的采暖设施。室内温度应在 5 ℃以上，并保持均衡，不发生突然变化，否则不能保证工程质量。

室外刷浆应保持施工均衡，粉浆类料宜采用热水配制，随用随配，料浆使用温度宜保持在 15 ℃左右。冬期气温低，油漆会发黏，不易涂刷，涂刷后漆膜不易干燥。为了便于施工，在油漆中加一定量的催干剂，可保证油漆在 24 h 内干燥。裱糊工程施工时，混凝土或抹灰基层含水率不应大于 8%。在施工中，当室内温度高于 20 ℃，且相对湿度大于 80%时，应开窗换气，防止壁纸皱褶起泡。冬期玻璃工程施工时，应将玻璃、镶嵌用合成橡胶等材料运到有采暖设备的室内，操作地点环境温度不应低于 5 ℃。外墙铝合金、塑料框、大扇玻璃不宜在冬期安装。

10.5 雨期施工

我国地域辽阔，各地降水量及其时间分布极不均衡。华南地区降水量较高，全年降水量可达到 1 700 mm；华中、华东和西南地区的全年降水量达 1 000～1 300 mm；华北、西北地区的降水量较少，全年降水量只有 300～600 mm。北方地区雨期集中在 6～8 月，雨量大且比较集中；南方地区雨期较长，全年70%～80%的时间为雨期，且较北方提前。在建筑工程施工中，根据各地区的气象特点，合理安排雨期施工，是确保工程质量和生产安全，提高施工经济效益的重要保证。

10.5.1 雨期施工准备

降水量大的地区在雨期到来之际，施工现场、道路及设施必须做好有组织的排水。临时排水设施尽量与永久性排水设施结合，修筑的临时排水沟网要依据自然地势确定排水方向，排水坡度一般不应小于3%，横截面尺寸依据当地气象资料、历年最大降水量、施工期内的最大流量确定，做到排水通畅、雨停水干，防止地面水流入基础和地下室内。施工现场临时设施、库房要做好防雨、排水的准备，水泥、保温材料、铝合金构件、玻璃及装饰材料的保管堆放要注意防潮、防雨和防水。必要时要加固现场的临时道路，加高路基，路面加铺炉渣、砂砾或其他防滑材料。准备足够的防水、防汛材料(如草袋、油毡、雨布等)和器材工具等，组织防雨、防汛抢险队伍，统一指挥，以防应急事件。

10.5.2 土方基础工程的雨期施工

雨期施工要遵循先整治、后开挖的施工程序，不得在滑坡地段进行施工。重要的或特殊的土方工程，应尽量在雨期前完成。地槽、地坑开挖的雨期施工面不宜过大，应逐段、逐片、分期完成，基底挖到高程后应及时验收并浇筑混凝土垫层；可能遇下雨天气时，应预留基底高程以上150～300 mm厚的土层不挖，待雨后排除积水施工。开挖土方应从上至下，分层、分段依次施工，底部随时做成一定的坡度，以利于泄水，填方工程每层及时压实平整，并做成一定的坡势，以利于场地雨水排除。

在雨期施工中，应经常检查边坡的稳定情况，遇有可能塌方的地段，必须进行加固处理后方可施工，必要时适当放缓边坡或设置支撑加固。为防止大型基坑开挖土方工程的边坡被雨水冲刷造成塌方，要依据基础工程的工期、雨期降雨量和土质情况，在边坡上覆盖草袋、塑料雨布等材料保护；施工期长、降雨量大时，可在边坡钉挂钢丝网，喷筑50 mm厚的细石混凝土保护层。地下的池、罐等构筑物或地下室结构，完工后应抓紧完成基坑四周回填土施工和上部结构施工，使载荷达到满足抗浮稳定系数，以防基坑积满水，造成池、罐及地下室上浮倾斜事故；施工过程中遇上大雨时，要用水泵及时有效地降低坑内积水高差，若仍不能满足要求，应迅速将积水灌回箱形结构之内，以增加抗浮能力。

10.5.3 砌筑工程的雨期施工

在雨期施工中，砌筑工程不准使用太湿的砖，以免砂浆流淌和砖块滑移造成墙体倒塌，每日砌筑的高度应控制在1 m以内。在砌筑施工过程中，若遇雨应立即停止施工，并在砖墙顶面铺设一层干砖，以防雨水冲走灰缝的砂浆。雨后，受冲刷的新砌墙体应翻砌上面的两皮砖。稳定性较差的窗间墙、山尖墙，砌筑到一定高度后应在砌体顶部加水平支撑，以防阵风袭击，维护墙体的整体性。雨水浸泡会引起脚手架底座下陷而倾斜，雨后施工要经常检查，发现问题及时处理、加固。

10.5.4 混凝土工程的雨期施工

混凝土工程的雨期施工，应加强对水泥材料防雨、防潮工作的检查，对砂、石集料进行含水量的测定，及时调整施工配合比。加强对模板有无松动变形及隔离剂情况的检查，特别是对其支撑系统的检查，如有支撑下陷、松动等现象，应及时加固处理。重要结构和大面积的混凝土浇筑应尽量避开雨天施工。施工前应了解未来 2～3 d 的天气情况。小雨时，混凝土运输和浇筑均要采取防雨措施，边浇筑，边振捣，边覆盖；遇大雨时，应提前停止浇筑，按要求留设好施工缝，并把已浇筑部位加以覆盖，以防雨水进入。

10.5.5 装饰工程的雨期施工

雨期施工时，应合理安排施工项目，晴天做外部装饰，雨天做内部装饰，要防止室外潮湿空气流入，保持室内干燥环境。装饰工程雨期施工应注意的事项如下：

(1)保持室内良好的通风。阴雨天时不仅空气潮湿，而且气压低，因此，施工中要将所有的门窗都打开，以保持室内良好的通风，这样有助于室内的墙面、地面及木材等尽快干燥。

(2)刮腻子时要延长干透时间。涂刷墙面前先要刮腻子，一般需刮 1～3 遍，其正常的干透时间为 1～2 d。在阴雨天刮批腻子时，应用干布将墙面水汽擦拭干净，以尽可能保持墙面干燥；同时，还应根据天气的实际情况，尽可能延长腻子干透的时间，一般以 2～3 d 为宜。

(3)雨天切勿刷漆。对于木制品，无论是刷清漆或做混油时刷硝基漆，切记不要在雨天作业。因为木制品表面在雨天会凝聚一层水汽。这时如果刷漆，水汽便会被包裹在漆膜里，使木制品表面混浊不清。如雨天刷硝基漆，会导致色泽不均匀；而刷油漆，则会出现返白的现象。如果需要赶工期，可以在漆中加入一定量的化白粉。化白粉可以吸收空气中的潮气，并加快干燥速度，但也会对工程质量带来一定的负面影响。另外，雨期对于墙面刷乳胶漆的影响不太大，但也要注意适当延长第一遍刷完后墙体干燥的时间。一般来说，正常间隔为 2 h 左右，雨天可根据天气状况再延长。

(4)铺地砖时不要让水泥受潮。遇到阴雨天进行地面铺砖时，最好在水泥表面覆盖好塑料布，同时尽量使其远离水源，以防受潮或浸湿后结成块状，但抹好的水泥还是会受到空气潮湿的影响，凝固速度减慢，因此铺贴完地砖后，不能马上在上面踩踏，应设置跳板以方便通行。

(5)雨天尽量不铺木地板。无论是实木地板还是复合地板，都尽量不要在雨天铺装。雨天地面会受潮，特别是一楼，还会出现返潮现象。此时，水分蒸发得慢，胶干得也慢，地板很容易变形或出现空鼓；但在空气湿度不是很大的阴天，还是可以铺装木地板的，需注意要铺装得紧凑些，否则，天晴后水分被蒸发干净会导致木地板收缩，造成地板间缝隙过大。

10.5.6 施工现场防雷

雨期施工现场内的起重机、“井”字架、龙门架等机械设备，若在相邻建筑物、构筑物的防雷装置的保护范围以外，应安装防雷装置。

施工现场的防雷装置由避雷针、接地线和接地体组成。避雷针安装在高出建筑物的起重机、人货电梯、钢脚手架的最高顶端上。接地线可用截面面积不小于 16 mm^2 的铝导线，或截面面积不小于 12 mm^2 的铜线，也可用直径不小于 8 mm 的圆钢。接地体有棒形和带形两种。棒形接地体一般采用长度为 1.5 m、壁厚不小于 2.5 mm 的钢管或∟50×5 的角钢等。安装时，将其一端打光并垂直打入地下，其顶端离地面不小于 500 mm。带形接地体可采用截面面积不小于 50 mm^2、长度不小于 3 m 的扁钢，平卧于地下 500 mm 处。防雷装置的避雷针、接地线和接地体必须双面焊接。焊接长度应为圆钢直径的 6 倍以上或扁钢厚度的 2 倍以上，接地电阻阻值不得大于 10 Ω。

思考与练习题

1. 冬期施工有哪些特点？其应遵循哪些原则？
2. 简述混凝土冬期施工的临界强度。
3. 雨期施工有哪些特点？其对施工有哪些要求？
4. 简述混凝土冬期施工原理。
5. 混凝土冬期施工工艺有何要求？
6. 什么是负温混凝土？混凝土冬期施工常用哪些外加剂？
7. 混凝土冬期施工的质量检查包括哪些内容？
8. 试述地基土保温防冻的方法。
9. 砌筑工程冬期施工掺盐砂浆法应注意哪些事项？
10. 什么是冻结法施工？冻结法施工应注意哪些事项？

参 考 文 献

[1] 董伟，黄泽钧，余丹丹．建筑施工技术[M]．北京：北京大学出版社，2011.
[2] 李晓良．建筑施工技术[M]．成都：西南交通大学出版社，2008.
[3] 王守剑．建筑工程施工技术[M]．北京：冶金工业出版社，2011.
[4] 吴洁，杨天春．建筑工程施工技术[M]．2版．北京：中国建筑工业出版社，2017.
[5]《建筑施工手册》编委会．建筑施工手册[M]．5版．北京：中国建筑工业出版社，2012.
[6] 杨波．建筑工程施工手册[M]．北京：化学工业出版社，2012.